ERSHIYI SHIJI DE
ZHONGGUO SHUXUE JIAOYU

21世纪的中国数学教育

曹一鸣 梁贯成 主编

·北京·

图书在版编目（CIP）数据

21世纪的中国数学教育/曹一鸣，梁贯成主编. —北京：人民教育出版社，2018.3（2019.7重印）
ISBN 978-7-107-31930-3

Ⅰ.①2… Ⅱ.①曹… ②梁… Ⅲ.①数学教学－教学研究－中国－21世纪 Ⅳ.①O1-4

中国版本图书馆CIP数据核字（2018）第044179号

21世纪的中国数学教育

出版发行	人民教育出版社
	（北京市海淀区中关村南大街17号院1号楼　邮编：100081）
网　　址	http://www.pep.com.cn
经　　销	全国新华书店
印　　刷	北京天宇星印刷厂
版　　次	2018年3月第1版
印　　次	2019年7月第2次印刷
开　　本	787毫米×1 092毫米　1/16
印　　张	26
字　　数	544千字
定　　价	46.80元

版权所有・未经许可不得采用任何方式擅自复制或使用本产品任何部分・违者必究
如发现内容质量问题、印装质量问题，请与本社联系。电话：400-810-5788

序

中国的传统数学以算法为主要特征，寓理于算，注重解决实际问题。而古希腊数学，通过给出公理（公设）、定义，建立公理化体系；通过演绎推理，推导出一系列的定理。中国的教育、文化传统中偏重人文社会学科，不太重视科学技术。在教学上倡导"熟读精思""熟能生巧""精讲多练"，长期以来被认为是一种比较传统和保守的教学方式。比格斯（Biggs）[①] 等西方学者提出了著名的"中国学习者悖论"：中国学生似乎是在不理想的学习环境下学习数学，却在国际数学成绩测试中超过了西方学生。他们认为中国课堂教学存在许多缺陷，如单一讲授的上课方式，教师灌输，学生被动接受；班级规模大等。

20世纪80年代以来，中国社会与经济发生了很大的变化。面对时代发展的新要求以及课程改革提出的新的教学问题，1996年6月至1997年，教育部基础教育司对包括数学课程在内的全国义务教育课程的实施状况展开调查。结果表明，当时所实行的课程体系在取得重要成就的基础上（如基础知识、基本技能的训练等），存在一系列重要问题，如内容上"繁、难、偏、旧"，学生苦于死记硬背，教师疲于"题海训练"，学习评价过于强调学业成绩。在传统单一的评价体系下，数学学习给很多学生造成了很大的压力，使学生的学习自信心下降，甚至导致学生厌学数学、讨厌数学等。

在国际数学课程改革的潮流影响下，结合相关调研，我国启动了新一轮基础教育课程改革。在设计和实施层面，课程改革以学生发展为本，突出选择性的课程结构、综合化与模块化的课程组织形式，突出核心素养为主线统整课程内容的设计思路，对"双基"和"能力"的拓展等，试图建立中国数学课程的新体系。

21世纪以来的数学课程改革，特别强调数学应用、能力发展、以人为本。数学教育从课程标准、教材到教学实践，以及考试评价，在不同的程度上都发生了变化，有些地方甚至可以说是发生了"翻天覆地"的变化。在这些变化与争议之中，一个引起世界范围关注的事件是，2009年上海第一次参加PISA测试，并取得了数学、科学、阅读三项第一的佳绩。上海学生的优异表现出人意料：中国的传统式教学在发展学生数学素养方面并没有优势，培养出的学生却在以侧重考查数学素养、数学应用的PISA测试中取得了最佳绩。

[①] Biggs J B, Watkins D A. Insight into teaching the Chinese learner//Watkins D A, Biggs J B. Teaching the Chinese learner: psychological and pedagogical perspectives, 2001: 277-300.

这也进一步促进我们反思，甚至引起国际数学教育界对中国数学教育的兴趣：经过十多年的数学课程改革，中国的数学教育发生了怎样的变化？是否还仅仅是关注"双基"？中国数学教育的某些特点，是否是上海学生在 PISA 测试中表现突出的原因？中国学生的数学学习，教师的教学、专业发展，有怎样的特点？

国际上对中国数学教育的关注也进一步促使我们在这方面开展更为深入的研究，特别是对 21 世纪以来，中国数学教育的现状、优势与不足进行系统研究。2014 年 3 月，我们在北京师范大学交流讨论的过程中，对这一研究表现出了一致的浓厚兴趣。同年 6 月，范德堡大学 Paul Cobb 教授、墨尔本大学 David Clark 教授等来北京师范大学访问，他们也积极支持这一研究计划。同年 7 月，在第 14 届全国数学教育研究会学术年会期间，我们与国内外数学教育知名学者进行探讨和交流。通过广泛的意见征集，以访谈和问卷调查的方式初步确定了本书的编写框架，较好地把握了国际社会期望了解的中国数学教育的主要方面。

本书的编写旨在从本土研究者的视角进一步总结中国数学教育的成果，与国际数学教育同仁分享我国数学教育的经验、教训；同时更期望通过研究，进一步地改进和提高我国的数学教学。本书共有 6 个专题部分，23 个独立章节，基本涵盖我国数学教育各个方面的内容。专题部分包括：中国数学教育概况，从整体上对中国数学教育的发展传统、考试制度、课程改革、家庭教育等方面进行介绍、研究；数学课程与教材，涵盖了小学、中学课程与教材的发展变化历程，以及 21 世纪中国数学教材的编写特色；数学课堂教学，包括数学课堂的分类、特点，任务设计，数学教学目标，信息技术与数学教育的整合等方面的介绍、研究；数学教师的专业发展，涵盖了教师的职前教育、在职教师的校本成长、职后培训、教师教学知识等内容。此外，本书的内容还包括数学学习专题、数学教育评价专题以飨读者。

本书的编写是集体劳动的成果，编写团队有来自高校长期从事数学课程教学研究的教授，对数学教育某一领域有深入研究的青年博士，实践经验丰富的教研员，课程、教材的制定者、编写者等。编写团队成员各具研究专长，梁贯成、曹一鸣长期致力于国际数学教育比较、数学哲学与文化等方面的研究；代钦、刘坚、朱雁、王立东从事数学教育课程改革、教育政策的研究；吕世虎、李海东、叶蓓蓓擅长数学课程与教材的研究；王光明、胡典顺、邵珍红主要从事数学课堂教学的研究；郭玉峰从事学生数学学习的研究；蔡金法、杨新荣、何小亚、韩继伟长期从事数学教师专业发展的研究；涂荣豹、宁连华、张春莉在数学教育评价领域内有深入的研究。作者单位几乎覆盖了中国各个地区有代表性的师范类高校或综合类高校、中学、出版社，如香港大学、北京师范大学、华东师范大学、东北师范大学、南京师范大学、华南师范大学、西南大学、华中师范大学、天津师范大学、内蒙古师范大学、西北师范大学、人民大学附属中学、北京景山中学，人民教育出版社，等等。本书可以较全面地反映 21 世纪以来我国数学教育实践、研究的整体状况。

本书的编写凝聚了各位作者的心血,从2014年设计框架,到现在出版,历时三年多。其间,经历了摘要审读、编委互审、主编审读等阶段。同时多次利用在重庆、武汉、北京等地举办数学教育有关会议的机会召开编委会议,以保障著作的编写质量。

本书的编写也离不开国内外数学教育专家的大力支持和帮助。澳大利亚墨尔本大学David Clark教授、美国范德堡大学Paul Cobb教授、英国剑桥大学Zsolt Lavicza博士等为本书的顺利编写提出了许多宝贵意见;人民教育出版社李海东主任为本书的出版工作付出了大量心血;李欣莲作为本书的项目助理,一直协助书稿出版,在此一并致谢。

中国数学教育的实践和研究正吸引着并将继续吸引国内外数学教育研究者、实践者的目光。希望本书能够促进我国的数学教育研究、实践的发展,促进我国数学教育研究、实践的国际合作与交流。

北京师范大学数学科学学院　曹一鸣
香港大学教育学院　梁贯成

目 录

第一章　从国际数学成就研究的视角看中国的数学教育/1

第二章　中国数学教育制度与数学教育传统/22

第三章　21世纪初中国数学课程改革/43

第四章　教育公平在中国：一项对上海本地学生及外来学生数学学习的分析/63

第五章　影子教育在中国：数学教育的视角/79

第六章　小学数学课程与教材的发展变化/90

第七章　20世纪后半叶中学数学课程与教材的发展历程/118

第八章　21世纪中学数学课程与教材的发展变化/133

第九章　21世纪中国数学教材的特色/151

第十章　中国数学课堂教学结构与行为研究/168

第十一章　数学课堂中的任务设计/191

第十二章　数学教学目标的设计与实现/204

第十三章　信息技术与数学课程的整合/218

第十四章　21世纪的数学课堂教学改革实验/234

第十五章　数学学困生成因及转化的个案研究/246

第十六章　中国数学教师的校本成长/267

第十七章　职前数学教师教育/284

第十八章　数学教师的职后教育/301

第十九章　中学数学教师的专业知识及来源状况/318

第二十章　中国数学教师的教学信念/346

第二十一章　中小学数学课堂教学评价/358

第二十二章　中小学数学选拔性考试评价/376

第二十三章　数学能力发展性评价体系建构的理论与实践——以中国的评价改革为例/396

从国际数学成就研究的视角看中国的数学教育[①]

一、引言：国际研究激增

过去数十年，有关数学成就的国际研究在数学教育界日益受到重视，并得到世界各地决策人士的关注。在这些研究中，最引人注目的是由国际教育成就评价协会（International Association for the Evaluation of Educational Achievement，IEA）主导的"国际数学及科学趋势研究"（Trends in International Mathematics and Science Study，TIMSS），以及由联合国经济合作及发展组织（OECD）主持进行的国际学生评估项目（Programme for International Student Assessment，PISA）。这两项研究旨在评估不同国家及地区学生的数学成就，同时致力于寻求解释学生数学成就差异的原因。可是，很多人更感兴趣的却是根据这些研究评分所列出的国家排行榜，一些人甚至把 TIMSS 及 PISA 视为"数学的奥林匹克"[1]。尽管这些研究结果的作用往往被人曲解，但假若我们把目光投放在评分和排名以外，便会发现这些研究为我们透视和了解各国的教育制度提供了有用的资料。通过对不同国家数学教育的比较，这些资料为我们了解某国（或某地区）的教育制度提供了基础，同时亦可从中洞悉仅仅在自己本土的教育制度研究中不能获得的见解。

本章我们希望透过这些国际数学教育比较研究的结果，认识和洞察中国的数学教育。中国首次参与的这类国际研究，是 20 世纪 80 年代初由密歇根州大学进行的一系列研究；而中国又是参与 20 世纪 90 年代初国际教育进展评估（International Assessment of Educational Progress，IAEP）研究的其中一个国家。遗憾的是，中国并没有正式参与较近期的大型国际研究，如 TIMSS 和 PISA 等（中国在 20 世纪 90 年代初曾参加 TIMSS 研究项目的初期预备阶段，但后来退出了）。不过，上海参加了 PISA 2009 及 2012；北京、上海、江苏和广东（B-S-J-G）参加了 PISA 2015；台湾参加了密歇根州大学的研究和 IAEP，亦从 1999 年起参与 TIMSS；香港则自 1995 年开始，便一直参与 TIMSS，同时自 2000

[①] 梁贯成，香港大学教育学院、西南大学数学与统计学院。

年 PISA 推出以来也一直参与 PISA 至今;台湾和澳门从 2006 年至今一直参与 PISA。本章我们将根据香港、澳门和台湾等地区参与上述国际研究的资料,来研究中国的数学教育。

二、国际研究结果:数学成就

(一)密歇根州大学研究

20 世纪 90 年代中期,TIMSS 发表的研究结果引发国际数学教育研究的相继开展,但在此之前,密歇根州大学已于 20 世纪 70 年代末至 20 世纪 80 年代初进行了一系列研究,来比较日本、美国等国家以及中国台湾、大陆等地的数学学业成绩。其中第一项研究于 1979—1980 年进行,分别在日本仙台、中国台北以及美国明尼阿波利斯大都会区,抽取幼儿园、一年级和五年级学生作为研究对象(数学结果见表 1-1)。第二项研究的数据在 1985—1986 年采集(其中以美国芝加哥大都会区取代明尼阿波利斯大都会区),通过对家长和教师访谈、课堂实地观察以及认知测验等方法,搜集数据。第一项研究的数学测验,涵盖一年级和五年级的算术以及五年级的几何。而第二项研究则由一系列测验组成,包括文字题、运算、空间想象能力、图表、心算、数字概念、估算和心象转移(mental image transformation)等。

表 1-1 密歇根州大学进行的第一项研究的数学平均得分

年级	美国	日本	中国台湾
幼儿园	37.5±5.6	42.2±5.1	37.8±7.4
一年级	17.1±5.3	20.1±5.2	21.2±5.5
五年级	44.4±6.2	53.3±7.5	50.8±5.7

从表 1-2 可见,在第二项研究中,除了五年级的图表及空间想象能力外,北京一年级及五年级学生在数学其他内容领域的表现,均比芝加哥同龄人优秀。[2]

表 1-2 密歇根州大学进行的第二项研究的数学平均得分

一年级	亚裔美国人	白人	黑人	西班牙裔	中国北京
算术	14.3	14.0	11.2	11.5	18.1
五年级					
算术	51.3	46.3	44.9	43.7	57.5
几何	5.6	4.6	3.7	3.8	10.3

(二) IAEP

在 TIMSS 及 PISA 推出之前，中国参与的另一项国际研究是由美国教育考试服务中心（Educational Testing Service，ETS）组织的国际教育进展评估（International Assessment of Educational Progress，IAEP）。IAEP 的目的是采集和报告与学生的知识及能力、与学生数学学业成绩相关的教育及文化因素，以及学生的学习态度等数据。[3]

第一项 IAEP 研究于 1988 年进行，但中国并未参加。第二项 IAEP 研究于 1990—1991 年进行，旨在评估 20 个国家的 9 岁及 13 岁学生的数学能力。来自中国大陆 20 个省市约 1 650 名学生参加了 13 岁组别的测验，另有来自台湾地区相同数目的学生参加了 9 岁及 13 岁组别的测验。[4]

第二项 IAEP 研究结果显示，中国学生在数学测验中表现出色（见表 1-3 及表 1-4），所得分数远高于 IAEP 的平均分，其中台湾的 9 岁及 13 岁学生分别取得 68% 及 73% 的平均正确率，而大陆 13 岁学生的平均正确率为 80%。中国学生的表现在所有参加研究的国家中名列前茅。

表 1-3　9 岁组别（数学）

人口	平均正确率（%）
韩国	75
匈牙利	68
中国台湾	68
意大利艾米利亚－罗马涅区*	68
苏联	66
苏格兰	66
以色列	64
西班牙	62
爱尔兰	60
加拿大	60
英国*	59
美国	58
斯洛文尼亚	56
葡萄牙*	55

*该国家参与人数少

表 1-4　13 岁组别（数学）

人口	平均正确率（%）
中国大陆*	80
韩国	73
中国台湾	73
瑞士	71
苏联	70
匈牙利	68
法国	64
意大利艾米利亚－罗马涅区	64
以色列	63
加拿大	62
苏格兰	61
爱尔兰	61
英国*	61
斯洛文尼亚	57
西班牙	55
美国	55
葡萄牙*	48
约旦	40
巴西圣保罗*	37
巴西福塔莱萨*	32
莫桑比克*	28

＊参与人数少

IAEP 也检视了数学成就的三个过程性表现：概念理解、程序理解和问题解决。[4] 在 13 岁组别，中国大陆学生在三方面均居首位，而来自台湾的学生亦表现优良，名列第二或第三。不过，在 9 岁组别，台湾的学生在问题解决方面表现并不理想，所得的平均正确率为 55.7%，低于国际平均水平（58.5%），在 14 个教育制度中排名第 10。[5]

（三）TIMSS

原名为"第三届国际数学及科学研究"（The Third International Mathematics and Science Study）的 TIMSS，是一项由 IEA 主导的大型国际数学及科学成就研究。IEA 最早组织的一项研究，是于20世纪60年代进行的"第一届国际数学研究"（The First International Mathematics Study，FIMS），不过当时中国并没有参与其中。IEA于20世纪80年代组织"第二届国际数学研究"（The Second International Mathematics Study，SIMS），中国香港参加了这项国际研究。与此同时，"第一届国际科学研究"（The First International Science Study，FISS）和"第二届国际科学研究"（The Second International Science Study，SISS）亦相继进行。20世纪90年代初IEA决定将数学与科学两项研究合并。1991年，"第三届国际数学及科学研究"（The Third International Mathematics and Science Study，TIMSS）举行第一次项目国家代表（National Project Coordinators，NPC；其后改名为National Research Coordinators，NRC）会议，会议决定抽取三个级别（三年级和四年级、七年级和八年级，以及中学最后一级）的学生作为研究对象。该研究于1995年进行数据采集，并于1996年底发布结果。

对很多人来说，1995年的TIMSS研究结果可谓出人意料。一些被认为数学表现强劲的国家，如德国、匈牙利和美国等，成绩并未如预期般理想。而来自新加坡、韩国、日本等东亚国家和中国香港地区的学生，却表现出色。由于这次研究结果令人感到意外，IEA遂决定于1999年对八年级学生进行一项TIMSS后续研究（称为TIMSS-Repeat或TIMSS-R），作为跟进1995年对四年级学生的研究。香港参加了TIMSS-R，而中国台湾亦开始参加该项研究。TIMSS-R于2000年发表了研究报告，结果同样出人意料：在1995年表现优良的东亚国家和地区，成绩依然超越其他国家，而中国台湾亦名列前五位。

由于TIMSS和TIMSS-R的结果备受全球各地的教育界人士及公众关注，IEA遂决定以四年为一个周期进行研究。每轮研究都会抽样测试四年级和八年级学生，换言之，每个周期的八年级学生，正是上一个周期的四年级学生，遂使研究成为一个半追踪性研究。同时，这一系列研究亦重新命名为"国际数学及科学评测趋势"（Trends in International Mathematics and Science Study），也即TIMSS的简称维持不变。此后的TIMSS周期研究相继于2003年、2007年及2011年进行，最新一轮研究已于2015年举行。

如表1-5所示，东亚国家及地区学生的数学成就一直都领先其他国家。特别值得注意的是，香港及台湾这两个中国地区，从来没有跌出前五名[6-12]。这些地区不但培养出在数学各方面平均表现优秀的学生及数学尖子生，同时又能照顾到表现较差的学生。自2003年开始，TIMSS引入了一项指标，计算每个国家的学生可达到不同国际数学成就基准的百分比。达到优越基准的学生，是同辈中数学成就最佳的一群，而低基准的学生，就是达到该年级学生应该达到的最低标准。如表1-6所示，中国的学生达到国际优越基准的比例甚高，而在低基准之下的学生则仅占极少数。这显示出在中国的教育制度下，数学绩优生的优异成绩，并不是在牺牲学困生的情况下取得的。

表 1-5 香港、台湾在 TIMSS 不同周期研究中的结果（括号内为国家/地区的排名）

TIMSS	地区	四年级	八年级
1995	香港	587 (4)	588 (4)
1999	香港	—	582 (4)
	台湾	—	585 (3)
2003	香港	575 (2)	586 (3)
	台湾	564 (4)	585 (4)
2007	香港	607 (1)	572 (4)
	台湾	576 (3)	598 (1)
2011	香港	602 (3)	584 (4)
	台湾	591 (4)	609 (4)
2015	香港	615 (2)	594 (4)
	台湾	597 (4)	599 (3)

表 1-6 中国学生在 TIMSS 不同周期研究中达到优越及低基准的百分比

TIMSS	地区	四年级		八年级	
		优越基准	低基准	优越基准	低基准
2003	香港	22	99	31	98
	台湾	16	99	38	96
	国际平均	9	82	7	74
2007	香港	40	100	31	94
	台湾	24	99	45	95
	国际平均	5	90	2	75
2011	香港	37	99	34	97
	台湾	34	99	49	96
	国际平均	4	90	3	75
2015	香港	45	100	37	98
	台湾	35	100	44	97
	国际平均	6	93	5	84

（四）PISA

如本章开始所述，PISA 是 OECD 每三年进行一次的研究项目。PISA 旨在测试学生在数学、科学和阅读三个领域的"读写能力"（literacy，或翻译为"素养"），每个周期均以其中一个领域为重点。PISA 的其中一个目的是要补充以课程为本的 TIMSS（及

PIRLS)的不足。在数学读写能力方面，PISA 主要度量"个人在以下各方面的能力：认知和理解数学在世界所扮演的角色；作出有依据的判断；运用数学去满足其在生活中作为一个有建设性、有感情及有思想的公民的需要……有关的评估并不局限于学生在课程内所学到的东西，而是聚焦于测试学生是否可以在日常生活可能遇到的情境中学以致用。"[13]

PISA 的采样是以年龄而非级别为基础，因它"有意评估 15 岁青少年是否作好准备面对人生挑战"。[14]PISA 第一轮研究于 2000 年进行，重点领域是阅读；数学则是 2003 年及 2012 年的重点领域。香港从 2000 年开始就参加了 PISA，台湾和澳门则从 2006 年开始参与，上海参加了 2009 年的 PISA，而北京—上海—江苏—广东（B-S-J-G）则参加了 2015 年的 PISA。

有些人会以为中国学生在 TIMSS 表现优良，主要因为 TIMSS 是一个以课程为本的测试，而中国的教育制度一向被认为注重课程内容和考试。由于 PISA 是度量数学读写能力而非课程知识，测试之初普遍预期中国学生的表现不会太好。可是，与预估相反，中国学生在 PISA 的数学领域测试中同样取得佳绩（如表 1-7 所示）。与 TIMSS 结果相近，中国大部分学生表现领先，只有较少的学生得分偏低。[13-19]

表 1-7 PISA 多年来对中国部分地区的研究结果（括号内为国际排名）

PISA	地区	表现
2000	香港	560（1）
2003	香港	550（1）
	澳门	527（9）
2006	香港	547（3）
	澳门	525（8）
	台湾	549（1）
2009	香港	555（3）
	澳门	525（12）
	台湾	543（5）
	上海	600（1）
2012	香港	561（3）
	澳门	538（6）
	台湾	560（4）
	上海	613（1）

续表

PISA	地区	表现
2015	香港	548（2）
	澳门	544（3）
	台湾	542（4）
	北京、上海、江苏、广东	531（6）

据研究观察所得，相对来说，中国学生在"问题解决"领域表现稍差。在 PISA 2012 及 2015 中，问题解决能力是其中一项重要的测试领域。以 PISA 2012 的研究结果为例，尽管中国（加上新加坡、韩国、日本等其他东亚国家）在数学成就得分方面领先世界其他国家，中国学生在问题解决方面的表现却落后于其他东亚国家，其得分比其他东亚国家低最少 12 分。这与 Cai[20] 的研究结果一致，虽然中国学生在封闭性的试题上表现比美国学生优秀，但美国学生在开放性试题上的表现则超越中国学生。

从上文可见，根据国际比较研究发现，中国学生与其他各地的学生相比，数学学业成绩异常优秀。这是否表示中国的数学教育比西方国家完善呢？这个说法未免以偏概全。学业成绩只是衡量某个教育制度是否完善的其中一个基准。学生的情感态度是另一个重要的评价指标。上文提及的大部分国际研究，均包括对学生学习态度的调查。中国学生的数学学业成绩优秀，他们的数学情感态度又是否正面呢？

三、国际研究结果：中国学生的情感态度

（一）密歇根州大学研究

在密歇根州大学进行的第二项研究中，受访学生被问及对数学的喜爱程度。表 1-8 为调查结果。[2]

表 1-8 密歇根州大学第二项研究——学生对数学的态度

	北京	芝加哥
喜爱数学	85%	72%
想做数学	8%	22%
数学很难	20%	8%
数学表现好	39%	52%
对将来表现乐观（一年级）	50%	75%
对将来表现乐观（五年级）	29%	58%
达到父母的期望	55%	89%

(二) IAEP

IAEP 研究包括一份调查学生家庭背景、课堂经验和就读学校的学生问卷，以及一份邀请校方填写的学校问卷。参加测试的学生也要填写一份有关他们对数学态度的问卷（如表 1-9 所示）。虽然中国大陆和台湾的学生在数学测试方面表现优良，但跟其他参与研究的国家相比，两地对数学持正面态度的学生比例较低（79%）（例如，加拿大的百分比为 94%）。

表 1-9 IAEP 研究——对数学持正面态度的 13 岁学生之百分比

人口	对数学持正面态度的学生平均百分比
加拿大	94
苏格兰	91
英国*	91
以色列	90
美国	90
西班牙	89
爱尔兰	88
莫桑比克*	88
意大利艾米利亚－罗马涅区	86
巴西福塔莱萨*	86
瑞士	85
匈牙利	85
葡萄牙*	84
斯洛文尼亚	83
巴西圣保罗*	83
法国	81
中国台湾	79
中国大陆	79
约旦	77
苏联	76
韩国	71

*参与人数少

(三) TIMSS

同样，TIMSS 问卷结果也显示，尽管中国学生数学学业成绩斐然，他们对数学的态度却颇为负面。从表 1-10 可见，中国学生并不太喜欢数学，不认为数学很重要，同时对自己的数学能力缺乏信心。

表 1-10　TIMSS 不同周期研究中学生态度的百分比

TIMSS	地区	四年级	八年级
1995 喜欢学习数学	香港	36%	17%
	国际平均	49%	19%
对数学的正面 自我形象	香港	17%	5%
	国际平均	37%	23%
1999 喜欢学习数学	台湾	—	15%
	香港	—	22%
	国际平均	—	24%
对数学的正面 自我形象	台湾	—	11%
	香港	—	14%
	国际平均	—	18%
2003 喜欢学习数学	台湾	31%	13%
	香港	30%	15%
	国际平均	50%	29%
重视数学	台湾	—	25%
	香港	—	35%
	国际平均	—	55%
对数学有自信心	台湾	41%	26%
	香港	40%	30%
	国际平均	55%	40%
2007 对数学持正面态度	台湾	50%	37%
	香港	67%	47%
	国际平均	72%	54%

续表

TIMSS	地区	四年级	八年级
重视数学	台湾	—	45%
	香港	—	60%
	国际平均	—	78%
对数学有自信心	台湾	36%	27%
	香港	46%	30%
	国际平均	57%	43%
2011 喜欢学习数学	台湾	34%	14%
	香港	47%	19%
	国际平均	48%	26%
重视数学	台湾	—	13%
	香港	—	26%
	国际平均	—	46%
对数学有自信心	台湾	20%	7%
	香港	24%	7%
	国际平均	34%	14%
2015 喜欢学习数学	台湾	23%	11%
	香港	35%	15%
	国际平均	46%	22%
重视数学	台湾	—	10%
	香港	—	19%
	国际平均	—	42%
对数学有自信心	台湾	15%	9%
	香港	19%	10%
	国际平均	32%	14%

（四）PISA

如上文所述，PISA 于 2003 年及 2012 年的研究重点是数学。从表 1-11 可见，PISA 在 2003 年及 2012 年对学生数学态度进行的调查结果，与 TIMSS 所得的结果相近。

表 1-11 PISA 多年来的研究结果一览

PISA	地区	指数
2000 对数学感兴趣	香港	0.59
对数学的自我形象	香港	0.6（国家平均：2.4）
2003 对数学感兴趣	澳门	0.13
	香港	0.22
学习数学的工具性动机	澳门	−0.03
	香港	−0.12
对数学的自我形象	澳门	−0.20
	香港	−0.26
对数学感到焦虑	澳门	0.24
	香港	0.23
2012 学习数学的内在动机	上海	0.43
	台湾	0.07
	澳门	0.15
	香港	0.30
学习数学的工具性动机	上海	0.01
	台湾	−0.33
	澳门	−0.26
	香港	−0.23
对数学的自我形象	上海	−0.05
	台湾	−0.45
	澳门	−0.19
	香港	−0.16
对数学感到焦虑	上海	0.03
	台湾	0.31
	澳门	0.19
	香港	0.11

续表

PISA	地区	指数
学习数学的意图	上海	0.03
	台湾	−0.18
	澳门	−0.17
	香港	−0.31

从本部分的论述可见，尽管中国学生的数学成绩优秀，但他们对数学和学习数学的态度均颇为负面。他们的负面态度以及他们的优秀成绩，是否与中国课堂的教学方法有关呢？中国学生数学成绩优良，是否因为数学教师教导有方呢？有关中国的课堂教学，国际研究结果又给予我们一些什么启示呢？课堂教学是数学教育的重要一环，有关数学课堂的国际研究结果，应该可以让我们洞察中国数学教育中这个重要环节。

四、国际研究结果：课堂教学

过去 30 年来，中国参与了三项有关数学课堂教学的大型国际研究：密歇根州大学研究、TIMSS 录像研究以及"学习者视觉"研究（Learners' Perspective Study，LPS）。这几项研究为我们提供了关于中国数学教学的什么数据呢？

（一）密歇根州大学研究

密歇根州大学的前两项研究均涵盖了课堂观察这个环节。第一项研究采用系统性时间采样法搜集数据，"观察员用代码标示（学生和教师）有或没有进行某项预设的行为"[21]。观察员以 10 秒时间观察目标人物（教师或学生），然后在随后 10 秒从列有 49 个项目的列表中，用代码标示该种行为有或没有发生。而第二项研究是"为了解跨文化数学学习的差异"而设计的，除了采用"客观"代码标示，还由第 2 名观察员作叙述性描绘。[21]

第一项研究的结果显示，中国台湾的儿童"远比美国儿童花更多时间学习数学"和"参与更多学术活动"，而美国儿童则花较多时间"参与不适当、与学习无关的活动"。[22] 此外，又发现"中国台湾的课堂非常齐整有序，美国的课堂则较杂乱无章"，而由于课堂组织方式不同，"虽然美国每班学生的人数仅为亚洲每班人数的一半左右，但美国学生接受教师教学的时间比例远比亚洲学生小"。[22] 造成这些现象的原因，可能是中国台湾的教师一般用大部分时间教导全班学生，"向学生传递有关数学的讯息"，[21] 而不是让学生以小组或个别方式学习，但这种教学方式在美国则较为普遍。日本的课堂教学方式与台湾地区类似。

第二项研究的结果，跟第一项的结果相近。此外，研究发现"中国和日本的课堂在让学生表述数学课中内容的先后次序以及让学生理解他们所参与的活动的目的方面,均比美国课堂提供更多机会"。[22]同时,研究又发现中国台湾的课堂注重表现(日本课堂注重反思和口头表达),而美国课堂"在这方面则一片混乱,两个目标都达不到要求"。再者,研究发现"学生积极参与学习活动,就有机会从数学角度思考问题,教师亦运用他们的教学策略,引导学生构建数学概念。虽然亚洲教育制度十分强调不断练习程序性的技巧,但数据显示东亚的数学课堂上也有大量帮助学生对数学有概念性了解的课堂活动"。[23-25]

(二) TIMSS 录像研究

TIMSS 录像研究是 1999 年 TIMSS-R 研究的一部分,对象包括澳大利亚、捷克共和国、日本、荷兰、瑞士、美国等国家以及中国香港。这项研究的主要目的是了解和比较它们的八年级数学教学。[26]该研究从各地随机抽取八年级的数学课进行录像,一共取得 638 个上课录像样本,然后采用由一队国际双语研究人员开发和应用的编码,就录像数据作定量分析。此外,一个由数学教育家和数学家组成的专家小组(称为数学素质分析小组),评估一个随机选取的数学课录像样本的次样本。小组根据国际录像编码小组编制的数学课"课堂纪录表"(包括课堂活动的细节),以"不记名"的方式对有关数学课作定性评估。

Hiebert 等人[26]发现上述各地的上课情形各有其不同的特征,他们称之为"本土剧本"(national scripts)。根据编码定量分析,香港的教学方法与其他各地相比,有以下特点[27]:

(1) 教师讲解占主导地位;
(2) 学生有较多机会学习新内容;
(3) 学生要解决的数学问题较为复杂,学生以指定的方法,解答一些与生活无关,以"运用程序"为主的问题;
(4) 有关问题涉及较多证明。

另一方面,根据数学素质分析小组所作的定性分析,香港数学课堂的教学方法显示出如下特点:

(1) 涵盖较深奥的内容;
(2) 数学课的内容较连贯;
(3) 数学课的表述较为成熟;
(4) 学生投入学习的可能性较大;
(5) 课堂质量整体维持在高水平。

研究结果反映了一方面香港的数学课堂教学以教师主导,比较传统和落后;另一方面,香港学生比其西方同辈学到更多崭新、复杂和深奥的数学内容,上课质量亦被专家评为较高。

(三)"学习者视角"研究(LPS)

为了补充诸如 TIMSS 录像研究等基于随机抽样的定量研究的不足,"学习者视角"

研究（LPS）以一个"较完整和全面的方式"，从 16 个参与国中每个国家选出 3 所学校，对每所学校连续的 10 节八年级优质数学课进行研究。由于同一个国家的不同教师都各有不同的教学方法，因此 TIMSS 录像研究所提出的"本土剧本"概念被认为过于简单。此外，个别教师在某一堂课的教授方法跟在另一堂的教授方法也会不同。LPS 通过在课后向学生和教师播放课堂上的录像并以此为基础进行访谈，以研究课堂上的活动对受访者，特别是学生，有何意义（因此这项研究称为"学习者视角"）。

根据对上海 LPS 数据的分析，Mok 发现上海的数学课"由教师主导"但教师主导的"原因清晰"。教师会给予学生讨论的机会，也鼓励他们用自己的语言发表意见，但却会通过提供有限的选项和要求学生使用的"标准语言"，来规范他们的活动。[28]

根据另一项采用同一组数据进行的分析，Huang 等人发现中国教师"十分注重采用变式训练"（相对于"重复练习"），而"学生似乎有很多机会去……认识数学背后的基本原理……和数学思维"。[29]

"学习者视角"研究展现了中国数学课堂的不同面貌。一方面，一些研究（尤其是采用定量方法来评估课堂活动的研究）结果证实了中国课堂非常保守及传统的形象，另一方面，较深入的定性分析则显示中国数学课堂的质量甚高。

五、讨论

综合上述三类国际研究的结果，我们可以得到有关中国数学教育的哪些方面的信息呢？

（一）数学成就

尽管这些大型研究各有其局限性，但全部的结论都明确指出，中国学生在数学方面表现出色。看来中国实施的教育制度，可以有效培养学生的数学能力。中国的数学教育不但培养出数学成绩普遍优良的学生和数学高材生，而且只有少数学生的数学能力低于最低水平。

当进一步深入探究数学能力的不同方面时，我们发现在基本知识和技能方面，中国学生的表现普遍非常强劲，但相对而言，中国学生在推理或问题解决方面却较为逊色。在今天的社会，高层次思维和解决问题的能力，远比拥有数学知识重要。因此，我们应该反思，我们的教育制度是否可以培养出能够适应现代社会的人才和专才呢？我们必须在课程（以及评估）方面多注重问题解决和演绎推理，而非单单教导学生数学知识，借此使我们的下一代拥有较强的高层次思维和技能。

当我们比较中国与邻近国家如日本、韩国和新加坡的成就时，这点显得更为重要，因为这些东亚邻国都是我们主要的经济竞争对手。中国在孕育高层次思维技巧和培养数学精英方面，是否比邻近国家及地区稍逊呢？

（二）对数学及学习数学的态度

不管中国学生在数学成就方面有多卓越，各项国际研究结果均发现，中国学生在数学教育的情感态度方面，未能表现出色。学生一般都不大喜欢数学，不重视数学，对自己的数学能力也信心偏低。

有关文献认为，学生的数学成就与他们对数学和数学学习的态度关系密切。学生要取得较好的数学成就，必须在学习方面有高度积极性，对这个科目感兴趣和喜爱，并对学习有充足的信心。由此看来，中国学生的负面态度令人忧虑。很多时候，中国教师由于过分注重学生的成绩，特别是公开考试的成绩，以致忽略了学生对数学学习的态度等教育效果。在当今这个由互联网带来知识爆炸和信息泛滥的现代社会，拥有终身学习的能力，远比牢牢抓紧学科知识更为重要。很明显，正面态度是终身学习极为重要的动力，这种态度可以推动学生即使在离开学校后，仍然对数学感兴趣而继续学习。

学习态度是除了学术成就之外实现课程（采用 TIMSS 术语）的一部分。假如学生不能达到实现课程这一环节的要求，就没有达到一个全面的数学课程的要求。不管中国学生在学校期间的表现如何出色，假若他们不喜欢数学，又对数学没有信心，相信毕业后他们亦不会对终身学习感兴趣。因此，即使他们在学校时能击败竞争对手，但长远来说，当他们踏进社会工作时，最终都会落败。即便他们拥有 PISA 所指的"数学读写能力"（即是工作所需的基本知识）也无济于事。中国青少年如果对数学及其他科目缺乏积极的态度，即使在学校时打下稳固根基，工作时都不会表现出众。

上述关于中国教育制度的研究结果，与对其他数学成绩出色的东亚国家的研究结果差不多。Leung 等人指出，这种成绩出色但态度消极的奇怪现象在东亚国家均出现，可能因为这些国家有共同的文化价值观。[30] 不过，这个解释并不表示我们应该接受学生的负面态度。

对 TIMSS 2011 数据的分析发现，"即使在一个学习氛围相对不足的文化环境下，数学成绩较佳的香港学生仍然与其较积极的学习态度有关，这一结论不管对年纪较轻的小学四年级学生或年纪较大的中学二年级学生来说均是如此"。[31] 我们甚至可以说，假若东亚学生持负面的学习态度都能获得出色的数学成绩，那么如果他们的态度有所改善，他们的得分可能会更高。以新加坡为例，在上述国际研究中，该国学生的表现比其他东亚国家（包括中国）稍佳。与此同时，新加坡学生的态度亦比其他东亚国家的学生积极。那么，新加坡的例子是否让我们看到，鼓励成功与努力工作的文化价值观加上对数学积极的态度，可以使中国学生的数学成就比现时的表现更佳？

假若答案正确，我们应该如何做呢？我们应该如何提升当下学生的学习态度呢？根据 TIMSS 2011 对香港的研究结果分析，一些学校特征似乎可引导学生对数学产生积极态度，进而取得较佳的数学成就。以 TIMSS 2011 的香港数据来说，那些认为学校是一个安全的学习地方、对学校有归属感、又喜欢留在学校的学生，一般都对数学有较积极的态度，而且数学成绩也较佳。[31] 如果将这些研究结果引申到中国的其他地方，应该可以提供改善学生学习态度的方法。

（三）课堂教学

中国学生出色的数学成绩与负面的学习态度，跟中国的数学课堂教学有什么关系呢？根据各项有关数学课堂的国际研究显示，中国的数学教学表面上看来较为传统和落后，但深入分析却发现中国的教学质量很高，特别是所涵盖的数学内容较为深奥。这是否是中国学生平均数学成绩出色的原因呢？中国学生较低的问题解决能力和消极的学习态度，是否与教师的教学方法有关呢？要为这些问题提供更清晰的答案，我们必须进行更深入的研究。无论如何，单纯地评价中国数学课堂传统、落后，结论未免过于粗疏。我们需要进行深入的研究，找出中国数学教学的强项和弱项。只有这样，我们才可以学习如何保持数学教学的强项并改善弱项。

根据这些国际研究的结果，中国应该保持其优良的教学传统，包括涵盖重要的数学概念和大量设计适切的、适当变化的习题，以及对学生保持好好学习和取得佳绩的期望。但期望高不等同于让孩子感到学习数学是一件苦事。那么，我们应该如何保持高期望，同时又不致让数学学习对学生造成太大压力呢？研究告诉我们，让学生觉得学习数学有意义，才是帮助他们乐于学习数学的要诀。目前在中国的教育制度下，考试是推动学生学习的主要动力。正如 Leung 所说，根据中国人的文化价值观，适当强调考试的重要性也许是可取的。但要引导学生喜欢数学和对数学有信心，在考试成功所带来的激励之余，教师还必须帮助学生从数学学习中发掘意义。[32]

如何提高学生对数学的学习兴趣呢？根据 TIMSS 2011 对香港学生平日数学学习的数据分析显示，适当地注重考试（但不是过分注重）以及高质量的功课，均有助增强学生对数学的兴趣，进而提高他们的数学成就。[31]

六、启示

没有一个教育制度是完美的。毋庸置疑，中国的数学教育有很多缺点。不过根据本章所提及的国际研究结果显示，一方面，中国的数学教育并没有面对很大的危机，我们无需急切实施重大的改变。特别是我们不应鲁莽引入或借鉴"（经济）较发达国家"的教学方法，因为这些国家在上述国际评估中的表现均不及中国。另一方面，中国学生在灵活变通、推理、问题解决能力以及数学态度这几方面都比较薄弱。如上所述，在这个终身学习的年代，这些较高层次的技巧和正面态度对数学学习至关重要。而在这方面，上述国际研究对中国的数学教育工作者敲响了警钟。

学业成绩当然只是衡量优质教育的基准之一。几乎全球所有国家都把学生的情感态度作为教育的目标之一，而课程目标亦不约而同地涵盖学生的情感态度，例如喜欢数学及对自己的能力有信心等。因此，在保持学生出色的数学学业成绩的同时，我们必须致力于改变学生对数学的负面态度。教师应该将引导学生对数学持正面态度列为教学的一个重要目标，并且积极设计教学和学习活动，以达到这个重要目标。在教育制度层面，有关方面应该组织教师开展活动，强调推动正面学习态度的重要性，同时组织培训使教师掌握开展课堂活动的知识和技巧，以改善学生的学习态度；举办工作坊，让教师有机会分享如何提升学生学习态度的策略和成功经验。希望通过教育政策的决策者、师资培训的工作者和一线教师的共同努力，中国课堂的教学方法能够出现正面改变，以扭转中国学生对数学及其学习的负面态度。

七、结论

本章我们检视了国际研究中有关数学成就、学生态度和课堂教学的研究结果，并从中深入了解中国的数学教育。如何理解中国学生数学成绩高但数学兴趣低，以及教学方法看似传统这一"华人学习者悖论"[33]的奇怪现象呢？本文作者曾在其他文献中指出，中国社会的深层文化价值观是一个可能的解释，即中国人特别相信"考试文化"。[32]因此，了解中国的数学教育亦可以为我们提供一个视角去了解中国的文化价值观。

我们都知道，由于这些大型国际研究所采用的方法和所覆盖的范围广泛，因此都有其不足之处。[34]除去这些不足，上述国际研究一般都被认为可以在国际层面就学生的数学成就提供相当可靠有效的评估，研究结果也能提供"对学生成就的客观评估，解答教育制度的有效性这个问题"。[30]事实上，国际研究通常都被认为是衡量一个国家的数学成绩，以至学术成就的"客观"准绳。正如本章前文所述，我们可否使用这个准绳来断定中国的教育制度较为优越呢？根据一些国际机构如Pearson[35]的公布，香港地区的教育制度被评为优越①。如上所述，中国在学生数学成就方面表现超卓，但在培养学生对数学学习持正面态度方面，仍大有改进余地。

中国学生的数学成就卓越，中国应该为此感到骄傲，但却万万不能自满。我们从这些国际研究得到的最重要结论，就是中国必须建立准确的自我定位。[32]与其依靠"西方"理论，不如努力制定我们自己的教育理论，以保持我们的实力，进而完善我们的教育制度。

参考文献

[1] Scardino M. The Olympics of education: Fresh efforts to boost the UK in maths and science league tables will also help our economic health. The Guardian, 2008, December 11.

[2] Stevenson H W, Lee S Y, Chen C, Stigler J, Fan L, Ge F. Mathematics Achieve-

---

① 要注意Pearson采用国际研究结果作为衡量教育制度质量的一个重要指标。

ment of Children in China and the United States. Child Development, 1990 (61): 1 053-1 066.

[3] Mead N A. International Assessment of Educational Progress//International Comparative Studies in Education: Descriptions of selected large-scale assessments and case studies. Washington D. C.: National Research Council, 1995: 48-57.

[4] Lapointe A E, Mead N A, Askew J M. Learning Mathematics. New Jersey: Educational Testing Service, 1992.

[5] Fan L, Zhu Y. How Have Chinese Students Performed in Mathematics? A Perspective from Large-Scale International Mathematics Comparisons//L Fan, N Y Wong, J Cai, S Li (Eds.). How Chinese Learn Mathematics. New Jersey: World Scientific, 2004: 3-25.

[6] Beaton A E, Mullis I V S, Martin M O, Gonzalez E J, Kelly D L, Smith T A. Mathematics Achievement in the Middle School Years. Chestnut Hill, MA: International Study Center, Boston College, 1996.

[7] Mullis I V S, Martin M O, Beaton A E, Gonzalez E J, Kelly D L, Smith T A. Mathematics Achievement in the Primary School Years. Chestnut Hill, MA: International Study Center, Boston College, 1997.

[8] Mullis I V S, Martin M O, Gonzalez E J, Gregory K D, Garden R A, O'Connor K M, Chrostowski S J, Smith T A. TIMSS 1999 International Mathematics Report. Chestnut Hill, MA: International Study Center, Boston College, 2000.

[9] Mullis I V S, Martin M O, Gonzalez E J, Chrostowski S J. TIMSS 2003 International Mathematics Report. Chestnut Hill, MA: TIMSS & PIRLS International Study Center, Boston College, 2004.

[10] Mullis I V S, Martin M O, Foy P. TIMSS 2007 International Mathematics Report. Chestnut Hill, MA: TIMSS & PIRLS International Study Center, Boston College, 2008.

[11] Mullis I V S, Martin M O, Foy P, Arora A. TIMSS 2011 International Results in Mathematics. Chestnut Hill, MA: TIMSS & PIRLS International Study Center, Boston College, 2012.

[12] Mullis I V S, Martin M O, Foy P, Hooper M. TIMSS 2015 International Results in Mathematics. TIMSS & PIRLS International Study Center, Boston College, 2016. http://timssandpirls.bc.edu/timss2015/international-results/.

[13] Organisation for Economic Co-operation and Development. Literacy Skills for the World of Tomorrow—Further Results from PISA 2000. Paris: OECD Publications,

2003.

[14] Organisation for Economic Co-operation and Development. Learning for Tomorrow's World-First Results from PISA 2003. Paris: OECD Publications, 2004.

[15] Organisation for Economic Co-operation and Development. Knowledge and Skills for Life: First Results from PISA 2000. Paris: OECD Publications, 2001.

[16] Organisation for Economic Co-operation and Development. PISA 2006: Science Competencies for Tomorrow's World: Volume 1: Analysis. Paris: OECD Publications, 2007.

[17] Organisation for Economic Co-operation and Development. PISA 2009 Results: What Students Know and Can Do. Paris: OECD Publications, 2010.

[18] Organisation for Economic Co-operation and Development. PISA 2012 Results: What Students Know and Can Do (Volume I, Revised edition, February 2014): Student Performance in Mathematics, Reading and Science. Paris: OECD Publications, 2014.

[19] Organisation for Economic Co-operation and Development. PISA 2015 Results (Volume I): Excellence and Equity in Education. Paris: OECD Publications, 2016.

[20] Cai J. Mathematics Thinking Involved in US and Chinese Students' Solving Process-constrained and Process-open Problems. Mathematical Thinking and Learning: An International Journal, 2000, 2 (4): 309-340.

[21] Stigler J W, Lee S Y, Stevenson H W. Mathematics Classrooms in Japan, Taiwan, and the United States. Child Development, 1987 (58): 1272-1285.

[22] Stigler J W, Perry M. Cross Cultural Studies of Mathematics Teaching and Learning: Recent findings and New Directions//D A Grouws, T J Cooney (Eds.). Perspectives on Research on Effective Mathematics Teaching. Hillsdale, NJ: Erlbaum Associates, 1988.

[23] Lee S Y. Mathematics Learning and Teaching in the School Context: Reflections from cross-cultural comparisons//S G Garis, H W Wellman (Eds.). Global Prospects for Education: Development, culture, and schooling. Washington D. C.: American Psychological Association, 1998: 45-77.

[24] Stevenson H W, Lee S Y. The East Asian Version of Whole-class Teaching, Education Policy, 1995 (9): 152-168.

[25] Gu L, Huang R, Marton F. Teaching with Variation: A Chinese Way of Promoting Effective Mathematics Learning//L Fan, N Y Wong, J Cai, S Li

(Eds.). How Chinese Learn Mathematics. New Jersey: World Scientific, 2004: 309-347.

[26] Hiebert J, Gallimore R, Garnier H, Givvin K B, Hollingsworth H, Jacobs J, Chui A M Y, Wearne D, Smith M, Kersting N, Manaster A, Tseng E, Etterbeek W, Manaster C, Gonzales P, Stigler J. Teaching Mathematics in Seven Countries. Results From the TIMSS 1999 Video Study. Washington D. C.: National Center for Education Statistics, 2003.

[27] Leung F K S. Some Characteristics of East Asian Mathematics Classrooms Based on Data from the TIMSS 1999 Video Study. Educational Studies in Mathematics, 2005, 60 (2): 199-215.

[28] Mok I A C. Teacher-Dominating Lessons in Shanghai: The Insider's Story//D Clarke, C Keitel, Y Shimizu (Eds.). Mathematics Classrooms in Twelve Countries: The Insider's Perspective. Rotterdam: Sense Publishers, 2006.

[29] Huang R, Mok A I C, Leung F K S. Repetition or Variation: Practising in the Mathematics Classroom in China//D Clarke, C Keitel, Y Shimizu (Eds.). Mathematics Classrooms in Twelve Countries: The Insider's Perspective. Rotterdam: Sense Publishers, 2006.

[30] Leung F K S. The Significance of IEA Studies for Education in East Asia//C Papanastasiou, T Plomp, E C Papanastasiou (Eds). IEA 1958—2008——50 Years of Experiences and Memories. Nicosia: Research Center of the Kykkos Monastery, 2011.

[31] Leung F K S, Wong A S L. Factors that Contribute to Hong Kong Students' Performance in Trends in International Mathematics and Science Study (TIMSS) 2011. Report submitted to the Education Bureau of Hong Kong SAR on Further Analysis of the TIMSS 2011 Background Questionnaires. Hong Kong: EDB, 2014.

[32] Leung F K S. In Search of an East Asian Identity in Mathematics Education. Educational Studies in Mathematics, 2001 (47): 35-51.

[33] Biggs J B. Western Misconceptions of the Confucian-Heritage Learning Culture//D A Watkins, J B Biggs (Eds.). The Chinese Learner. Hong Kong: Comparative Education Research Centre, 1996: 45-67.

[34] Leung F K S. What can and should we learn from international studies of mathematics achievement? Mathematics Education Research Journal (MERJ), 2014 (26): 579-605.

[35] Pearson. [2017-1-29]. http://www.mbctimes.com/english/20-best-education-systems-world.

第二章

中国数学教育制度与数学教育传统[①]

一、如何认识中国传统数学教学

中国数学教育源远流长,经历了三千多年的漫长历程。中国古代数学教育不仅培养出一大批杰出的数学家,创造了一些世界纪录,如唐代的"明算科"是世界上第一所数学高等学校,而且也创造了迄今为止仍然闪烁着睿智光辉的数学教学思想方法。然而,数学教育研究者和广大中小学数学教师对中国古代数学教学思想方法的了解和应用却不够。近年来虽然出现了一些研究数学文化与数学教育、数学史与数学教育关系的论著,但是其内容偏重于西方数学史或西方数学文化,擅长"概念游戏",实际操作性贫乏。在有些相关论著中即使有中国数学史和数学文化内容,也只局限于李俨、钱宝琮、李迪等名家论著中展示的几个典型案例——"物不知数""勾股定理"和数学家故事。诚然,不乏郁祖权《中国古算解趣》、王树禾《数学聊斋》等富有趣味的杰作,但是由于在严酷的考场上其作用微乎其微,因而在课堂上没有容身之地。总之,从浩瀚丰富的中国数学史料中挖掘并在数学教学中应用的人并不多。

意大利著名历史学家克罗齐(Benedetto Croce,1866—1952)曾经说过:"当生活的发展逐渐需要时,死历史就会复活,过去就变成现在的。""因此现在被我们视为编年史的大部分历史,现在对我们沉默不语的文献,将依次被新生活的光辉耀照,将重新开口说话。"[1]"因为年代学上看,不管进入历史的事实多么悠远,实际上它总是涉及现今需求和形式的历史,那些事实在当前形势下不断震撼。"[1]中国人自古以来也格外崇尚"温故而知新"的思想和实践,在个体的学习中重视在温习旧知识的基础上掌握新知识;在民族和国家的发展中,中国人践行"以史为鉴",将过去的知识经验、思想方法应用于实践,这也是"知新"的目的。

近几年笔者在审阅一定量的数学教育期刊论文,一些师范院校的硕士学位论文和大量阅读数学教育方面的论著时,发现不少年轻的研究者以直接或间接地否定中国传统数学教育为铺垫来阐述自己的"创见"。正如张奠宙先生所质言"晚近以来,所谓'传统的'教

[①] 代钦,内蒙古师范大学科学技术史研究院。

育方式，几乎成了'落后''陈旧'的代名词。"[2]我质疑有些研究者对中国传统数学教育究竟了解多少。笔者认为，传统和现在以及未来并不是决裂的，"创新"并不意味着同"传统"的必然分离，而是以超越和违反传统要求为前提的，在它们之间有某些价值的相合之处。正如著名哲学家叶秀山先生所言："历史包含了过去、现在、未来。不仅'过去'规定着'现在'，'未来'同样也影响着'现在'，'过去'和'未来'都在'现在'之中，'现在'不是一个几何'点'，而是一个'面'，人们每天都在'过去'的规范下、在'未来'的吸引下生活着、工作着。'往者'未逝，'来者'可追，'价值''意义'不是碎片，而是延伸。"[3]从过去、现在和未来的延续性看，"传统"和"创新"是一种文化更新发展的辩证运动的两个方面。我们应该站在传统教育基础上寻找继承和发展的切合点和平衡点，以防止极端的做法。高明的结论若没有历史事实那是苍白无力的，因此，即使是在想否定传统数学教育的情形下，也需要认真地学习研究中国数学教育传统内容，嗣后下结论也为时不晚。

传统是构建民族文化记忆的源泉，传统是创造的动力，也是超越力的刺激物。所谓传统就是世代相传的具有自己特点的社会因素，古老的东西直接或间接地蕴含在当今的现实中而继续发挥作用。无论社会变革多么激烈，思想传统是不会被彻底地改变的。虽然当今中国的学校数学教育内容几乎都是西方的，但是数学教育观、数学教与学的方式方法都延续着"尊师重道""教学相长""精讲多练"等传统，那就是在过去和现在之间具有一种割不断的血缘关系。

张奠宙先生说："中国教育有自己的'美'，我们需要民族自信，中国教师是中国优秀教育传统的守望者。"[2]这里我还补充一句：中国教育不仅有自己的"美"，还拥有自己的"真"和"善"，其"美"蕴含在"真"和"善"之中，并以美的形式将"真"和"善"展示在世人面前，一言以蔽之，中国传统教育中有丰富的具有生命力的优秀内容，它是真善美的统一，数学教育亦如此。

二、灿烂的中国古代数学文化和教育文化

中国是一个文明古国，也是一个古代数学大国，中国古代数学取得了举世瞩目的成就，并在历史的发展过程中形成了以算法为中心，以实用为目的，以归纳为主要方法，以问题集为主要模式，以数形结合、出入相补、有限与无限相统一为辩证思想的独特风格和体系。没有历史的观念也就没有发展的眼光。中国数学教育经历了几千年的历史，积累了丰富的经验，在各个时代提出了不同程度的数学教育思想。这些经验和思想是数学教育的宝贵财富，这对今天的数学教育具有重要的启迪作用。

（一）中国古代数学教育的开端

中国的数学教育源远流长，可以追溯到商代（公元前1600—公元前1046），至今已经有3600多年的历史。在这漫长的历史进程中，中国古代数学教育不仅培养出一大批杰出

的数学家,满足了自己生产实践的需要,而且也对世界数学教育的发展做出了自己的贡献,如中国传统数学成为日本和算的源流,《算经十书》成为日本、朝鲜等国家的教科书,等等。中国古代数学教育也创造了一些世界纪录,如唐代的数学专科学校是世界上第一所数学高等学校;又如南宋末期数学家和数学教育家杨辉的《乘除通变本末》(1274年)中的"习算纲目"是中国第一个数学"教学计划",也是世界上至今已被发现的最早的"教学计划"。

中国在夏商时期就有了数学教育。许慎《说文解字》(公元121)中有"数,记也"表明是计算之意。在西周(公元前1046—公元前256)国学内容"六艺"中开始把数学教育作为其中之一。"六艺":礼、乐、射、御、书、数六种科目的合称。其中"礼"是政治理论课,包括奴隶制社会的宗法等级世袭制度、道德规范和仪节;"乐"为艺术课,音乐、诗歌、舞蹈结合为一;"射"与"御"为军事训练课;"书"与"数"为基础文化课。"六艺"以"礼"为中心,文武兼备,代表我国奴隶社会全盛时期的教育水平。其中,书、数为小艺,主要在小学阶段学习;礼、乐、射、御为大艺,主要在大学阶段学习。艺者,技艺,把数学作为一种技艺来传授是中国古代非常独特的数学教育观念。"六艺"教育为我们明确指出了中国古代就已经把数学教育作为培养官吏的必要内容之一。"六艺"教育使西周的数学教育逐渐形成,并为后世数学教育的发展确定了方向。并且,大约在先秦(公元前221—公元前206)时期我国就有了数学教育制度。

隋唐之前,数学教育制度[4]如下:

(1)"六年教之数与方名;十年出就外傅,居宿于外,学书计。"(《内则》)

(2)"八岁毁齿,始有识知,入学学书计。"(《白虎通》)

(3)"六曰九数。"(《周礼·保氏》教民六艺)

(4)"八岁入小学,学六甲、五方、书计之事。"(《前汉书·食货志》)

(5)"古者八岁入小学,学六甲、五方、书计之事。"(魏王粲《儒吏论》)

这些教育制度虽然言简意赅,但它为后世数学教育奠立了基础。

(二) 世界上第一所数学专科学校——明算科及其影响

以《九章算术》为中心的私下传授的数学教育持续了500多年,这期间国家没有兴办数学教育。虽然隋代在历史上仅存在了28年,但它对我国的数学教育产生了深远影响。隋代于公元589年统一全国后制订了各种制度,除了依照前代设立国子学,恢复国家教育外,首次增设了算学,制定了算学教育制度,聘请数学教师,招收学生,规模为:"算学博士二人,算助教二人,学生八十人,并隶于国子寺。"[7]这标志着我国古代的国家数学教育初步形成。

唐朝建立后经过几十年的整顿,于公元656年在国子学中设明算科,规定了课程、考试方法和教科书。明算科,学生人数一般在30人左右,最少时10余人。算学生来自八品以下官吏的子弟和庶人子弟。算博士为九品下,是官阶的最末一级。[5]其间多次停办,到

10世纪的五代时尚有余波。明算科也是世界上第一所数学专科学校,由唐高宗皇帝钦定数学教科书——《算经十书》①。通过考试录用算学人才,充当官吏。

隋唐数学教育对日本和朝鲜产生了极大影响。隋唐时期发达的文化强烈地吸引了日本和朝鲜。特别是中国文化对日本的统治者来说具有无限的魅力,使他们从政治制度到文学、艺术、建筑、服饰、饮食和文字等各方面都尽可能地模仿中国。当时的日本数学教育制度几乎完全模仿了唐朝的数学教育制度。

(三) 中国古代数学文化发展的巅峰

在宋元时期,中国数学的发展达到高峰,创造出了不少具有世界意义的成就,出现了贾宪、秦九韶、李冶、杨辉、朱世杰等著名数学家。这与当时的数学教育发展水平息息相关。

南北两宋300多年,国家数学教育存在时间很短,不过大有可讲的内容。

北宋到后期才开始筹备数学教育,从元丰六年(1083)起到宣和二年(1120)止断断续续地办过数学教育,成绩不大,有两件事值得提出。其一是元丰七年(1084)首次雕版印刷了唐代流传下来的数学教科书,据研究可考的有《周髀算经》《九章算经》《孙子算经》《五曹算经》《张丘建算经》《夏侯阳算经》《海岛算经》《缉古算经》,至于《五经算术》和《数术记遗》是否刊印,尚待考证。[6]《缀术》肯定是未刊,证明当时已经失传。[7]其二是元丰时曾制订算学条例,崇宁六年(1107)"重加删润,修成敕令",流传至今。包括三部分,即"崇宁国子监算学令""崇宁国子监算学格"和"崇宁国子监算学对修中书省格"②。

南宋从1127年起算到1279年灭亡,存在了一个半世纪,从未有恢复算学教育之举。但也有两件事应当介绍。其一是,鲍浣之下了很大功夫搜集北宋元丰时所刊之算经,并在杭州的七宝山三茅宁寿观抄得《数术记遗》。他到福建长汀做地方官时把这些书从杭州带到长汀,于嘉定五、六年(1212,1213)完全仿照元丰七年刊本予以重刊。流传至今的有五部半,它们是《周髀算经》《九章算经》(前五卷)《孙子算经》《张丘建算经》《五曹算经》和《数术记遗》,它们已由文物出版社以总名《宋刻算经六种》于1981年影印出版,使今人能通过这些书间接地窥见元丰出版算经的情况。其二是南宋时期,杨辉于1274年在其著作中提出"习算纲目"一项,相当于现代的教学计划,相当珍贵,是中国数学教育史上的重要文献。

金代是由女真人建立的政权,1127年起与南宋对峙,1234年被蒙古所灭。金代没有

---

① 汉至唐千余年广泛流传的十部数学名著之合称。唐代科举明算科必读书。唐高宗御定为国子监算学馆教科书。李淳风述详加校注。包括《周髀算经》《九章算术》《海岛算经》《五曹算经》《孙子算经》《夏侯阳算经》《张丘建算经》《五经算术》《缉古算经》《缀术》十部算书。历代数学家给予注释的颇多,亦有增补删改。现今流传的为北宋元丰七年(1084)秘书省刻本的各种传刻本。

② 载于南宋刊本《数术记遗》之末。

建立国家数学教育，但是民间数学传授很盛，直至蒙古和元代不衰。我国北方的山西、河北等地民间数学研究和传习相当普遍，他们的一些研究促使天元术的诞生。

十二、十三世纪间，在我国北方的山西、河北，甚至山东，民间数学研究和传习相当普遍。他们的一些研究促使天元术的诞生。这是一项重大成果。值得注意的是在河北武安有一个以刘秉忠为首的知识分子集团，有张文谦、郭守敬、王恂等，他们学习的内容以自然科学为主，其中包括数学。数学家李冶在河北元氏县建封龙书院，收徒授课，传播数学知识，教学内容当然还有其他文史之类的知识。

朱世杰是十三、十四世纪之间的数学家和数学教育家，他以讲授数学为业，周游湖海几十年，踵门而学者云集。因为教学需要，于1299年由赵元镇出资给他出版了著作《算学启蒙》，这是一部由浅入深的数学教科书。三年之后，于1303年又出版了专著《四元玉鉴》一书。

蒙古和元代的大汗蒙哥、忽必烈等都比较重视数学，蒙哥学习过《几何原本》，而忽必烈则请数学家王恂给太子讲课。忽必烈时期，一再要求官员子弟也要像普通汉人的子弟那样学习数学。元代还明确规定下级官吏必须掌握算术，目的是为满足工作需要。

（四）从传统数学教育转向西方数学教育

明代建立于1368年，年号洪武。第二年就把数学列为教育的内容。洪武二十五年（1392）二月再次申明数学教学与考试内容："数习九章之法，务在精通，俟其科贡，兼考之。""凡生员每日务要学习算法，必由乘、因、加、归、除、减，精通九章之数。"[8]

明代的民间数学教育颇盛。15世纪的吴敬在杭州一带是有名的数学家和数学知识传授者，当地"一时蕃臬重臣皆礼遇而信托之者，有由然矣。"[9]明代后期的程大位虽然是商人，但是他对数学特别感兴趣，在晚年潜心研究数学，于1592年出版了《算法统宗》。该书出版以后风行海内外，在传播数学知识方面起到了重大作用。

从明末到清末的300年左右时间，由于西方数学的传入，数学教育产生向现代西方数学教育制度过渡的趋势，到清末大体过渡完成。因为本时期的数学教育既不同于明末前的传统数学教育，又有别于西方的近代数学教育，有中国自己的特点，故可以看作从传统数学教育转向西方数学教育的过渡时期。

隋唐时期和元代外国数学知识传入中国，但对中国数学的影响微乎其微。在明末中国开始大量翻译引进外国数学，这与以往大不相同。

从明末开始，西方初等数学不断传入中国。其中主要有《几何原本》前六卷、笔算、二次曲线、三角和一些数学工具，如纳白尔筹算、比例规、直尺圆规等等，在中国产生了广泛的影响。

中国学者当时对传入的西方初等数学，有不同的态度：积极吸收，如徐光启、李之藻等；大多数人无所谓或采取汇通中西的方法，如李笃培等；明确反对的并不多。研究和学习西方数学的人日益增多，有些人写出了有关著作，如孙元化有《泰西算要》、郑洪犹有

《几何法要》等等。"几何"一词已被人们所接受,到清初则形成了"三算"概念(珠算、毛算、筹算),都成为数学教育的内容。

明末清初的数学教育主要靠民间的私下传授,家庭和群体间的数学教育占很重要的地位,如以梅文鼎为代表的梅氏家族就是个典型。梅文鼎生于明末1633年,卒于清康熙六十年(1721),是清初著名天文数学家,著作十分丰富。[10]他的主导思想是"会通中西",对西方的几何、三角、笔算等都有著述。他的弟弟、儿子、孙子等都学习和研究数学,孙子珏成也是数学名家。此外还有不少其他人向梅文鼎请教和互相学习讨论,实际上形成了一个以梅文鼎为中心学习、研究中西数学的人群,学习的内容中西方数学所占比重较大。还有方中通等小的群体。

清代前中期,应该说在康熙时期是非常重视数学教育的,并取得了一定的成绩。康熙皇帝自幼对数学就特别感兴趣,曾请人教授西方数学、测量学等。康熙五十二年(1713)设立算学馆,选八旗世家子弟,请高水平的数学家任教。康熙皇帝还组织人力制作了许多数学模型和计算工具,如立体几何图形、比例规、画图工具、手摇计算机等。在康熙末年他又主持编撰《数理精蕴》一书,于1722年成书,1723年刊刻出版,雍正皇帝下诏"颁行天下",该书直到清末仍是传播数学知识的教科书。

清代末期,我国新学制下的数学教育的诞生历经半个世纪的酝酿之后才形成。中国近代数学教育,开始于"西学东渐"——西方科学知识传入中国之时。19世纪中叶,西方传教士来到中国时,带来了很多数学书籍,这样西方数学及数学教育在中国逐渐代替了传统数学,彻底改变了中国传统的数学教育思想和方式。

1857年,李善兰(1811—1882)和伟烈亚力(A. Wylie,1815—1887)翻译了《几何原本》的后九卷与英国德摩根的代数学、介绍解析几何和微积分的《代微积拾级》。1853年,伟烈亚力又用中文编写了介绍西方数学的《数学启蒙》,对中国接受现代数学起了积极作用。19世纪70年代,华蘅芳(1833—1902)和英国传教士傅兰雅(J. Fryer,1839—1929)合作翻译了代数、三角、微积分、概率论等方面的数学著作。

从1842年开始,传教士在中国创办教会学校,开设数学课程,主要有几何、代数、三角、解析几何和微积分等。

1862年创建了新式学校——北京同文馆,1866年该馆扩充高等学堂之后,增设了"算学馆",1868年李善兰被聘为算学馆首任总教习。该馆学制沿用了30年。

19世纪末,我国开始创办数学杂志。1897年,黄庆澄在浙江创办了《算学报》;1899年,朱先章创办了《算学报》;1900年,杜亚泉在上海出版《中外算报》。这些杂志的创办也促进了数学知识的普及与数学教育的发展。

1901年5月,罗振玉于上海创办《教育世界》杂志。《教育世界》自1901年起就刊载了由国学大师王国维翻译的日本著名数学家和数学教育家藤泽利喜太郎的《算术条目及教授法》等外国数学教育研究之重要论著。

上述历史发展为清末确立 1902 年《钦定学堂章程》和 1904 年《奏定学堂章程》中的数学教育体系创造了客观条件。

1902 年（壬寅年），清政府公布了"学堂章程"——《钦定学堂章程》，亦称"壬寅学制"。这是中国第一个比较系统的法定学制。数学教育内容也比较系统、全面，但是由于政治等各方面的原因该学制未能实施。

1904 年（癸卯年），清政府公布了《奏定学堂章程》，亦称"癸卯学制"。这也是中国近代第一个比较完整、并在全国实行的学制。该学制是严格模仿日本学制确定的。在新学制的指导下实行了蒙养院、小学堂、中学堂、高等学堂等学校的数学教育。

（五）中国古代数学文化的特征——《九章算术》之文化特征

《九章算术》（后面简称《九章》）是中国传统数学的经典著作，它决定了中国传统数学文化的发展道路，是中国传统数学文化的典型代表。《九章》的结构、形式和内容对中国古代数学的发展产生了极其深远的影响，它对世界数学也产生过一定的影响。《九章》是汉代以前数学知识的集大成者，包括了当时的大部分数学成果，是一部百科全书式的数学著作，也是中国古代数学教科书。《九章》的成就标志着中国古代数学在公元初期就已经达到了极高的水平，在很多方面是创造性的，世界领先的。例如，十进位值制记数法，印度最早在 6 世纪末才出现；分数运算方面也是很成熟的，印度在 7 世纪才应用；开平方、开立方，西方 4 世纪末才有开平方，但还没有开立方；至于正负数概念和一些运算法则，印度最早见于 7 世纪，西欧至 16 世纪才出现；联立一次方程组、二次方程方面，也领先于印度、西方至少 6 个世纪之多。

《九章》的作者不详。专家们已经指出，不是由一个人独立完成《九章》的编写工作的，而是经过张苍、耿寿昌等数学家的整理而逐渐完成。魏晋时期的刘徽注解《九章》之前，它已经确立了代表中国传统数学的不可动摇的地位。刘徽的注解，使《九章》的内容变得清晰明白，更容易被人们理解。

《九章》是由方田、粟米、衰分、少广、商功、均输、盈不足、方程和勾股九卷组成，是以应用问题集的形式编写的，共有 246 个问题。先举出问题，然后给出"答"和"术"，即每一个小问题都有"术"，这些"术"是解决问题的方法或算法程序，有的相当于数学定理或数学公式。全书共有 202 个"术"，其中一般意义的"术"有 69 个，这些"术"是中国传统数学理论的根本所在。

《九章》之最基本的特征有两点：第一，以实用为目的的实用性特征；第二，以算法为中心的计算性特征。这也是中国传统数学教学内容的基本特征。

1. 以实用为目的的实用性特征

《九章》具有实用性特征，它决定了中国传统数学的特征。这个特征也是由中国传统哲学思维所决定的。换言之，中国传统数学的实用性特征的思想根源在于中国传统哲学思想。

第一，从《九章》的内容来看，当时的社会生产实践的需要决定了它的形成和发展。《九章》是在研究整理古代数学资料的基础上精心编纂的实用数学著作。《九章》的内容与当时人们日常生活中的土地面积计算、粮食兑换、分配物品、税收、罚款、记工、土木工程计算等各个方面的实际问题密切相关。所选择的246个题目中多数都涉及当时社会生产实践的实际问题，有的是生活中的数学趣味问题。大约有190道是和经济活动有关的应用题，这些算题保存了当时社会经济方面的许多重要史料。各章内容的关系是平行的，在每一章的内容和数学方法的安排上也有由浅入深的层次性。在中国古代，社会实践是衡量数学好坏的标准。如果数学适合生活需要，能够有效地解决生活中的实际问题就是好数学，从而得到发展，否则得不到重视甚至被抛弃。例如，虽然《九章》是先秦以来数学成就的集大成者，但它的整理编写者并没有把墨家的几何知识纳入到自己的数学知识体系中，因为墨家的几何知识是讨论点、线、面及其一些逻辑关系的抽象的数学知识，这和生活中的实际问题没有直接关系。

第二，正因为受社会生产实践的需要和实践性衡量标准的直接影响，在编写《九章》的指导思想和方法上也体现出实用性的特征。在《九章》中出现了大量的数学名词术语或数学概念，共有120多个。这些名词术语及其含义有的沿用至今。但在《九章》中对所有数学名词术语或概念没有做出解释或给出定义，即没有揭示概念所反映的事物的本质属性。概念之间的逻辑关系不清楚，因而许多概念之间的关系显得都是平行的。人们在数学经验的基础上，在学习和应用数学的过程中，凭借直觉去领会"术"中各概念之间的内在关系。中国古代数学家的兴趣在于实用，而不在于对这些关系的揭示，也没有认识到揭示概念之间关系的重要性。

第三，在《九章》里没有介绍布列算筹的方法和九九表等最初步的数学基础知识。首先，这可能是由学习者的水平或《九章》的实际水平所决定的。对学习和使用《九章》的人来说，《九章》中的名词术语、算筹的使用方法和九九表等基础知识早已掌握或者在学习和使用计算的过程中已领会。其次，这种编写方法是由《九章》的实用性特征决定的。因为在实际使用过程中并不需要对那些名词术语和基本概念进行解释，也并不需要对具有一般意义的"术"解释或证明。虽然在《九章》中出现了很多数学命题或判断，但没有给出逻辑证明。这就足以说明它不是人们通常所说的一般意义的数学教科书，要么是高级数学人才使用的教材，要么是官方使用的数学实用手册。因为"《九章》一书，从其萌芽时起直到定稿，没有离开过政府的经济管理部门（国家图书馆也可能藏有），为经济工作服务，是一部实用性很强的书。"[5]

第四，从《九章》的名词术语来源看，也反映了实用性特点。《九章》的内容及所使用的名词术语大多数都和社会生产实践有直接关系，是实际存在的物质实体，缺少脱离实际的抽象概念。这种特征和欧几里得《几何原本》大相径庭。在欧几里得几何中没有一个实际问题，所讨论的是概念与概念之间的关系。众所周知，"几何学研究点、线、平面、角、圆、三角形，等等。对于欧几里得和希腊人来说，在这部著作中，欧几里得当时所给出的这些术语，并不表示物质实体本身，而是从物质实体中抽象出来的概念。事实上，来源于物质实体的数学抽象，仅仅反映了实体的少量性质。……为了使抽象术语的含义更精确，欧几里得首先给这些术语下了定义。"[11]就《九章》来说，没有必要对一目了然的东西下定义，这样做也没有任何实用价值。《九章》中的问题不仅都是实际问题，而且有些名词术语能够反映其产生发展的时代背景。例如，《九章》中记分数的方法为"实如法而一"中的"实"和"法"都有实用的特点。"在中国古代，被除数称为'实'，除数称为'法'。古代数学密切联系实际，所分的都是实在的东西，如各种谷物、丝绸之类，故被除数称为实；而用之于分的数实际上是一个标准，故除数称为法。法，标准也。"[12]此外，在《九章》中的"术"的命名几乎都与生活中的具体东西相对应。

第五，中国古代数学教育的基本目的是"经世致用"。即，社会生活离不开数学知识，所以人们要学习它，并且学会了可以"世用"。"质言之，数学教育之目的是训练一种技能，以为工艺制器、经世致用之具，而不是训练科学精神与方法，藉以提高人才的素质。"[13]在这样的教育目的的指导下，人们只需掌握现有的数学知识便能够满足社会生活的需要，所以不必对数学进行更进一步的研究。中国古代数学家在著书立说时或多或少地都谈到数学的实用价值，有的颇详细全面，有的简明扼要。例如，程大位在《算法统宗》[14]卷一中也谈到数学的作用：

"智慧童蒙易晓，愚顽皓首难闻。世间六艺任纷纷，算乃人之根本。知书不知算法，如临暗室昏昏。谩同高手细评论，数彻无纷方寸。"

第六，数学研究人员的社会地位或行政手段也对传统数学的实用性特征的形成起关键性作用。中国传统数学和古希腊数学风格特征之所以不同，其主要原因之一是中国传统数学的整理编纂者是经济管理等方面的官员，而希腊数学的研究人员是学者。"在古希腊，学者研究和整理数学知识，他们试图用数学描述世界图景和训练某些特殊人的头脑，而不是在日常生活中的应用，亚里士多德等又是逻辑学家，并把逻辑方法用于数学研究，于是形成了以欧几里得《几何原本》为代表的演绎体系数学模式。在古代中国虽也存在形成演绎体系数学模式的可能性，但整理数学知识的工作主要掌握在经济管理官员手中，他们把数学题搜集在一起，编成如《算数书》那样的数学问题集，整理数学知识的目的是日常应用。以后又出现了《九章算术》这样的典型问题汇编，成为东方的数学模式。"[15]技术学和行政管理的影响一直束缚着数学研究人员的思想，在近两千年的发展进程中国传统数学虽然取得一些世界领先地位的伟大成就，但遗憾的是始终未能改变《九章算术》的模式。

《九章算术》的实用性特征也是中国传统数学的基本特征，它与古希腊数学追求演绎系统的特征是截然不同的。总之，中国古代的劳动人民向来重视实际，善于从实际中发现问题，提炼问题，进而分析问题解决问题，在深入广泛的实践经验上建立了具有自己特色的中国传统数学。中国的数学牢牢扎根于社会实践之中，根源于长期的实践经验基础之上，这与希腊几何学脱离实际走到纯逻辑推理的形式主义有根本性区别。

上面从多方面论述了《九章》的实用性特征，但这并不意味着它除实用性以外，没有其他非实用的方面。事实上，在《九章》中也有一些非实用的趣味问题。这些问题也导致产生了趣味性更浓厚的《测圆海镜》。中国古代数学的有些趣味性问题是具有世界意义的，如《孙子算经》的"物不知数"问题，世界上被称为"中国剩余定理"，亦称"孙子定理"。

2. 以算法为中心的计算特征

中国传统数学具有以算法为中心的计算性特征。一般地，"就中国科学史来讲，过去的科学具有技术性的性格。在古代要明确区分科学和技术是非常困难的。如果真要想区分，那就是技术比科学更具有地区风俗和生产相结合的特点，因此具有很强的地区性格。就中国来讲，科学并不是以理论为基础去说明现象，而更多的是以经验为基础获得知识，所以相对地缺乏逻辑性。以天文学和数学为例来说，当然不可能没有逻辑，但其中心是计算技术，天文学史和数学史主要任务是弄清这样的计算技术的发展过程。"计算不是别的，就是由实用性特征所决定的。即中国古代数学高度发展的计算技术，其原动力在于实用的需要。

算筹在中国古代数学和数学教育发展中扮演了极其重要的角色。算筹是中国传统数学特有的记数、计算工具，是在数学和其他科学领域中表示数的主要手段。这是因为在算板上摆布小竹棍或木棍进行计算而得名。这种计算工具在世界上其他地方没有产生过，是古代中国独一无二的计算工具。中国人最晚在春秋战国时期就有了算筹。在《老子》中就有"善数不用筹策"的记载。

用算筹记数直观明了，算筹的使用和我国十进制记数的发展密切相关。"我国古代数学在数字计算方面有卓越成就，应当归功于遵守位值制的算筹记数法。"[16]

现代文化要素中最出色的、巧妙的东西是十进制记数法。这是和我们呼吸空气一样当然的事情。对十进制的性质，普通人不会比空气的化学成分了解得多。令人惊奇的是仅仅用十个数字就能表示任意小的数和任意大的数。

用算筹摆成数字进行计算的方式叫做筹算。筹算和现代的笔算差异很大，可以说是中国自己创造和形成的独特的计算方式和系统。用算筹可以很自如地进行加、减、乘、除计算。算筹在计算中使用起来操作性强，简单明了。算筹在古代中国数学教育中一直扮演着重要角色。

算筹对中国古代数学模式的形成产生过重要影响。正如李继闵先生所说："中国古代的筹算绝不限于单纯的数字计算，而是发展了一套内容十分丰富的'筹式'演算。中算家不仅利用筹码不同的'位'来表示不同的'值'，发明了十进制值记数法，而且还利用筹在算板上各种相对位置排列成特定的数学模式，用以描述某种类型的实际应用问题。"[17]

中国传统数学特征的形成以及在代数学方面取得的伟大成就并不是偶然的，与它的使用工具——算筹有着密切联系。日本学者三上义夫比较中国数学和印度数学时指出："中国数学的主要部分是代数思想的发展，在其他方面并不突出。代数学方面曾经三次达到了世界最高水平，分别是汉代的《九章算术》和唐代的《缉古算经》以及宋元时期诸数学著作中的成就。……（取得这些成就的）主要原因是自古以来中国使用算筹。算筹与中国数学的发展有着很大的关系。只有把中国代数学的发展形成的变化和算筹的使用结合起来考虑，才能够弄清他们的关系。"

"在中国古代数学中，位值制记数法不但利用于一个数字的各位数码，并且利用来表示一个算式中的各项数字，也就是现代数学中的分离系数法。"[16]

如上所述，算筹有很多优点，但存在一些不能克服的缺点。例如，有时表示比较大的数字难免出错；在冗长的计算过程中出现错误的情况下不容易发现在何处出现了错误；也不利于中国数学走向抽象化道路，建立严格的逻辑理论体系。

三、中国传统数学教育思想的灵魂

中国传统数学教育是中国传统教育的不可分割的一部分，其教育教学指导思想就是中国传统教育思想，换言之，中国传统教育思想就是传统数学教育的灵魂。这体现在传统数学教育中的"尊师重道""教学相长"等永恒的主题上。关于这方面，在拙文《中国数学教育：传统与现实》（江苏教育出版社，2009）第1章《中国传统文化与数学教育》中较详细地论述了中国古代数学教育价值问题，这里撷取其要点，以便使读者更好地了解中国传统数学教育思想的内涵。

首先，中国传统数学教育主张"教师主导、学生主体"观点，这体现在"尊师重道"上：既关注学生在教学过程中的主体地位，又强调教师的主导作用。

自古以来教师受到人们的尊敬，在伦理上具有崇高的地位。中国古代先哲们有很多精辟论述：

"师严然后道尊，道尊然后民之敬学。"（《礼记·学记》）

"国将兴，必贵师而重傅……国将衰，必贱师而轻傅。"（《荀子·大略》）

"一日为师，终身为父。"（罗振义：《鸣沙石室佚书·太公家教》）

"为学莫贵于尊师。"（谭嗣同：《浏阳算学馆增订章程》）

尊师重道，"重道"即提倡实事求是地传道，这是在肯定学生主体地位的基础上才能够实现的，并不是当今有些人所认为的那样，在否定学生主体地位的情况下传道的。我们不能把严格要求学生和否定学生主体地位混为一谈。同时，我们还可以提醒人们：宽松的课堂也并不等于体现了学生的主体地位。

其次，伟大的教育家、思想家孔子早在两千几百年前提出了"教学相长"（《礼记·学记》）的思想，这里凝缩了以教师为主导、以学生为主体相结合的教学思想。概言之，"教学相长"主张：教与学是互相促进的；教师与学生是互相促进的；教师的教与教师本人的学是互相促进的。"教学相长"的理念，并不主张"学生中心"或"教师中心"的二分法的观点，而是积极提倡教与学的平衡与和谐。在不同的教学场景和时间里有着不同的表达方式，如"三人行，必有我师焉"（《论语·述而》）、"故弟子不必不如师，师不必贤于弟子。闻道有先后，术业有专攻"（韩愈：《师说》）等。"教学相长"之理念一直支撑着中国传统数学教学实践及其发展。

在学习方面，孔子强调学生的学习和思考的统一性："学而不思则罔，思而不学则殆"（《论语·为政》）。中国有古语说："师傅领进门，修行在自身。"这些都是在提倡学生学习的主动性。

在教学方面，孔子强调教师的献身精神："学而不厌，诲人不倦"（《论语·为政》），并且认为："教不严，师之惰""玉不琢，不成器"。如果学生学得不好，教师负有一定责任。所以，教师把教学中的"主导"当作自己的责任。

如果在数学教学过程中，教师制定教学计划，完成教学设计，实施教学评价，那么，教师就发挥了主导作用。总之，中国数学教育坚持"教师主导"，同时也强调"学生主体"，追求教与学、教师与学生之间和谐平衡。

"教学相长"思想是通过师生对话讨论的方式来实现的，这类似于古希腊苏格拉底的产婆术。在中国古代数学教学中不乏对话讨论形式的典型教学案例。下面通过《周髀算经》中的实例来品味一下中国传统数学教育思想。

《周髀算经》中荣方向陈子请教数学问题，而陈子没有直接告诉答案，谆谆教导学习思考数学的方法，在荣方不厌其烦地反复思考的基础上，清晰地讲解了问题的原由和结果。

昔者荣方问于陈子。曰："今者窃闻夫子之道，知日之高大，光之所照，一日所行，远近之数，人所望见，四极之穷，列星之宿，天地之广袤。夫子之道皆能知之，其信有之乎？"

陈子曰："然。"

荣方曰："方虽不省，愿夫子幸而说之。今若方者，可教此道邪？"

陈子曰："然。此皆算术之所及，子之于算，足以知此矣。若诚累思之。"

于是荣方归而思之，数日不能得。复见陈子曰："方思之不能得，敢请问之。"

陈子曰："思之未熟。此亦望远起高之术，而子不能得，则子之于数未能通类。是智有所不及，而神有所穷。夫道术，言约而用博者，智类之明。问一类而万事达者，谓之知道。算数之术，是用智矣。而尚有所难，是子之智类单。夫道术所以难通者，既学矣患其不博，既博矣患其不习。既习矣患其不能知。故同术相学，同事相观，此列士之愚智、贤不肖之所分。是故能类以合类，此贤者，业精习智之质也。夫学同业而不能入神者，此不肖无智而业不能精习，是故算不能精习吾岂以道隐子哉固复熟思之。"

荣方复归，思之数日不能得。复见陈子曰："方思之以精熟矣，智有所不及，而神有所穷知，不能得。愿终请说之。"陈子曰："复坐，吾语汝。"于是荣方复坐而请。陈子说之曰："夏至南万六千里冬至南十三万五千里日中立竿测影，此一者天道之数，周髀长八尺夏至之日晷一尺六寸，髀者股也正晷者勾也，正南千里勾一尺五寸正北千里勾一尺七寸，日益表南晷日益长候勾六尺即取竹空径一寸长八尺捕影而视之空正掩日，而日应空之孔，由此观之率八十寸而得径一寸，故以勾为首以髀为股，从髀至日下六万里而髀无影从此以上至日则八万里。"

赵爽在注释中深有体会地说："凡教之道，不愤不启，不悱不发，愤之，悱之，然后启发。"又说："举一隅，使反之以三也。"①

虽然上述案例是个别案例，但它蕴涵了数学学习方法的哲理性，从中我们可以看到以下几点：

第一，中国古代数学教学中采用师生平等的对话讨论的启发式教学方法，注重了师生互动。这种教与学的讨论方式类似于古希腊柏拉图的《美诺篇》中苏格拉底的几何教学的"产婆术"。

第二，陈子提倡自主学习，向荣方阐明了思考在数学学习中的重要性。

第三，陈子没有直接把知识授予荣方，而是在荣方进行一段反复思考的基础上传授了知识。

总之，《周髀算经》中强调，学习数学时要举一反三，积极思考，除掌握一定的知识外，也应该注重思维能力的训练和培养。《周髀算经》中的启发式教学方法与苏格拉底的"产婆术"相媲美，两者东西相辉，不仅在东西方数学教育史上发挥积极作用，而且在当今数学教育中亦具有重要价值。

四、中国传统数学教学实践典型案例

"不共线的三个点确定一个平面"，这是不争的公理。类似于这个公理，中国传统思维、中国传统教育思想和中国传统数学的独特思想方法（三点）确定了中国传统数学教育。它们的有机结合形成了中国传统数学教育这个完美的整体，三者在数学教育实践中互相促进，互相依存，推动了整体内部的良性循环，表现出其顽强的生命力。诚然这个整体并不是一个封闭的系统，而是与时俱进，不断地吸纳新的思想和方法，以完善和超越自己。

在中国传统数学教育中令人赏心悦目的解决实际问题的教学实例不胜枚举，下面仅举

---

① 这与刘徽的观点一致。刘徽在《九章算术》粟米章注释中说："所谓告往而知来，举一隅而不以三隅反之者也。"在方程章注释中说："庖丁解牛，游刃理间，故能历久其刃如新，夫数，犹刃也，易简用之，则动庖丁之理。"

几道例题。

（一）整体性思想方法的应用

例 1 赵爽对勾股定理的证明

《周髀算经》中明确记载了勾股定理："若求邪至日者，以日下为句，日高为股，句股各自乘，并而开方除之，得邪至日。"（《周髀算经》上卷二）

赵爽在《周髀算经注》中创造了"勾股圆方图"，证明了勾股定理。"勾股圆方图"是用"出入相补"原理通过若干次旋转、对称变换来实现的。即："勾股各自乘，并之为弦实。开方除之，即弦。按弦图又可以勾、股相乘为朱实二，倍之为朱实四，以勾股之差自相乘为中黄实。加差实一亦成弦实。"

按"弦图"，以勾、股相乘，其积表示为一个矩形，同时是两个全等的直角三角形的面积和，称为两个"朱实"，在图中用红色涂之。加倍就有四个红色的直角三角形。以勾股之差自乘，在图中用黄色表示为一个小正方形，用黄色涂之，称为"中黄实"。以四个"朱实"加上一个"中黄实"也得到"弦实"——弦的平方（如图 2-1）。

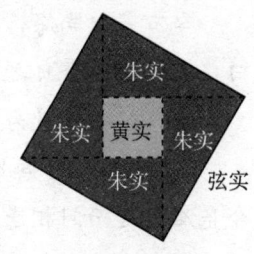

图 2-1

将以上证明过程用现代符号表示如下：

设 a，b，c 表示勾股形的勾、股、弦，则一个朱实为 $\frac{1}{2}ab$，四个朱实为 $2ab$，黄实为 $(b-a)^2$。所以，$c^2 = 2ab + (b-a)^2 = a^2 + b^2$，即 $c^2 = a^2 + b^2$。

例 2 刘徽对勾股定理的证明

刘徽用"出入相补"原理（亦称"以盈补虚"方法）构造了两个不同的矩形（整体），从整体上去把握三角形的底边、高与面积的关系，即三角形面积等于矩形面积的一半。即："半广以乘正从。半广者，以盈补虚为直田也。亦可半正从以乘广。"

如图 2-2，设直角三角形的两条直角边为 a，b，斜边为 c。在直角三角形的三边上按逆时针方向作边长分别为 a，b，c 的正方形。因此边长为 c 的正方形的面积为 c^2，即 $c^2 = \frac{1}{2}[(b-a)+b] \cdot b + \frac{1}{2}ab + a^2$，整理得 $c^2 = a^2 + b^2$。

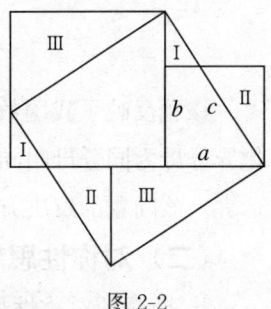

图 2-2

赵爽、刘徽对勾股定理的证明方法是中国古代几何证明方法的典型例子，它是将条件和结论的内在联系作为一个整体从直觉上把握，言简意赅地表述了证明过程。这种证明方法称为"出入相补"方法或原理，其中隐含着中国传统思维的整体性思想，几何证明中试图构造一个井然有序的整体。"出入相补"方法有两个显著的特点：首先，它是整体性思想方法，即根据已知几何形体的大小和形状等特点再构造一个新的完整的形体，然后从面积、体积的大小推出结论，即从整体把握部分的特征。其次，在证明中，从整体把握部分的特征以外，还以量为标准从整体与部分之间的关系推出结论。其中，若干次使用几何形体（或面积和体积）之间的全等关系作几何变换，以实现构造整体。但这里仅仅是从面积和体积等量的角度考虑的，一般不涉及几何形体的角度的大小、直线与直线的位置关系等各种性质。或者说，刘徽等中国古代数学家在几何变换过程中依靠直观来把握这些性质关系，所以证明的某些环节显得模糊不清，这是不同于古希腊数学的研究方法。例如，赵爽在勾股定理的证明中进行了若干次旋转和移动变换之后构造了一个整体——正方形，然后加以解释勾股定理成立。这种证明思路和古希腊的欧几里得《几何原本》中对勾股定理的证明方法截然不同。

例 3　《九章算术》中"凫雁相逢"问题

今有凫起南海，七日至北海；雁起北海，九日至南海。今凫雁俱起，问何日相逢？答曰：三日十六分日之十五。

术曰：并日数为法，日数相乘为实，实如法而一。

"按此术，置凫七日一至，雁九日一至，齐其至，同其日。定63日凫9至，雁7至。今凫雁俱起而问相逢者，是为共至。并齐以除同，即得相逢日。"

用一个数表来表示，即：

$$\begin{matrix} & 凫 & 雁 \\ 日 & 7 & 9 \\ 至 & 1 & 1 \end{matrix} \xrightarrow{\text{同其日}\atop\text{齐其至}} \begin{bmatrix} 63 & 63 \\ 9 & 7 \end{bmatrix} \xrightarrow{\text{并齐至为共至}} \begin{bmatrix} 63 \\ 9+7 \end{bmatrix}$$

即 63 日相逢 16 次，故相逢日数为

$$\frac{63}{7+9}=\frac{63}{16}=3\frac{15}{16}（日）。$$

刘徽又给出另一解释：凫一日飞全程的 1/7，雁一日飞全程的 1/9，按同其日齐其至的要求，分别记为 9/63 和 7/63。若把南北的距离设想为飞 63 天的话，则凫雁共飞 9+7＝16 次，所以相逢日数是

$$\frac{63}{16}=3\frac{15}{16}（日）。$$

该题反映了我国数学家处理分数问题时的基本思想方法，这种思想方法叫齐同术。即：化异分母为同分母叫同其母，要保持分数值不变，必须齐其分子，齐同以后才可以进行加减运算。该问题的解决方法，同时也反映了整体性思想方法在实际问题解决中的应用。

（二）对称性思想方法的应用

1. 杨辉的对称性思想方法

考察中国古代数学教育思想方法时，首先必须介绍南宋著名数学家和数学教育家杨辉。杨辉对数学教育的贡献之一是为我们留下了《习算纲目》。《习算纲目》是中国古代数学教育史上的一份重要文献，首载于《杨辉算法》的《乘除通变本末》篇。"习算纲目"是中国乃至世界上目前所发现的第一个有关数学教学计划的文献，与中国后来所出现的

"教学法""课程标准""教学计划""教学大纲"属于同一类的"数学教学的文献"。《习算纲目》中有：(1) 较完整的数学知识体系；(2) 明确的学习进程和目标；(3) 明确的教材层次分析和教学参考书目；(4) 精讲多练的教学方法；(5) 强调教学要明算理，要"讨论用法之源"，言必有据。杨辉的数学教育思想方法中，凝聚了先哲们的数学思想方法和教育教学思想方法。他在数学教育教学中充分履践了"温故知新""循序渐进""精讲多练"等教学理念，将数学思想方法和中国传统的教学思想方法融为一体，为后世留下了珍贵财富。

杨辉在数学教学中注重将数学思想方法和培养学生创造性思维能力的目标融合成一个有机的整体。

(1) 计算教学中的对称方法

在杨辉的著作中可以欣赏到令人陶醉的数学美学思想方法。特别是数学的对称思想方法在杨辉的著作中体现得淋漓尽致。

例4 在《续古摘奇算法卷（上）》中说："天数一三五七九，地数二四六八十，积五十五。求积法曰：并上下数共一十一，以高数十乘之，得百一十，折半得五十五，为天地之数。"①

用现代形式表示如下：

即 $S=1+2+3+\cdots+9+10$，$S=10+9+\cdots+3+2+1$。

将上面两式左右两边分别相加有：

$2S=(1+10)+(2+9)+\cdots+(2+9)+(1+10)=11\times 10=110$，

$S=110\div 2=55$。

杨辉利用对称性原理构造了新方法。[18]这种方法说明，和这列数首末两端距离相等的每两个数的和（对称性）都等于首末两数的和（统一性）。能够观察总结出这样的规律，在计算上就方便了许多。对称性方法在数学教学以及数学研究中都是颇有启发性的，如在小学数学教学中就是根据这个对称性原理推导出等差数列前 n 项和公式的。

(2) 面积教学中的对称方法

例5 《九章算术》中圭田（三角形）面积公式的推导方法也运用了对称思想——中心对称性原理："半广以乘正从。半广者，以盈补虚为直田也。亦可半正从以乘广。"（如图 2-3）

杨辉在《田亩比类乘除捷法》中更进一步发挥刘徽的"以盈补虚"方法来详细地研究了三角形面积公式的推导，补充了各种可能的情况，使得推理方法更严谨、灵活。他具体给出了以下方法：

---

① 这种运算方法在著名数学家高斯传记中有详细记载：高斯在小学时曾在没有老师提示下自己想到了这种对称的运算法。另外，在我国民国时期著名数学家吴在渊的传记中，记载着吴在渊孩提时代在独自想出这种对称运算方法后得意的情景。

"广步可以折半者,用半广以乘正从。从步可以折半者,用半从步以乘广。广从皆不可折半者,用广从相乘折半。"用几何图形表示如图 2-3、图 2-4、图 2-5(已知△ABC,D,E 分别为边 AB,AC 的中点)。

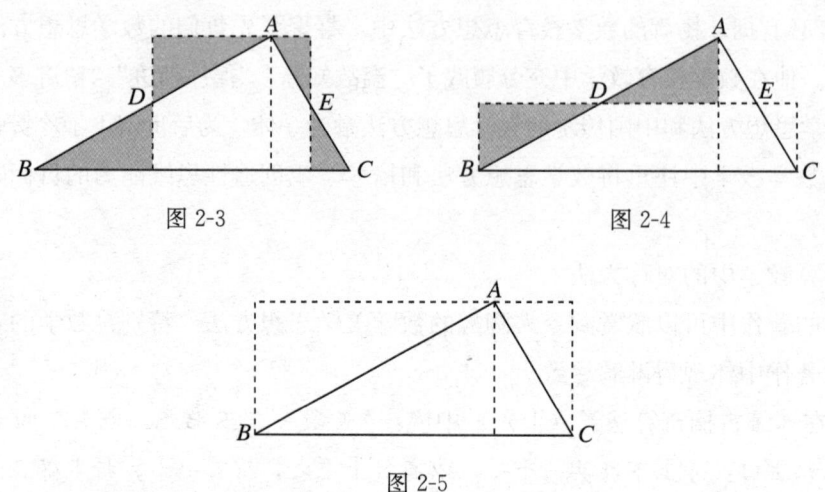

图 2-3   图 2-4

图 2-5

用公式分别表示上述内容即为:$S=\left(\frac{1}{2}a\right)h$;$S=a\left(\frac{1}{2}h\right)$;$S=\frac{1}{2}(ah)$(其中 S 表示三角形的面积,a 表示三角形的底,h 表示三角形的高)。

事实上,中国古代数学家在推导几何图形面积公式的过程中已经不自觉地采用了简单的初等几何中的中心变换方法。刘徽、杨辉通过"以盈补虚"方法把不完整的图形加以补充,来构造一个完美的整体图形——矩形。计算三角形的面积时,他们首先在矩形这个整体观念的框架中把握问题的关键。

杨辉的这种对称性美学思想方法在数学教学中具有一定的价值。今天,在小学数学教学中求三角形面积时一般只采用图 2-3 的情况来解释。但有见地的教师在教授三角形面积求法时,先用图 2-3 这种方法解释之后,再接着用启发式教学方法引导学生学习图 2-4、图 2-5 这两种求三角形面积的方法。这里也蕴含着课题学习的内容,更有利于激起学生学习的兴趣和培养学生的思维能力。

2. 甄鸾的问题解决教学

例 6 南北朝时期数学家甄鸾在《数术记遗》注中的有些题目的解决方法是中国古代数学教学中应用对称方法解决实际问题的典型例子。书中说:

"今有大水不知广狭,欲不用算法,计而知之。"

问题解决过程如下:

"假令于水北度之者,在水北置三表,令南北相直,各相去一丈。人在中表之北,平直相望水北岸,令三相直,即记南表相望相直之处,其中表人目望处亦记之。又从中相望处直望水南岸,三相直,看南表相直之处亦记之。取南表二记之处高下,以等北表点记之。还从中表前望之所北望之，北表下记三相直之北，即河北岸也。又望上记三相直之处，即水南岸。中间则水广狭也。"

这里就使用了几何学的轴对称原理。[5]用几何图形表示如下：（图 2-6，A，A'，B，B'均为记号。）

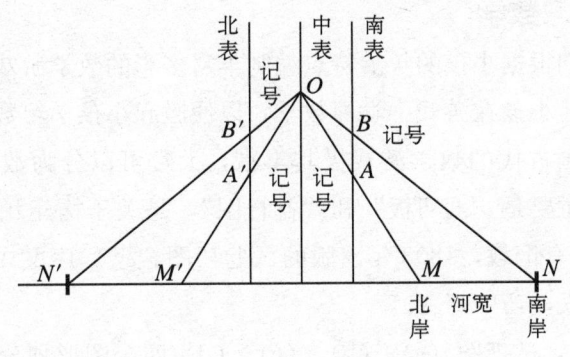

图 2-6

（三）数学的歌诀教学方法

数学歌诀也是中国数学的一种表达方式，是数学内容和诗歌相结合的结果。中国古人认为，牢固记忆可以通向理解。牢固数学记忆的方法多种多样，口诀、歌诀方法是中国人惯用的方法之一。中国传统数学中牢固记忆的方法是通过数学诗歌或歌诀来实现的。中国古代人把一些数学问题改编成歌诀，以便易于掌握和传授。数学歌诀是反映数量关系和空间形式的内在联系及其规律的一种口头形式，它是按数学内容的要点编成的有节奏、生动、押韵的整齐句子。中国最早的数学歌诀在《周髀算经》序中出现。宋元之际在杨辉、朱世杰的著作中也出现过不少数学歌诀；明代程大位的《算法统宗》达到了炉火纯青的境界，珠算的操作都是以歌诀形式进行，许多数学题是以歌诀形式编写的。歌诀也反映了中国古代数学家浪漫的艺术气质。数学歌诀在数学学习研究和商业来往中起到一定的作用。歌诀使数学知识易于普及于民间，但它只限于一般的、通俗的、日常使用的知识。

例 7 《周髀算经》序：平矩①以正绳，偃矩以望高，覆矩以测深，引矩以知远，环矩以为圆，合矩以为方。

这首诗的前四句叙述用矩测量的方法，后两句则说明圆与方的形成。诗中所说的测法理论，就是今天中学平面几何中相似三角形的性质原理。

测高的方法理论如下：

如图 2-7，若把曲尺一边 AC 放平，即与水平位置

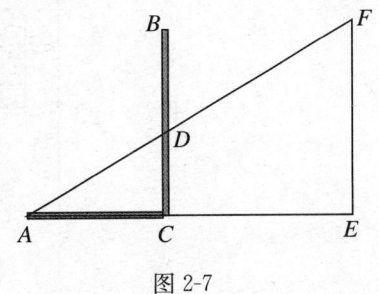

图 2-7

---

① "矩"是由长、短两尺成直角组成的一种"方尺"，尺上有刻度。"矩"又称弯尺、曲尺。

AE 重合,另一边 BC 垂直,从 A 点望高处顶端 F,视线 AF 与 BC 相交于点 D,则 $\triangle ACD \backsim \triangle AEF$,

∴ $\dfrac{AC}{CD}=\dfrac{AE}{EF}$,高 $EF=\dfrac{CD \times AE}{AC}$。

(四) 游戏中学习数学

在中国古代,人们根据小孩的年龄特点编制丰富多彩的数学游戏问题,将数学游戏与数学学习融为一体,让小孩在游戏中学习数学,以便激起小孩学习数学的兴趣,培养他们的数学思维能力。中国古代的数学游戏极其丰富,大致可以分为数字游戏和拼图(或拆图)游戏。拼图游戏主要是"七巧板"和"益智图",是关于构建相等图形的游戏。对于"七巧板"的功能,也有记载,1803 年出版的《七巧图合璧》序文中说:"七巧之板,不知何人所创,其资戏娱,巧中巧者。"

例 8 在图 2-8 中,试把图 (a)、(b)、(c)、(d) 四个图形划分为与正方形组成相等的图形,正方形七巧板由大、小、中、方、斜五种图形组成。

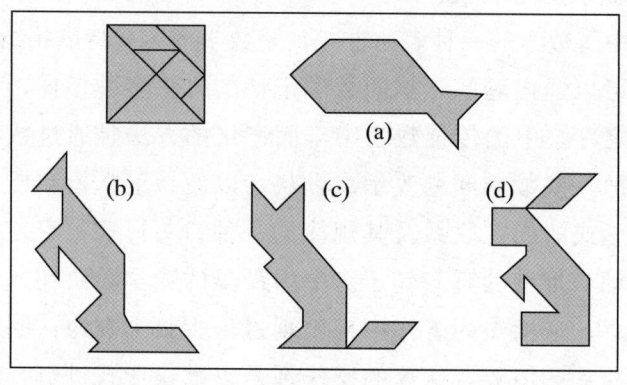

图 2-8

例 9 试把图 2-9 中的 (a)、(b)、(c) 三个图形划分为与正方形组成相等的图形,正方形规定划分如图。

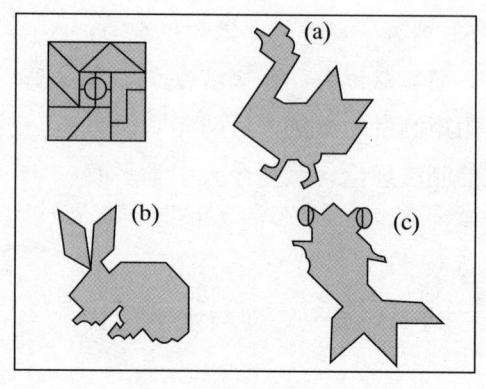

图 2-9

五、结束语

1676 年牛顿曾经说过:"如果说我看得比别人更远,那是因为我站在了巨人的肩上。"这"巨人的肩"不是别的,就是欧洲科学的成就与传统。传统是基石,传统是源泉,传统具有自组织能力,传统能够创造新的传统。发展中国的数学教育要在其传统的基础上进行创造性地转化,创造新的传统,这是我们所面临的艰巨任务。在发展中接纳外国的先进经验,积极吸纳各种新思想和观点的合理成分,以保证数学教育健康发展。中国传统数学教育并不是完美无缺,看到它的魅力和丰富多彩的同时,也要看到它的瑕疵。我们要站在历史、现在和未来的全景观点上,将传统与改革有机地结合起来,摒弃我们传统数学教育中的不合理因素,用新的内容、思想和方法等充实传统数学教育,循序渐进地发展传统数学教育,克服极端的做法,以防止教育资源的浪费。扎实地掌握传统数学教育知识,深刻理解传统数学教育,才能更好地发展中国数学教育。我们应该在一个超脱的境界中审视中国传统数学教育,不应该盲目地否定它或教条地、过分地宣扬它。认识和创造中国传统数学教育,要有良好的选择能力和判断能力。在传统面前广大的数学教育工作者犹如摄影爱好者或摄影师一般,当面对绚丽多彩的传统风景时,如何选景、如何调整角度和光圈、如何构图、如何曝光等均需要很高的选择能力、判断能力和实践能力。一个优秀的摄影师用老式相机也能创造出令人陶醉的摄影作品;反之,一位笨拙的摄影爱好者即使用最新式的相机也不一定做到这一点,他的作品除满足自己瞬间需要外对他人毫无吸引力。数学教育工作者亦如此,需要对传统较全面而深刻地理解,辛勤思考,不断实践,锐意开拓,这样才能创造出数学教育更美好的明天!

参考文献

[1] 克罗齐. 作为思想和行动的历史[M]. 田时纲,译. 北京:中国社会科学出版社,2005(IV):6.

[2] 张奠宙,赵小平. 中国教育是不是有"美"的一面?[J]. 数学教学,2012(3):封底.

[3] 叶秀山. 美的哲学[M]. 北京:世界图书出版公司,2010:149.

[4] 李俨. 中算史论丛(四上)[M]. 上海:中华学艺社、商务印书馆,1937:253.

[5] 李迪. 中国数学通史(上古到五代卷)[M]. 南京:江苏教育出版社,1997.

[6] 李俨. 中算史论丛(第四集)[M]. 北京:科学出版社,1955:276.

[7] 李迪. 缀术的失传时代问题[J]. 数学通讯,1958,11.

[8] 李迪,代钦. 中国数学教育史纲[C]. 中日近现代数学教育史,第四卷. 大阪:ハンカイ出版印刷株式会社,2000:92-103.

[9] 吴敬. 《九章算法比类大全·项麟序》[M]. 1488.

[10] 李迪,郭世荣. 清代著名天文数学家梅文鼎[M]. 上海:上海科学技术出版社,

1988：52-58.

[11] Kline，M. 西方文化中的数学[M]. 张祖贵，译. 台北：九章出版社，1995：42.

[12] 郭书春. 古代世界数学泰斗刘徽[M]. 济南：山东科学技术出版社，1992：5.

[13] 李兆华. 中国近代数学教育史稿[M]. 济南：山东教育出版社，2005：24.

[14] 梅荣照，李兆华. 算法统宗校释[M]. 合肥：安徽教育出版社，1990：63.

[15] 李迪. 古代ギリシアと古代中国における異なる数学モデルの形成された背景[J]. 数学教育研究，2000，30.

[16] 钱宝琮. 中国数学史[M]. 北京：科学出版社，1992.

[17] 李继闵. 试论中国传统数学的特点[C]. 中国数学史论文集（二），1986：12.

[18] 代钦. 儒家思想与中国传统数学[M]. 北京：商务印书馆，2003：204.

第三章
21 世纪初中国数学课程改革[①]

一、21 世纪中国数学课程改革的背景

自 20 世纪末以来，科学技术迅猛发展，人类生活高度信息化、全球化，现代数学已经或将要渗透到科学技术、经济生活以及现实世界中与人类生存息息相关的各个领域。[1] 20 世纪 80 年代以来，各国教育界都希望通过对历史的反思和课程标准的制定，解决 21 世纪本国公民的数学素质问题。[2] 世界上许多主要国家和地区相继实施了新一轮数学课程与教学改革，如美国颁布的 NCTM 系列标准，英国的国家课程标准，等等。

在中国国内，随着经济社会的发展与进步——特别是现代社会信息化、数字化、学习化[3]、民主化过程，对于公民的数学素养提出更多新的要求；另一方面，在社会与个人发展的层面，随着义务教育的普及，学生个体差异的增大，对基础教育，特别是数学等基础学科的课程与教学提出新的问题、新的要求。1996 年 6 月至 1997 年，教育部基础教育司组织对包括数学课程在内的全国义务教育课程的实施状况展开调查。大量的事实与数据表明，当时所实行的课程实践体系在取得重要成就的基础上（如基础知识、基本技能的训练等），存在一系列重要问题，主要表现在：课程内容存在"繁、难、偏、旧"的状况；学生苦于死记硬背，教师疲于"题海训练"的状况普遍存在；学习评价过于强调学业成绩和甄别、选拔的功能；课程管理强调统一，致使课程难以适应经济、社会发展的需要和学生多样化发展的需求。与此同时，社会各界也开始反思基础教育，部分言论产生了较大的影响，如《北京文学》杂志 1997 年第 11 期"世纪观察"栏目发表的"忧思中国语文教育"等。国内外宏观与微观的背景因素使得站在 21 世纪门槛上的课程改革呼之欲出。

二、义务教育数学课程标准（1~9 年级）

教育部于 1999 年公布《面向 21 世纪教育振兴行动计划》，提出"实施跨世纪素质教育工程，整体推进素质教育，全面提高国民素质和民族创新能力。改革课程体系和评价制度，争取经过 10 年左右的实验，在全国推行 21 世纪基础教育课程教材体系"。同年 3 月，

---

① 王立东，刘启蒙，杜宵丰，刘坚，北京师范大学，中国基础教育质量监测协同创新中心。

教育部委托一个有先行研究基础的团队①先于其他学科成立《国家数学课程标准研制工作小组》(这种机制不同于本次改革其他学科定向招标的方式,旨在先行探索研制过程,为其他学科标准的研制提供经验;同时成立的还有《国家语文课程标准研制工作小组》和《国家小学生活与社会课程标准研制工作小组》)。

(一)义务教育数学课程标准的研制

经过 1 年的工作,该团队于 2000 年 3 月完成《全日制义务教育国家数学课程标准(征求意见稿)》,并在公开出版后面向社会广泛地征求意见。

《全日制义务教育数学课程标准(实验稿)》(以下简称《标准(实验稿)》)的研制人员包括数学与数学教育学科的科研人员、一线教研人员与数学教师等,成员中来自大学的约占70%,来自中小学的教研员和教师约占30%。研制工作吸取了中国已有的数学教育理论与实践的成果,借鉴国外数学教育(课程)改革的经验,并在征求意见过程中,听取了包括数学家、心理学家、数学教育专家、教研员和一线数学教师等在内的各方人士的意见。收到的意见内容既有对于数学的本质认识与数学教育目标的认识等宏观层面内容,又包括有关乘法定义的处理等微观层面具体问题的建议,还包括一些课程实施的建议等。[4] 在制定过程中,研制小组几乎不断地召开专家咨询、研讨会。制定过程充分体现了科学、民主、开放的特征,在课程政策的制定方面力图集合各方智慧,平衡多样的价值取向。

我国老一辈数学教育家、《标准(实验稿)》研制组顾问张孝达先生曾指出,通过数学教育的改革带动中小学各学科改革,这在中国有先例,在国际上也有不少成功的案例。本轮课程改革,由于数学课程标准研制工作进展顺利,率先于其他各学科第一个出台相关研究成果,使得《标准(实验稿)》的研制理念、工作过程、运行机制成为后续各学科标准研制的一个示范,进而在中国新一轮课程改革中发挥了独特的作用。

2001 年 6 月《全日制义务教育数学课程标准(实验稿)》由教育部正式颁布实施。

(二)义务教育数学课程标准的定位与主要特点

《标准(实验稿)》是依据教育部《基础教育课程改革纲要(试行)》的要求制订的,是国家对义务教育阶段数学课程的基本规范和要求。[3]《纲要》明确指出,"新课程标准的公布具有深刻的改革意义,反映教育对于改革的诉求。《标准(实验稿)》是整个基础教育数学课程改革系统中的一个重要枢纽,在体现义务教育的普及性、基础性、发展性特征方面,为引领本次改革方向做出了努力。

较以往教学大纲而言,《标准(实验稿)》的改革并非仅局限在课程内容的增删,而是从课程基本理念、课程目标、课程的实施方式(包括对教科书编写的指导)、教学建议、评价的建议乃至课程管理的建议等方面的结构性变革。《标准(实验稿)》在部分维度提供

---

① 即一个以"21世纪中国数学教育展望"课题组为核心的团队,该课题为国家哲学社会科学规划课题(1989—1998),相关成果获教育部高师院校基础教育科研成果一等奖。

了更加全面详细的刻画,如用来设置具体课程内容的条目由以往仅限于设置简要的教学内容条目＋结果性教学目标描述(许多功能由国家组织编制的教科书承担),发展为对学习内容、学习过程(特别重视)、教学建议(包括为部分内容提供案例)等方面进行全面刻画的条目,为多样化教科书的编写(社会出版机构编写,国家审定)提供标准,从而改变了国家对中小学数学教学实践的指导范围与影响深度。

例如下面的勾股定理和方程部分片段的比较:

	勾股定理	方程
原有教学大纲	掌握勾股定理,会用勾股定理由直角三角形两边的长求其第三边的长;会用勾股定理的逆定理判定直角三角形。通过介绍我国古代数学家关于勾股定理的研究,对学生进行爱国主义教育。	使学生了解有关方程、方程组的概念;灵活运用一元一次方程、二元一次方程组和一元二次方程的解法解方程和方程组,掌握分式方程和简单的二元二次方程组的解法,理解一元二次方程的根的判别式。能够分析等量关系列出方程或方程组解应用题。
新课程标准	体验勾股定理的探索过程,会运用勾股定理解决简单的问题;会用勾股定理的逆定理判定直角三角形;在教材编写建议中指出介绍勾股定理的几个著名证法(如欧几里德证法、赵爽证法等)及其有关的一些著名问题,使学生感受数学证明的灵活、优美与精巧,感受勾股定理的丰富文化内涵。同时,教学建议的部分对于包括勾股定理在内的所有内容教学过程做出了指导。	能够根据具体问题中的数量关系,列出方程,体会方程是刻画现实世界的一个有效的数学模型。会解一元一次方程、简单的二元一次方程组、可化为一元一次方程的分式方程(方程中的分式不超过两个)。理解配方法,会用因式分解法、公式法、配方法解简单的数字系数的一元二次方程。能根据具体问题的实际意义,检验结果是否合理。在教材编写建议中指出介绍方程及其解法有关的历史材料,如《九章算术》、秦九韶法,以使学生对数学的发展过程有所了解,激发学生学习数学的兴趣。同时,教学建议的部分结合方程的具体例题指出,让学生可以体会方程在处理数量关系上的作用。

此外,《标准(实验稿)》中部分独立维度是以往各教学大纲并未涉及的,如评价建议与教科书编写建议等。

在基本理念方面,《标准(实验稿)》基于大众数学意义的中小学数学课程改革思路,开篇即言明:"人人学有价值的数学;人人都能获得必需的数学;不同的人在数学上得到不同的发展"[5],这点在理念上较以往的教学大纲是全新的。《标准(实验稿)》要求遵循学生学习数学的心理规律,从学生的已有生活经验出发,促进学生全面、持续、和谐地发展。让学生亲身经历将实际问题抽象成数学模型并进行解释与应用的过程,进而使学生获得对数学理解的同时,在思维能力、情感态度与价值观等多方面得到进步和发展。

在课程目标方面,《标准(实验稿)》在保持具有中国数学教育传统性意义的基础知识、基本技能(双基)[6]方面要求的基础上,发展强调了数学思考、解决问题、情感与态度等多维度目标的达成。

在对于数学学科特征的认识方面,《标准(实验稿)》认为数学是人们对客观世界定性把握和定量刻画、逐渐抽象概括、形成方法和理论,并进行广泛应用的过程,这对于多年习惯了的"数学是研究空间形式与数量关系的科学"而言,无疑是一个巨大的进步;同时,《标准(实验稿)》强调对于数学的文化价值、数学应用、数学的社会价值和对于人的发展的价值的认识,强调数学的技术属性以及与计算机的结合;《标准(实验稿)》主张适度的"非形式化",如几何直观的充分运用,从小学开始的几何内容螺旋式上升的课程设计[7]250。

在具体课程内容方面,各个学段安排了"数与代数""空间与图形""统计与概率""实践与综合应用",注重发展学生的数感、符号感、空间观念、统计观念以及应用意识与推理能力。较以往教学大纲,在数与代数方面增加了负数的认识、计算器的运用、强化估算的作用,删减珠算、繁琐的运算步骤、数目等。[8]在几何方面(空间与图形)增加平移、旋转、对称等变换几何内容,在一定程度上替代传统欧式几何公理体系的部分内容。增加方位、测量、空间图形等涉及空间观念的内容,重视量的实际意义,重视估测及其在现实生活中的作用,强调空间与图形知识的现实背景。例如从第一学段(1~3年级)开始就使学生接触丰富多彩的几何世界,包括辨认从正面、侧面、上面观察到的简单物体(如一辆汽车)的形状等。[9]《标准(实验稿)》较大程度地增加了概率、统计等体现现代社会对于公民基本数学素养要求的内容。

在教学与学习方式上,《标准(实验稿)》强调"自主、探究、合作"。《标准(实验稿)》提出数学学习过程充满着观察、实验、模拟、推断等探索性与挑战性活动,教师要改变以例题、示范、讲解为主的教学方式,引导学生投入到探索与交流的学习活动之中。鼓励学生敢于质疑,在个人独立思考的基础上,通过合作与交流来开拓思维。也强调了数学学习由于学生所处的文化环境、家庭背景和自身思维方式的不同而呈现的个性化特征。

《标准(实验稿)》还对评价、教材的编写等方面的内容提出了明确的指导性原则,如强调评价的过程性、多元化、多样化,重视评价对于教学的监控、指导性作用;[10]具体表现为分学段给出评价建议:如对于1~3年级学段强调注重对学生数学学习过程的评价,恰当评价学生对基础知识和基本技能的理解和掌握,重视对学生发现问题和解决问题能力的评价,评价方式要多样化,评价结果以定性的方式呈现。在教材编写方面强调选取自然、社会与其他学科中的素材,给学生提供探索与交流的空间等。

可见,21世纪初期由政府推动的数学课程改革的力度比以往历次课程改革更具变革意义,尤其是在《标准(实验稿)》文本的字里行间几乎处处体现"民主、平等、协商"的人文精神,强调基于儿童已有的生活世界、与数学对话、尝试理解数学、学会数学思考,强调尊重并顺应儿童的个性、独立性与差异性,强调数学教师要在读懂儿童的基础上和儿童一起研究数学。新课程突显以儿童发展为本的理念,这为我国新世纪基础教育追求公平、提升质量的跨越式发展提供了强大的内生动力,当然也必然给实践带来了巨大的困难与挑战。

（三）义务教育数学课程标准的实施

早在《标准（实验稿）》颁布之前，对于相关课程设计的实验工作已有一定的基础。作为"21世纪中国数学教育展望课题"的重要组成部分，1993年在国家教育委员会基础教育课程教材研究中心的支持下，新世纪小学数学教材开始组织编写，1994年9月在北京、天津、江苏、浙江等地开始实验。第一轮有17所学校参加，第二轮教材实验起始年级的学生数超过6万人，涉及全国十多个省、市、自治区，特别是其中既有相对发达的北京市海淀区，又有欠发达的吉林省农安县。这样的实验基础和先行经验，极大地增进了国家领导人和教育行政部门对课程改革的信心与决心。

2001年7月，教育部召开全国基础教育课程改革实验工作会议，全面启动新课程的实验工作，确定了新课程实验的总体目标和工作策略，全面部署基础教育课程改革的实验推广和师资培训等各项工作。各学科课程标准实验稿的基本定位决定了新课程的推进采取"先立后破、先实验后推广、滚动发展、分步实施"的基本策略。

2001年，经过以县/区为单位自下而上地申报与审批，第一轮参加新课程实验的国家级实验区有42个，其中小学一年级学生约27万，占同龄人的1%，初中一年级学生约11万，约占同龄人的0.5%，涉及小学校3 300所，初中校400余所；2002年，各省根据本省情况确定了省级课程改革实验区，小学一年级约有20%的学生，初中一年级约有18%的学生，总计570个实验区进入新课程；2003年，各省进入新课程的区县进一步扩大，又有1 072个县/区进入新课程，参加新课程的学生总数占同年级学生数的40%～50%，加上2001年和2002年的实验区，共有1 642个实验区、3 500万中小学生使用新课程。

在试点实验的基础上，新课程逐渐进入全国范围的推广阶段。到2004年，全国就有90%的县/区的起始年级使用新课程。截至2005年，除个别地方外[11]，在中国大陆地区小学和初中起始年级全面执行新的课程标准。

（四）义务教育数学课程标准成效与问题

2001年以来，以《标准（实验稿）》为标志，我国义务教育数学课程改革取得了实质性进展，比较突出地表现在以下几个方面：

1. 数学课程改革下的数学教科书

在中国，数学教科书是依据数学课程标准编写的、系统反映学科内容的教学用书，是课程标准的具体化。[12] 有研究表明：[13] 教科书是中国数学教师在课堂教学中的主要资源，是教师决定教什么以及怎样教的重要根源，并且教学的大部分时间是围绕着教科书来组织的。

本次课改的配套教科书由"一纲一本"经过一定的过渡阶段最终发展到"一纲（标）多本"。多家出版机构（如人民教育出版社，北京师范大学出版社等）投入了大量的人力、物力，开发研制了多套义务教育阶段数学教科书，同时编写了相应的教师用书等一定数量的配套教材。这在一定程度上实现了课程权力[14]的广泛分配，在体现教育民主的诉求、提高教科书质量、帮助教师角色转型等方面发挥了重要的作用。[15]课程标准成为教科书编写的纲要，在教科书设计上又有较大的自由度，[16]体现了"一纲多本"的教材多样化特色。

从这个意义上讲，新课程改变了传统意义上的中国数学教科书"权威式""金科玉律式"的地位，更加适应了以学生的发展为核心，适应不同学生的发展，为学生提供"个性化"学习过程的新课改理念。教科书的改革发展和多样化趋势为数学新课程理念在课堂教学实践过程中的落实提供了重要的保障。

有研究显示，在新的课程标准的框架下编写的教科书较以往的教科书在编写体例[17-18]、教学内容、内容呈现顺序[19-20]、呈现方式[21]、课程综合难度[22]、习题[23]等方面发生了较大变化。同时，各版新教材在统一的课程标准框架内也存在一定的差异，显现多样化的趋势。[24-25]由此可见，新的系列数学教科书较以往的数学教科书发生了一定的变化，同时不同教科书版本间也体现了同一框架下的多样化倾向，基本符合新数学课程改革的期望，这为新数学课程理念在教学实践过程中实现影响作用提供了基本保障。

2. 数学课程改革下的数学教学

《标准（实验稿）》实施的过程，也是数学教师转变教育观念和行为的过程。数学课程改革提倡面向全体学生，使每个学生都受到良好的数学教育。这个理念被越来越多的教师接受，并在自己的教育实践中体现出来。教师更加关注学生的发展，注重从整体上提高学生的数学素养。在组织教学活动时，越来越多的教师尝试改变单一的教学方式，结合具体的教学内容，运用启发式、探索式等教学方式，让学生在问题情境中探索、在解决问题的过程中学会交流与合作，从而使学生的学习过程更加生动活泼，学生的主动性和创造性得到发挥。

有研究表明，在学生的数学学习方面，与原有课程相比，新课程对于复杂问题解决任务和数学学习的兴趣方面有显著性的正向影响（$p<0.001$），并可以持续保持课程效能上的优势。[26]从国际比较的角度，新课程对于学生数学学业成就产生正向影响的几个方面（如复杂的问题解决（包括开放题））正是中国在国际比较研究中表现出不足的方面（如中美学生在数学问题解决方面的差异）。[27]且新课程培养的学生在统计推断能力（$p<0.01$）、问题解决能力（$p<0.01$）、运算能力（$p<0.05$）、空间思维与逻辑推理能力（$p<0.001$）的发展上显示出明显优势。[28]

在数学课堂教学方面，关于教学任务的使用，在新课程课堂中，高认知水平任务的比例显著地高于原有课程的课堂；与原有课程相比，新课程倾向于使用操作性的、图表的方式表征数学任务，而在使用数学符号方面相对低于原有课程。同时，新课程较大比例地使用了多样化的策略完成问题解决。在课堂语言方面，在新课程课堂教学中，教师更加倾向于要求学生描述解决问题的过程和解释使用某种特定过程的原因。并且与原有课堂相比，学生在新课程课堂有更多的讨论、评价不同观点和提出问题的机会。对于学生的回答和观点，新课程的教师更多地进一步探讨学生的回答。[29]

3. 数学课程改革下的学习评价

教师开始尝试运用多元的评价方法。以往的以甄别和选拔为主要目的的评价方式正在逐步改变。教师尝试运用课堂观察、成长记录等方式，评价学生的学习过程，了解学生在数学学习过程中表现出来的创造性、思维能力和情感态度。同时，对传统的纸笔测验进行改造，在测验题目的选择上注重现实性和问题情境，也增加了具有一定开放性的题目，使得评价更加灵活多样，与课程改革的多元目标相适应。

一项对教师的问卷调查[30]表明：91.5%的教师在评价学生学习时，注重学习过程。而新课程实验前调查结果为77%的教师反映在评价学生时以"考试成绩"为主，注重学习结果的单一性评价。65.4%的教师认为，口头表达、活动报告、成长记录等形式的评价，与书面考试并重；57.7%的教师认为，报告学生成绩以"分数或等级+评语"的形式更合适；84.6%的教师认为，对学生学习进行评价，最主要的目的是促进学生发展，70%的教师认为，口试、活动报告、成长记录等评价形式应与书面考试并重等。这与"考试是评价中最为重要的方式"形成对比。当然，从经验上看，在中国特定的社会背景和文化背景下，改变应试导向下的教学实践与学习评价体系非一日之功，新课程的学习评价改革理念深入教学实践尚需时日。

课程改革本身就是一个不断发展的探索过程。十年来社会各界对《标准（实验稿）》及其实施过程提出了不少意见和建议。比如，有44.1%的教师认为"空间与图形"内容偏难，"标准对这部分内容的要求过高，且有些太难理解"。[31]21 有39.5%的教师认为"实践与综合应用"领域实施有一定的困难，"标准中有些实践部分缺乏操作性，会影响正常的教学活动"。[31]32 教师对于《标准（实验稿）》所提倡的教学方式的运用与把握出现了一些问题，如小组合作学习存在一定的形式化问题；探究学习的设计与实施出现过于重视形式，忽视内容本质的倾向；教学情境的设计过分追求生活化，导致出现一些人为、牵强的内容。[31]32 关于评价，有教师认为标准提出了较好的理念（如注重过程评价、发展性评价等），但操作起来较困难；考试改革滞后明显，考试评价与教材不匹配，有些地方仍用旧的方式进行评价等。[31]30

（五）义务教育数学课程标准修订

自《标准（实验稿）》正式进入实验性实施以来，关于数学课程完善和发展的研究工作一直没有间断。在初中阶段数学课程改革的第一个循环结束以后，修改、完善《标准（实验稿）》的工作即进入议事日程。针对实验过程中取得的经验、发现的问题，以及来自社会各界的意见与建议（包括来自一些数学家的强烈质疑意见）。2005年5月，教育部组建数学课程标准修订工作组，着手义务教育阶段数学课程标准的修订工作。

数学课程标准修订组由 14 人组成，成员来自大学、科研机构、教师培训机构、教学研究室以及中小学。近半数成员参加过《标准（实验稿）》的研制。经过基础调研、征求各方意见、现实状况分析、专题问题研讨、具体内容审议等方式，修订组于 2010 年完成《义务教育数学课程标准（2011 年版）》，2011 年 5 月通过审议，并于 2011 年 12 月正式颁布。[31]34

《义务教育数学课程标准（2011 年版）》（以下简称《课程标准（2011 年版）》）是对《全日制义务教育数学课程标准（实验稿）》的继承与发展，在体例结构、文本表述、具体内容和实施建议等方面均作了修改[31]。其中比较典型的修订为，

（1）关于数学的意义和数学教育的作用，《课程标准（2011 年版）》集中阐述了数学的研究对象以及数学与人类社会的关系，进而刻画数学的本质特征，改变了《标准（实验稿）》阐述数学的表现形式和功能的状况。

（2）《课程标准（2011 年版）》对于核心概念的设计由原来的 6 个（数感、符号意识、空间观念、统计观念、应用意识和推理能力）拓展为 10 个（增加了几何直观、创新意识、模型思想、运算能力；统计观念修订为数据分析观念）。

《课程标准（2011 年版）》所增加的都是在数学教育研究中十分关注的概念，如几何直观就被认为是影响中小学生数学发展的重要因素之一，[32]"创新"更是数学教育，乃至整个教育课程改革领域的核心关注点。

（3）在数学课程目标方面，明确提出"四基"，即由原有的"基础知识、基本技能"修订为"基础知识、基本技能、基本思想和基本活动经验"。其中，数学的基本思想主要指：数学抽象的思想、数学推理的思想、数学建模的思想。数学基本活动经验是学习主体通过亲身经历数学活动过程所获得的具有个性特征的经验。虽然《标准（实验稿）》中已经明确要求学生能够"获得适应未来社会生活和进一步发展所必需的重要数学知识（包括数学事实、数学活动经验）以及基本的数学思想方法和必要的应用技能"，但由于突出不够并未引起实践关注。明确提出"四基"，并对有关基本活动经验等给出清晰的表述是《课程标准（2011 年版）》的一大特色。[33]

（4）在具体内容方面，三个学段的课程内容做了一些调整，内容总量基本未变，具体内容和要求几个学段有不同程度调整。[34]原有的"空间与图形""实践与综合应用"被修订为"图形与几何""综合与实践"。其中，空间和图形在本质上都是表述着一种存在，而几何是基于这种存在抽象出概念。强调几何可以把存在上升到理性，进而可以更加一般地描述存在，解释存在所表现出来的那些规律性的东西。"综合与实践"表述的修订是因为对于义务教育阶段的学生，能够知道概念与概念之间的关系，能够掌握所学过知识之间的关联是第一步的，也是最为重要的，这就是所谓的综合。在这个基础上，再来谈把所学过的知识应用于实践这个更高的要求。

《课程标准（2011 年版）》对于一些具体的课程内容也进行了修订，如删除了关于梯

形、等腰梯形的相关要求，探索并了解圆与圆的位置关系的要求等。

基于《标准（实验稿）》实施奠定的基础，《课程标准（2011年版）》的实施没有采取逐步实验推进的方式。2012年秋季学期，小学和初中的起始年级进入新课程，开始使用在《课程标准（2011年版）》要求下编写的教科书。

《标准（实验稿）》实施十年来，发展是平稳的，是富有成效的，《课程标准（2011年版）》在原有基础上又总结、吸收了一批新的研究成果。修订稿比较好地处理了数学中合情推理和演绎推理的关系，关注生活情境和知识系统性的关系。关注到数学作为对于客观现象抽象概括而逐渐形成的科学语言与工具，不仅是自然科学和技术科学的基础，而且在人文科学与社会科学中发挥着越来越大的作用。进一步明确了义务教育阶段的数学课程要面向全体学生，适应学生个性发展的需要，使得：人人都能获得良好的数学教育，不同的人在数学上得到不同的发展。修订稿在课程总目标中突出了培养学生创新精神和实践能力的改革方向。在强调发展学生分析和解决问题能力的基础之上，增加了发现和提出问题能力的课程目标，因而更突出了学生创新精神和实践能力的培养。修订稿中部分新增的内容用打星号的方式标明，作为选学内容，因而保证了修订后的课程标准在内容容量上与《标准（实验稿）》相比没有明显变化，整体上控制了课程总量和内容要求的难度。同时，修订稿还较好地注意了学科内与学科间知识的衔接。[31]84

2011年4月，教育部组织了包括中科院院士、大中小学校长、教授教研员和特级教师在内的《义务教育数学课程标准（修订稿）》审议组，最终审议结论指出："2001年以来，以《义务教育数学课程标准（实验稿）》为标志，我国义务教育数学课程改革取得了实质性进展。尽管数学课程改革存在这样那样的问题，存在一些争议，但总体来说数学课程改革进展是平稳的，是富有成效的。新修订的数学课程标准符合数学学科的科学性，基本遵循了学生认知规律和教育教学规律，能体现素质教育精神，能注重培养学生的创新精神和实践能力，体现了时代发展对数学学科教育的新要求和科技进步的新内容（义务教育课程标准审议意见（二））。"可以说，义务教育数学课程标准从实验到修订，坚持和巩固了十多年来数学课程改革的重要成果，对实现世纪之交我国中小学数学课程的根本转型、推动中国中小学数学教育健康可持续发展发挥了关键作用。

三、普通高中阶段（10～12年级）数学课程标准

作为基础教育的重要组成部分，高中阶段的课程改革与义务教育阶段的课程改革一脉相承。在义务教育阶段数学课程标准研制过程所形成的基本研究成果的基础上，高中阶段数学课程标准的研制工作采取定向招标的形式，于2000年6月正式启动，由来自全国高等师范院校的数学专家、数学教育专家、教研员、数学教师以及国家考试中心代表与出版社代表等13位成员组成高中数学课程标准研制核心组。

（一）普通高中数学课程标准的研制

在标准的研制过程中，标准组对世界上相关的发达和发展中国家的数学课程标准进行了比较研究，并在此基础上，开展相关专题研究，涉及数学学科新进展、社会需求状况研究、高中学生学习的特点、国际比较研究和国内现状分析等。

专题研究期间以部分省、自治区为样本对国内高中数学课程的现状进行了抽样调研。调研运用问卷、访谈、座谈、课堂观察等方式方法，涉及高中学生、高中教师、校长及教导主任等多类研究对象。[35]其结果表明中国数学教育历来有重视基础的优良传统，在培养人才方面取得了很大的成就，但是，与此同时，高中的数学课程也存在着诸多突出的问题，如：高中数学课程目标在实际实施中偏重于"基础知识、基本技能及三大能力（数学运算能力、逻辑推理能力和空间想象能力）"，这主要是受大纲中对数学课程目标的规定、教材内容、考试以及教师对课程目标实际关注的影响；高中数学课程内容繁、难、深、窄，在实用性、时代性、选择性、趣味性方面存在突出的问题；考试作为教师评价学生的主要手段，在使用上不够合理，对学生学习数学产生了很大的负面影响；现代教学手段在高中数学教育中没能发挥出应有的作用等。

经过上述基础性研究过程，高中数学课程标准研制组形成了课程标准的基本理念、课程目标，进而完成了高中数学课程标准的征求意见稿。与义务教育课程标准的研制过程类似，高中数学标准在研制过程中广泛地征求了各方人士的意见，包括数学家、其他学科的专家、数学教育专家、教研员、中学教师等。与此同时，标准研制组在部分省市的30多所学校对某些新增内容（如算法等）和数学探究活动进行了实验（包括课程内容的设计、教学等），[36]123为相关课程内容的研制提供实证基础。

在上述研究工作的基础上，《普通高中数学课程标准（实验）》历经30余稿于2002年底最终研制完成，经教育部评审通过后，于2003年4月正式颁布并出版。

（二）普通高中数学课程标准的定位与主要特点

《高中课标》沿袭了《标准（实验稿）》的基本改革方向，较以往教学大纲相比，同样有着结构性变革。《高中课标》强调高中阶段教育的时代性、基础性、选择性特征，基本保持了前文论述过的与义务教育标准相平行的从大纲到标准的结构性变化，深化、详化部分维度（如课程内容条目的刻画），增加教学建议、教材编写建议、评价建议等独立维度的改革特征。[37]

在基本理念与课程目标方面，《高中课标》特别强调"学生发展为中心"的理念；[38]强调数学素养作为一种文化素养的培养；倡导学生积极主动、勇于探索的学习方式；同时与时俱进地认识重视基础知识、基本技能培养的中国数学教育传统，防止过度形式化；强调信息技术与数学课程的整合；强调发展学生的思维能力与数学探究，应用意识与数学建模的培养；特别强调数学文化的意义，体现数学的文化价值，提出数学文化内容贯穿高中数学课程，通过高中阶段数学文化的学习提高自身的文化素养和创新意识。

在课程结构方面，实行模块化设置（每个模块 36 学时），模块之间既相互独立，又反映学科内容的逻辑联系。课程设计提供多样课程，适应个性选择。相对以往数学课程仅提供文科、理科二分的选修模式，新课程提供了更加多样化模块课程选择，在 5 个必修模块的基础上，为学生提供了 4 个系列的选修课程（系列 1，系列 2，系列 3，系列 4）。其中，系列 1（针对希望在人文、社会科学等方面获得发展的学生而设置的），系列 2（针对那些希望在理工、经济等方面获得发展的学生而设置的）是选修系列课程中的基础性内容。学生在必选系列 1、系列 2 之一的基础上，可以在系列 3、系列 4 选择一定数量的专题内容。系列 3、系列 4 由若干专题组成，每个专题 18 学时（即相当于半个模块的内容），是为对数学有兴趣和希望进一步提高数学素养的学生而设置的，所涉及的内容反映了某些重要的数学思想，期望有助于学生进一步打好数学基础，提高应用意识，有利于学生终身的发展，有利于扩展学生的数学视野，有利于提高学生对数学的科学价值、应用价值、文化价值的认识。《高中课标》文本中涉及的专题包括系列 3：数学史选讲、信息安全与密码、球面上的几何等 6 个专题，系列 4：几何证明选讲、矩阵与变换、数列与差分等 10 个专题。《高中课标》同时说明专题将随着课程的发展逐步予以扩充，并要求各学校在保证必修课程，选修系列 1、系列 2 开设的基础上，根据自身的情况，开设系列 3，4 中的某些专题，同时学校应根据自身的情况逐步丰富和完善，并积极开发、利用校外课程资源。此外，在课程管理上采取学分制度（每学分 18 学时），同时在选修课背景下推荐走班制的教学方式。

在具体课程内容方面，《高中课标》除新增了大量的选修专题内容外（系列 3，4 的内容大部分是新增内容），在基础的部分中（必修模块，系列 1，2）新增了三视图、空间坐标系、算法与程序框图、随机数、统计案例等，此外，对部分内容采取新的理解与处理方式，如立体几何部分从传统的点、线、面、体的逻辑更新为从整体到局部，由几何体的整体感知到细节的点、线、面研究的认知顺序；概率统计部分由传统的计数原理—概率—统计的顺序更新为统计—概率—计数原理的呈现顺序等。

此外，除了以数学内容为主体的课程内容设计之外，高中数学课程设置了数学探究、数学建模、数学文化内容，明确要求把数学探究、数学建模的思想以不同的形式渗透在各模块和专题内容之中，并在高中阶段至少安排较为完整的一次数学探究、一次数学建模活动。高中数学课程要求把数学文化内容与各模块的内容有机结合。其中，关于数学探究的一般描述为："数学探究性课题学习，是指学生围绕某个数学问题，自主探究、学习的过程。这个过程包括：观察分析数学事实，提出有意义的数学问题，猜测、探求适当的数学结论或规律，给出解释或证明。"关于数学建模的一般描述为："数学建模是运用数学思想、方法和知识解决实际问题的过程，已经成为不同层次数学教育重要和基本的内容。数学建模是数学学习的一种新的方式，它为学生提供了自主学习的空间，有助于学生体验数学在解决实际问题中的价值和作用，体验数学与日常生活和其他学科的联系，体验综合运用知识和方法解决实际问题的过程,增强应用意识;有助于激发学生学习数学的兴趣,发展学生的创新意识和实践能力。"关于数学文化的描述为:"数学是人类文化的重要组成部分。数学是人类社会进步的产物,也是推动社会发展的动力。通过在高中阶段数学文化的学习,学生将初步了解数学科学与人类社会发展之间的相互作用,体会数学的科学价值、应用价值、人文价值,开阔视野,寻求数学进步的历史轨迹,激发对于数学创新原动力的认识,受到优秀文化的熏陶,领会数学的美学价值,从而提高自身的文化素养和创新意识。"

(三)普通高中数学课程标准的实施

随着高中课标的颁布,高中课程改革也进入到实验性实施阶段。高中阶段新课程政策的推行也采取了实验推广、分步实施的方式,与义务教育阶段不同的是,高中课改实验区是以省(自治区、直辖市)为单位的大区域性实验推行(与以省为单位的高等院校招生方式相适应)。2004 年秋季,4 个省(自治区、直辖市)成为首批课改实验区。2005 年前后,课程改革遭遇到强烈的批评甚至反对。高中新课程推行速度较原计划有一定的放缓,到 2012 年秋季学期,随着广西壮族自治区开始实施新课改,中国大陆的省区起始年级全部开始使用高中新课程。

对于数学新课程的实施情况,一项旨在从教师和学生的视角调查总结高中数学新课程颁布 10 年以来的基本实施现状,针对 13 个省市,446 名教师,5 685 名学生的调查研究表明,[39]高中新课程倡导的目标多数实现情况良好,新课程所倡导的"解决实际问题的能力,创造性思维能力,搜集、处理、利用信息的能力"在学生身上逐步实现,但教师认为学生的"运算能力、逻辑思维能力、空间想象能力有不同程度地降低"。教师教学的方式发生了积极的转变,但教师给学生自主学习的空间仍然不足,学生学习的方式趋于多样化,但学习负担仍然较重;考试制度仍然对于数学教学起到制约作用,特别制约着高中新课程设置的选修 3,4 系列的课程,如对于未纳入高考范围的选修 3 系列,70.6%的教师反映没有开设过该课程,对于选修 4 系列,仅有 6.8%的教师反映,能够实现学生自己选择课程。同时考试制度也制约评价方式逐步多元化的进程。

有研究指出,在新课程的实施过程中,课程内容的问题、难度要求把握的问题、模块顺序的问题、课时不协调的问题、选修课的问题都是急需解决的问题。[40]

(四)普通高中数学课程标准的修订

随着《义务教育数学课程标准(2011 年版)》颁布实施,已经 10 年的《高中课标》的修订工作也开始提上议事日程。

2014 年 11 月,教育部批复《普通高中课程方案(修订稿)》。2014 年 12 月,教育部召开"普通高中课程标准"修订工作启动会暨第一次工作会,标志着高中课程标准修订工作正式拉开了帷幕。[41]

此次修订的一个主要特点是对于"数学核心素养"的强调。这也是国际课程改革的重要趋势,即以学生核心素养模型来推动和促进课程改革的发展成为重要方式。[42]数学核心素养是数学素养中最基本、最重要的组成部分,它既制约课程内容主线,聚焦课程目标要求,也是学业质量要求的集中反映。高中新课标规定的数学核心素养包括:数学抽象、逻辑推理、数学建模、直观想象、数学运算、数据分析等具体方面。

按照现有文献的介绍,[41]此次普通高中课程方案(修订稿)提出按学科体系来界定"模块",实行文理不分科,高中学生毕业学分要求为144分;必修课程88学分,选修1的课程不少于42学分,选修2的课程不少于14学分。

按照征求意见时给出的方案,新的数学课程包括必修,选修1和选修2的部分,其中,必修8学分,包括"预备知识"(包括集合、常用逻辑用语、相等关系与不等关系、从函数观点看一元二次方程和一元二次不等式)、"函数"(包括函数概念与性质、基本初等函数、三角函数、函数应用等)、"几何与代数"(包括平面向量及应用、复数、立体几何初步)、"统计与概率"(包括统计、概率),以及数学建模活动与数学探究活动,重点强调内容的基础性与时代性。

选修1的课程占6学分,主要包括"函数"(包括数列、一元函数导数及应用)、"几何与代数"(包含空间向量与立体几何、平面解析几何)、"统计与概率"(包括计数原理、概率、统计),以及数学建模活动与数学探究活动,内容强调基础性。

选修2的课程占0～6学分,分为A,B,C,D,E五类。A类课程为理工科学生的发展提供基础,以一元微积分为主,几何和线性代数讲到三维,统计概率以模型为主,强调直观性。B类课程为微积分、空间向量与代数、应用统计、模型等(内容少于A,强调应用与数学模型)。C类课程(文科社会学)分为逻辑推理初步、社会调查与数据分析、数学模型3部分,主要强调应用。D类课程强调"美与数学",有体育运动中的数学,音乐中的数学,美术中的数学。E类课程是指校本课程,主要包括拓展视野的数学课程、家庭生活的数学课程、地方特色的数学课程、大学数学的先修课程。

可以看到,修订的高中课程标准较先前的课程标准有较大的变化,课程组织方式有较大的改变,涉及通常的文理科分科的变革,以及具体学科内选修模式的变革。同时,内容也有较大的变化,如对于大学先修课类课程的引入等。上述内容具体如何搭配组织以指导具体的教学实践活动,还需要标准正式公布以后,结合相应的教科书和教学组织支持系统的改革情况加以介绍。

四、围绕数学课程改革的争鸣

新一轮数学课程改革在课程目标、课程内容、教学方式、教材编排方式和评价方式等方面发生了深刻的变革。这些变革一方面促进了我国中小学数学教育的发展,而另一方面,随着改革的不断深入,也出现了一些问题,引发了数学教育界的广泛探讨与争论。[43]

对于课程改革的争鸣涉及改革的方方面面,其中,关于数学课程目标要求与内容方面的讨论尤为激烈,围绕"计算""数学体系""几何""统一性与多样性"等数学教育的重点领域,学者们从不同的角度发表了自己对数学课程改革的看法。

(一) 关于数学教育中"计算"的争鸣

在数学课程改革中,与"计算"有关的讨论往往是伴随着对"双基"的争论而展开的。所谓"双基",即基础知识和基本技能,"双基"一直是我国数学课程的首要目标。[44]中国学生的强项在于计算能力,常规解题能力和推理能力也很强。中国学生的弱项在于解决开放性问题的能力较差,应用与创新能力不足,所以课程改革势在必行。宋乃庆等人[36]指出,"随着计算器、计算机的普及,心算、笔算等技能可以适当降低要求,而利用现代技术学习数学则应成为'双基'的一部分"。曹一鸣,辛兴云等人[45]认为,"新"的课程改革的一个重要口号是"人人要学有用的数学",特别强调数学中的问题解决、紧密联系生活实际,因此新课改中对数学建模、随机性数学内容的重视,适当降低了传统教学内容中繁难的计算和复杂的推理,顺应了时代发展的需求,这是可取的"。然而,"一些来自课改第一线的教师反映:在计算教学中,教师坚决地贯彻标准的理念,提倡算法多样化。通过一个阶段的教学,教师确实感觉学生在情感、态度、价值观方面有了积极的发展,但也发现学生在计算方面的差异越来越大了。一些思维比较活跃的学生发展得更好了,但是有一些学生对于多种多样的计算方法没有自己的判断能力,他们无所适从,每一种方法都没有掌握好。"[46]在课程改革过程中,积极提倡删减繁琐的计算,将计算控制在一定的水平内,强调数感,鼓励学生借助于数字去表达和交流,淡化技巧性过高的变形与运算和将函数与方程思想作为刻画现实世界的重要模型等举措有利于学生数学能力的发展。但是,什么是最基本的、每个适龄儿童都必须达到的基础知识和基本技能?我国的中小学数学教育实践在"基础与创新"方面的发展状况到底如何?究竟怎么做才能保持好平衡?这些问题都有待深入细致的研究,需要寻找科学的证据。

(二) 关于数学教育中"数学体系"的争鸣

有关如何建立数学课程体系的争论不仅发生在新课程改革时期,"文化大革命"期间,数学教育与生产劳动出现过度联系的现象,但在随后的二十多年,又有偏重数学知识系统,忽视与实践相结合的倾向。新课程标准中提出"实践与综合应用"这一领域,可以从四个方面来解释:一是引导学生关注实践,关注应用;二是让抽象的数学概念深深地扎根于儿童的现实生活中;三是想实现数学内部的综合;四是实现数学与其他学科的综合。研究表明,数学课程中设置"实践与综合应用"领域很有必要,其在提高学生数学学习兴趣、让学生体会数学价值、积累数学活动经验、培养学生的数学应用意识和创新精神等方面是有效的……是培养学生发现问题、提出问题能力的基本途径。[47]而"传统的数学课程主要是按数学的逻辑体系展开的,过分强调了数学的学术形态。……形式化是数学的基本特征之一。形式化的表达是一项基本要求,但数学不能过度形式化"。[48]有学者对《标准（实验稿）》中倡导的课程体系提出了质疑。姜伯驹[49]指出"新课标"改革的方向有偏差，课程体系设置缺乏连贯性、系统性……使很多基层教师尤其是农村教师无所适从。作为"学科色彩"最为典型的基础性学科，数学课程设置中如何处理好"理论与应用""学科与儿童"之间的关系，可能仍然需要数学教育工作者"大胆假设、小心求证"。这中间涉及"如何看待数学和数学教育的本质""什么是数学的系统性""作为教育任务的数学""作为儿童学习载体的数学世界"等一系列课题的再认识与再发现。

（三）关于数学教育中"几何"的争鸣

几何一直是中小学数学课程改革的焦点。受 20 世纪由英国数学家贝利和德国数学家克莱因发起的数学教育近代化运动的影响，从打破欧式几何体系，到重视直观几何，新课标对于原有课程以欧式几何为核心的平面几何体系做了较大的变革。[50]以往的中小学数学课程绝大多数内容局限于"数、式及其运算"和"平面几何与证明"，学生们见不到数学的全貌，更无从体会数学的全过程。新的课程改革试图在此有所突破。变换几何、测量几何、实验几何的内容大大增强，用"空间与图形"替代了"平面几何（欧式几何）"的提法。钟志华表示，"数学不仅仅是枯燥、乏味又深奥的一堆符号和式子。绝对的严格性终将把学生活泼的数学思想淹没在逻辑的海洋里。"[51]然而，对于这种变化，也有批评者秉承谨慎甚至是批评的态度，认为它"另起炉灶""甚至连'平面几何'这个词都不见了，只许说'空间与图形'"，许多中学教师拿到教材后无所适从，不知从何教起。我们现在的数学课程把初中的平面几何砍得七零八碎，这种做法是非常令人心痛的。[49]平面几何到底承载着什么样的教育价值？面对普及意义下的全体适龄儿童，平面几何能否实现"严格逻辑证明和理性思维"的目的？青少年的理性精神如何培养？这又将是一个艰巨的挑战，也许还需要几代人的努力。

（四）关于数学教育中"统一性与多样性"的争鸣

"统一性与多样性"是一个在哲学范畴中被无数次讨论的问题。在新课改的背景下，数学教育是否厘清了"统一性与多样性"之间的关系，对此学者们众说纷纭。一种观点认为[52]，数学教师的数学教学理念和教学方式都有不同程度的改变。多样化教学与学习方式初具格局。在许多学校，数学教师经常采用小组学习、分组讨论等方式进行教学，课堂气氛活跃，学生学习积极性高，教学效果良好。黄翔[53]在其文章中也提到："数学课程改革要适应数学形式和领域多样化的要求……数学与现实的关联是多角度、多维度的，数学课程应采取多样化的方式来呈现和反映这种关联，教师在教学中要创造性地运用这种关联，以形成卓有成效的、促使每一个学生都得到发展的教学机制和教学策略。"但是，也有观点认为，传统的关于几何、代数和三角的区分被取消了，取而代之的是所谓的"整合性数学"，即主要围绕实际生活来组织有关的数学内容的学习。然而，尽管后者具有综合性的特点，并较好地体现了数学的实际意义，但却未能使学生较好地掌握相应的数学知识。[54]更大的批评声认为"国家不应该有统一的课程标准"，认为"标准"就是培养"整齐划一的人"，有数学天赋的学生得不到应有的关注，在强调了情境性、多样性后，许多数学教育工作者往往忽视了数学的内在统一性，在多点开花的同时，缺少了数学教育的主线与灵魂。这里面涉及"对义务教育性质""对课程标准内涵""对大众数学与精英数学关系""对面向每一个人的数学教育"的认识，特别是"对绝大多数学生达到基本要求的同时对数学天才儿童的发现、保护与培养"的战略意义的认识。

随着高中阶段课改的全面推行，在理念与实践等方面也引发了一些争议[39,55,56]，如某省仅有 2.9%的教师认为新课程的理念和目标能够完全实现，一线教师对于新课程目标的完全实现不很乐观；过度使用解析（向量）方法处理立体几何问题削弱了学生的空间观念的培养（特别是在考试导向的背景下，机械化、高效的解题方法被青睐）；新课改所强调的数学文化的理论研究基础薄弱，《高中标准》中的说法又较为简单和上位，使得教学往往不得要领，数学文化内容缺少与数学课程主干内容的内在联系；选修课的开设情况不甚理想（特别是一些涉及高等数学的内容的课程，如"矩阵与变换""欧拉公式与闭曲面分类"等选修系列 3，4 的内容）；评价改革、高等院校招生制度改革与课程改革不同步等等。

五、结语

任何新生事物总是在产生过程中不断地受到批评和质疑而发展和壮大的。十余年课程改革中，无论是对于《标准（实验稿）》还是《课程标准（2011 年版）》，我们的研究工作还远远不够。事实上，时至今日，"可以称之为真正具有中国特色、针对中小学教育的已有研究成果仍然十分有限，不足以支撑我国形成一个有足够说服力、有理性、有实验数据支持的课程标准。但是我们也不能因此而无所作为，也没有哪个国家是在所有的问题都有了足够的研究成果后才制定课程标准的。课程标准的研制是一个探索的过程，一定要不断地修改完善。我们首先应弄清此次课程改革主要针对哪些问题，以这些问题作为出发点，在对这些问题的解决方案还不是很成熟的情况下，研究怎样更好地解决它们"。[54]

围绕新课程的论争不断考验着各方面的智慧与神经，涉及民族和个人未来发展的利害鞭策着改革者的责任。"课程作为一种更广泛意义上的公共品，要能够倾听不同的声音；作为课程的推出者，政府要能够作为平等的一方参与'学术性'争论。而建立起相应的渠道与规范程序，以确保交流的畅通、问题的解决，则凸显为对政府的一项制度要求。无论决策还是执行，都可以成为一个'民主'的过程。"[57]

经验告诉我们，改革的过程是探索的过程，数学教育的理论与实践需要同时综合数学、教育学、心理学等多个学科的观点和研究成果，整合各个领域、各个阶层社会资源，上抵学科前沿，下达山区课堂，以严谨学术为本，以民族责任为纲，扎实工作，方能改有所成。

参考文献

[1] 数学课程标准研制小组. 关于我国数学课程标准研制的初步设想[J]. 教育学报, 1999 (4): 42-46.

[2] 董裕华. 高中数学课程改革的现状及对策[J]. 天津师范大学学报: 基础教育版, 2006, 7 (3): 60-64.

[3] 数学课程标准研制组. 全日制义务教育数学课程标准（实验稿）解读[M]. 北京: 北京师范大学出版社, 2002.

[4] 国家数学课程标准研制工作组, 张春莉, 刘坚. 集思广益话改革——关于"研制国家数学课程标准"来稿汇总与分析[J]. 教育学报, 1999 (12): 1-5.

[5] 中华人民共和国教育部. 全日制义务教育数学课程标准: 实验稿[M]. 北京: 北京师范大学出版社, 2001: 1.

[6] 张奠宙, 李士锜, 唐瑞芬. 中国大陆的"双基"数学教学[M]//范良火, 黄毅英, 蔡金法, 李士锜. 华人如何学习数学（中文版）. 南京: 江苏教育出版社, 2005.

[7] 张奠宙, 宋乃庆主编. 数学教育概论[M]. 北京: 高等教育出版社, 2004.

[8] 孔企平, 胡松林. 数与代数领域加强与削弱的内容介绍——《课程标准》与《大纲》内容比较之一[J]. 教育学报, 2002 (9): 1-5.

[9] 孔凡哲, 刘晓玫, 孙晓天. 《义务教育阶段国家数学课程标准》"空间与图形"的特点[J]. 数学教育学报, 2001, 10 (3): 58-62.

[10] 孔凡哲, 孙晓天. 我国义务教育阶段数学课程与教学的评价发展趋势——兼谈《义务教育阶段国家数学课程标准》评价的主要特点[J]. 当代教育科学, 2001 (10): 17-18.

[11] 马云鹏. 基础教育课程改革: 实施进程、特征分析与推进策略[J]. 课程·教材·教法, 2009 (4): 110-113.

[12] 全国十二所重点师范大学联合编写. 教育学基础[M]. 北京: 教育科学出版社, 2002.

[13] 范良火等. 数学课程内外的教科书使用——在昆明和福州12所中学所作的研究[M]//范良火, 黄毅英, 蔡金法, 李士锜. 华人如何学习数学（中文版）. 南京: 江苏教育出版社, 2005.

[14] 胡东芳. 从国际比较的观点看课程政策的变化趋势[J]. 教育发展研究, 2002 (9): 19-21.

[15] 钟启泉. 一纲多本: 教育民主的诉求——我国教科书政策述评[J]. 教育发展研究, 2009 (4): 1-6.

[16] 曾天山. 教材论[M]. 南京: 江西教育出版社, 1997.

[17] 张兵. 高中新课程标准下新旧教材的比较研究——以几何课程为例[D]. 河北师范大学, 2006.

[18] 代婷. 充分认识差别, 切实领会新课程理念——对新旧高中数学教材中"函数"部分内容编排的比较[J]. 内蒙古师范大学学报(教育科学版), 2006, 19 (6): 131-133.

[19] 王健慧. 高中数学新旧教材对比研究——江苏版新教材（选修1）与人教03版相关内容比较[D]. 东北师范大学硕士学位论文, 2007.

[20] 侯学萍, 武锡环. 高中数学新旧教材中函数内容的比较研究[J]. 数学通报, 2009, 48 (10): 11-14.

[21] 孔企平. 新教材新在哪里[J]. 小学教学参考, 2004 (Z3): 4-9.

[22] 鲍建生. 我国新老初中数学教材综合难度的比较研究[M]//范良火, 黄毅英, 蔡金法, 李士锜. 华人如何学习数学（中文版）. 南京: 江苏教育出版社, 2005.

[23] 刘勍. 义务教育初中数学课程新旧教科书中代数习题的比较研究[D]. 西北师范大学硕士学位论文, 2006.

[24] 严文海. "人教版"与"北师版"新课程标准教科书（数学）（七年级上册）的比较研究[D]. 陕西师范大学硕士论文, 2005.

[25] 杨颂. 现行两套高中数学教材立体几何内容的文本比较研究[D]. 东北师范大学硕士学位论文, 2008.

[26] Ni Y, Li Q, Li X, Zhang Z H. Impact of Curriculum Reform: Evidence of Student Mathematics Achievements in the Mainland China[C]. Paper Presented at the [21] Annual Meeting of American Educational Research Association, Denver, USA, April 30-May 4, 2010.

[27] 蔡金法. 中美学生数学学习的系列实证研究: 他山之石, 何以攻玉[M]. 北京: 教育科学出版社, 2007.

[28] 张俊珍. 新课程对小学生数学能力影响的延迟效应[J]. 教育理论与实践, 2009 (19): 6-8.

[29] Li Q, Ni Y. Impact of Curriculum Reform: Evidence of Change in Classroom Practice in the Mainland China[C]. Paper Presented at the [21] Annual Meeting of American Educational Research Association, Denver, USA, April 30-May 4, 2010.

[30] 吕世虎, 宋晓平. 新课程实施带来的变化[J]. 课程·教材·教法, 2002 (8).

[31] 义务教育数学课程标准修订组. 义务教育数学课程标准（2011年版）解读[M]. 北京: 北京师范大学出版社. 2012.

[32] 孔凡哲, 史宁中. 关于几何直观的含义与表现形式——对《义务教育数学课程标准

(2011年版)》的一点认识[J]. 课程·教材·教法，2012（7）：92-97.

[33] 郭玉峰，史宁中. 数学基本活动经验：提出、理解与实践[J]. 中国教育学刊，2012（4）：42-45.

[34] 史宁中，马云鹏，刘晓玫. 义务教育数学课程标准修订过程与主要内容[J]. 课程·教材·教法，2012（3）：50-56.

[35] 吕世虎，钟志勇. 高中数学课程实施现状研究[J]. 数学教育学报，2001，10（4）：88-92.

[36] 宋乃庆，徐斌艳主编. 数学课程导论[M]. 北京：北京师范大学出版社，2010.

[37] 中华人民共和国教育部制订. 普通高中课程方案（实验）[M]. 北京：人民教育出版社，2003.

[38] 孙名符，谢海燕. 新高中数学课程标准与原教学大纲的比较研究[J]. 数学教育学报，2004，13（1）：63-66.

[39] 吕世虎，曹春艳，金晓青，王尚志. 普通高中数学新课程实施现状研究[J]. 数学教育报，2015，24（3）：6-12.

[40] 李善良. 普通高中数学课程标准的实验与思考[J]. 课程·教材·教法，2010（10）：45-51.

[41] 洪燕君，周九诗，王尚志，鲍建生.《普通高中数学课程标准（修订稿）》的意见征询——访谈张奠宙先生[J]. 数学教育学报，2015，24（3）：35-39.

[42] 辛涛，姜宇，王烨辉. 基于学生核心素养的课程体系建构[J]. 北京师范大学学报：社会科学版，2014（1）：5-11.

[43] 徐兆洋，宋乃庆. 检视新一轮数学课程改革的论争[J]. 数学教育学报，2010，19（5）：17-20.

[44] 孙晓天."四基"：十年数学课程改革最重要的收获[J]. 基础教育课程，2010（Z2）：34-37.

[45] 曹一鸣，辛兴云. 从数学本质解读数学课程改革[J]. 数学教育学报，2005，14（1）：42-45.

[46] 郑毓信. 简论数学课程改革的活动化、个性化、生活化取向[J]. 教育研究，2003，281（6）：90-94.

[47] 李清，史宁中. 初中数学"实践与综合应用"领域课程研究[D]. 东北师范大学博士学位论文，2009.

[48] 曹一鸣. 义务教育数学课程改革及其争鸣问题[J]. 数学通报，2005，44（3）：14-16.

[49] 姜伯驹. 新课标让数学课失去了什么[S]. 光明日报，2005-03-16.

[50] 綦春霞，孙晓天，张丹等. 数学课程论与数学课程教材改革[M]. 北京：北京师范

大学出版社，2012.

[51] 钟志华. 转变教育观念，正确理解新数学课程标准[J]. 数学教育学报，2003，12（3）：95-97.

[52] 黄秦安. 数学课程改革向何处去——关于基础教育数学课程与教学改革的调查报告[J]. 数学教育学报，2011，20（3），12-16.

[53] 黄翔. 数学课程改革的国际视角及启示[J]. 课程·教材·教法，2002（6）：73-75.

[54] 郑毓信. 从课程改革看数学教育理论研究[J]. 数学教育学报，2007，16（1）：40-43.

[55] 陈武生. 给过分强调用向量方法解立体几何题唱唱反调[J]. 数学通报，2006，45（9）：30-32.

[56] 刘洁民. 浅析高中数学课程中的数学文化[J]. 数学通报，2010，49（9）：10-15.

[57] 余慧娟. 课程改革的路必须走下去——2005年的叩问与沉思[J]. 人民教育，2005（24）.

第四章

教育公平在中国：一项对上海本地学生及外来学生数学学习的分析[①]

一、教育公平

无论是发达国家，转型中的国家，或是发展中国家，教育公平对于几乎所有的国家而言，一直以来都是一个极为重要的问题。教育上的不公平意味着对人类潜力的一种浪费。根据 Grubb, Field, Jahr 和 Neumüller 的研究[1]，公平问题既是社会问题，也是个人问题。在他们看来，从社会的角度来说，大量教育水平低下的个体将无法促进国家的繁荣，从而可能引发社会性的损失，这类损失将可能直接通过社会福利损失的形式呈现出来，或是通过其对社会问题的间接影响而产生；从个人的角度来说，缺乏足够的学校教育和校内竞争力通常会导致收入较低，失业率较高，以及许多与经济条件差相关的后果。不少研究者还指出，教育上的不公平与它的许多后果的出现几乎从来都不是完全随机的，且通常会在某些特定的群体上的影响效果更明显。从这个意义上来说，群体性不公平比随机分布在群体的个体性不公平会更加突出和严重。

在中国，消除教育不公平始终是一个较难实现的目标。公众及媒体经常关注的教育不公平中的一个重要问题是农民工子女的教育。这些孩童或者是与父母一起居住在新城市的家里，或者是滞留在农村的家中而没有父母在其身边。前者需要努力地在城市公立学校入学，但由于他们的农村户口，往往很难顺利入学；后者则面临着潜在的被忽视，同时还伴随着一系列的发展性和社会性问题（即所谓的"留守儿童综合征"）。[2] 在中国，大约有三千万学龄儿童属于外来务工人员家庭，这些儿童占到基础教育阶段全部学生人口的20%；也就是说，每五个儿童中，就有一个来自外来务工人员的家庭。[3]

大量人口从农村向城市的大规模转移给城市教育体系带来了巨大的压力，而这种转移需要将农村孩子融入城市主流中去。[4] Werwath 指出，类似在中国出现的大量农村人口向城市迁移的现象在世界上的其他地方是没有的。[5] 作为这种转移的后果之一，"教育公

[①] 朱雁，华东师范大学教育科学学院。

平"在 2004 年首次出现在中央政府文件中。此外，关于这些孩子的教育及社会问题也成为一个重大的问题，中国政府承诺将在 2020 年的教育计划中作出应对。

（一）上海的外来学生教育：取得的进展

作为一个大都市，至 2013 年年底，上海约有 990 万外来务工人员和 1 425 万本地居民。[6]虽然这些年来，上海的外来流动人口数量并没有呈现出显著的变化，但其中学龄儿童的人数却有了大幅度的增加。据 Yin 的调查，在外来人口中，有 70％以上是农民工，他们带来了超过 40 万的儿童。[7]众所周知，在世界上很多地方，将农民工子弟成功地整合到当地的教育体系之中是一个核心关切的问题。上海政府也同样认识到，要确保如此巨大的学生群体获得优质教育是十分重要的。[8]

Chen 和 Feng 评论说，在所有接受外来人员的主要城市中，上海在满足其子女的教育需求方面可能是最为包容的。[9]人们认为，这可能是因为上海惊人的经济增长在很大程度上归因于外来务工人员的贡献，因而他们的孩子应该获得很好的待遇。[3]此外，上海还形成了这样一种观念，即外来学生亦是"我们的孩子"，因此上海市积极建构以使这些孩子能够融入上海的教育发展之中。

紧随国家的"两个主要"政策（即外来务工随迁子女的教育主要由接收地区负责，以及外来务工随迁子女的义务教育主要由公立学校提供），[10]上海当地政府在 2008 年启动了"外来务工随迁子女教育的三年行动计划"，其目的是促进公立学校进一步面向外来学生开放，并资助外来务工随迁子弟学校。到 2011 年，上海所有位于中心城区的外来务工随迁子弟学校已关闭，而这些地区的外来学生都转移至了公立学校。在 2006 年至 2010 年期间，上海市委市政府投入了近 100 亿人民币到郊区学校的基础设施中，以满足外来务工及拆迁户子女不断增长的教育需求。2010 年 2 月，上海市还宣布其将成为中国第一个向外来学生免费提供九年义务教育的城市。根据政府统计，上海农民工家庭的 40 万儿童中，有 97.3％的人正接受着免费教育，有的在普通公立学校，有的在仅面向外来学生的公立学校，还有的在专门的私立学校（"民办"学校）。[11]

（二）上海的外来学生教育：存在的挑战

外来务工随迁子女就读的学校类型。总体来说，70％左右的外来学生就读于上海的公办学校。然而，这些学生就读精英小学的比率相对较低。据 Li 调查，在东、中、西部地区，外来学生就读精英小学的相应比率分别为 6.3％，6.9％和 12.9％，而他们就读私立学校的比例则分别为 23.5％，29.5％和 2.6％。[12]事实上，进入这类学校的学生家长通常以一些专业人员以及官员为主。[13]这些学校之前皆为"重点学校"，经常会收到额外的赞助，并有更好的师资。虽然上海已取消重点小学的制度，但是一些教学质量高的小学通常仍然设置入学考试。[14]

义务教育之后的教育。在上海，几乎所有外来学生都可以就读于小学（或公立或专为外来务工随迁子女而办），但是并非所有的人都可以在当地就读中学。这与一个事实相关，即上海禁止设立专为外来学生就读的高中，但同时公立中学的数量不足。因此，外来学生只能选择就读职业高中。上海市教育委员会针对当地的高中禁止外来学生入学给出了如下的解释："如果我们向他们开启大门，未来就很难再关闭了；当地的教育资源不应该自由地分配给外来学生。"[15]

自 2013 年起，上海已实施了新的居住证管理办法。它允许没有上海户口（即本地户籍）但符合条件的外来务工随迁子女①进入高中学习，学习上海的课程，并参加上海的高考。与此同时，多数不符合条件的学生则被迫返回自己的家乡继续他们的高中教育，而后在其家乡参加当地的高考。

学习不同的课程。上海有自己的课程和考试，与国内其他多个地区所采用的国家标准有所不同。相应地，无论在哪类学校学习，就教育标准而言，外来学生通常并没有受到与其上海同伴相同的标准。换句话说，由于不同的教育标准，外来学生通常是在体系之外的，并在不同的教室上课。此外，大部分外来务工随迁人员的家庭无力负担额外的学费以使得他们的孩子能够跟上上海学生。

为外来学生开设的私立学校的条件。这些私立学校收到的资助比起为上海本地学生开设的学校，不足其一半。在班级的人数上，通常要比专为本地学生开设的学校多得多，教师的教学任务相应也要繁重得多。Ding[16]调查了 59 所上海外来务工随迁子弟学校，该报告称，在这类学校中，有 78.3% 的教师月收入不超过 700 元，远远低于当地的上班族月均收入（2004 年数据是 2 815 元，上海市）。研究还发现，不少教师将外来务工随迁子弟学校作为敲门砖，也就是说，一旦他们找到了更好的工作，他们可能会不再教书。相应地，选择留下的教师可能并不具备必要的教学经验或资格。Chen 和 Feng[9]的调查表明，就教学经验（教龄）、教师的教育经历以及他们的月收入而言，公立学校的教师比外来务工随迁子弟学校的教师条件要更好。

二、研究问题和目的

自 2000 年以来，OECD 每三年以一个学科领域作为主要调查目标进行一次调查，即 PISA，着重于对学生的教育体验的综合性调查研究，包括学生的认知及非认知表现。2012 年的第五轮调查以数学素养为主。在该项研究中，数学素养被界定为"在各种情境下，个体创造、应用以及解读数学的能力"。[17]在这个意义上，PISA 提供了一个宝贵的机会来描绘这些年轻人初入就业市场时所具备的技能和能力。[18]

这次 PISA 调查的数据非常有利于调查上海具有各类外来背景的学生间的差异。当前研究的目的是从认知和非认知两个角度来仔细调查外来背景对上海学生的数学成就的影

---

① 这些学生的家长通常有足够高的教育地位和收入，有稳定的工作单位，从而能够办理上海居住证。该居住证使得他们的孩子可以留在上海接受高中教育。

响。特别地，该研究将通过对中国上海 PISA 2012 数据的二次分析，回答以下两组研究问题：

（1）上海 15 岁的本地学生与其同龄的外来伙伴在数学上成绩是否存在不同？这两类学生对自己作为数学学习者的评价是否存在不同？

（2）上海 15 岁二代外来学生与其同龄的一代外来伙伴在数学上成绩是否存在不同？这两类学生对自己作为数学学习者的评价是否存在不同？

通过回答这两组研究问题，本调查旨在从学生的外来背景与数学教育的关联的角度清晰地勾勒出中国上海教育公平的状况。正如研究问题所指出的，这项研究不仅考虑到学生的认知表现，还从他们在学的学习经历角度研究其非认知的表现。此外，对本地学生和外来学生作比较旨在揭示外来学生适应新文化和社会环境的状况；而对两类不同外来群体作比较，是为了了解不同学校的制度在支持外来学生学习上的程度。

三、研究方法

（一）数据来源

本研究所使用的数据来自中国上海 PISA 2012 的测试样本。PISA 测试以学校作为其主要的抽样单位，采取两阶段随机分层抽样的方法。首先随机选取学校，再从该学校中随机抽取学生（15 岁）。[19-20] 从 PISA 官方网站上获得的中国上海样本包含了 154 所学校的 5 177 名学生。为确保样本数据的代表性，本研究的分析使用了最终的抽样权重以及复制权重。

（二）测量

PISA 通过对学生和学校进行问卷调查以收集相关的背景信息和构建学生学业成就的社会、文化、经济、教育等因素指标。[21] 本研究中，学生问卷中的三组问题被用来确定学生的外来背景，这三组问题包括学生自身的出生地（COBN_S）以及他们父母的出生地（CONF_F 和 COBN_M）。此外，本研究还包括了学生就读的学校类型（STRATUM）以及他们所在的年级（ST01Q01）。

PISA 2012 评估的是 15 岁学生的阅读、数学和科学素养，测试方法是让每一位学生参加随机抽取于 22 份试题册中的一份测试，每一份试题册都包含有数学试题，也有一些包括了所有三个测试领域的试题。从这个意义上来说，每位学生只完成测试题库中的一部分试题，因而学生所得的原始分数是无法用于比较的。为了解决这个问题，PISA 使用了多重替代法（multiple imputation approach）估算所有学生在那些无法测量到的试题的潜在学业成就。其结果是，每位学生的整体数学成就都产生了五个似真值（从 PV1MATH 到 PV5MATH），本研究将采用所有这些似真值来进行参数估计值的计算。

关于学生对其自身作为一个数学学习者的自我认知，本研究包括了三组反映学生数学自我信念的试题，即，数学自我效能感（从 ST37Q01 到 ST37Q08），数学焦虑（ST42Q01，

ST42Q03，ST42Q05，ST42Q08，ST42Q10），以及数学自我概念（ST42Q02，ST42Q04，ST42Q06，ST42Q07，ST42Q09）。PISA 2012 将学生的数学自我效能感定义为学生相信在多大程度上能够依靠自己的能力来解决特定的数学任务；例如，询问学生觉得自己在求解出方程 $3x+5=17$（ST37Q05）的信心有多大，其中 1 表示非常有信心，而 4 则表示完全没有信心。数学焦虑指的是学生处理数学问题时的无助感和压力感，如"我做数学问题时感到非常紧张"（ST47Q05）。数学自我概念指的是学生对自己的数学能力的信念（例如，ST42Q07："我始终认为，数学是我学得最好的科目之一"）。对于后两组试题，要求学生回答他们的认同程度，其中 1 表示"非常同意"，而 4 则表示"非常不同意"。

根据学生在上述三组试题上的作答，PISA 进一步建构了三项与数学学习相关的非认知观念指标（即，MATHEFF——数学自我效能感，ANXMAT——数学焦虑，以及 SCMAT——数学自我概念）。这些指标对于所有参与测试的教育体系做了标准化处理，使得其均值为 0 且标准差为 1。这样一来，对这些指标进行标准化的操作就意味着，在某一指标上取值为正的学生，其比平均水平的学生具有更积极的认知，而取值为负的学生则在认知水平上要消极一些。在本研究中，对不同外来背景的学生的非认知因素的比较既包括每个试题的比较，还包括对构建的指标的比较。

（三）数据处理与分析

根据 PISA 对学生的移民背景的定义，本研究将上海学生的外来背景分为三类：(1) 本地学生（父母双方中至少有一人出生在上海，无论学生本人的出生地），(2) 二代外来学生（他/她本人出生在上海，但其父母不在上海出生），以及 (3) 一代外来学生（学生本人及其父母都不在上海出生）。

PISA 的学生问卷共定义了上海 15 岁学生就读的五种学校类型。在本研究中，它们首先重组为两个大类（即，学术型学校和职业型学校）。在高中学校（学术型类别）中，又进一步划分出两个子类型（即，普通学校和示范性学校）。此外，问卷要求学生告知他们在读的年级，从 7 年级到 12 年级不等，以用于将学生归入初中组或高中组，从而使本研究的分析能够区分义务教育阶段和后义务教育阶段。

为发现与学生外来背景相关的在数学学习认知与非认知成就上可能存在的差异，本研究进行了一系列的 t 检验（针对本地学生与外来学生）和方差分析（针对本地学生，一代外来学生和二代外来学生）。若方差分析呈现出显著差异时，将进一步进行多组分析。在考虑各组分布之间的差异时，将进行卡方检验。对于所有的检验，只要发现在统计学意义上有显著差异，就将报告效应值（effect sizes）[①]。

---

① t 检验和方差分析的多组检验的效应值由 Cohen 的 d 值表示（小：$d=0.20$，中：$d=0.50$，大：$d=0.80$），当发现 F 值显著时，方差分析的效应值用 ω^2 来表示（小：$\omega^2=0.01$，中：$\omega^2=0.06$，大：$\omega^2=0.14$），ω^2 的阈值是 0.03。卡方检验的效应值由 Cramer 的 V 值表示（小：$V=0.10$，中：$V=0.30$，大：$V=0.50$）。

四、结论和发现

根据 PISA 2012 中国—上海的数据,大约有 26.9% 的 15 岁学生具有一定的外来背景,包括 17.8% 的一代外来学生和 9.1% 的二代外来学生(见表 4-1)。这一整体数字非常接近于全国人口普查中不具备上海户口的居民比例,27.7%。此外,大多数的外来学生属于一代外来学生(66.2%),这表明这些学生及其家长均不出生在上海。

表 4-1 不同学段与类型学校中的具有各种外来背景的学生百分比

	初中	高中			整体
		学术型	职业型	混合型	
本地学生	67.7%	79.0%	75.0%	77.5%	73.1%
一代外来学生	23.4%	11.2%	16.8%	13.3%	17.8%
二代外来学生	8.9%	9.7%	8.2%	9.2%	9.1%

从表 4-1 可以看出,从初中到高中,外来学生的比例下降了 10% 左右。在高中阶段,更多的一代外来学生选择就读职业高中。事实上,约有 47.3% 的一代外来高中学生就读于职业高中,另外两类学生的相应比例分别为 36.3%(本地学生)和 33.5%(二代外来学生)。

(一)不同外来背景学生的数学成绩

研究发现,上海本地学生的表现($M_{本地}=621.33$,$SD_{本地}=93.71$)显著优于新上海学生($M_{外来}=592.64$,$SD_{外来}=113.30$),$t(83\,569)=37.001$,$p<0.001$,$d=0.29$。进一步调查发现,在一代外来学生和其他两类学生之间也存在着差异(见表 4-2)。特别是,本地学生的得分比一代外来学生高出 44.13 分,差异大小接近中等($d=0.45$)。类似地,二代外来学生得分比一代外来学生高出 45.87 分($d=0.41$)。虽然二代外来学生得分比本地学生高 1.74 分,但是前者的得分分布更为分散,尤其考虑到本地学生的人数是二代外来学生的 8 倍左右。此外,在上海本地学生中,只有一小部分(3.5%)不在上海出生,比较显示,这些学生的学业表现与出生在上海的本地学生表现相近,仅相差 3.33 分($t[60\,941]=-1.617$,$p=0.11$)。

表 4-2 PISA 2012 测试中上海各种外来背景学生的数学学业成就

	初中	高中			总体
		学术型	职业型	混合型	
本地学生	605.10 (89.17)	680.69 (68.69)	548.77 (74.61)	632.84 (95.13)	621.33 (93.71)

续表

	初中	高中			总体
		学术型	职业型	混合型	
一代外来学生	553.82 (106.63)	696.14 (64.75)	515.31 (77.67)	610.58 (114.96)	577.20 (113.63)
二代外来学生	596.18 (98.58)	698.75 (69.86)	536.43 (84.57)	644.40 (107.29)	623.07 (106.27)

注：学生的数学学业成就以均值和标准差（括号内）呈现。

PISA 测试的目标群体是基于特定年龄（即 15 岁）而非基于年级；也就是说，它不是依赖于国家教育体系的学院结构的。数据显示，目前上海 15 岁学生，有 39.6% 就读于九年级，有 54.2% 就读于十年级。

正如前面所说，外来学生在完成义务教育后进行下一个阶段的学习时可能会受到更多的歧视。也就是说，他们中的很多人在完成义务教育后无法留在上海上学，而那些留在高中的或者是就读于职业学校，或者是有良好的家庭背景（如，父母受过较高的教育水平并有稳定的收入）。正如所预期的，初中阶段观测到较大的组间差异（$F[2, 37\ 475] = 964.640$，$p < 0.001$，$\omega^2 = 0.05$），而高中阶段的差异很小（$F[2, 46\ 090] = 174.874$，$p < 0.001$，$\omega^2 = 0.01$）。此外，在所有这三个组中，高中学生的学业表现都显著优于其初中同伴，而且这在两组外来学生中尤为明显（$d_{一代外来学生} = 0.47$，$d_{二代外来学生} = 0.52$，$d_{本地学生} = 0.30$）。

本研究进一步比较了高中阶段的学术型学校和职业型学校。研究表明，在职业学校内部的差异接近阈值（$F[2, 17\ 275] = 234.325$，$\omega^2 = 0.026$），而在普通学校内部的差异可以忽略不计（$F[2, 28\ 812] = 142.870$，$\omega^2 = 0.01$）。在这两类学校间存在着一种有趣的相反模式，即，在学术型学校中，两类外来学生都比本地学生的学业成就要好，而在职业型学校中，关系却恰好相反（见表 4-2）。此外，在职业学校中，本地学生和一代外来学生之间的差异大小已接近中等（$d = 0.45$），但是本地学生和二代外来学生之间的差异很小（$d = 0.16$）。

在上海，高中阶段有示范高中和普通非示范高中之分。人们普遍认为，示范高中的质量比普通高中好。因为高中教育已超出义务教育范围，所以学生们通常需要参加本地组织的高中入学考试（俗称中考），他们的考试成绩将对他们有资格就读的学校类型产生重要的影响（如，普通高中和职业高中，示范高中和普通非示范高中）。在学术型学校中，示范高中的入学分数通常更高些。对不同外来背景的学生在两类学校中的分布进行卡方检验，结果显示二者差异很小（$\chi^2[2, N = 28\ 815] = 145.556$，$p < 0.001$，Cramer's $V = 0.07$）。还可以看出，近 40% 的本地高中学生（学术型）就读的是示范性高中，而两类外

来学生的相应百分率则显示略高水平（一代外来学生：46%；二代外来学生：49%）。

有意思的是，本研究发现在示范性高中学习的学生中，二代外来学生的成绩是最好的（$M=738.74$，$SD=62.27$），其次是一代外来学生（$M=719.64$，$SD=58.84$），然后才是本地学生（$M=715.12$，$SD=63.28$）。但方差分析表明，组间差异是较微小的（$F[2, 11\ 821]=81.059$，$p<0.001$，$\omega^2=0.01$）。同样，在普通高中就读的学生中，外来学生的表现（一代外来学生：$M=673.55$，$SD=62.03$；二代外来学生：$M=664.39$，$SD=56.38$）再一次优于本地学生（$M=658.44$，$SD=62.58$），尽管差异也很小（$F[2, 16\ 988]=47.125$，$p<0.001$，$\omega^2<0.01$）。而在对上述分析结果进行解释时还必须要考虑到这样一个重要的事实，即，本地学生数量要远远大于其他两个外来的学生群体。此外，标准差显示，在根据学生不同的外来背景来考察他们的成绩分布时，两个外来学生群体的成绩分布彼此较为相似。可以预计示范性高中学生和普通非示范性高中的学生之间会存在较大的差异，而这一结论也正由数据得以验证，这一结论也同样适合于所有的三组学生群体。进一步地，最大的差异出现在二代外来学生之中（$d=1.26$）。

（二）不同外来背景学生的数学自我效能水平

通过对比发现，无论是何种问题情境，本地学生都要比他们同龄的外来学生更显信心，尽管他们之间的差异不大。最大的差异出现在有关这样一道问题的解答上："解方程 $2(X+3)=(X+3)(X-3)$"（ST37Q07：$d=0.32$），而最小的差异出现在这样一道问题上："理解报纸呈现的图表"（ST37Q04：$d=0.12$）。由于外来学生群体既包括一代外来学生，也包括二代外来学生，这些学生在数学自我效能上的离散程度始终较本地学生更大。在数学自我效能（MATHEFF）这一指数上，本地学生和外来学生间的差异很小，$t(23\ 447)=21.316$，$p<0.001$，$d=0.21$。

对两个外来群体分别进行分析，结果显示，二代外来学生的自信水平与其本地同伴相类似。李克特（Likert）四点量表显示，两组之间的绝对差异界于 0.01 到 0.05 之间。在所有八道问题上，二代外来学生在其中的五道上略微更显信心。换句话说，研究所观测到的本地学生和外来学生之间的差异可能主要来自于一代外来学生群体。

更进一步，本研究调查了不同层次学校学生的表现（见表 4-3）。结果发现，学生群体之间的数学自我效能的差异在初中阶段较大，且其大小接近于阈值（$F[2, 25\ 054]=349.603$，$p<0.001$，$\omega^2=0.027$），而这种差异在高中阶段则可忽略不计（$F[2, 30\ 501]=115.802$，$p<0.001$，$\omega^2<0.01$）。另外，在初中阶段，本地学生始终对所有列出的问题表现出最高水平的自信，且在三道问题上，三个群体之间的差异大小（即 ST37Q05："解决类似于 $3X+5=17$ 这样的方程"，ST37Q06："求比例尺为 1∶10 000 的地图上两地之间的实际距离"，ST37Q07："解方程 $2(X+3)=(X+3)(X-3)$"）超出了阈值。在高中阶段，二代外来学生显现出不同的模式，即在大多数问题上，二代外来学生的数学自我效能水平要高于其他两组学生。但在这一学校层次上，相应的差异很小。

表 4-3　PISA 2012 测试中上海各种外来背景学生的数学自我效能水平

	初中	高中			总体
		学术型	职业型	混合型	
本地学生	1.03	1.32	0.38	0.98	1.00
	(1.04)	(0.99)	(0.97)	(1.08)	(1.07)
一代外来学生	0.59	1.48	−0.13	0.71	0.64
	(1.11)	(0.88)	(1.03)	(1.25)	(1.17)
二代外来学生	0.93	1.48	0.27	1.07	1.01
	(1.15)	(0.80)	(0.94)	(1.02)	(1.10)

注：该表列出了学生数学自我效能（MATHEFF）的均值和标准差（括号中显示）。

对职业型高中和学术型高中学生的数学自我效能的对比表明，在解决数学问题方面，学术型高中学生的自信要显著高于职业型高中的学生。尤其是在这一建构的指数（即 MATHEFF）上，两类学生间的差异很大，$t(22\,445)=70.275$，$p<0.001$，$d=0.83$。而对于在同一类型学校中的学生来说，在学术型学校中，具有不同外来背景的高中学生的数学自我效能水平较为相似，两类外来学生比本地学生在解决各种数学问题（即所有八道问题）上都表现得略为自信。然而对于职业型高中而言，一代外来学生群体显著地自信不足，特别是在三个问题上（ST37Q05：$\omega^2=0.05$；ST37Q06：$\omega^2=0.03$；ST37Q07：$\omega^2=0.09$）。

与我们的预期较为一致的是，在示范性高中就读的学生，其数学自我效能水平比在普通高中就读的学生要高，并且差异水平在构建的指数（即 MATHEFF）上已接近阈值（$\omega^2=0.028$）。在每一种类型的学校中，分析所发现的差异与学生的外来背景关联不大。

（三）不同外来背景学生的数学自我概念

相较于与特定数学问题情境相关的数学自我效能，数学自我概念是一种更一般化的观念，即有关于学生对自身数学能力的自我评价。虽然具有不同外来背景的学生在数学自我效能方面呈现出一定的差异，但是这些学生对其自身的数学能力的评价却极为相似（$M_{本地学生}=-0.06$，$M_{外来学生}=-0.02$）。比较于二代外来学生，本地学生的数学自我概念更接近于一代外来学生。事实上，在所有的问题和构建的指数上，二代外来学生的得分最高（见表 4-4）。

表 4-4　PISA 2012 测试中上海各种外来背景学生的数学自我概念

	初中	高中			总体
		学术型	职业型	混合型	
本地学生	0.02	−0.08	−0.17	−0.11	−0.06
	(0.82)	(0.84)	(0.78)	(0.82)	(0.82)

续表

	初中	高中			总体
		学术型	职业型	混合型	
一代外来学生	0.02	0.08	−0.37	−0.12	−0.04
	(0.87)	(0.98)	(0.90)	(0.97)	(0.92)
二代外来学生	0.08	0.13	−0.24	0.01	0.04
	(0.87)	(0.99)	(0.84)	(0.96)	(0.92)

注：该表列出了学生数学自我概念（SCMAT）的均值和标准差（括号中显示）。

虽然不同层次学校之间的差异可以忽略不计（$t(55\,153)=16.633$，$p<0.001$，$d=0.14$），但是初中学生对自己数学能力的评价似乎要高于高中学生。在每个学校层次内，二代外来学生群体的数学自我概念水平都比其他两个类别的学生要高，而三个群体之间的整体差别却微不足道。

不同类型学校的学生之间的差异也很小（$t(25\,908)=17.187$，$p<0.001$，$d=0.20$），而学术型高中的学生对自己数学能力的评价比职业型高中学生略高（$M_{学术型高中}=-0.04$，$M_{职业型高中}=-0.21$）。对不同类型的学校进一步分析表明，不同外来背景的学生并没有在对自己的数学能力评价上表现出较大的差异。在这一方面，学术型高中的外来学生与本地学生表现相近，而在职业型高中的学生中，本地学生与二代外来学生的表现较为相近。

无论是示范性高中还是普通高中的学生，他们对自己的数学能力的评价都较为相似（$t(17\,740)=11.621$，$p<0.001$，$d=0.17$），示范性高中的学生的评价水平略高于普通高中的学生（$M_{示范性高中}=0.05$，$M_{普通高中}=-0.10$）。虽然各种类型学校中具有不同外来背景的学生对其自身的数学能力的评价相类似，但是分析仍观测到示范性高中内部的差异相对较明显。此外，对于大多数的问题，两类外来学生群体对自己的评价比起本地学生而言更为近似。

（四）不同外来背景学生的数学焦虑

PISA 数据显示，本地学生和外来学生的数学焦虑（即 ANXMAT）在总体上大致处于同一水平，$t(26\,017)=4.6$，$p<0.001$，$d=0.04$。特别是，本地学生较外来学生在做数学题目时可能稍微更紧张一些（$M_{本地学生}=2.83$，$M_{外来学生}=2.86$），且也更担心其在数学上获得不佳的成绩（$M_{本地学生}=2.09$，$M_{外来学生}=2.15$）。

进一步分析这两类外来群体发现，在三类群体中，二代外来学生群体在处理数学问题时最为焦虑。但是，如果涉及获得较低考分的问题（ST42Q10）时，本地学生（$M_{本地}=2.09$）比两类外来学生群体（$M_{一代外来学生}=2.14$ 和 $M_{二代外来学生}=2.19$）则更显焦虑。与二代外来学生相比，其余两类学生群体的焦虑水平较为相近（见表 4-5）。特别地，在所构建的指标（即 ANXMAT）上，二代外来学生的评分比其他两个群体大约低 0.13 个标准差（见表 4-5）。

表 4-5 PISA 2012 测试中上海各种外来背景学生的数学焦虑

	初中	高中			总体
		学术型	职业型	混合型	
本地学生	−0.08 (0.91)	0.09 (0.93)	0.18 (0.87)	0.12 (0.91)	0.04 (0.92)
一代外来学生	0.02 (0.97)	−0.19 (1.09)	0.40 (0.93)	0.07 (1.07)	0.04 (1.01)
二代外来学生	−0.12 (0.92)	−0.20 (1.00)	0.22 (0.89)	−0.07 (0.99)	−0.09 (0.96)

注：该表列出了学生数学焦虑（ANXMAT）的均值和标准差（括号中显示）。

与预期相一致，初中学生对数学学习和成绩的焦虑程度要低于高中学生。如果考虑学校层次，可以发现一些与学生的外来背景相关的不同模式。在初中阶段，一代外来学生的数学焦虑水平最高。但是在高中阶段，本地学生对数学学习的焦虑比外来同学要高。

比较不同学校类型的学生发现，职业型高中的学生对数学学习的焦虑比学术型高中学生要高，而后者则更担心获得较差的成绩。在考虑学生的外来背景时发现，无论是在普通还是示范性高中中，本地学生的数学焦虑水平要高于他们的外来同学。而在职业型高中，一代外来学生对于他们的数学学习和成绩则都最显焦虑。

研究还发现，普通非示范高中学生的数学焦虑比示范高中学生高（$M_{普通非示范高中}=0.09$，$M_{示范高中}=-0.08$），$t(17\ 760)=12.417$，$p<0.001$，$d=0.18$。实际上，在所有的测试问题上都得到了此结论。而若将学生的外来背景也考虑在内，该分析表明，无论是普通高中还是示范性高中，本地学生都是最焦虑的一个群体，而两个外来群体之间的焦虑水平则更为相近。尽管所有的组间差异都很小，但是普通高中内的差异水平比示范性高中内的差异水平相对更大一些。

五、结论和讨论

作为中国的一个大"熔炉"，自 1990 年以来，上海已成为最受外来人口欢迎的城市之一。2010 年，占上海总人口约 39% 的人口来自于其他省市，且他们没有上海户口。[22] 随着大量外来人口的涌入，融合是对外来者实行有效而全面的管理办法的一个关键，以形成一个促进社会整体和谐和繁荣的接纳系统。[23] 在整个融合过程中，教育起着至关重要的作用。然而正如 Borgna[24] 所说："教育是一把双刃剑"。它不仅是提升社会地位的重要前提条件，也将重现不同家庭背景的学生之间的社会不平等合法化。

上海政府认识到为这一巨大的外来学生群体提供素质教育的重要性，因而上海政府已经尝试了多种措施以帮助外来学生更好地融入当地的教育系统。本研究的目的之一是从教育公平的视角评估当地政府所采取的融合措施的效果。通过对 PISA 2012 中国—上海数据的二次分析，本研究旨在考查具有不同外来背景的学生在数学学业成就上的异同，包括认知和非认知层面。特别是对于学生的非认知层面，本次研究侧重于学生对其自身作为一个数学学习者的认知。

通过分析发现，本地学生的学习表现显著优于他们的外来同学。然而，后续的分析发现，这种显著差异实际上来自于与一代外来学生群体的比较，而二代外来学生的表现则与本地学生相近。鉴于 PISA 采用的是基于年龄的抽样方法，15 岁的学生可能就读于初中，也可能就读于高中。而就上海有关外来学生的教育政策而言，所有外来学生都可以在上海当地学校接受义务教育，但若他们要继续其学业时则会有一些限制。这种限制引起一代外来学生群体规模的减缩，且他们中相当大的一部分人在高中阶段选择了当地的职业型高中。

比较结果表明，初中阶段不同外来背景学生的数学成绩之间的差异要大很多。相比之下，在高中阶段的三类外来学生群体在数学学业成就上较为相近。这种不一致的原因之一可能与在义务教育阶段，本地学校对外来学生的广泛接纳政策有关。从某种意义上说，这就意味着，任何一个外来学生无论他/她以前的学习成绩如何，都有资格进入当地的一所学校就读。因此，与外来学生相关的潜在差异就可能会出现。换句话说，这种差异可能与外来学生之前所受的教育经验不无关联。此外，外来学生还需要努力使自己适应新的学习环境，例如不同的课程，不同的教学风格和不同的同伴关系，以及不同的生活环境等。

中国的高中教育并非是义务性的。对于所有的学生而言，包括上海本地学生和外来学生，他们都需要参加本地组织的中考并达到录取分数线，才能进入高中就读。对外来学生来说，他们还受到上海外来人员政策的限制。相应地，那些可以留在上海继续高中学习（无论是在学术型高中还是职业型高中）的学生至少通过了中考，并且符合与外来人员相关的政策要求。从这个意义上来看，本研究所得到的这些学生的数学学业成就与本地学生相近的结果就可以理解了。事实上，本研究还发现，在 PISA 数学测试中，在学术型高中就读的两类外来学生其在数学学业的表现上要好于本地的学生，这在示范性高中和普通高中中都得到了验证。能够进入本地学术型高中的外来学生（特别是一代外来学生）都是有资格获取到上海居住证的，这或许可以为上述的结论提供一些解释。正如前面所说，对于不具备居留许可的外来学生，如果他们仍希望留在上海的高中，他们可以选择的只能是职业型高中。在一定程度上，这些学生的学术资历相对会受到较少的控制。在这个意义上，这些学生比本地学生的学业表现要差些与预期基本一致。

在学生对其自身作为一个数学学习者的认知方面，本地学生和外来学生之间的差异比他们在学业表现上的差异要小不少。本研究调查了学生认知的三个具体方面。一个是关于学生在特定情境下解决数学问题的自信心（称为数学自我效能），一个是关于学生对他们的整体数学能力的自我评价（称为数学自我概念），还有一个是有关学生对他们的数学学习和成果的焦虑水平（称为数学焦虑）。

有鉴于对于数学自我效能的测试是基于问题情境的，因而学生相应的自信水平非常接近他们的实际学业成绩。其结果是，在初中阶段和高中阶段（职业型），本地学生都比他们的外来同学表现出更高的自信水平。在高中阶段（学术型），两类外来学生群体都比本地学生表现得更为自信。与学业表现的结果相一致，学术型高中中具有不同外来背景的学生在自信水平上较职业型高中的学生，其相似性更高。尤其是，职业型高中的一代外来学生在解决某些类型的数学问题时表现得较不自信。

正如前面提到的，学生的数学自我概念是一个更为一般化的概念。与在数学自我效能上的发现不同，本地学生和一代外来学生在自我概念这一指数上的表现更为近似，而二代外来学生在所有题项上以及构建的指数上都评分最高。此外，学生从初中阶段进入高中阶段后，三类学生之间的差异也有所增大。但是，这种关系在职业型学校的学生中并未能观测到。事实上，在职业型学校中，本地学生表现得更为自信，他们的数学自我效能也更高。

相比于学生对自身的数学能力的自我评价而言，无论是从整体上看，还是针对特定类型的学校，不同外来背景的学生在数学焦虑方面都表现出更大的相似性。进一步分析显示，虽然二代外来学生对他们的数学学习比其他两类学生略显焦虑，但是本地学生更为关心他们的数学成绩。学生的数学焦虑在不同学校层次上也存有差异；特别是，初中阶段的一代外来学生对他们的数学学习经验的焦虑水平是最高的，而在学术型高中本地学生的数学焦虑水平要高于两类外来学生群体。在职业型高中的学生中，一代外来学生再次表现出最高的焦虑水平。

产生这些不一致的原因，可能与不同的学科要求以及学习目标有关。特别是在初中阶段，一代外来学生可能需要更多的时间和精力使自己适应上海本地的数学课程，上海课程与他们所在的家乡所学的课程可能有很多的差别。对于那些想要留在上海继续接受高中教育的学生而言，他们的焦虑水平很高，在一定程度上也是可以理解的。对于外来学生，特别是一代外来学生都能够通过中考入读于当地的高中（学术型）时，他们在这一阶段就与本地学生处于一个相似的层次之上了，包括他们的认知水平。正如前面提到的，对于一代外来学生而言，就读职业型高中是一个更为普遍的选择，而且竞争性会弱不少。因此，职业型高中的学生表现出与初中阶段学生较为相似的模式。

总之，本研究表明，就数学学业成就以及对作为数学学习者的自我认知而言，一代外来学生一般都会处于较为不利的地位。但是相比于认知水平上的差异，他们在非认知上的差异则不那么明显。初中阶段和职业型高中的学生都表现出这一特点。换句话说，在这两类学校中，本地学生和二代外来学生表现出更多的相似性。这一结果与 PISA 2003 对外来学生的表现的研究结果略有不同，PISA 2003 调查发现，无论是一代还是二代外来学生，他们都表现出相似的甚至更高的数学学习的兴趣和动机，以及对于学校教育的积极态度。[25]

此外，当分析侧重于学术型高中学生的学习时发现，一代外来学生的劣势不再存在，并且在某些方面，他们的表现甚至要好于本地学生。这在一定程度上表明，在高中阶段（学术型）不同外来背景的学生获得了更高的公平。然而，仍需牢记的是，这种公平是通过考试成绩和上海居留证申请的严格选择而实现的。

参考文献

[1] Grubb N S, Field H, Jahr M, Neumüller J. Equity in education thematic review: Finland country note. Pairs: OECD, 2005.

[2] Li L C, Wang W. Pursuing equity in education: Conflicting views and shifting strategies. Journal of Contemporary Asia, 2014, 44 (2): 279-297.

[3] Organization for Economic Co-operation and Development (OECD). Lessons from PISA for the United States, strong performers and successful reformers in education. Paris: The Author, 2011. http://dx.doi.org/10.1787/9789264096660-en.

[4] Postiglione G A. Education and social change in China: Inequality in a market economy. New York: Taylor & Francis, 2015.

[5] Werwath T. Separate but equal? Children of migrant workers in Shanghai's public education system. Paper presented at the annual meeting of the 55th Annual Conference of the Comparative and International Education Society, Fairmont Le Reine Elizabeth, Montreal, Quebec, Canada, 2011.

[6] 上海市统计局. 上海统计年鉴2013. 北京：中国统计出版社，2014.

[7] Yin L. Education for migrant children sparks concern. 2013. http://www.womenofchina.cn/womenofchina/html1/features/education/16/8394-1.htm.

[8] National Center on Education and the Economy (NCEE). Shanghai-China: Education for all. http://www.ncee.org/programs-affiliates/center-on-international-education-benchmarking/top-performing-countries/shanghai-china/shanghai-china-education-for-all/.

[9] Chen Y, Feng S. Quality of migrant schools in China: Evidence from a longitudinal study. Shanghai University of Finance and Economics School of Economics Working Paper, No. E2014001, 2014.

City of Shanghai. (2005, May 16). Office workers earn pay raises. http://www.shanghai.gov.cn/shanghai/node17256/node18151/userobject22ai16924.html.

[10] Tucker M S (Ed.). Chinese lessons: Shanghai's rise to the top of the PISA league tables. Washington, D. C.: National Center on Education and the Economy, 2014.

[11] Steele M. Update on Shanghai reforms for migrant education: Stepping stones. 2010-06. http://steppingstoneschina.net/wp-content/uploads/2010/07/Update-on-migrant-schools-June-10-MS.pdf.

[12] Organization for Economic Co-operation and Development (OECD). OECD economic surveys: China 2013. Paris: The Author, 2013.

[13] Wu X. The power of market mechanism in the school choice in China: An empirical study. Presented to the conference "Penser les marches scolaires", Université de Genevè, 2009. http://www.unige.ch/fapse/ggape/files/2214/1570/7325/Wu.pdf.

[14] Liang Y. Fierce competition to get into top primary schools. People's Daily, 2012-05-09. http://english.peopledaily.com.cn/203691/7812468.html.

[15] Ren D. Government mulls opening city schools to migrant children. South China Morning Post, 2012-08-25.

[16] Ding C. Farmland preservation in China. Land Lines, 2004, 16 (3): 9-11. http://www.lincolninst.edu/pubs/913_Farmland-Preservation-in-China.

[17] Organization for Economic Co-operation and Development (OECD). PISA 2012 assessment framework-Key competencies in reading, mathematics and science. Pairs: The Author, 2013.

[18] Borgonovi F, Jakubowski M. What can we learn from the gender gap from PISA. Pairs: OECD, 2011. http://doc.iiep.unesco.org/wwwisis/repdoc/SEM313/SEM313_1_eng.pdf.

[19] Adams R, Wu M (Eds.). Programme for International Student Assessment (PISA): PISA 2000 technical report. Paris: OECD.

[20] Ma X, Ma L, Bradley K D. Using multilevel modeling to investigate school effects//A A O'Connell, D B McCoach (Eds.). Multilevel modeling of education data. Information Age Publishing Inc, 2008: 59-110.

[21] UNESCO. Measuring and monitoring the information and knowledge societies: A statistical challenge. Montreal: The Author, 2003 [2011-11-20]. unesdoc.unesco.org/images/0013/001355/135516e.pdf.

[22] Huang J. Attitudes toward rural migrant workers-in-depth interviews with 24 educated Shanghai residents. Unpublished master thesis, Uppsala University, 2012. http://www.pcr.uu.se/digitalAssets/67/67531_1jingjing-huang_master-thesis_2012.pdf.

[23] International Organization for Migration. IOM and migrant integration. 2006. https://www.iom.int/files/live/sites/iom/files/What-We-Do/docs/IOM-DMM-Factsheet-LHD-Migrant-Integration.pdf.

[24] Borgna C. Immigrant integration: School failures and successes. 2014. http://www.eutopiamagazine.eu/en/camilla-borgna/issue/immigrant-integration-school-failures-and-successes.

[25] Organization for Economic Co-operation and Development (OECD). Where immigrant students succeed—A comparative review of performance and engagement in PISA 2003. Paris: The Author, 2006.

第五章
影子教育在中国：数学教育的视角[①]

"影子教育"（shadow education）作为一种教育现象由来已久。这一概念最初被国外学者提出来的目的是分析描述日本高中生为进入满意的大学所进行的补习现象。[1]日本补习业以"塾"（日文为"juku"）见称，这类机构与主流学校并行，为各年龄阶层学生提供服务，补充其在校教育。[2]二十世纪伊始，被称为"影子教育系统"的课外补习在全球各地显著扩张。与此同时，国外学者从多个角度对该主题进行了广泛而深入的研究，如《影子教育的挑战：欧盟家教及其对政策制定者的影响》报告[3]等。

近年来，"影子教育"的概念被引进国内学界，用来分析在我国历史悠久、根基深厚、并且广泛存在的课外补习现象，主要包括：学生参加由校外教育机构或个人举办补习班、聘请家庭教师等形式。从这个意义上讲，数学教育视角下的影子教育势必成为一个值得广泛关注的研究主题。

一、中国数学影子教育研究的意义

首先，在中国，以数学为学习内容的影子教育活动是广泛存在的社会现象。对此问题的研究具有较强的现实意义和指导意义。

调查研究表明，超过70%的北京市四年级和八年级的学生参加了数学课外补习，是各个学科中最多的科目之一（与英语学科相当）。有一定比例的学生，每周参加数学课外补习的次数不低于2次（四年级22.9%，八年级15.1%），[4]笔者曾遇见过报了多达5个奥数班的小学生。在武汉的调查情况是，四到九年级的学生，参加数学课外补习的比例为39.6%[5]，也具有相当的规模。

近年来被广泛关注的奥数培训很大程度上也属于影子教育的范畴。一项基于兰州的调查研究表明，参加校外办学机构开设的奥数辅导班是学生学习奥数的主要渠道，[6]奥数辅导俨然成为一个重要"教育产业"。目前已经出现了以课外辅导机构组织并命名的，且具

[①] 王立东，北京师范大学，中国基础教育质量监测协同创新中心；郭衎，北京师范大学数学科学学院。

有一定规模和影响力的奥数比赛。

根据"数学教育研究应以数学教育现象为研究对象"的基本原则,数学教育界有责任和义务系统地研究现实社会中广泛存在的这种以数学学科为教育内容的"教师教"与"学生学"的现象。

其次,向国际数学教育界"揭秘"我国学生在数学学科取得的优异成绩时不能忽视影子教育的作用。

我国学生(包括东亚地区的学生)在国际数学学业评价中所取得的优异成绩,已经获得国际数学教育界的广泛关注。近年来也有大量的讨论我国学生数学学业成绩的研究成果发表。但需要注意的是,这些文章鲜有系统讨论影子教育对于我国学生数学学业成就的影响。从我国学生参加数学课外补习的规模上来看,我们没有理由忽视这种影响的存在。

再次,已有影子教育研究缺少数学教学的视角。

如前文所述,已有的影子教育研究多是从一般教育的视角,对于有关现象进行讨论。而作为影子教育的下位概念,数学影子教育具有其特殊性,因而一般的影子教育理论和实践研究不能覆盖数学教育中影子教育研究与实践的全部。数学教育视角中的影子教育研究与实践必须强调其"数学性",只有这样才能更为深刻地探究其本质。

例如,通常认为,影子教育相对于主流教育体系发挥着补充性功能,这种功能分为两类:一是额外增量(课后强化学校课内的学习内容,如数学、语文、英语等),二是差异化努力(课后兴趣班,如体育、音乐等等)。[7]然而,这种将数学课外补习简单归类到课后强化学校内容的分类方法,显然无法完善讨论数学课外补习现象。从经验上看,现有的数学课外补习现象,至少分为超前学习(在学校讲授前,先行学习一遍),拖后学习(在学校讲授后,进行二次学习、答疑等)以及拓展学习(学习课外内容,如奥数、趣味数学、数学建模等)。而每种数学补习活动具有不同的功能、不同的意义和不同的效果,不能一言以蔽之。

特别是,这些补习活动究竟能够发挥多大的作用,这种作用是如何发挥的,补习中的教学活动与常规课堂的教学活动有什么样的不同,所采用的教学方法与策略有何差异,应当如何培训补习学校的师资(现有的大学生、在职教师、专职教师三位一体的方式是否合理),应当如何向家长和学生提供有关补习教育决策的建议意见等一般教育研究难以回答的问题都需要数学教育研究的介入。

综合以上三点,在数学教育背景下,开展影子教育的研究具有基础性意义。下文将讨论这个研究主题未来迫切需要解决的问题。

二、有关中国数学影子教育现状的研究

已有的研究中,国内教育学者从多个角度对于影子教育现象进行了讨论。

有研究[8]调查了影子教育的参与率,发现2004年,在我国城镇在校生中,55.5%的

学生参加了教育补习,并且呈现从东部、中部到西部递减的形态,从小学、初中到高中递减的形态,学生补习的支出占家庭教育总支出的三分之一等基础性结论。2010年,一项针对6 474名济南学生的调查发现,28.8%的初中生接受数学课外补习,仅略低于英语课外补习(29.3%)。[9]一项2012年的调查数据表明[10],有24.6%的学生参加了课外补习,约占所有在校生样本的四分之一,不同成绩学生参加课外补习的比例存在显著差异,班级里语文和数学成绩越高的学生参加课外补习的比例也越高。而基于PISA 2012上海的数据分析[11]表明,数学补习时间对数学成绩没有显著的影响,但是语言补习时间对数学成绩有显著的负向影响。

有研究[4]讨论了影子教育的效能问题,如基于北京四、八年级学生样本的研究表明,八年级学生的数学素养测试得分与是否参加数学课外补习间呈现显著相关,但四年级学生是否参加数学课外补习和数学素养得分之间没有显著相关。而更大范围的研究表明,[10]课外补习对义务教育阶段学生的数学成绩有显著正影响(对学生的语文成绩影响不显著)。

有研究[6]运用统计学模型分析了学生参加影子教育的影响因素,如家长受教育程度、班级同学影响、学校行政风格等。也有研究[12]关注补习班的规模对于教学质量的影响。

由前文的简述可以看到,现有的研究从多个角度对于影子教育的现象进行了深入的探讨。但正如杨启亮教授对于"'家教现象'被教学论研究边缘化的论述"[7],影子教育同样是一个现有数学教育研究较少涉及的,但又具有重要意义的教育研究领域。下文将在数学教育背景下,对于开展影子教育研究的理论与现实意义问题进行讨论。

三、数学影子教育对于学生数学学业成就的影响

2010年7月国务院印发的《国家中长期教育改革和发展规划纲要(2010—2020年)》指出:"把减负落实到中小学教育全过程,促进学生生动活泼学习、健康快乐成长。"2013年6月教育部公布的《关于推进中小学教育质量综合评价改革的意见》提出,将"学业负担状况"作为教育质量综合评价的指标,通过学习时间等指标考查学生的学习负担。2015年国务院在高等教育改革方案中提出了"培养拔尖创新人才"的目标,"将学生成长成才作为出发点和落脚点,建立导向正确、科学有效、简明清晰的评价体系,激励学生刻苦学习、健康成长",同年的"十三五"规划更是提出了要深化教育改革,把增强学生的"创新精神、实践能力作为重点任务贯彻到国民教育全过程"。由此可见,国家对人才的培养计划绝非是追求单方面的学业成绩,而是转向强调实践能力和创新能力,同时也关注学生在培养过程中的健康快乐成长,课业负担问题已成为国家教育发展战略中的重要参数。

然而现实情况并不尽如人意。2015年11月10日河南南阳15岁学生猝死课堂,其父亲在网络发文忏悔:孩子晚上写作业到12点多,早上6点多起床,睡眠时间太少。而我国学生的学业负担在和国际其他国家和地区比较时则更为明显:PISA 2012的报告于

2013年12月公布,上海继2009年后再度夺冠。但同时报告也显示,上海学生参加课外补习的时间为平均每周2.08小时,在65个国家和地区中位列第九,课外作业时间平均每周13.85小时,位列第一,约是OECD平均课外作业时间的3倍之多,比排在第二位的俄罗斯高出近4小时。或许是因为中国人有着"不劳无获"或"付出总有回报"的传统思想,为数不少的学生、家长,甚至教师都认为"学好数学的关键是多做练习"。下面将用数据说明学生课外补习与数学学业成绩之间的关系。

MIST-China项目选取我国华北、东北、西南的3个比较有代表性的学区(北京、沈阳、重庆)作为实验区。为确保样本的代表性,使用分层随机抽样的方法从各学区的重点校(示范校)与非重点校中进行随机抽样选取实验校,并从各校的初一年级数学组选取2~6个班级的学生完成代数或几何测试(每个班级的学生约20人做代数测试,20人做几何测试,详见表5-1)。

表5-1 样本描述

	人数	性别		地区		
		男生	女生	北京	沈阳	重庆
代数测试	1 633	810	823	401	751	481
几何测试	1 712	854	858	370	749	593

学生学业成绩评价试卷设计应用认知诊断理论,并且充分考虑两次受测时学生的数学学习内容[11],能够对学生数学能力有较好的刻画。测试卷分为代数、几何两种类型,完成时间均为40分,题量均为12道。据统计,我国初中课程标准中"统计与概率"仅占7.3%,而数学教科书中的"统计与概率"部分仅占9.9%,[13]初一教材中的统计教学内容比例更低,[14]所以没有设置统计内容的测试卷。经典测量理论(Classical Test Theory)分析结果显示:代数和几何测试卷Cronbach α 系数分别为0.701和0.705,信度良好;试题区分度均在0.3以上,大部分在0.4以上,区分度较好;难度从0.14至0.93不等,且分布合理。学生测试卷由所在班级的数学老师监考并整理封装,试卷批改时由阅卷组长拟定参考答案,所有阅卷人员参与评分标准讨论,再经过试卷批改、算分核查、录入核查、抽查检验四个环节,有效保证了学生学业成绩测试数据的准确性。根据项目反应理论(IRT),选择题部分采用二级评分,解答题部分采用多级评分,使用PARSCALE软件进行分析,分别估计学生代数和几何能力。学生代数、几何能力估计分布如图5-1所示,基本符合正态分布。

学生问卷调查了学生每周参加数学课外补习时间,设置的5个选项为:"几乎不参加""1小时左右""2小时左右""3小时左右"和"4小时及以上"。调查结果发现,大约有四分之一的学生几乎不参加数学课外补习,学生参加课外补习的时间主要集中在每周2小时左右,这和PISA 2012中上海的调查结果基本接近(详见图5-2的柱状图)。通过计算学

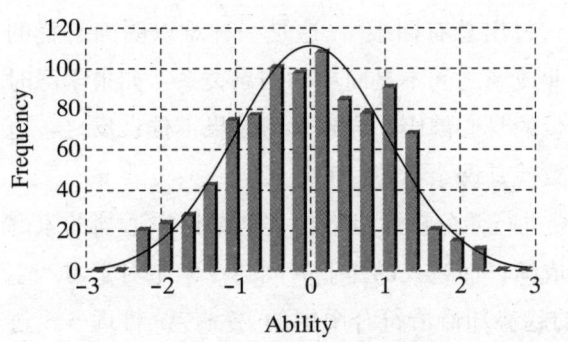 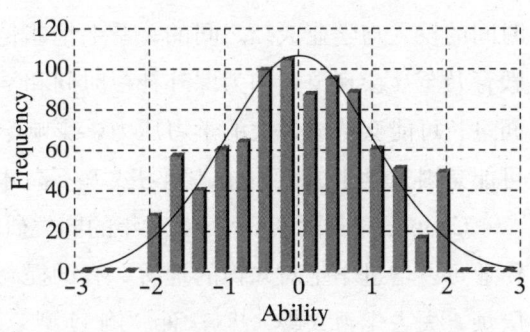

图 5-1　学生代数（左）、几何（右）能力估计分布图

生每周参加课外补习时间和其数学学业成绩的 Person 相关系数发现，学生参加课外补习与代数（$r=0.101$，$p<0.01$）或几何（$r=0.132$，$p<0.01$）成绩之间只存在较弱程度的相关，解释率还不到 2%。由此看来，课外补习与学生的数学学业成绩似乎并无很大关联。

但需要注意的是，相关分析的结果只是呈现线性关系的大小。方差分析的结果表明，学生课外补习时间和数学学业成绩之间很可能存在非线性关系（详见图 5-2 中的折线部分），呈现出"倒 U 型"的趋势。再进行两两比较可以得知，无论对于代数还是几何成绩，课外补习时间在 3 小时左右学生的成绩显著优于时间在 1 小时、2 小时和 4 小时及以上的学生，而几乎不参加课外补习的学生成绩最低。

由此可见，课外补习时间与学业成绩之间并非简单的一次函数关系，而是呈现出"倒 U 型"曲线。学业成绩的提高是大部分学生加大课余学习投入的主要动机，"倒 U 型"曲线的结果表明：课余学习适度就好，过度的课外补习投入会变成"无用功"，甚至产生反作用。

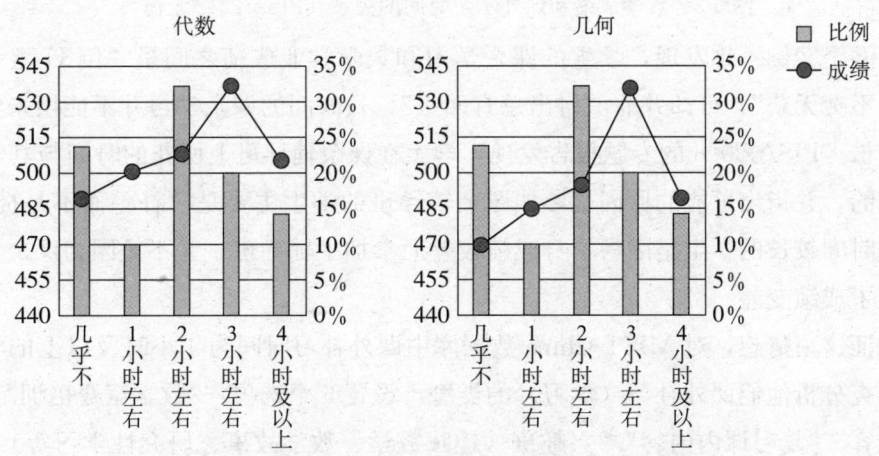

图 5-2　MIST 学生课外补习时间及数学学业成绩

类似地，选用 PISA 2012 数据库中上海学生的课外补习时间（包括家庭作业、家教和课外辅导班）和其数学成绩拟合曲线，可以发现，使用二次函数（$R^2=0.271$）比线性（$R^2=0.189$）拟合效果更好、解释率更高，也符合"倒 U 型"的趋势。可见，课余学习

时间的投入与学业成绩之间的关系上绝非是"付出总有回报",这是一种难以明确解释的教育乃至社会现象,因为课外补习时间和学业成绩之间不是简单的因果关系:如果学习时间过长可能会造成过大的学习压力,影响学生的身心健康,导致学习效果不佳;反之,也可能是因为学生成绩不佳、学习效率不高才致使其课余学习时间过长。

  Cooper 对美国 1987—2003 年的同类研究进行元分析后也得出类似结论:适当的家庭作业可以增进学生对知识的理解,有助提高成绩;而过长的作业时间会令学生对学习产生厌烦,失去学习兴趣。[15]这种"倒 U 型"的趋势却恰恰符合中国的另一传统哲理——过犹不及。

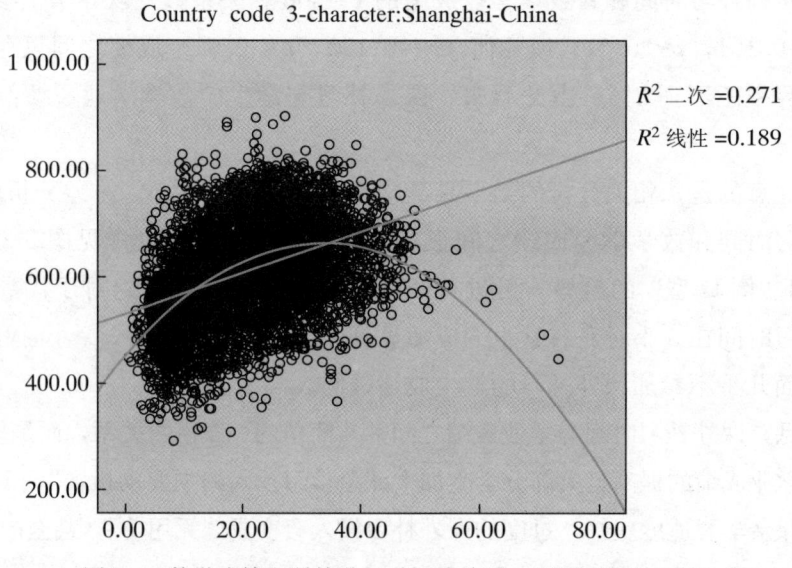

图 5-3　数学成绩和课外学习时间的关系(PISA 2012 上海)

  从这两个案例不难发现,学生的课余学习和数学学业成绩之间呈"倒 U 型"的关系的确是"不劳无获",可却并非"付出总有回报",长时间的课余学习并不能换来学业成绩的持续增长。PISA 2006 的专题报告发现,学生在课余辅导班上所花的时间与其学业表现是负相关的,并指出可能的原因是参加课余辅导班的学生主要是"补差而不是提高",即课余学习时间较长的学生是因为本身成绩较差而参加了辅导班,并不是因为课余学习时间长而导致了成绩变差。

  为验证这一猜想,对 MIST-China 数据库中课外补习时间为 4 小时及以上的学生进行进一步调查分析他们课外补习(学习)的类型,设置 6 个选项:"数学竞赛培训""提前学习课内内容""复习课内内容""兴趣班(趣味数学、数学故事、研究性学习等)""课后看护班(有老师辅导完成作业,解答一些问题等)"及"其他"。如图 5-4 所示,参加课外补习较多的学生主要是将时间花在了预习或复习校内课程内容上,而参与数学竞赛、兴趣班等"提优"形式相对较少。

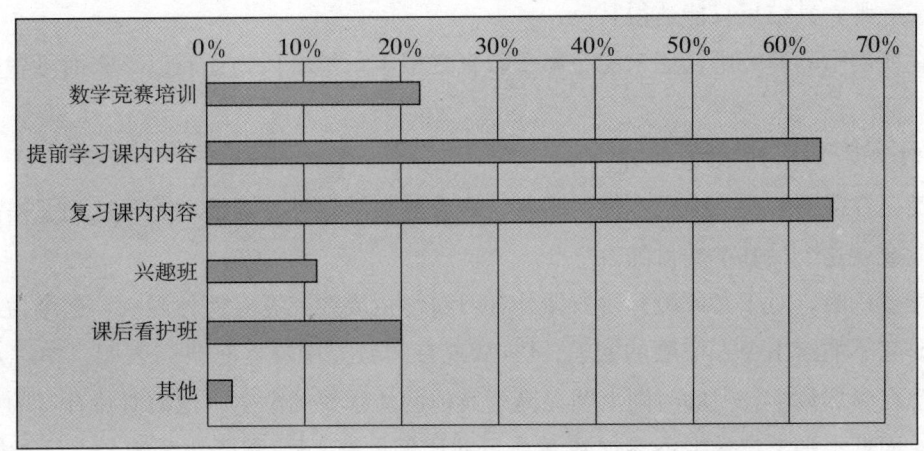

图 5-4　课外补习时间 4 小时及以上的学生的课外补习类型[①]

综上所述，我们发现了中国学生课外学习与其数学学业成就之间的"倒 U 型"关系，但在此基础上并不能简单的推导出这样的结论：一个学生课余学习时间过长，成绩反而下降。因为"倒 U 型"趋势曲线是学生课余学习时间和数学学业成绩在群体中所表现出的关系，不同的学生有不同的特点，也出于不同的目的参与课外学习，并非每个学生个体都服从同一个曲线关系。但通过群体所表现出的"倒 U 型"趋势起码可以说明，数学学业成绩最佳的学生并不是花费最多时间学习的学生。学生、家长、教师都应认识到这一客观规律，获得理想的成绩不能依赖埋头苦学和题海战术。此外，还有调查研究表明，学业成绩较高的学生往往有比较健康的学习生活习惯，平均每天参加体育锻炼和阅读书籍 1 小时左右。教师和家长也应帮助学生培养学习兴趣，改善学习习惯，优化学习方法，而不是让学生埋头苦学，认为学好数学的关键只是多做练习。

反观我国中学生课余学习现状，不少地区中学生自习课或晚自习的时间超过 4 小时，某些寄宿制学校的学生的作业时间更是远超于此；校内的音乐课、美术课、体育课被语、数、外老师"占领"，课外体育锻炼 1 小时更是无从谈起；周末课外辅导班每科也基本都是 2 小时以上，超负荷的课余学习不但不科学，也严重影响了学生的身心健康。但学业负担问题，也不能"一减了之"。香港大学 Bray 教授在研究课外补习时指出：课外补习因主流教育的存在而存在，其规模和形式受主流教育影响。根据上文的结论加以推测，如果只是贸然控制和减少学生的校内作业量而不做其他改善，学生成绩就会出现下滑，那势必导致学生参加家教及辅导班等课余学习的投入增加。但目前的家教和课外补习领域尚未形成健全的行业制度和管理规范，素质良莠不齐。寄希望于课外补习来提高成绩的大量学生涌入，将会诱发课外补习市场门槛降低、规模扩大，学生可能会被师资不佳的机构或家教所耽误。如上文所述，课外补习的效果本身相对而言就不高，如果学生再遇到资质不佳的培

---

① 注：课外补习类型的调查为多选题，故各选项总和超过 100%。

训机构或教师,其结果只能适得其反。

现在所展示的研究可能还未能穷影子教育之根本,笔者认为还有以下方面可做进一步探讨:

1. 数学课外补习的效能研究

这类研究需要解决一个根本性的问题,现有的数学课外补习活动是否达到了提高学生数学学业成就这个最基本的目的。

有学者认为,对于义务教育阶段课外补习对学生成绩究竟有何种影响,迄今为止,相关实证研究不能给出令人信服的回答。[16]从现有的研究中看,有研究表明,中等水平学校的学生在参加数学补习的时间上明显高于其他两类学校的学生,他们对待补习的态度也最积极;而低水平学校学生不参加数学补习的比例最高。[10]需要注意的是,这种数据并不能告诉我们,成就优异的学生和成绩中等的学生,是因为课外补习才获得的优势(或者未参加补习造成的劣势),还是他们已经获得了成绩优势,但仍然希望参加补习而保持这种优势(这些学生的补习只是一种"心理安慰"?),即,是因为补习而成绩好,还是因为成绩好而继续参加补习。或者说,数学成绩不佳的学生,是否因为未参加课外补习,或者必须通过课外补习来提高成绩(还是需要首先解决学业不良的原因问题,不能"一补了之")?此外,一个重要的问题是,课外补习的影响效果是否会持续,是否经过一段时间的课外补习以后,学生就可以脱离课外补习的依赖而自主地持续学习,还是课外补习必须持续进行。

同时,现有的大数据研究也未能回答不同类型的数学课外补习活动的功能差异。如超前学习是能够帮助学生提前预习课内知识,从而促进了学生的课内学习,还是因为教学时间、教学方式等原因,使学生对于课内知识一知半解,学成了"夹生饭",甚至消减了学生课内学习的兴趣,以致影响了课内学习?学生在奥林匹克数学竞赛中取得的成就是主要来自于学生的自学,还是必须参加奥数的课外补习?

2. 数学课外补习的教学研究

已有研究鲜有从教学论的视角针对课外补习活动(补习班与家教)进行讨论。

相关问题包括:课外补习的教学活动,在课程内容选择,教学方式等方面,是否完全等同于常规课堂的教学?例如,补习班的授课,如果不是超前授课,是否等同于常规教学中的习题课或复习课?是简单的内容重复(重复讲授概念、公式、定理、典型例题),还是应当设计强化培养学生数学学习兴趣,辅导数学学习方法的"长效"课程内容?如果是超前授课,是否等同于常规教学中的新授课,还是"压缩版"的、"快餐式"的新授课?是带领学生先简单预习一遍课内教学内容的基本知识点,还是系统讲授课程内容的知识生成、探究过程?

补习班所采用的教学模式、教学方法以及教学组织形式是否与常规数学课堂相同(如"五阶段"教学),还是应当有其独特的教学方式,如某些特别有助于学生建立学习习惯,培养学习方法的教学方式？

奥林匹克数学的辅导，是否有将奥数学习技能化的倾向？奥数的学习是否应当指向兴趣班的定位，进而强调学生自主探究的教学方式，而非系统的课程培训，避免使用教师讲授，学生反复机械训练的教学方式？

此外，更为特殊的家庭教师的教学具有什么样的特征？是否等同于日常学校的教师答疑活动，还是系统地针对具体学生的诊断、补偿性的学习辅导？这种教育活动过程中的教学语言、师生交流等，与正式课堂教学中有何异同？

特别地，对于保证课外补习活动质量的问题，是否应当有一套完善的指标体系进行监控，是否只需要简单地"移植"常规课堂的评价指标体系，还是应当"另辟蹊径"？例如在常规课堂教学中，其教学评价更应当关注学生对于知识的落实情况，而课外补习活动，其教学评价应更关注学习兴趣和学习方法的元素。

3. 数学课外补习的学校咨询研究

从教育实践的视角，数学教育研究应为教师的日常教学活动提供支持，也为家长的相关决策提供研究依据。

作为一线教师，笔者不止一次地被家长问到过是否需要给孩子报补习班或请家教的话题。其中既有成绩优异学生的家长，也有学业成绩欠佳学生的家长，还有学业成就处于中等水平学生的家长。甚至可以说，多数家长都询问过这个问题，也是家长会的保留话题之一。这些家长中，有的不满于孩子现有的成绩，希望通过补习来提高孩子的成绩（特别是学业成绩不佳的学生的家长），有的希望孩子参加竞赛补习来获得未来升学中的优势，有的希望通过补习来维持孩子的现有成绩，做到不掉队（家长陷入担心孩子落后的囚徒困境[4]），更有许多家长因看到周围的孩子都补习了，而"从众"选择补习。

之前有关数学课外补习效能的相关研究也表明，课外补习对学习成绩的影响好坏参半，课外补习与学生成绩提高之间并无显著的统计（正）相关性。然而，无论研究得出了怎样的结论，笔者发现大多数家长依然相信补习课程的确有效。当课外补习在提高学习成绩上的结果不甚理想时，解决的方案也是或者跟着现有的补习老师更加努力地学习（如增加课时），或者换一位补习老师。

我们不能要求家长具有系统的教育教学知识来帮助孩子提高成绩，也不能要求家长自然而然地在孩子是否参加课外补习活动的问题上做出科学的决策。家长所能选择的也许只能是相信，补习可以提高成绩，为孩子补习的经济投入都是自己应该的，值得的，甚至不排除有的家长存在推卸教育责任，对孩子一补了之的心理（希望补习解决一切）。

基于上述现状和认识，数学教育工作者有责任开展与之相关的学校咨询研究，通过较为系统的理论与实证分析，包括对于学生补习需求的分类与甄别，针对家长的策略指导等，为家长做出理性决策提供科学依据，为一线教师的教育教学工作提供可靠支持。这是在广大青少年学校教育和家庭教育过程中基本而迫切的需求。

四、结语

综上所述,在数学教育的视野中,影子教育是一个需要系统研究,但尚未获得足够重视的研究主题。无论从探讨我国数学教育基本特征(特别是讨论学生学业成就问题)的理论研究诉求,还是日常教学活动中,指导教师和家长做出理性决策的教育实践诉求,都迫切需要系统的研究成果。这无疑需要数学教育研究者和实践者的共同努力。

参考文献

[1] 朱洵. 教育全球化中的影子教育与文化资本理论[J]. 清华大学教育研究,2013,34(4):51-55.

[2] 马克·贝磊,查德·来金斯. 影子教育——亚洲课外补习及其对政策制定者的启示[M]. 香港大学比较研究中心,2015:1.

[3] 杨洪亮. 《影子教育的挑战:欧盟家教及其对政策制定者的影响》:解读与启示[J]. 外国中小学教育,2012(2):12-16.

[4] 曾晓东,周惠. 北京市四、八年级学生课后补习的代价与收益[J]. 教育学报,2012,8(6):103-109.

[5] 彭湃. 城市义务教育阶段学生课外补习的实证研究——基于武汉市洪山区的调查与分析[D]. 华中师范大学硕士学位论文,2008.

[6] 方卫礼. 中小学奥林匹克数学教育现状调查研究——以甘肃省兰州市为例[D]. 西北师范大学教育硕士学位论文,2013.

[7] 杨启亮. "家教":一个教学论边缘的实际问题[J]. 教育理论与实践,2003,23(5):42-46.

[8] 薛海平,丁小浩. 中国城镇学生教育补习研究[J]. 教育研究,2009(1):39-46.

[9] Zhang Yu. The Determinants of National College Entrance Exam Performance in China—with an Analysis of Private Tutoring[D]. PhD dissertation, Columbia University, 2011.

[10] 程黎,苏世扬,庞亚男,陈静. 北京市中学校学生数学补习的影响因素分析[J]. 教育学报,2012,8(1):67-73.

[11] 王立东. 数学教师对学生学业成就的影响研究[D]. 北京:北京师范大学,2012:26-54.

[12] Zhang Y, Liu J. The effectiveness of private tutoring in China with a focus on class-size[J]. International Journal of Educational Development, 2016, 46: 35-42.

[13] 康玥媛,曹一鸣. 中英美小学和初中数学课程标准中内容分布的比较研究[J]. 课程·教材·教法,2013(4).

学期开设,教学周学时分别为 2,2,2,2,总计学时为 1216(三、四年级珠算包含在内)。在此基础上,1950 年 7 月教育部制定了《小学算术课程暂行标准(草案)》(简称"50 大纲"),分五个年级叙述了笔算的教学内容和周课时数。"50 大纲"教学内容主要为:"整数四则,简易小数四则(学到整数乘小数、整数除小数),简易分数四则,百分数的基本计算和应用,公市制度量衡、时间单位的简单计算,简单几何,简单统计图表,合作社的记账法,珠算整小数加、减、乘、除和斤两法。"[4]

这一时期没有统一的教科书制度,全国小学数学教科书出版和使用情况分南北地区而不同,这些教科书基本上都是"四二"学制。北方的一些地区,如西北、东北和华北,实际上继续使用以前解放区的课本,而南方各地区,基本上是选用俞子夷编写、由大东书局出版社出版的初级小学(8 册)和高级小学(4 册)算术课本。

(2) 实施过渡性小学数学课程

这一时期,小学数学课程的实施过程中倡导算术知识传授为主的启发式教学。1950 年东北察哈尔文教社编辑出版《算术教学研究》,反映北方算术教学的情况。书中提出算术教学必须实行启发式教学,算式教学要联系实际,并且遵循儿童已有的认知水平。这个时期的教学受到赫尔巴特五段教学法影响,数学课堂主要教学内容是数与量的计算,教师们的教学体会,特别是解题教学的讨论。这一时期,小学教师开始考虑在数学课程中如何渗透思想教育。

在课程资源开发方面,主要是改编以前解放区及各地通用教科书。同时,杜威的实用主义教育思想影响对当时的教育也有一定影响。以俞子夷为代表的实用主义课程开发就是一个很好的案例,他编写的教科书在南方地区被广泛使用。

2. 模仿苏联小学数学课程(1952—1958)

这一时期,中央政府确定了要主动"一边倒"的政策,宣布"以俄为师",全国实施第一个五年计划,依靠苏联的帮助来进行各方面的建设。[5]这个政策导致了教育领域进入了全面学习苏联教育的模式。

(1) 研制苏联模式的小学算术课程

1952 年 7 月,教育部成立中小学各科教学大纲起草委员会。根据"学习苏联先进经验,先搬过来,然后中国化"的方针,我国参照苏联十年制学校课程设置编制中小学数学课程,同时以苏联十年制学校数学教学大纲和教材为蓝本编写教材。教育部决定 1952 年秋季从小学一年级实施五年一贯制。但是一年以后(1953 年 11 月),政务院又决定小学五年一贯制暂时停止推行,小学的学制仍沿用"四二制"(初小四年,高小二年),把苏联初等学校四年的算术教学内容拉长为我国小学六年来教学。

1952 年 3 月教育部颁发《小学暂行规程(草案)》,中小学为五年一贯制,一至五年级开设算术课程。小学算术一至五年级的周课时为 5,6,7,7,7,总计学时数为 1 216,与 1949—1952 年间的课时总数相同。算术包括珠算,珠算在第四、五学年教学。1953 年

9月，教育部颁布《试行小学（四二制）教学计划（草案）》，小学算术一至六年级周学时分别为6，6，7，7，7，7，总计学时为1 520，学时总数增加304。算术课从第四学年起包括珠算，珠算平均每周1学时，由各校在一定的时期内集中学习。1955年9月2日教育部颁布《小学教学计划》，该计划为六年制，计划里算术课程一至六年级的周学时分别为6，6，6，7，6，5，合计1 224学时，总学时数调整回来。算术内的珠算在四、五年级内教学，每周各1学时。1957年7月教育部颁布的《1957—1958学年度小学教学计划》算术总学时保持1 224，一至六年级的周学时调整为6，6，6，6，6，6，珠算安排在第四、五学年，但是调整后第六学年也可以教授珠算。

1951年教育部翻译了苏联十年制学校中的小学算术教学大纲，并且制定了新中国第一份小学珠算教学大纲。1952年12月，教育部颁布了《小学算术教学大纲（草案）》和《小学珠算教学大纲（草案）》（合起来简称"52大纲"）。

这个时期的小学数学教科书编写及出版高度集中、统一。小学数学教科书的编写及出版由人民教育出版社统一承担，国家从全国抽调小学教育专家，集中到人民教育出版社专门从事小学数学教科书的编写及出版工作。

这一阶段，小学数学教科书的编写主要是以苏联小学数学教科书为蓝本，将苏联小学数学四年的内容编排为五年或六年。人民教育出版社组织霍得元、曹飞羽、李润泉、孙士仪、夏有霖为1952年版小学算术课本（四二制）的主编，该套教科书《初级小学课本算术》（共8册）、《初级小学课本珠算》（共1册）、《高级小学课本算术》（共4册）、《高级小学课本珠算》（共2册），1952年4月至1954年8月陆续出版，1955—1956年期间，在此基础上重新编写了一套六年制小学算术课本，一直使用到1958年。

(2) 实施苏联模式的小学算术课程

这一时期，小学数学教学学习苏联，课堂教学采用凯洛夫《教育学》中所倡导的"五环节"的教学模式，即：组织教学—复习旧课—讲授新课—巩固新课—布置作业。在教学中强调贯彻直观教学原则，帮助小学生理解数学基础知识，改革应用题的教法，注重分析题目的数量关系。1953年人民教育出版社翻译出版了普乔柯（А. С. Пчелко）《小学算术教学法》，我国教育刊物相应地发表了书评，向广大读者推荐。此外，还翻译出版了许多关于算术教学的书籍，对改革旧的教学方法起了一定的作用。

这时的小学数学课程资源开发主要是编译苏联算术教科书，并且人民教育出版社及各省市根据统一教科书出版一系列的教学参考资料。

3. 首次探索中国特色小学数学课程（1958—1966）

1958年，中共中央提出"鼓足干劲，力争上游，多快好省地建设社会主义"的总路线，在全国范围内掀起了一个"大跃进"的高潮。1960年下半年以后，由于受自然灾害的严重影响，我国国民经济进入"三年困难"时期。在总结经验、纠正错误之后，1963—1965年的中国教育事业开始沿着正确的轨道前进，教育稳健发展，质量逐步提高。

(1) 研制中国特色的全日制小学数学课程

1958年，中共中央、国务院发布《关于教育工作的指示》，要求进行学制改革工作。根据指示精神，各地开展了小学入学年龄提前的试验、多种形式办小学的试验、五年一贯制小学试验等，但改革的效果并不十分明显。[2] 1959年5月，中共中央、国务院颁发《关于试验改革学制的规定》指出："学制试验必须有组织、有领导地进行"。叫停了一些省市的小学学制改革试验，调整了学制改革的规范管理。实际上，这时期实施中的小学数学课程是以六年制为主，五年一贯制是作为试验学制。

1959年上半年，由教育部召开全国性的"中小学数学教学座谈会"，会议研究调整中小学数学的课程和具体教学内容的问题，在此基础上，修订教学大纲和编写通用教材。工作人员还组织了"对我国1912年至1956年间颁布的代表性课程标准和教学大纲的比较研究，对东欧一些国家中小学数学课程设置情况的研究，以及对新中国成立前后中国与东欧一些国家数学课程设置与教学内容的比较研究"。[6] 1963年教育部根据《中央关于讨论试行全日制中小学工作条例草案和对当前中小学教育工作几个问题的指示》精神，重新制定并发布《实行全日制中小学新教学计划（草案）》。新的小学（六年制）教学计划中，算术周课时是6，6，7，8，9，9，总时数为1 649，比1954年修订的"四二制"中计划的1 520课时，增加了129课时。1964年7月14日教育部下发《关于调整和精简中小学课程的通知》，对小学数学课程三至六年级算术的每周课时各减少1课时。

在新教学计划基础上，教育部委托人民教育出版社初拟了《全日制小学数学教学大纲（草案）》，于1963年9月正式颁布，即"63大纲"。"63大纲"在"双基"的基础上明确提出"三大能力"为课程目标，即计算能力、逻辑推理能力和空间观念[7]82。

1958年，中共中央和国务院发布的《关于教育事业管理权力下放问题的规定》指出，"各地方根据因地制宜、因校制宜的原则，可以对教育部和中央主管部门颁发的各级各类学校指导性教学计划、教学大纲和通用的教材、教科书，领导学校进行修订补充，也可以自编教材和教科书"。[8] 同年9月，教育部发出《关于今后不再颁发教学用书表的通知》："今后各地可以自编教材，教育部不再颁发教学用书表。人民教育出版社继续根据教育部颁发的指导性教学计划和教学大纲，组织编写通用的基本教科书供各省选用。"[9]

这一时期出版的小学数学教科书包括人民教育出版社出版的暂用本，十年制学校实验用算术课本，全日制十二年制学校小学使用的初级小学和高级小学算术课本以及各地自编的各个版本地方性教科书，例如：北京师范大学研究小组1960年4月编出了一套《九年一贯制（全日制）学校数学课试用教材》，包括小学代数内容。1961年8月，研究小组参照各地改革经验，又将这套九年制教材改编为《十年制学校实验用课本》，由人民教育出版社出版，其中小学数学课本共十册，供小学五年使用。华东师范大学数学系的中小学数学课程革新研究小组编写了一套《五年制小学课本数学》，由上海市中小学数学课程革新委员会审定，上海教育出版社出版。此外，江苏省教材编辑委员会编写了《江苏省五年制小学试用课本初等数学》，江苏人民出版社出版（1960年）；浙江省中小学教材改革委员会编写了《五年制小学试用课本数学》，由浙江人民出版社出版（1958—1961年）；福建省中小学教材编审委员会及福建师范学院编写了五年制《小学数学（试用本）》（1960—1961年）；江西省中小学幼儿园教材编审委员会编写了《全日制五年制小学课本数学》，江西人民出版社出版（1960—1961年）；宁夏回族自治区中小学教材编写组编写了五年制《小学数学》课本，宁夏回族自治区人民出版社出版（1964—1966年）；山东师范学院编写了五年制《小学数学（试用本）》，山东人民出版社出版（1960—1962年）；甘肃师范大学数学系编写了十年分段《小学算术课本》，甘肃人民出版社出版（1960—1961年）；中国科学院心理研究所编写了《九年一贯制试用算术课本》，北京出版社出版（1960年）；等。

(2) 实施中国特色的全日制小学数学课程

1960年4月，辽宁黑山县北关小学首先提出"精讲多练"的教学法，最初在语文教学中运用，后来推广到小学数学教学。1962—1966年间，全国各地开展"精讲多练"的教学方法改革，改革以口算与笔算的结合以及珠算教学改革为主要活动。"精讲多练"的教学方法改革使得小学算术教学的容量大大提升，小学生对算术知识与计算技能的掌握效果也有了明显提高。1963年7月教育部在《关于坚持进行中小学教学改革试验工作的通知》中说：现在可以看出，五年一贯制小学完成六年制小学的教学任务比较有把握。算术教学也较六年制小学相同年级多了一些内容。学生思想面貌基本上是健康的，学习上更加奋发向上，身体的发育也正常。从秋季起，五年制继续进行实验。在此期间，中国科学院心理研究所在北京第二实验小学五年级两个班内，进行了混合讲授算术和代数的实验，学生学了代数，就很容易解决算术四则应用题中的难题，实验效果良好。他们认为，中学的某些内容可以下放到小学。至此，"精讲多练"等算术教学改革实验为初中算术内容下放到小学阶段提供了强有力的实践数据支撑。

这一时期的小学数学课程资源仍然是以教科书、教学参考书（资料）的形式为主，教具的开发与使用成为这时课程资源的新拓展。实物直观教具是这一时期的重要课程资源。各地小学教师针对数与代数、图形与几何等知识领域开发了多种直观教具。例如，莆田县城厢涵江实验小学为算术教学开发了25件算术教具，[10]小学教师结合教学介绍简单易制的算术教具，[11-12]此外提倡学生在劳动技能课上制作数学直观教具以加深小学生对于知识的理解。一些小学教师在期刊上发表文章谈自己在实际教学中的教具使用情况。[13-15]

4. 实行区域自主化小学数学课程（1966—1976）

1966年《五·七指示》《中国共产党中央委员会通知》（通称《五一六通知》）等文件的颁布标志着"文化大革命"的开始，中国进入政治经济混乱的十年。1967年2月中共中央发出《关于中学无产阶级文化大革命的意见》，小学数学课程作为必要的内容被保留下来。这一时期，教育领域"无纲自本"，全国没有统一的教学计划和学科教学大纲，政府鼓励大、中、小学校师生自订方案、自订课程、自选教学内容、自编教材。

(1) 研制区域自主化小学数学课程

这一时期全国执行灵活的小学学制。小学数学五年制和六年制并存，很多地方取消初等小学和高等小学，试行五年一贯制。有十四个省、自治区试行九年制（小学五年，初中两年，高中两年），7个省、直辖市、自治区试行十年制（小学五年，初中三年，高中两年，或小学六年，中学四年），九个省、自治区农村学校试行九年制，城市学校实行十年制，西藏自治区试行小学五年制和六年制并存，初中试行三年制。[16]

小学数学课程内容主要是整数、小数、百分数的认识及其运算和比例，另加计量、几何和简单统计图表，有一些省多学习了一些几何的初步知识，各个省的小学算术学到比和比例为止；珠算内容少数省份单独开设，大多数省份与算术合并开设。小学数学课程设置上"精简、压缩"，把整数、小数、分数，形、数、式穿插安排，结合教学。

全国无统一的教科书制度，各地组成中小学教材编写组自编小学数学教科书，经当地教育行政部门统一，各地新华书店发行。1968年，各省、自治区、直辖市相继成立中小学教材编写组，着手自编教材。一些经验不足的地区选用北京、上海的教科书。1972年下半年开始，一些省、自治区、直辖市在自编教材的基础上，协作编写教材，以解决各自编写教材中的困难，也使教材在质量上有了一定的保证。另外，1973年以后，一些省、自治区、直辖市除编写小学算术教科书以外，还编写（大多是其下属的地区、县编写的）"三算"（即笔算、珠算、口算）结合的小学教科书，供学校选用。

(2) 实施区域自主化小学数学课程

这个时期的小学数学课程实施中，各个省份不约而同地大规模进行了口算（心算）、珠算、笔算（统称为"三算"）结合的教学实验，实验遍及29个省、市、自治区。

各地的实验方法各有不同，有的省市以口算为基础，笔算为重点，发挥珠算的工具作用，有的省市以珠算为基础，改造笔算，促进口算，还有的省市以笔算为主，以珠算为辅，以笔算带珠算，以珠算促进笔算。这样的"三算"结合实验一直到20世纪80年代还在某些省份有小规模的实验班。"三算"结合的实验有效地促进了小学数学教育工作者在小学数学课程设置中对于口算和笔算的相互结合，并且考虑珠算作为计算工具的作用与意义。"三算"结合的教科书编写为这一时期小学数学课程的发展留下了重要资源。

综上所述，这一阶段小学数学课程发展从继承与改造民国时期的课程到全盘学习苏联模式，再到首次探索新中国的小学数学课程，最后由于"文化大革命"转为各地小学数学课程区域自主。小学数学课程的研制受到新中国政治运动的影响较大，例如："52大纲"和对应的课程设置、教科书都是学习苏联模式的结果，"文化大革命"十年间各地的教学大纲、教科书和教学改革活动都有深深的政治运动烙印；在小学数学课程实施方面，受到实用主义课程观影响以及苏联的教育思想影响，教学方法上注重讲练结合，着力于"双基"以及"三大能力"的培养。

5. 再次探索中国特色小学数学课程（1976—1986）

"文化大革命"结束后，教育部开始颁布中小学教学计划，规范小学数学课程。1977年在教育部直接领导下，组织力量重新起草《十年制学校小学数学教学大纲》，编写全国通用小学数学课本。1977年秋季起陆续编出试教本，先在少数学校试教。此外，各地五年制和六年制并行的教学实验零散而有序地开展，促进了小学数学课程的改革与发展。

（1）研制多样化的区域性小学数学课程

1978年1月，教育部颁发了《全日制中小学教学计划（试行草案）》，其中规定：全日制中小学学制为十年，小学五年，中学五年。1980年以后，有少数省市改行小学六年制，随后中央1980年84号文件决定"小学学制为五年、六年并存，城市小学可以先试行六年制，农村小学学制暂不动。北京、上海、天津试行六年制，也要在调整、整顿好现有五年制小学的基础上，有计划、有准备、有步骤地先在城区试行。"

1978年9月22日，教育部下发《关于试行全日制中学暂行工作条例（试行草案）、全日制小学暂行工作条例（试行草案）的通知》。在第二章"教学工作"中指出："小学数学课应该加强数学基础知识的教学和基本技能的训练。要使学生做到公式熟，运算正确和迅速。要培养学生的计算、逻辑思维能力和解答应用问题的能力。书写格式要符合规定。"[17]315随后，教育部颁布《全日制十年制中小学教学计划（试行草案）》，规定小学数学开设五年，每年的周课时数分别为7，7，6，6，6，一至三年级为42周，四、五年级为38周，共计1 302学时。1981年3月国家教委颁布《全日制五年制小学教学计划（修订草案）》，小学数学五年的周学时分别调整为6，6，6，7，7，共计总学时为1 152，总学时数比《全日制十年制中小学教学计划（试行草案）》中规定的减少了150学时。1984年8月国家教育部颁布《关于全日制六年制小学教学计划的安排意见》，意见中包括《全日制六年制城市小学教学计划（草案）》和《全日制六年制农村小学教学计划（草案）》。其中，《全日制六年制城市小学教学计划（草案）》规定数学课程六年的周学时分别为5～6，5～6，6，6，6，6，上课总学时为1 156～1 224；《全日制六年制农村小学教学计划（草案）》规定数学课程六年的周学时分别为6，6，6，6，6，6，上课总学时为1 224。"城市小学一、二年级每周安排数学课5或6课时，条件较好的学校以安排5课时为宜。农村小学四、五年级课单独开设珠算课。单独开设珠算课的学校，通用教材中的珠算内容不学。在农村小学高年级数学教学中，还应适当补充计量、统计、记账等方面的知识。采取上述措施的农村小学，四、五、六年级数学每周授课可增至7课时。"[17]347这一时期，我国小学基本实现全日制，小学数学课程设置有五年制和六年制两种全日制课程。

根据这一时期的学制情况以及小学课程设置要求，教育部组织全国中小学数学教材编写组从1977年9月份开始起草适应时代发展的中小学数学教学大纲，中小学数学教材编写组在国内外小学数学教科书、教学大纲基础上完成征求意见稿，并油印成册向教育行政部门、教研部门、高师院校等人员征求意见。1978 年 2 月，教育部颁发了《全日制十年制学校小学数学教学大纲（试行草案）》（简称"78 大纲"），规定小学数学五年一贯制。"78 大纲"首次提出"精简传统算术内容，适当渗透现代数学思想方法"。《义务教育法》颁布以后，国家教育委员会组织力量修订"78 大纲"，修订的原则是"降低难度、减轻负担、教学要求具体明确"。该大纲的修订需要根据当时我国小学数学教学的实际情况，总结 1978—1986 年间的教学实践经验，并且使得现行小学数学教材基本不变。修订稿于 1986 年 12 月颁布，全称为《全日制小学数学教学大纲》（简称"86 大纲"）。"86 大纲"采用五年制和六年制两种学制，在课程目标层次和内容上更丰富。

1977 年 9 月，教育部决定以人民教育出版社中小学教材编辑人员为基本力量，并向全国 18 个省、自治区、直辖市选借一批大、中、小学教师和教材编辑人员，以"全国中小学教材编写工作会议"的形式，下设中小学通用教材各学科编写组，开始草拟中小学各科教学大纲和编写全国通用的中小学教材。同时聘请一些数学家及数学教育家担任顾问，并成立中小学教材编审领导小组，由教育部副部长浦通修任组长，教育部中学司司长肖敬若、人民教育出版社戴伯韬、叶立群、张玺恩任小组成员，负责教科书的审定。

根据教育部颁发的"78 大纲"，1978 年秋季学期，人民教育出版社编写的《全日制十年制学校小学课本数学第一册（试用本）》在全国出版发行，其他各册也到 1983 年陆续出齐。这套教材注重"双基"教学，注意培养学生的运算能力、逻辑思维能力和初步的空间观念等"三大能力"。这套教科书使用到 20 世纪 90 年代末期，是建国以来被评价为质量最高、使用时间最长、最稳定的一套小学数学教科书。人民教育出版社为了配合小学五、六年制并行的实际情况，特别为了适应一些地区实行六年制的需要，1980 年以后编辑出版了一套《六年制小学课本数学》，共 12 册。这套教科书于 1984 年开始出版发行，到 1985 年全部出齐，教科书内容与五年制课本相同；为适应六年制特点，仅在编排上均匀了各册知识的分布及重点，稍微增加了"练习"数量。

此外，各地在教学改革试验基础上编写了各具特色的实验教材，主要有以下几种：北京师大教育系和北京景山学校合编的《小学实验课本数学》；中央教育科学研究所编写的《小学实验课本数学（试用本）》；杭州师院教科室和黑龙江省教育学院合编的小学数学实验教材；刘静和主编的《现代小学数学》实验教材；姜乐仁主编的小学《实验数学》教材；赵宋光编写的综合构建法小学数学实验教材；课程教材研究所编写的《小学数学实验课本》；上海市教育局教研室组织编写的《小学数学试用教材》；王继祯主编的新编小学试验课本《数学》。

（2）实施多样化的区域性小学数学课程

改革开放以后的小学数学教学关注学生，以学生的发展为基本出发点展开教学过程与方法的改革。湖南等地"三算"结合的进一步实验继续进行，北京市朝阳区幸福村中心小学教师马芯兰"从学生出发"的教学改革,邱学华尝试教学法实验研究,长春市第二实验小学教材教法改革实验,福建省小学数学整体教学实验,上海师范大学数学系小学数学教材教法改革实验,山西大学教育系小学数学追踪教学实验等不断开展,为 20 世纪 90 年代的小学数学课程发展奠定了基础,特别是为义务教育小学数学课程的建立做好基础建设。

这一时期是小学数学教育复苏时期,全国各地小学数学期刊纷纷创刊,为小学数学教育工作者提供了研究和交流的平台。例如,1978 年上海教育出版社主办的《小学数学教师》杂志创刊,1981 年由人民教育出版社课程教材研究所主办的《课程·教材·教法》杂志创刊,1982 年教育部主管和中国教育学会主办的《中小学数学》杂志创刊,1980 年江西教育出版社的《小学教学研究》杂志创刊,1980 年河南省教育厅主办的《小学教学（数学版）》（曾用名《小学青年教师》）杂志创刊。此外,这一时期围绕小学数学实验的教科书编写、教学参考资料编写以及教具开发也越来越丰富。特别地,国外的一些教具被引进我国,例如,平面几何学习的"钉子图",整数四则运算学习的"奎逊耐木条"等等。

与此同时,探索中国特色小学数学课程的实验不断深入与发展。20 世纪 80 年代,人民教育出版社的曹飞羽与他的研究生在北京开展了一系列的小学数学教材内容及数学心理学实验,包括:学龄前儿童数学概念、计算能力试验,20 以内加、减法教材改革的实验,加、减法简单应用题教学改革的实验,培养二年级学生解答两步应用题能力的研究,小学数学教学中培养学生解答分数应用题能力的研究,小学数学教学中简易方程的研究,等等。

6. 建立义务教育小学数学课程（1986—2001）

1986 年 4 月《中华人民共和国义务教育法》颁布,1993 年 2 月中共中央国务院颁布《中国教育改革和发展纲要》,1999 年 6 月颁布《中共中央国务院关于深化教育改革全面推进素质教育的决定》,并于同年召开第三次全国教育工作会议,1999 年国务院批转国家教委的《面向 21 世纪教育振兴行动计划》。以上文件都提出改革基础教育课程体系,加快构建适应时代发展要求的新的基础教育课程体系。

（1）研制全日制义务教育小学数学课程

1992 年教育部下发《关于印发〈九年义务教育全日制小学、初级中学课程计划（试行）〉和二十四个学科教学大纲（试用）的通知》,这两个文件均适合小学六年、初中三年的"六三"制,小学五年、初中四年的"五四"制,以及"九年一贯"制,也适用于小学五年、初中三年的过渡学制。该文件支持积极进行"五四"制的试验工作。事实上,这一时期的小学五年制和六年制并存。

1988 年教育部下发《关于印发〈义务教育全日制小学、初级中学教学计划（试行草案）〉和二十四个学科教学大纲（初审稿）的通知》,规定小学设置数学课程是"使学生能够掌握整数、小数、分数的最基础知识,正确地、迅速地进行整数、小数和分数的四则运算,学习简单的几何图形和珠算知识,初步培养逻辑思维能力和空间观念,并能够运用所学的知识解决一些简单的实际问题。"[17]353 六年制小学数学课程各年级的周学时分别为

4，5，5，5，5，5，总时数为986，五年制小学数学课程各年级的周学时分别为5，6，6，6，6，总时数为986，总课时比之前的少了20%左右。

1992年教育部下发的《关于印发〈九年义务教育全日制小学、初级中学课程计划（试行）〉和二十四个学科教学大纲（试用）的通知》中规定，小学设置数学课程是"使学生掌握整数、小数、分数的基础知识和四则运算的技能，学一些简单的几何图形、简易方程和珠算知识，学一点简单的统计初步知识。培养初步的逻辑思维能力和空间观念，以及运用所学数学知识解决一些简单实际问题的能力"。[17]374 六年制小学数学课程各年级周学时数分别为4，5，5，5，5，5，总时数为986，五年制小学数学课程各年级周学时数分别为5，6，6，6，6，总时数为986。1994年国务院颁布新工时制，对小学、中学课程（教学）计划进行调整，7月教育部下发《关于印发〈试行新工时制对全日制小学、初级中学课程（教学）计划进行调整的意见〉和〈实行新工时制对高中教学计划进行调整的意见〉的通知》，规定六年制小学数学课程各年级周学时和总学时未变，五年制小学数学课程各年级周学时调整为5，6，6，5，6，总学时由986减少为952，1994年秋季开学后，"五四"学制和"六三"学制的小学一、二年级执行；1994年全日制六年制城市和农村小学教学计划中四、六年级周课时调整为5学时，五年制小学教学计划中五年级周课时调整为5学时，1994年秋季学期的小学三至六年级执行调整后学时。

《义务教育法》颁布后，国家教委委托人民教育出版社、北京、上海、辽宁、山东、广东、西安教委（教育厅、教育局）和北京师范大学等单位组成编写组承担各科教学大纲的编写工作。根据《义务教育全日制小学、初级中学课程计划》，1987年编写组制定了《九年义务教育全日制小学数学教学大纲（征求意见稿）》，1987年8月，国家教委召集专门会议，研究、讨论各科教学大纲。1988年11月，国家教委印发了《九年义务教育全日制小学数学教学大纲（初审稿）》（简称"88大纲"）。该文件在内部发行，作为编写九年义务教育小学数学试用教材和进行教学改革实验的依据，以此推动我国义务教育教材的建设。"88大纲"颁布之后，人民教育出版社编写对应的小学数学实验教科书，经过三年在试验区的使用验证和在全国范围内征求意见，国家教委根据反馈意见对"88大纲"进行了全面修订，并经国家教委中小学教材审定委员会审定。1992年6月，国家教委颁布了《九年义务教育全日制小学数学教学大纲（试用）》（简称"92大纲"）。1994年国家教委开始对"92大纲"进行调整，包括课程变化，内容调整，同年下发《关于印发中小学语文等23个学科教学大纲调整意见的通知》。根据调整意见，五年制小学四年级的数学课时由每周6课时改为5课时，共减少34课时，总课时数为952。2000年3月份，国家教委颁布了《九年义务教育全日制小学数学教学大纲（试用修订版）》（简称"2000大纲"）。

这一时期开始形成教科书审定制度。1986年9月"全国中小学教材审定委员会"成立。该委员会负责审议全国中小学各科教学大纲、审定中小学各科教材，以促进教材多样、正规发展。1988年5月，在召开的九年义务教育教材编写工作会议上，国家教委决定要编写适用于不同文化、不同学制、不同地区、不同层次学生使用的教材。1988年8月21日国家教委颁布《九年制义务教育教材编写规划方案》，人民教育出版社以及各地都参与了小学数学教科书的编写和出版，形成了教科书繁荣发展的局面。人民教育出版社数学室通过实验改革、试点试教、不断修改编写的《小学实验课本数学》正式出版。此外，1990—1995年间，人民教育出版社还先后编写出版了义务教育全日制小学五年制和六年制的两套数学实验教材，供全国实施义务教育的试验区选用并征求意见。各地出版了"八套半"小学数学教科书，分别是：人民教育出版社编写的"六年制"和"五年制"教材各一套；北京师范大学编写的"五年制"教材一套；上海市和浙江省编写的"六年制"教材各一套；东北师范大学等八所高等师范院校出版社协作委员会编写的"六年制"教材一套；广东省教育厅、福建省教委、海南省教委以及华南师范大学组编的"沿海版""六年制"教材一套；四川省教委与西南师范大学组编的"内地版""六年制"教材一套；河北省编写的农村小学中低年级使用的复式教材（称半套）。这"八套半"教材均通过"全国中小学教材审定委员会"审定，在各自实验区进行实验，1993年秋季学期开始供全国小学选用。

（2）实施全日制义务教育小学数学课程

课程实施过程中，为了达到基于"双基"的思维能力培养目标，一线教师根据教育学、心理学的原理，采用多样化的课堂教学方法，在小学数学课堂中普遍运用直观教学法，特别是引入直观的实物、教具、图像，把数学与儿童的生活密切联系起来，创设学习情境，鼓励学生动手、动口、动脑等。

这一时期，国外的直观教具也纷纷引进我国小学数学课程中。此外，我国传统小学数学直观教具也纷纷出现这个时期的多样化教科书中。例如，中国古代传统的七巧板、万花筒出现在小学教科书中；各地的教科书中教具图的呈现数量增多、图片精美，并且在教科书后面附有可以进行剪裁使用的纸片教具；教科书出版单位也会发行与之配套的实物教具盒；等等。

这一时期，电化教育手段进入小学数学课堂，投影机、电视机、电脑等多媒体设备使得教学内容的呈现具有了声、光、影的效果，增强了动态性和生成性。中国教育学会小学数学教学专业委员会（简称"小数专业委员会"）在1990年第四届年会上尝试请三位教师上了三节现场观摩课。从1993年起，每两年举办一届大型课堂教学观摩交流会，交流会的课堂以录像的形式保留下来。

（二）小学数学新课程与教材改革的历程

小学数学教材在历史的发展过程中不断改革与更新，它的改革与中国的历史发展息息相关。2001年至今，中国的小学数学课程改革历程如下：

1. 实验小学数学课程与新教材（2001—2011）

为了应对世界政治、经济、文化、科技的发展，特别是顺应国际化中小学课程改革的潮流，全面落实《面向21世纪教育振兴行动计划》，贯彻第三次全国教育工作会议精神，改革现行基础教育课程体系，教育部于1999年开始研制和构建面向21世纪的基础教育课程教材体系，实现基础教育课程体系的现代化。2001年教育部下发的《关于印发〈义务教育课程设置实验方案〉的通知》中规定，六年制小学开设数学课程，各个年级的周课时不做具体要求。小学分两学段，一至三年级为第一学段，四至六年级为第二学段，执行"三三"学制。

小学数学课程年均总课时为980左右，小学一至六年级周课时大概为4，4，5，5，5，5。这样的课程安排是新中国成立以来小学课程门类设置最多，数学课程总课时数最少的一个方案，此方案旨在实现素质教育，减轻学生学业负担。

国家数学课程标准研制小组（以下简称"数学课标研制组"）于1999年3月成立。"数学课标研制组"成立后，经过"专题研究（1999年3月—7月）、综合研究（1999年8月—10月）、标准起草（1999年10月—11月）和修改初稿（1999年12月—2000年2月）四个阶段，形成了《义务教育阶段国家数学课程标准（征求意见稿）》（下文简称《标准（征求意见稿）》）"，[18]225-228 2000年3月面向社会公开征求意见。"数学课标研制组"收到了社会各界的来信，各界人士对《标准（征求意见稿）》中的许多方面提出了意见和建议。2000年6月，教育部正式立项启动了基础教育各学科课程标准的研制工作，"数学课标研制组"与其他学科课标研制组一起开展了为期一年的课标研制工作。2001年7月，在《标准（征求意见稿）》的基础上，"数学课标研制组"完成了《全日制义务教育数学课程标准（实验稿）》（以下简称"2001标准"）。小学数学课程分两学段叙述四个领域的内容标准要求。

课程标准实验教材的编写采用"编写单位申请立项，全国中小学教材审定委员会审核立项，编写单位组织编写，全国中小学教材审定委员会审查"的方式，简称"立项—审定式"。在教育部的统一部署下，由多家出版社组织编写的多套小学数学新课程实验教材纷纷出版。人民教育出版社、北京师范大学出版社、江苏教育出版社、西南师范大学出版社于2001年研制了以课程标准为依据编写的实验教科书，并通过了全国中小学教材审定委员会的审查，投入到全国38个基础教育课程改革实验区进行实验。2002年青岛出版社、2003年河北教育出版社也组织力量编写了以课程标准为依据的实验教材，并陆续通过了全国中小学教材审定委员会的审查，投入到省级或地市级实验区进行实验。到2006年全国所有地区的小学校都使用了课程标准小学数学实验教科书。

2. 修订小学数学新课程与教材（2011—现在）

2005年6月，课程标准修订组成立，"2001标准"修订工作启动，"标准修订组分成3个小组对天津、广东、宁夏、吉林、陕西、山东、重庆、江苏、河北、北京、浙江、海南等12个省（直辖市、自治区）的教师开展问卷调查，并到海南海口、广东韶关、山东青岛、江苏无锡、陕西咸阳、宁夏灵武等6个省的12个实验区进行实地考察，在中小学听课，组织座谈会等，与中小学教师进行交流，了解数学课程标准实验的情况和修改建议"。[18]240 修订组还开展了对美国、德国等国家和中国香港、台湾地区数学课程新进展的比较研究。修订过程中，修订组共召开 12 次修订研讨会，其中 9 次全体成员讨论会，3 次部分成员讨论会，最终形成了《标准（修订稿）》。

2011 年 12 月，教育部下发《关于印发义务教育语文等学科课程标准（2011 年版）的通知》，《义务教育数学课程标准（2011 年版）》（简称"2011 标准"）正式颁布。

在 21 世纪以来的教学改革过程中，小学数学学习活动发生了积极的改变。教师和学生均肯定新课程倡导的"自主学习""合作学习"，但是在实际学习活动中"接受式学习"方式还是占主导地位。学生在课堂上能参与学习活动，但是数学课时多，完成作业需要时间长，学生感受到课业负担重。教师认为学生自主探索、合作交流的能力还有待提高。教师比以前更重视学生动手操作能力的培养，"动手操作活动"类型的作业成为除"书面习题"外教师布置作业的首选。

小学数学课程资源延续了教科书、教学参考书（资料）、实物直观教具、教学研究期刊杂志的传统。教科书"一标多本"，各地可以根据实际情况选用教科书，出版社出版配套的教学参考书（资料）以及实物直观教具。在传统课程资源的基础上，课程资源开始呈现信息化倾向，小学数学教科书和教学参考资料都有了电子版。此外，游戏公司和小学教师利用计算机技术，制作了许多互动性强的数学学习游戏以及电子教具。这些小游戏、电子教具有个人版也有网络版，成为教师课堂教学以及小学生课外学习的丰富课程资源。

目前，"学生的考试成绩"仍然是学校评价教师教学工作和教师评价学生学习的首要依据，教师评价学生的方式中缺乏"实践性作业"，教师认为新课程提倡的多元评价体系受考试影响，实施效果并不乐观。

二、小学数学新课程与教材发展的特点

（一）课程目标

课程目标是教学运作的方向和灵魂，也是其价值理念的集中体现。小学数学课程目标是国家根据小学数学教育培养目标、小学生的年龄特征和小学数学学科特点制定的关于小学数学课程实施效果的预先规定，它具有基础性、预设性、强制性等特点。在小学教育数学课程中，课程目标具有决定数学课程内容选择、指导教科书编写、制约教学方式选用、确立教学评价标准等作用。同时，它还有为教师的教学、学生的学习与发展指明方向、确立质量标准、提供动力、调控学习和发展过程等育人功能。[19]

1. 课程目标的内涵

课程目标是由教育部以法定文件的方式颁布实施，具有较强的规定性和方向性，是对课程实施结果的一种预先设计，体现了课程开发与教学设计中的教育价值，是教育目标和培养目标实现的途径，新课程目标的三个维度是知识与技能、过程与方法、情感态度与价

值观。小学数学课程目标作为小学教育阶段中的一种特定的课程目标，是根据我国小学教育培养目标、学生的年龄特征和小学数学学科特点，它表达的是国家和社会对小学数学课程教育实施良好效果的一种期盼和要求。

新中国成立后教育部于1950年颁布的第一部小学课程标准为《小学算术课程暂行标准（草案）》，课程目标包括知识、能力和思想政治教育三大方面，注重对计算能力和逻辑思维能力的培养，增加了对小学生进行思想品德教育的要求。1952年教育部模仿苏联课程中小学算术内容，颁布了《小学算术教学大纲（草案）》和《小学珠算教学大纲（草案）》，1956年又修订了《小学算术教学大纲（修订草案）》，课程目标强调"能够运用已经获得的知识、技能和技巧去解答算术应用题和解决日常生活中简单的计算问题。算术教学必须有助于儿童智慧和道德品质的培养，以促进全面发展的教育任务的实现"。1963年颁布的《全日制小学算术教学大纲（草案）》单独将"学习算术的重要性"列出来并予以强调，并提出"空间观念"，改变了几何在算术中的地位。1978年，教育部颁布《全日制十年制学校小学数学教学大纲（试行草案）》，"数学"第一次被指定为一门学科，结束了"算术"的时代。1986年的《全日制小学数学教学大纲》在1978年大纲的基础上做了局部调整，更改了一些基本说法，如把"空间形式"改为"几何图形"，把"思想政治教育"改为"思想品德教育"，此举在一定程度上减轻了学生的学习负担。[20]

1986年以后，教育部陆续颁布了《九年义务教育全日制小学数学教学大纲（初审稿）》（1988年）、《九年义务教育全日制小学数学教学大纲（试用）》（1992年）两部教学大纲。这两部教学大纲的内容与1986的教学大纲基本一致，只是在某些方面有所变化。例如，四则混合计算的要求有所下降，不再笼统地提"正确、迅速"的要求，而是分层次提出要求"对于其中的一些基本计算，要达到一定的熟练程度，逐步做到计算方法合理、灵活"，并且对知识行为用语的含义作了解释，有利于学业水平的评价和教学质量的评估。[21]

2000年《九年义务全日制小学数学教学大纲（试用修订版）》首次提出了要培养学生的"创新意识"，这是课程目标历史上的一次重大突破。2001年教育部颁发了《全日制义务教育数学课程标准（实验稿）》，其中课程目标为：通过义务教育阶段的数学学习，学生能够"获得适应未来社会生活和进一步发展所必需的重要数学知识（包括数学事实、数学活动经验）以及基本的数学思想方法和必要的应用技能；初步学会运用数学的思维方式去观察、分析现实社会，去解决日常生活和其他学科学习中的问题，增强应用数学的意识；体会数学与自然及人类社会的密切关系，了解数学的价值，增进对数学的理解和学好数学的信心；具有初步的创新精神和实践能力，在情感态度和一般能力方面都能得到充分发展"。该《标准》首次将小学数学课程目标分为总体目标和学段目标，并从知识与技能、数学思考、解决问题和情感与态度四个方面进行了具体的阐释，而且交代了四者之间的关系。经过十年的探索与总结，2011年，教育部又颁发了新课程标准《义务教育数学课程标准（2011年版）》。其中课程目标为："获得适应社会生活和进一步发展所必需的数学的基础知识、基本技能、基本思想、基本活动经验，体会数学知识之间、数学与其他学科之间、数学与生活之间的联系，运用数学的思维方式进行思考，增强发现和提出问题的能力、分析和解决问题的能力；了解数学的价值，提高学习数学的兴趣，增强学好数学的信心，养成良好的学习习惯，具有初步的创新意识和实事求是的科学态度。"2011年版新课标在2001年版实验稿的基础上进行了具体的完善和修订。例如，将"解决问题"替换为"问题解决"，凸显了培养学生主动发现、提出并解决问题的这种问题意识；正式确定了"四基"即基础知识、基本技能、基本思想、基本活动经验，将"创新意识"培养列为一个非常重要的目标等。[20]

数学课程目标和数学教学目标是两个意义比较相近的概念，一直以来人们在使用时经常不加区分的使用，其实这两个概念是有着一定的联系与严格区别的。数学课程目标的制定主体是国家及课程专家们，反映了对小学数学人才培养的总体要求，是教学目标能够实现的主要途径，是指导数学教师制定数学教学目标的主要依据；数学教学目标的实施者主要是数学教师们，通过在课堂的教学过程中，把课程目标中的各项要求去体现与实施。

2. 课程目标的基本特点

小学数学课程目标专门针对小学阶段的数学课程教育，它有着独有的特点，概括如下。

基础性。小学数学课程是义务教育阶段的一个重要学科，其课程目标要求大众化、基础性，定位于全体学生能达到的数学水平层次。在数学课标中明确要求学生"获得适应社会生活和进一步发展所必需的数学的基础知识、基本技能、基本思想、基本活动经验。"[22]这些规定都是小学数学课程标准基础性的体现。

预设性。小学数学课程目标是教育部门预先规定小学阶段数学课程的学习应该达到的良好效果，是在教学过程、教学设计实施前的一种超前预想，是对实施结果的一种理想化预设。但是这个理想化预设的实现得靠合理的教学实施与教学设计才能变成现实。

强制性。小学数学课程目标是国家对小学数学人才培养的要求，表达了对小学数学学科应达到的质量期望，有着最低的要求，故在教学实践中必须贯彻实施并达到，是一种强制性的规定。小学数学课程目标从总体上体现了国家对小学数学课程及教学标准的宏观调控，保证了小学生的数学水平都能达到国家统一的要求。

3. 课程目标的分类理念

我国教育学学者在借鉴布鲁姆等学者的课程目标分类和加涅的学习结果分类理论等有关研究的基础上，针对课程与教学中的"过于强调接受学习、死记硬背、机械训练的现状"，对传统的课程目标进行了改进。2001年6月，教育部在《基础教育课程改革纲要（试行）》中，提出了"知识与技能、过程与方法、情感态度与价值观"的三维目标，一直沿用至今。这个"三维目标"的理念层层递进，形成一个紧密的整体，在学习者对知识的获取过程中,体现着"三维目标",打破了传统的学习方式,符合学生认识及身心发展规律,促进学生全面发展。

4. 课程目标在数学课程中的地位和作用

课程目标在小学数学课程教学中起着统领方向的作用。首先是对课程教学的整个实施过程有着明确的指向,形成一个统一的整体,指导着教学内容的组织、教学方案的制定、教学方法的选择、教学课时的安排等等,是整个小学数学学科紧密联系的纽带,有了课程目标,才能使得课程教学能有条理地进行,使各环节有序地完成;其次是对学生学习的一种激励作用,课程目标能够激发学生学习新知的欲望,因为明确了小学生要学习的目标以及要达到的目标效果,就能调动着学生的内因,激发学生的学习需要,积极主动地去探索新知;课程目标成为对数学学科实施效果的一个检测标准,能够正确的检测出学生是否达到数学水平的最低要求,教师的教学是否正确得当,课程目标成了教师的教与学生的学的测量标尺。

(二)课程内容

小学数学教材是小学数学课程的主要载体,而内容是教材的集中体现,分为知识领域、知识块、知识单元、知识点四个板块。根据社会的发展,课程内容更加注重与现实社会生活的联系,以及适应小学生的认知和身心发展规律。这是实现课程目标的重要保证。课程内容的取舍、深浅度,内容的编排、呈现方式,在很大程度上决定着小学数学教学的质量,以至影响未来人才的质量。

依据重要的教育政策和事件,20 世纪下半叶我国小学数学教科书内容的发展过程分为新中国成立初期的小学算术教科书(1950—1957)、社会主义建设时期的小学算术教科书(1958—1965)、"文化大革命"时期的小学算术教科书(1966—1976)、拨乱反正、改革开放初期的小学数学教科书(1977—1985)、深化改革、加快社会主义经济建设时期的小学数学教科书(1986—2000)五个阶段。由于当时的社会政治、经济、文化背景有所不同,民间的社会思潮及当时的教育教学实际状况也各有特点,它们共同营造了不同阶段的小学数学教科书内容的特点。小学数学教科书的内容从零散走向系统、从学科导向走向价值导向,其中既有继承、传延的成分,也有新质因子的增长与嬗变。"统新故而视其通"——立足于今,融汇古今;"苞中外而计其全"——立足于中,兼采中外。[23]小学数学课程在新中国成立以来,内容知识范围越来越大,知识领域保持不变,知识块、知识单元数量由少增多,知识点的变化呈现正弦曲线变化,变化幅度由大到小。基于这些原因,课程内容的选择应处理好传统与现代的关系,内容现代化应与小学生的认知水平相适应;课程内容知识类型的拓展应处理好"陈述性知识"向"过程性知识"的渐进,并与小学教师专业知识水平相适应;课程内容知识量的确定应该通过广泛调查与恰当试验等多种方式,与我国小学教育实际相结合。[24]

在"数与计数"方面,在"50 大纲"和"52 大纲"中都要求能掌握十二位数以内的计数法,但在"63大纲""78大纲""92大纲"和"2001标准"中对整数的认识相应地降低要求。"52大纲"把口算作为专门的知识点提出来,在"63大纲""78大纲""92大纲"和"2001标准"中口算的难度逐渐加大。算盘作为我国古代的计算工具,从"50大纲"到"92大纲",小学数学课程内容中都包括珠算。"52大纲"的珠算大纲是唯一一份独立的珠算大纲,"56大纲"把珠算内容纳入算术大纲中。但是"63大纲"对珠算的要求较低。"78大纲"则加强了对珠算的学习,通过对笔算、口算和珠算的有序结合,很大程度上提高了学生的计算能力。"92大纲"降低了珠算的要求,对珠算的练习只要求加减法,不进行乘除。"2001标准"只要求认识算盘。如今,一些高科技的计算工具已完全取代了算盘在日常生活中的应用,因此,小学数学课程内容不再安排珠算。[25] 在代数方面,小学数学课程内容出现得比较晚,到"78大纲"以后,课程内容中才慢慢出现代数知识,"2001标准"还增加了实践内容,要求学生动手操作完成数学知识的掌握,有利于培养学生的动手和逻辑思维能力。

几何内容分为平面几何和立体几何,主要是求周长和面积。平面几何方面,主要是正方形、长方形、平行四边形、菱形、梯形、三角形。"63大纲"增加了圆及任意多边形和不规则性图形。在"2001标准"中,多了图形的拼接和图形的旋转、平移,使学生更能加深对图形的认识。立体几何方面,"50大纲""52大纲"中只有对正方体和长方体的认识,"78大纲"中出现了圆柱和圆锥体,在"2001标准"中,为了适应社会的需要,立体几何增加了视图与投影和立体图形的三视图,大大提高了学生对图形的空间想象能力。

小学数学课程内容的发展过程体现着我国数学教育的进步,适应时代需求,更加注重与小学生实际生活的联系,使小学生真正学到"有用的数学"。

(三) 教材结构

20世纪以来,在已有的教材结构的基础上,经过不断改革进步,小学数学教材结构发生了巨大的变化,逐步建立自己的数学课程教材体系。

1949年新中国成立初期,全国没有统一的小学数学教材。1950年7月,教育部临时选定两套算术课本,一套是刘松涛等编写的原华北人民政府审定的老解放区课本,另一套是俞子夷编写的原大东书局出版的课本,并同时颁发了《小学算术课程暂行标准(草案)》,规定用五年的时间学完原来小学算术六年的内容。这样就造成了知识结构分配不合理,整数教学重复较多,口算要求高,学习时间长,应用题脱离社会生产与学生生活实际,教材的编排采取习题汇编的形式,不分教师讲的例题和学生做的习题,给教学造成不便。

1963年,教育部颁发了六年制《全日制小学算术教学大纲(草案)》,同时,人民教育出版社出版了十二年制学校《小学算术》课本。这是人教社出版的第四套全国通用教材。这套教材中删减了运算定律和运算性质,最大公约数的求法,圆锥体积等,此外,增加了棱柱、棱锥的体积,复利,一些典型应用题和记账初步知识,并注意与书中数学知识的衔接。这套教材重视基础知识和基本技能的教学，紧密联系生产实际和学生的生活实际，并首次提出了培养初步空间观念的要求，同时，习题例题分开编排。但同时由于受到当时"教育大革命"的影响，初中的代数、几何内容编排到小学数学教材中，高估了小学生的接受能力，使小学数学教学难度加大。[26]

1986年，国家以法律的形式正式提出实行九年义务教育。教材内容更加生活化，呈现方式多样化，版式多样，图文并茂，例题习题丰富。在教材内容的编排上，采用由浅到深、循序渐进的方式，突出内容之间的联系与综合，有利于小学生对数学知识的掌握，建立以"问题情境—引出知识点—例题—习题应用—拓展"这样的基本模式展开教学内容，内容更加具有探究性与开放性，形成我们当今数学教材的基本结构体系。

（四）教材呈现方式

教科书呈现方式是根据课程标准、课程理念、编制技术，对教科书在内容、结构方面的组织方式、表达形式、规划设计的体现。教科书呈现方式是指内容、结构在教科书中应该以什么样的方式表达，即是以怎样的形式呈现给学习者，以什么样的姿态面对学习者。一般而言，教科书的呈现方式包括从整个框架以及每个大领域是如何呈现的；从表层看，教科书内容的呈现方式包括版式设计、栏目设置、插图设计等；从深层看，它包括由教科书的行文风格所反映出来的编者的文化底蕴，对教学内容的深层次理解及其教育教学观等方面，二者间是互相影响，不可割裂的。

小学数学教科书的内容呈现方式以数与代数、图形与几何、统计与概率和综合实践四个领域的知识为主线，包括各个领域中教科书呈现的知识系统、助读助教系统和例习题系统。

知识系统		助读助教系统					例习题系统			
知识内容呈现结构			插图							
知识内容文字呈现方式	知识内容图呈现方式	引言	生活情境图	教具图	素材图	栏目	小结	例题	课堂练习	课后练习	复习题	数学思考活动（游戏）

知识系统主要是指小学数学教科书中对已经确定的课程内容的呈现组织结构，主要包括知识内容呈现结构以及结构下面的知识内容文字呈现方式以及知识内容图呈现方式。

助读助教系统是指小学数学教科书中为了小学生进行自主阅读和学习，为了教师教学设计的进行与实施而设计的教科书系统，主要包括引言、插图、栏目、小结等结构，小学数学教科书的助读助教系统呈现方式十分的丰富。引言是指教科书中每章节之前的引领性文字或图画；插图是指教科书中为了促进学生对知识内容的理解或提高学生学习兴趣而增加的图画，包括生活情境图、教具图和素材图等；栏目是指教科书中设置的环节，数学教科书中一般包括内容叙述的栏目，例习题栏目和数学活动栏目等等；小结是指教科书章节或每册之后的总结与复习内容。

例习题系统是指小学数学教科书中以数学问题形式出现的课程内容，主要包括小学数学教科书中的例题、课堂练习题、课后练习、复习题和数学活动（游戏）。一般地，例题都出现在课文正文的知识内容介绍之后，是对知识内容的应用，具有示范作用；课堂练习是教科书安排在知识内容和例题呈现之后的操作性练习，起到对知识内容理解的及时反馈、巩固的作用；课后练习一般位于某一节之后，是对该节内容的巩固和综合运用，起到巩固和综合的作用；复习题位于章节最后，是对一章内容的复习，综合运用和巩固，起到复习的作用；数学思考活动（游戏）是小学数学教科书的特有环节，位于某一节或者某一章的最后，是对于这一章节内容的综合提高应用，起到提高学生的数学思考水平，促进学生对于数学学习的价值认识和兴趣的提高。

新中国成立后小学数学教材内容呈现方式的发展变化如下：

1. 知识系统的发展变化

（1）知识内容呈现结构的发展变化

1）数与代数领域知识内容呈现结构从原来的"问题式"到"文字叙述＋例题＋练习"，至今"活动情境＋练习"。"人教52版"教科书中将"数与代数"知识内容与例题统一编号，整体上以"问题式"编排全书。每节开头一般有一句引入性的话语，接着是插图（也有可能没有），然后是以提问的形式呈现教学活动和例题。该套教科书对于重要的数学结论或者值得注意的内容采用黑框标注，如：1尺＝10寸，这成为了新中国小学数学教科书的一大特点，延续到以后不同年代编写的小学数学教科书中。"人教78版"的教材继承了"内容＋练习"的方式，"数与代数"的内容呈现分为文字叙述和例题两个部分，并且教具插图、数学图和生活图大量出现在正文和练习中，图片成为"数与代数"内容呈现的重要方式。整套教科书采用套红印刷，对于值得注意的点采用红字标注，版面比"人教52版"和"人教63版"要活泼。

"人教86版"的教材呈现方式在"内容＋例题＋练习"的基础上，"数与代数"知识领域的呈现开始出现活动化的内容呈现方式，出现了"准备题"，知识内容通过图和文字相结合的形式尽量呈现知识的发生过程，将"例"改为"摆一摆，算一算""做一做"等文字表达，这是"数与代数"的特有环节，教材在这个环节呈现学生动手实践的素材（教具、算式等）。出现"想一想"的栏目设计，这是一个具有思考性质的探究性栏目，为不同学生的发展提供可能。该套教科书在知识内容叙述中留空，以便学生在学习过程中能够参与到教科书的内容叙述中，这个设计加强了学生学习"数与代数"内容的兴趣。"人教92版"的"数与代数"内容的呈现具有过程性与活动性，继承了"人教86版"的内容呈现方式，包括"准备题"，活动化的知识内容叙述，"做一做"，练习等几个部分。内容叙述中包含内容呈现和"摆一摆，算一算"，"做一做"就是课堂练习部分。该套教科书低年级全彩印刷，高年级套红印刷，每册书140页左右。教科书后面配备了教具（方格纸、七巧板等）。"人教01版"教科书内容的活动化程度更高，知识内容以动手实践的"摆一摆，算一算"来呈现，然后是"做一做"的例题环节。每一节内容之前都有生活情境图，从情境图中抽取数量关系开始数学活动，而且数学活动过程也通过卡通人物形象展示。

综上所述，"数与代数"知识领域的教材内容呈现结构从单纯的数学问题文字呈现（"人教52版"），到内容、例题、练习分开呈现（"人教63版"），再到图文并茂的内容、例题、练习呈现（"人教78版"），留空式内容，摆一摆，算一算，做一做，练习（"人教86、92、01版"）。这样的知识内容呈现变化是在关注陈述性知识的基础上关注过程性知识，是对教学大纲（课程标准）中课程目标从"双基"到"双基＋能力"，再到"四基＋能力＋情意"的具体实施。

2）图形与几何领域知识内容呈现结构从"问题＋插图"到"几何图形＋内容陈述＋例题＋练习"，再到"几何图＋问题＋做一做"，到"几何图＋人物图＋内容"的变化。

"人教52版"的几何内容呈现的插图包括几何图形、含有几何图形的生活图以及操作插图。图的篇幅较小，图不具有交互性。"人教78版"的几何内容呈现一般先给出内容相关的几何图，然后陈述内容，之后例题，最后练习，几何图开始出现动画效果。"人教92版"和"人教01版"的几何内容呈现保留了传统的首先呈现几何图的习惯，随后叙述知识内容，之后是学生动手环节"做一做"，最后是练习。"人教01版"与"人教92版"不同的是几何图中加入了大量人物形象，并且加入了人物对话，增强对几何知识的理解。"人教92版"也出现人物形象，不过人物形象一般出现在几何规律的总结处。

3）统计知识内容呈现结构从无螺旋结构到简单螺旋结构再到逐年螺旋结构，以符合小学生的认知特点。"概率初步"内容只在"人教01版"中出现，不存在比较性。"统计知识"是一直保持的内容，随着教育学、心理学的发展，统计知识的螺旋编排在呈现方式上表现突出。"人教52版、63版"中"统计知识"的内容在五年级或者六年级呈直线式编排，呈现方式注重学科逻辑关系。"人教92版、01版"的统计知识采取了螺旋式编排。

4）"综合与实践"领域在应用题知识内容呈现结构上保持了"文字＋插图"的形式，逐渐增加应用题解答的交互性。应用题的宗旨是通过文字表述数量关系的问题，文字是主体，插图是为了让学生便于理解题意，提高学生学习兴趣。

"数学综合实践"活动呈现整个问题情境，主要通过呈现数学活动情境图实现。

（2）知识内容文字呈现方式的演变

文字是教科书中承载知识内容的主要形式，小学数学教科书也不例外。然而，随着教育学、心理学研究的深入，特别是认知学习心理学的发展，小学数学教科书越来越贴近小学生认知发展水平，在知识内容文字呈现上具有发展演变的特点。下面我们来研究小学数学教科书中数学概念、命题、公式、法则、问题等内容在文字呈现方式上的变化。

"人教52版"中文字主要用于引言，描述任务，提出问题，陈述数学概念、公式（法则）、命题（结论），呈现应用题。引言的数量很少，一般在复名数的认识中出现，例如，"要知道布多少，可用尺来量。要知道米多少，可用升来量。"[27] 描述任务的例子一般出现在数的认识以及数学例题、游戏中，例如，"上面第一个是什么时候？先读，再写。"[28] 陈述数学概念、公式（法则）、命题（结论）的例子："如果被乘数与乘数的末位都有 0，乘的时候，可先把两数中去掉 0 后的两数相乘，乘好以后看原来两数中共有几个 0，就在积的后面添上几个 0。" 呈现应用题的文字例子："某村有棉田 216 亩，共收棉花 38 880 斤，平均每亩棉花多少斤？"

"人教 63 版"中，文字主要是引言，描述任务，提出问题，陈述数学概念、公式（法则）、命题（结论），对数学内容的解释或提示，呈现应用题。描述任务主要出现在低年级的数的认识以及数学游戏中。对数学内容的解释或提示的例子"读作 2 减 1 等于 1，或者 2 减 1 得 1""想：11 减 1 得 10，再减 1 得 9。"

"人教 78 版"中，文字主要是呈现引言，描述任务，提出问题，陈述数学概念、公式（法则）、命题（结论），对数学内容的解释或提示，呈现应用题。

"人教 86 版"中，文字主要是任务描述，提出问题，陈述数学概念、公式（法则）、命题（结论），对数学内容的解释或提示，呈现应用题。文字比例大规模下降，因为在一些陈述数学概念、公式（法则）、命题（结论）的地方都是留空给学生填写。出现套红文字。

"人教 92 版"中文字的情况与"人教 86 版"相当，文字越来越少。文字的呈现主要是提出问题，陈述数学概念、公式（法则）、命题（结论），对数学内容的解释或提示，呈现应用题，而且对数学内容的解释或提示开始以人物语言或者人物对话的语言文字形式出现。

"人教 01 版"的文字呈现与"人教 92 版"相似，对数学内容的解释或提示中人物的语言对话出现省略号现象，同时出现具有思维引导的提示。例如："请大家来总结四则运算的运算顺序。""只有加、减运算的……""既有加、减法又有乘法运算的……""如果有括号，要……"[29]。

（3）知识内容图呈现方式的演变

图是直观的呈现方式，针对小学生的认知发展水平，历年的小学数学教科书都运用图来呈现知识内容以增强教科书的直观性，协助小学生理解数学知识内容。在这里，我们将知识内容限定为狭义的数学概念、公式（法则）、命题（结论）、问题等四个方面，研究这些知识内容图呈现方式的发展演变。

"人教 52 版"用图呈现的知识内容并不多，主要包括：第一，"数与代数"知识领域中数（整数、分数）的认识，复名数的认识，加、减、乘、除运算的过程等；第二，"图形与几何"知识领域中图形的认识；第三，统计知识中的统计图。

用图呈现的知识内容都是需要从现实事物抽象的数学内容，因为小学生年龄较小，思维抽象程度不高，所以通过图呈现知识内容以减轻其思维负担。这套教科书，用图呈现的知识内容基本是在初级小学，高级小学中知识内容多是文字叙述。

"人教63版"用图呈现的主要是"数与代数"中的数（整数、分数）的认识，复名数的认识，加、减、乘、除运算的过程，十进位值制的认识等内容，分量不多；"图形与几何"中的图形的认识，作图操作；"统计初步"中的统计图表等。用图呈现的知识内容主要集中在初级小学。用图呈现的知识内容在"人教52版"的基础上，对于自然数加减运算过程除了实物图、点子图和算式外，增加了对于数的分解图，这样的呈现方式为学生思维的逐渐抽象提供了表征物。这套教材还运用算盘呈现十进位值制的内容。

"人教78版"用图呈现的知识内容，"数与代数"知识领域主要是数（整数、分数）的认识，复名数的认识，加、减、乘、除运算的过程，十进位值制的认识等内容。在保持"人教63版"用图呈现内容不变的基础上，引入数轴、运算先后示意图呈现运算过程；并且将"人教63版"数的分解图、算盘拨珠图都渗透到数的认识中呈现。"图形与几何"知识领域用图呈现的内容主要是图形认识的实物模型、图形、图形操作等，比"人教63版"增加了图形认识的实物模型图以及几何教具。"统计与概率"知识领域用图呈现的内容主要是统计图表，呈现的内容更体现统计的过程。

"人教86版"用图呈现的内容明显增加，并且改进了之前用图呈现的内容。"数与代数"部分知识用图呈现的内容有：数（整数、分数）的认识，加、减、乘、除运算的过程，十进位值制的认识，复名数的认识。在"数的认识"以及四则运算中出现了实物维恩图，以培养学生的集合思想；引进对应图和对应框图，渗透函数思想。从这版教科书开始将实物图与数量图结合起来，并且出现应用题的线段图，更好地通过图呈现数量关系协助小学生的数学学习。"图形与几何"知识领域用图呈现的内容延续了"人教78版"的内容，实物图与几何图开始对应出现，以方便小学生认识生活中的几何图形。"统计与概率"知识领域不仅出现统计图和数据表，还出现了原始数据情景图。

"人教92版"知识内容基本运用图呈现，文字十分少，图包括生活图和数学图。用图呈现的内容与"人教86版"相比有了改进，生活图中具有完整的人物，通过人物活动和人物思考、对话呈现数学知识内容；数学图继承了"人教86版"图的呈现方式，无论是"数与代数"知识领域、"图形与几何"知识领域还是"统计与概率"知识领域的呈现都关注过程。

"人教01版"大部分内容也是通过图的形式呈现，用于呈现数学概念、公式（法则）、命题（结论）、问题等。用图呈现的内容具有更多的交互性，使得小学生在使用教科书时能够积极地参与其中，例如：人物图中的"气泡"也出现留空，这是对之前版本教科书的改进。

2. 助读助教系统的发展变化

助读助教系统往往体现教科书的特点，历年小学数学教科书的助读助教系统的发展变化包括引言的发展变化、栏目的发展变化、插图的发展变化、小结的发展变化。

（1）引言以图画为主要方式呈现，从每套一个引言图到每册每章引言图的发展。"人教 52、63、78、86、92 版"教科书第一册的引言是以章头图的形式出现，呈现小学生活的开始，里面蕴含数的认识，以及一些基本的量的关系。

"人教 01 版"教科书的引言包括每册目录前"编者的话"以及每章的章头图，主要包含本册、章需要学习的数量关系与图形等。一般没有文字描述，但是如果章头图中有人物活动会有对话。

（2）插图从以素材图为主到以生活情境图为主，与学生的社会生活、日常生活紧密联系。

小学数学教科书的插图一般分为三类，一类是包含数量关系的生活情境图，一类是教具图，一类是提高学生学习兴趣的素材图。

1）生活情境图的发展变化

"数与代数"领域生活图的呈现方式从生活素材插图到生活情境图。在早期的教科书中生活图只是为了提高学生的学习兴趣，以除法的"平均分"的呈现方式为例，"人教 52 版"呈现了一位妈妈分梨的图片，这张图片没有办法看清楚梨的数量，也没有呈现分的过程，只能引起学生学习除法的兴趣；"人教 63 版"对于平均分的 6 本书清晰呈现，并且画成平均分后的两组，每组 3 本，这幅图对于学生理解"平均分"有协助作用；"人教 01 版"延续了"人教 78 版、92 版"生活图的优势，并且更加清晰地呈现除法的平均分过程。

"图形与几何"的生活图从生活几何元素图发展到增加生活彩色照片。为了更好地认识几何图形，教科书往往会呈现一些与所学习的几何图形相关的生活元素图，一般会去除生活情境以突出几何图形。但是随着时代的变迁以及印刷术的进步，几何图形生活图的呈现也出现了彩色照片。

2）教具图的发展变化

小学数学教科书中教具图是重要的组成部分，教科书呈现的教具教师往往在教学过程中实物化，在课堂教学过程中教师和学生通过操作教具，将小学数学学习过程活动化。

"数与代数"领域内容的教具图基本保持不变，包括小棒、纸片、小正方体、算盘、直尺等，教科书中的呈现方式也基本没有变化，用以协助学生计算、认识数学概念。

从"人教 92 版"开始，电子钟钟面也成为小学生学习时、分、秒的教具。"图形与几何"领域的教具图有细微的增删，保持不变的几何教具图包括木棍、三角板、量角器、直尺、圆规、正方体、方格纸、白纸片等。

从"人教 78 版"开始，教科书中出现大量折纸图，这些折纸图属于教具图的一部分。利用适当的折纸，可以协助学生理解几何图形以及线、角之间的关系。

3）素材图的发展变化

素材图的变化十分明显，最初主要是与学生生活息息相关的生活物品、人物、动物，后来为了拓宽学生视野，教材中出现很多文化、科技的素材图。

"数与代数"领域运用学生现实生活中的物品传递数学知识，这些生活物品反映当时人民生活的变化，也体现了生活物资越来越丰富。人物形象也是小学生当时生活的流行打扮，而且人物图形从写实人物形象向卡通人物形象演变。"人教01版"更出现了小精灵的虚拟人物形象，符合学生的兴趣；早期的人物形象没有对话与思考，从"人教86版"开始人物有了对话框或思考气泡。总结动物素材图可以知道动物从家禽到野生动物，从陆地动物到海洋动物，从写实的形象到卡通的形象，并且逐渐人格化。"人教86版"之后动物开始有对话，而且人格化。从科技、交通、生活素材图中我们可以看到素材图中不断插入科技进步、交通工具发展、生活情境化的图画，以便让小学生认识自己所生活的社会。这些素材图都很好地激发了小学生的学习兴趣，辅助了小学生的数学学习。

（3）栏目的发展变化从无到有，从关注结果到关注过程

小学教科书中"数与代数"知识内容从没有栏目设置到有栏目设置，从陈述性知识栏目设置到过程性知识栏目设置，体现了小学数学教科书"数与代数"知识内容的特点。

"人教52版"包括课文内容、每章"复习"和每册"总复习"栏目设置，每册最后设置"数学游戏"栏目，课文内容按照序号排列的内容叙述和设置例习题。

"人教63版"中第一、二册将课文内容和例题用"［1］、［2］、［3］……"这样的序号排列，练习独立设置"练习＊＊"栏目；第三册开始明确设置"准备题""例题"栏目。事实上，该套教材设置的栏目有"准备题""例题""练习"等栏目。

"人教78版"第一、二册将课文内容和例题用"［1］、［2］、［3］……"排列，练习独立设置"练习＊＊"栏目；第三册开始明确设置"准备题""例题"栏目。这套教材的栏目包括课文内容、准备题、例题、练习等，这些栏目不一定每章节都出现；设置每章"复习"和每册"总复习"栏目。

"人教86版"在"人教78版"栏目设置的基础上，在例题之后设置"算一算""练一练""摆一摆"的课堂练习环节，"数学游戏"栏目；此外，设置每章"复习"和每册"总复习"栏目；每册不定期出现"思考题""数学游戏"栏目。

"人教92版"栏目设置包括：课文内容、准备题、例题、"做一做"练习、"你知道吗？"、每章"整理和复习"和每册"总复习"栏目。除了"整理和复习"和"总复习"之外，其他栏目根据课文内容而有所选择。

"人教01版"栏目设置包括：课文内容、做一做、练习、"你知道吗？""数学游戏"、每册"总复习"。

综上所述，栏目的设置中课文内容以序号编排，每章的复习与每册的总复习呈现是相对稳定的。例题栏目在"人教63版、78版"明确称为"例＊"，其他版本都将例题与课本内容合并一起呈现，体现了数学问题是数学内容的本质，小学数学的"数与代数"主要

就是解决问题。课堂练习从"人教86版"后以"摆一摆""算一算""练一练"明确呈现后稳定下来,课后练习栏目一直设置。"你知道吗?"的数学史知识栏目从"人教92版"出现后一直保持;"数学游戏"栏目"人教52、86、92、01版"均有设置。这些栏目的名称从"例""练习"这样的结果性名词,发展为"摆一摆""算一算""练一练""做一做""思考""探索"这些具有过程性的动词,体现了关注学生的学习过程的课程目标设置。

(4) 小结的发展变化

小学数学教科书小结的呈现方式是以每章"复习"或"整理和复习",每册"总复习"栏目呈现。

"人教52版"的小结是每册最后的"复习",以计算题和应用题的形式出现。"人教63版"的小结是每章的"复习"和每册的"总复习"呈现,是每章或全册的填空题、计算题和应用题。"人教78版"的小结是每章的"复习"和每册的"总复习"呈现,都是章节或全册知识内容相关的填空题、计算题、应用题等等。"人教86版"的小结是每章的"复习"和每册的"总复习",仍然是一些与章节和全册知识内容相关的填空、计算和应用题。"人教92版"的小结是每章的"复习"和每册的"总复习"。每章的复习以问题的形式引导学生总结所学的内容,在此基础上进行解题练习。每册的总复习以章为单位进行问题引导总结以及解题练习,之后有专门的"练习"栏目进行解题练习。

三、小学数学课程改革与发展的思考

小学数学课程的改革与发展是一个不断更新的过程,在这个过程中不断地受到社会多种因素的影响,从中得到以下几点思考:

(一) 教材改革要适应时代需求

自从新中国成立以来,我国社会从政治上的不稳定到稳定,从经济的落后到经济领先世界水平,从生产力水平低下到生产力水平提高,这些变化都说明了我国社会在不断地进步中。但是1986年以前,小学数学课程对小学生的主体地位重视不够,教材内容比较单一,不符合学生发展。制定义务教育制度后,国家比较重视小学生的数学能力的培养,此时就显出了数学学科的大众性、发展性,从最初的重视计算到培养数学能力、加强数学应用,学成"有用的数学"。随着社会生产力的不断发展,更新小学数学课程目标和课程内容是势在必行,但是更新的内容要能够让小学生接受,要适应学生的身心发展规律,要经得起时间的考验。在现行的小学数学教材实践中可以看出,现行教材是适应于大多数小学生的。

(二) 教材结构的设计要注重学科内容之间的联系以及要适应学生的身心发展规律

数学教材是教师教学的基本依据和学生学习的基本材料,是传播数学的主要载体。杜威在 20 世纪时提出儿童中心论,要求教育要以儿童为主,从儿童的兴趣和经验出发,内容编排和逻辑方面要让学生能够接受。《义务教育数学课程标准(2011 年版)》明确提出"四基",其中的一基"基本活动经验",指出了数学课程应重视学生的经验。这就要求我国当今的中学数学课程内容应灵活合理,符合学生的认知水平,适应学生的身心发展规律,充分考虑学生的接受能力,同时还要考虑授课教师的专业水平是否能胜任数学课程内容的现代化。综合这些因素,在"课程内容的稳定和发展的过程中,应该努力处理好课程内容现代化与学生的接受能力、教师水平之间的关系。"[30]。当今时代,需要的是全能型人才,所以数学学科在自身内容完整的基础上,"应注重数学知识与各学科的联系,使学生在学数学的同时,联系其他学科的知识与方法,扩大自身的知识面,感受数学的广泛应用性,培养逻辑思维能力的同时培养学生的动手操作能力"[1]。

新中国成立以来,人民教育出版社先后出版的全国通用教材中,内容从单一到综合,呈现方式从问题情境—知识点—例题—习题巩固,至最后的动手实践,同时以鲜丽色彩展示,激发学生的学习兴趣,这些都符合学生的认知规律及身心发展规律。

从教材的改革过程可以看出,课程教材改革是一个学术问题,应建立科学的改革模式,要有理论性的学术研究和实践性的实验,这样编写的教材才能经得起历史的考验。

(三) 教材改革要适宜适度,且注重与实际生活的联系

教材需要稳定的发展,要注意吸取上一次改革的不足与优势,为下一次改革提供经验。在教材发展的历史中,有些教材改动过大,过不了多久就夭折了。当今社会不断发展,知识更新加快,小学生在成长的过程中接受新知识的途径不断增多,课程如果长时间不改革,便不能满足社会对数学教育的需要,也不能激起学生学习数学的兴趣。现行的教科书具有科学性、实践性、可读性。但是不能因为这些特点而忽视其系统性及其与生活的联系,要不断调整教材,使教材的改革与时俱进,充分发挥数学在解决实际问题中的作用,彰显数学的应用价值。

参考文献

[1] 中共中央文献研究室. 建国以来重要文献选编(第一册)[M]. 中国文献出版社, 2011 (6): 74-76.

[2] 新中国教育行政管理五十年[M]. 北京: 人民教育出版社, 1999.

[3] 王权. 中国小学数学教学史[M]. 济南: 山东教育出版社, 1996 (8): 278.

[4] 课程教材研究所. 新中国中小学教材建设史 1949—2000 研究丛书·数学卷[M]. 北京: 人民教育出版社, 2010 (10): 16.

[5] 方晓东,李玉非,毕诚等. 中华人民共和国教育史纲[M]. 海口: 海南出版社, 2002 (3): 71.

[6] 吕世虎. 20世纪中国中学数学课程发展（1950—2000）[J]. 数学通报, 2007 (7): 1-4.

[7] 课程教材研究所. 20世纪中国中小学课程标准·教学大纲汇编[G]. 北京: 人民教育出版社, 2001.

[8] 中共中央党校理论研究室. 历史的丰碑: 中华人民共和国国史全鉴·教育卷[M]. 中共中央文献出版社, 2005 (1): 76-77.

[9] 中华人民共和国教育部办公厅. 教育文献法令汇编（1958年）[G]. 中华人民共和国教育部, 1959 (5): 147.

[10] 莆田县城厢涵江实验小学. 介绍25件算术教具的制法和用法[J]. 福建教育（初等教育版）, 1960 (3): 26.

[11] 简单易制的算术教具[J]. 小学教育通讯, 1957 (73): 11.

[12] 黄继鲁. 小学算术教具箱[J]. 小学教育通讯, 1957 (87): 27.

[13] 郑祖心. 试论直观教具与运动分析器结合的教学方式对小学低年级学生掌握算术知识的作用[J]. 学术研究（广州）, 1963 (5): 27-31.

[14] 许淑珠. 直观教具在小学算术教学上的应用[J]. 福建教育（初等教育版）, 1960 (3): 25.

[15] 胡汉武. 在应用题教学中运用直观教具的初步体会——谈运用直观教具的适当性[J]. 安徽教育, 1957 (6): 24.

[16] 中央教育科学研究所. 中华人民共和国教育大事记（1949—1982）[M]. 教育科学出版社, 1984: 475.

[17] 课程教材研究所. 20世纪中国中小学课程标准·教学大纲汇编（课程（教学）计划卷）[G]. 北京: 人民教育出版社, 2001.

[18] 吕世虎. 中国中学数学课程史论[M]. 人民教育出版社, 2013.

[19] 李光树. 对义务教育数学课程目标的认识[J]. 课程·教材·教法, 2010 (11): 49-55.

[20] 喻文龙, 邓素文. 20世纪以来我国小学数学课程目标的演变与思考[J]. 北京教育学院学报: 自然科学版, 2012, 7 (2): 27-30.

[21] 刘久成. 60年我国小学数学课程目标的比较与分析[J]. 中小学教师培训, 2011 (4): 37-39.

[22] 中华人民共和国教育部. 义务教育数学课程标准（2011年版）[S]. 北京: 北京师范大学出版社, 2012.

[23] 魏佳. 20世纪中国小学数学教科书内容的改革与发展研究[D]. 西南大学, 2009.

[24] 叶蓓蓓, 吕世虎, 刘瑞娟. 新中国小学数学课程内容知识量的演变及其启示[J]. 课程·教材·教法, 2014 (12): 87-93.

[25] 刘瑞娟. 1949 年以来小学数学课程内容的发展变化及特点研究[D]. 西北师范大学，2014.

[26] 刘久成. 小学数学教材内容和结构改革六十年[J]. 课程·教材·教法，2012（1）：70-76.

[27] 霍得元，曹飞羽，李润泉，孙士仪，夏有霖. 初级小学算术课本第二册[M]. 北京：人民教育出版社，1952.

[28] 霍得元，曹飞羽，李润泉，孙士仪，夏有霖主编. 高级小学算术课本第七册[M]. 北京：人民教育出版社，1952：53.

[29] 卢江，杨刚. 义务教育课程标准实验教科书四年级下册[M]. 北京：人民教育出版社，2004：12.

[30] 王静. 中美小学数学课程内容比较研究——以上教版教材和 Houghton Mifflin 版教材为例[D]. 上海师范大学，2011.

[31] 吴立宝，曹一鸣，董连春. 澳大利亚初中 Heinemann 数学教科书编排结构特点及启示[J]. 数学教育学报，2013（5）：21-26.

第七章

20 世纪后半叶中学数学课程与教材的发展历程[①]

中学数学课程自 1949 年至今经历了 60 多年的发展历程。要梳理这 60 多年的发展历史，需要选择恰当的角度和线索，而这个角度和线索的选择与如何理解课程有关。

在我国，通常所说的课程是指为实现学校的培养目标而规定的教育内容及其范围和进程的总和，[1]即课程是有计划、有目的、有指导的教育内容。而有计划、有目的、有指导的教育内容是以课程计划（教学计划）、课程标准（教学大纲）和教材的形式体现的。因此，课程计划（教学计划）、课程标准（教学大纲）和教材是课程的主要形态。

美国学者古德莱德（J. I. Goodlad）从课程定义的层次上将课程分为五种类型。在他看来，人们谈论课程时，往往是指不同层次上的课程。他认为存在着五种层次的课程：理想的课程、正式的课程、领悟的课程、运作的课程、经验的课程。[2]理想的课程是指研究机构、学术团体和课程专家提出的课程。这个层次的课程是处于理论研究阶段的课程，它代表一个国家课程研究的理论水平。这种课程的影响取决于是否被官方所采纳。正式的课程是指教育行政部门制定颁布的课程，包括课程计划、课程标准（教学大纲）和教材，也就是列入学校课程表中的课程，也称官方课程。这个层次的课程具有法令意义，代表着一个国家的教育行政水准。领悟的课程是指教师所领会的课程，是由教师自己对正式课程的理解、解释和自己的主观愿望所决定的。运作的课程是指学校课堂上正在实施的课程，也称实践课程，体现为师生的教学活动。经验的课程是指学生实际体验到的课程，这是由学生从实施的课程中获得的东西和对这些获得的东西的看法构成的。

基于上述对课程的理解，本研究中的数学课程是指正式课程层面上的课程，即官方颁布的课程，包括课程计划、数学课程标准（数学教学大纲）和数学教材。这种对课程的理解符合我国的习惯和实际情况。因为，我国中小学课程在从清朝末年至今的百余年发展历程中，均采取中央集权制管理模式，即中小学的课程设置、课程目标、课程内容和教学要求等都是由中央政府统一制定，以中央教育主管部门名义颁布，作为全国中小学教育教学

---

① 吕世虎，西北师范大学教育学院；曹春艳，陕西学前师范学院教育科学学院。

的依据。因此，本研究将以数学课程标准（数学教学大纲）和数学教材（数学教科书，或称数学课本）的发展变化为线索，梳理中学数学课程60多年的发展历史。

数学课程标准（数学教学大纲）作为官方的课程文件，主要规定了课程目标、课程内容和课程内容组织安排等，数学教材是数学课程标准（数学教学大纲）的具体体现，集中反映了课程目标、课程内容和课程内容组织安排方面的要求。因此，本研究将从课程目标、课程内容和课程内容组织安排三个角度去分析中学数学课程发展变化的特点，并从这三个方面探讨对当今数学课程改革的一些启示。

20世纪后半叶，中学数学课程与教材的发展历程，根据其发展过程中呈现出的特点分为以下六个阶段：选择数学课程发展道路时期（1949—1957）、首次探索中国数学课程发展道路时期（1958—1961）、回归苏联数学课程模式时期（1961—1966）、数学课程发展遭遇挫折时期（1966—1976）、又一次探索中国数学课程发展道路时期（1977—1991）、尝试建立中国数学课程体系时期（1992—2000）。

一、选择数学课程发展道路时期（1949—1957）

1949年，中华人民共和国建立后，我国中学数学课程的发展面临着继承民国时期数学课程体系还是重新建立一套数学课程体系的选择。受当时政治形势的影响，在经历短暂的继承和改造民国时期数学课程的过渡阶段后，我国的数学课程走上了全面学习苏联数学课程的发展道路。

（一）继承和改造民国时期的中学数学课程

20世纪上半叶，我国中学数学课程经历了学习外国和探索本土化两个发展阶段，特别是1929—1949年，随着中学数学课程标准的颁布、多次修订和完善，我国已经有了比较系统的数学课程标准和根据课程标准编写的数学教科书，形成比较完善的民国时期数学课程。中华人民共和国建立之初，全国大部分地区仍然使用根据民国时期课程标准编写的数学教材。继承民国时期的数学课程是当时数学课程发展的一种选择，数学教育界也作了这方面的努力和尝试。

1949年10月1日，中央人民政府教育部成立。教育部从一些会议和学校的调查中了解到中学生负担过重，原因之一是数理化三科教材内容过多，编排不尽合理。为了解决这一问题，1950年2月10日，教育部召开普通中学数理化教材精简座谈会，讨论对教材进行精简的问题。座谈会推定傅种孙、程廷熙、魏群、韩桂丛、王景慧、刘从谦、周成杰、曹振山、钟善基、赵子琏、官恕、王明夏等12人根据精简原则，以流行的数学教科书为依据，起草《数学精简纲要》。1950年7月，教育部印发《数学精简纲要（草案）》（简称"纲要"），供全国各地教学参考。1950年12月1日，人民教育出版社正式成立。人民教育出版社成立后，根据教育部颁发的"纲要"，对民国时期的数学教材进行了改编，于1951年秋季开学前出版了一套十二年制学校中学数学精简课本（通称"精简本"）。教育部发文要求全国各大行政区中学数学教科书统一采用数学精简课本。这套精简课本是第一套全国通用的中学数学教材。

与此同时，教育部在1951年3月召开第一次全国中等教育工作会议前，组织有关方面人员（主要有北京师范大学教师，人民教育出版社编辑，北京市和河北省的一些中学教师共16人）参考"纲要"起草了"中学数学科课程标准"。该课程标准经教育部审阅后，作为草案，提交会议讨论。会议于3月19日至31日举行，会议讨论通过了《中学数学科课程标准草案》（简称"课程标准草案"）。"课程标准草案"主要是依据民国时期的课程标准和"纲要"中的精简要求起草的，是对民国时期数学课程的继承和发展。全国中等教育工作会议结束后，原起草人根据会议代表的意见，对"课程标准草案"作了修改，然后报送教育部。就在那时，教育部决定要全面学习苏联经验。对于中学数学，提出要以苏联十年制学校数学教学大纲为蓝本制定中学数学教学大纲，以苏联十年制学校数学课本为蓝本编写中学数学课本。因此，"课程标准草案"未能正式施行。继承民国时期数学课程的选择最终没有实现。

（二）全面学习苏联的中学数学课程

1952年下半年起，受主动"一边倒"政策的导向，在学习苏联的教育经验方面，已经从新中国成立初期的"借助""借鉴"到1952年后的"全面""系统"地学习，以至于提出"学习苏联先进经验，先照搬过来，然后再中国化"。[3]32中学数学课程从此走上了全面学习苏联的道路。

人民教育出版社根据教育部提出的"以苏联的中学教科书为蓝本，编写适合中国需要的新教科书"的编辑方针，于1952年和1953年间，出版了一套十二年制学校中学数学编译课本（简称"编译本"），用来替换精简本。这套课本是苏联中学数学课本的编译本，先是由东北地区编译出版的。东北人民政府教育部于1949年根据苏联中学课本翻译出版初中数学课本，1950年起在东北各地中学使用。1950年继续翻译高中数学课本，在翻译过程中，为了适合我国的情况，对个别内容作了必要的修改，所以叫做编译。编译出的初中算术、代数、平面几何、高中代数、平面几何、立体几何、平面三角课本，都是由东北人民出版社正式出版的。编译本的习题很少，有的没有，另有习题集。为了发行的便利，人民教育出版社出版这套编译本时，把习题集附订在课本后面。这套编译课本是第二套全国使用的中学数学教材。

1952年7月，教育部成立中小学各学科教学大纲起草委员会，领导起草各科教学大纲。委员会下设各学科组，中学数学组由12人组成。对于中学数学教学大纲，委员会提出：要学习苏联先进经验，以苏联十年制学校最新的中学数学教学大纲为蓝本，编写我国的中学数学教学大纲，对苏联大纲的内容和体系一般不作大的改动，只对完全不适合我国情况的内容作必要的修改和补充，先搬过来，然后中国化。该大纲经教育部审阅，交人民教育出版社正式出版（1952年12月初版）（简称"52大纲"）。

"52 大纲"由说明和大纲两部分组成。说明部分包括总说明和分科说明。总说明部分陈述了中学数学教学的目的、教学的原则等；分科说明陈述了各科的教学目的、定位、教学方法、教学内容深度的把握等。大纲部分按年级分别陈述了各科教学的内容要目、课时数等。[4]355-375 "52 大纲"关注基础知识和技能训练，强调数学内容的系统性和逻辑性，采用直线式展开课程内容，体现了当时苏联数学课程的风格。"52 大纲"在 1954 年、1956 年作过两次修订，但其结构和内容基本没有发生变化。所以，"52 大纲"实际上是此后一段时期中学数学教材编写和学校教学的依据。

由于人民教育出版社出版的"编译本"初版，除高中立体几何（1953 年初版）是根据"52 大纲"编写外，其余都是在"52 大纲"颁发之前出版的，都没有参考"52 大纲"。教育部颁发"52 大纲"后，在教学中，出现了使用的课本与"52 大纲"不一致的问题。针对这些问题，1954 年下半年，人民教育出版社着手编写新的课本。编写新课本时，人民教育出版社根据"52 大纲"，参考苏联中学数学课本和习题本，同时吸取编辑精简本、编译本的经验教训，于 1954 年至 1957 年期间，编辑出版了一套十二年制学校中学数学改编课本（简称"改编本"）。教育部于 1955 年至 1959 年期间，发文规定用这套改编课本替换前一套编译课本。这套改编课本是第三套全国使用的中学数学教材。

总之，这一时期，形成了全国统一的数学教学大纲和数学教科书。使用的中学数学教学大纲是根据苏联中学数学教学大纲翻译的，使用的数学教科书（"编译本""改编本"）是根据中学数学教学大纲和苏联中学数学教材编译或改编的。大纲和教科书重视基础知识和基本技能，注意内容的科学性、系统性和思想性，内容比较精简，编排上注意兼顾学科的系统性和学生的接受能力，学生的学习成绩普遍有提高。但是，由于生搬硬套苏联的教学大纲和教材，将苏联十年制课程用于我国的十二年制，特别是中学取消了统计、概率、行列式、解析几何等内容，导致中学数学教学内容知识面窄、内容少、程度低，不能满足学生毕业后进一步学习和参加社会生活的需要。

二、首次探索中国数学课程发展道路时期（1958—1961）

1958 年起，我国的教育试图突破苏联教育经验的局限，走中国自己的发展之路。这一时期虽然短暂，其中也有不少冒进之举，但产生了一些"原创性"的想法和课程改革实践，为之后中国数学课程的发展奠定了基础。

（一）反思学习苏联数学课程出现的弊端，调整数学课程内容

1958 年，为了纠正学习苏联经验过程中的严重教条主义，解决中小学数学教材知识面窄、内容少、程度低的问题，教育部决定调整中小学数学的课程和教学内容。1959 年上半年，教育部决定召开全国性的"中小学数学教学座谈会"，研究调整中小学数学的课程和教学内容，修订教学大纲和编写通用教材的问题。教育部组织人员（主要是人民教育出版社的人员）筹备座谈会并起草《关于修订中小学数学教学大纲和编写中小学数学通用

教材的意见》的文件。筹备工作人员在起草该文件的过程中，作了广泛的调查研究和专题研究。调查研究主要有：到工厂、农村、大学、中专、中学、小学调查不同人员对数学的需求和对数学教科书的意见；对我国 1912 年至 1956 年间颁布的代表性课程标准和教学大纲的比较研究；对新中国成立前后，中国与东欧一些国家数学课程设置与教学内容的比较研究。专题研究主要有三个方面：中学数学教学目的，中学数学教学的要求和基本内容，中学数学教材的调整和增加内容的过渡。在这些研究的基础上起草了文件草稿，提交于 1959 年 11 月在北京召开的中小学数学教学座谈会上讨论。座谈会后，教育部根据代表们的意见，修改了文件，并于 1960 年 1 月向国务院文教办呈报《关于修订中小学数学教学大纲和编写中小学数学通用教材的请示报告》（简称《请示报告》）。后经国务院文教办正式批准，成为这一时期指导中学数学教材编写和教学的重要文件。

《请示报告》提出的课程内容调整和过渡方案是：1961 年暑假前将初中算术完全下放到小学，1962 年暑假前高中的平面几何和高中代数的一元二次方程下放到初中，1962 年秋季高中增设平面解析几何。[4]426-429

人民教育出版社根据《请示报告》编辑出版了一套十二年制中学数学课本（暂用本），供新课本编出之前的过渡期使用。这套暂用课本的初中代数、高中代数是对"编译课本"进行改编、修订或重新分册而成的。初中平面几何、高中立体几何和高中平面解析几何是新编的，高中平面三角仍然用原"改编本"。这套暂用课本，从 1959 年秋季开始一直使用到 1966 年"文化大革命"开始，是第四套全国通用中学数学教材。

（二）试验学制改革和数学教育现代化方案

1959 年 5 月 24 日，中共中央、国务院发布《关于试验改革学制的规定》，规定：各省、市、自治区应当有领导、有计划地指定个别小学、普通中学进行改革学制的试验。到 1960 年 3 月，各地试验的学制形式有：中学四年制，中学五年一贯制，中学三二制，中学四二制，中小学五四二制，中小学九二制，高中两年制分科，高中三年制分科，初中两年制，中小学十年一贯制，中小学九年一贯制，中小学七年一贯制，等等。[5]

在"鼓足干劲，力争上游，多快好省地建设社会主义"总路线、"教育大革命""大跃进"和学制改革试验的形势下，数学教育领域也提出了贯彻"多快好省"精神的数学教育现代化方案和相应的数学课程改革方案。

1959 年底，中宣部科学处向北京师范大学、中科院数学研究所、人民教育出版社等单位的数学和数学教育工作者布置了改革数学教育的任务，主要指导思想是实现数学教学现代化，并指定北京师范大学尽快提出方案。北京师范大学数学系中小学数学教育改革研究小组的师生于 1960 年初进行了广泛的调查研究：走访了工厂、企业、学校、科研单位以及生产部门的设计院等，了解他们对数学的需求；和数学界一些前辈学者们座谈；查阅国内外有关中学数学教育的资料；分析数学教学的现状和存在的问题。在此基础上，于 1960 年 2 月提出了《九年一贯制（全日制）学校数学教学改革草案（初稿）》（也称《中小学数学教育现代化方案》)。该方案是九年一贯制方案，设置了五门课程：代数（包括当时小学的算术，初中代数及平面几何内容，从一年级到六年级学完）；初等函数（包括当时高中代数、三角、平面解析几何，从六年级到八年级学完）；微积分（包括极限、微分、积分、一阶常微分方程，在九年级学完）；概率论与数理统计（在九年级学完）；制图（包括平面几何、立体几何的部分内容，基本作图、三视图、立体图，从七年级到九年级学完）。[6]这一方案的基本精神是以函数为纲，数形结合，概念与计算相结合，以代数代替算术，以函数统率代数，突出分析，打破欧氏几何体系，把必要的图形知识穿插在代数、制图等教材中，使中小学数学内容现代化。人民教育出版社数学编辑室也提出了《对于改革中小学数学教材的初步意见》。该方案中，小学五年学完全部算术，并引入代数；中学五年内学完原中学代数、几何、三角，并增设解析几何和微积分。[3]122-124

这一时期，全国试验新学制的学校（中学）有 3 400 多所，约占当时中学总数的 18%。[5]各地也编出了一些数学实验教材，其中比较有影响的是北京师范大学根据数学教育现代化方案编写的"中小学九年一贯制试用课本"。这套教材包括《代数》10 册，《初等函数》1 册，《微积分学》1 册，《概率论与数理统计》1 册，《制图学》1 册。该教材首先在 1960 年 3 月 8 日建立的北京景山学校各年级同时开展试验（北京景山学校是专门为试验学制改革和教学改革而成立的实验学校）。试验半年后，发现难以完成预定任务，又修改为十年制课本。这套教材的编者署名为"北京师范大学数学系普通教育改革小组"，由人民教育出版社于 1960 年出版。

1960 年 10 月，为了适应学制改革的需要，教育部决定组织力量编辑一套十年制新教材，并向中央文教小组报送了《关于适应教学改革，改编教材的报告》。教育部组织成立了中小学教材编审领导小组，下设各学科编辑组和编审组，编辑组负责教材编辑工作，编审组负责教材审查工作。教育部从许多省市和大学借调一批优秀教师参加编辑工作，还聘请华罗庚、关肇直、丁尔陞 3 位专家为中小学数学教材顾问。数学编辑组就教学目的、教材内容、教材体系等问题做了专题研究，尤其是对"是否增加平面解析几何""课程内容采用分科还是综合"等争论较大的一些问题进行了深入讨论。在此基础上，起草了《十年制学校数学教材的编辑方案（草稿）》（简称"编辑方案"）[4]430-433。"编辑方案"确定后，数学编辑组根据该方案立即开始突击编写全套十年制学校数学课本。1961 年上半年完成了全套课本的初稿。这套课本中的中学数学课本包括《初中代数》3 册，《初中平面几何》2 册，《高中代数》2 册，《高中立体几何》1 册。其中，《初中代数》和《高中代数》是新编的，《初中平面几何》和《高中立体几何》沿用"暂用本"。人民教育出版社自 1961 年开始出版这套十年制学校试用课本，1961 年秋季开始试用，1963 年秋季进行过一次调整。调整后的十年制课本一直用到 1966 年。这套十年制课本是第五套全国通用中学数学教材。

总之，这一时期，中国在经历学习并扬弃民国时期和苏联的数学课程之后，首次开始探索自己的数学课程发展道路。其间，经历了"教育事业管理权限下放""教育大跃进"

和"教育大革命"的波折,各地不同程度地进行了学制试验和自编教材试验,打破了全国大一统的局面。在数学课程设置上,将初中算术完全下放到小学,高中平面几何完全下放到初中,改变了几十年传统的数学课程设置方法。高中开设了平面解析几何,还增加了有关概率初步、行列式、画图、测量方面的内容,使数学课程的水平基本恢复到新中国成立前的水平。特别是,数学教育现代化方案及其试验中,第一次对我国数学课程的内容体系进行了探讨,提出了新的设想并进行了试验,提出的"函数为纲,数形结合,概念与计算结合"的处理数学课程内容的思想在我国属于首创。在数学课程内容更新、体系建构、实施改革等方面取得了丰硕的成果,形成的一些思想和改革实践对其后数学课程的发展产生了重要影响。

三、回归苏联数学课程模式时期(1961—1966)

1961年起,数学教育界对学制改革和数学教育现代化进行反思。在借鉴民国时期的数学课程和苏联的数学课程以及对国内外数学课程比较研究的基础上,教育部制定了新的数学教学大纲,强化了基础知识和基本训练的要求,数学课程回归苏联课程模式。

(一)借鉴民国和苏联数学课程,回归基础知识和基本训练

1960年下半年,在"大跃进"环境下进行的"教育大革命"给教育带来的危害已经明显暴露出来。1961年2月,教育部召开普通教育新学制学校座谈会。会议指出,学制试验面不宜过大,要求只试验十年制达到十二年制水平,不再搞九年一贯制试验。1961年,中央文教小组指示,在总结过去编教材的经验的基础上,重新编写一套质量较好的全日制十二年制中小学教材。根据这一指示,教育部从1961年6月开始进行准备工作,由人民教育出版社具体承担这项任务。人民教育出版社数学编辑室查阅了古今中外的资料,对新中国成立后与成立前以及国外(包括苏联、民主德国、美国、日本等)的中小学数学课程与教学情况作了比较研究。在此基础上,于1961年10月草拟出《全日制中小学数学教学大纲(草案)》(供征求意见用)。该教学大纲征求意见稿发出后,收到了许多书面反馈意见。教育部在北京召开了一些座谈会,并派调查组到一些省进行调查研究,征求教师和科研人员的意见,对各方面的意见进行了专题研究。

1963年,人民教育出版社根据中共中央1963年3月颁发的《全日制中学暂行工作条例(草案)》(即"中教五十条")[7]282-291和教育部1963年7月发布的《关于实行全日制中小学新教学计划(草案)的通知》[7]292-299以及此前所做的比较研究与专题研究的结果,在教学大纲征求意见稿的基础上,起草了《全日制中学数学教学大纲(草案)》(简称"63大纲")。经教育部审查、修改、批准后,以教育部名义颁布施行。

"63大纲"与"52大纲"风格基本一致。"63大纲"的内容包括教学目的和要求、教学内容、教学内容的安排、教学中应注意的几点、各科的教学要求和教学内容等五部分。在教学目的和要求中,提出了"培养学生正确而且迅速的计算能力、逻辑思维能力和空间

想象能力"。这是我国数学教学大纲的教学目的中第一次明确提出"三大能力"的要求。在教学中应注意的几点中,提出"要讲清概念、法则、定理、公式以及解题、证题的方法和步骤;突出重点,抓住关键,解决难点;加强联系,培养学生正确而且迅速的计算能力、逻辑思维能力和空间想象能力;适当地联系实际"。对于联系实际,大纲指出:"适当地联系实际,更不要勉强联系实际,以致削弱基础知识的学习"。[4]434-452

(二) 试验和修订新十二年制数学课程

人民教育出版社于1961年10月草拟出《全日制中小学数学教学大纲(草案)》(供征求意见用)后,根据领导的指示,从1962年起,就据此开始编写全日制十二年制中小学数学课本(通称"新十二年制课本")。这套课本在编写过程中,先编写出初稿,作为"试教本"铅印,然后在北京景山、丰盛、二龙路等学校和全国其他省市的一些学校试教,同时送给一些省市征求教师的意见。根据试教中发现的问题和各省市提出的修改意见进行修改后,正式出版。这套课本从1963年起陆续出版,包括《初中代数》4册,《初中平面几何》2册,《高中立体几何》1册,《高中平面三角》1册,《高中代数》1册,《高中平面解析几何》1册。这套课本,从1963年秋季开始使用,一直使用到1966年"文化大革命"开始。这套新十二年制课本,是第六套全国通用中学数学教材。

这套课本正式使用不到1年,一些地区和学校就反映内容深、分量重,学生负担重。教育部随即指示人民教育出版社对课本进行修改,并于1964年5月发布《关于精简中小学各科教材的通知》,要求各地按照《通知》的要求使用现行课本。1964年春,教育部指示人民教育出版社对新十二年制课本进行修改。修改本到1965年已全部完成。不久,"文化大革命"就开始了。人民教育出版社只以"未定稿"名义出版了初中代数上、下册和高中平面解析几何,其他都没有正式出版。所以,"修改本"并没有在教学中实际使用。

总之,这一时期,在对数学课程改革中提出的一些问题进行探讨和研究后,最终形成了作为这一时期数学课程改革重要成果的"63大纲"。其中,提出了培养"三大能力"的数学教学目标。"63大纲"文本的结构为今后大纲的表述提供了范例。从"63大纲"的研制过程和据此编写教材的过程中可以看出,数学课程的研制程序比较科学、规范,积累了数学课程建设的经验。

四、数学课程发展遭遇挫折时期(1966—1976)

1966年5月开始至1976年10月结束的"文化大革命"期间,数学课程的发展遭遇挫折。这一时期,全国统一的数学课程消亡。全国没有统一的教学计划和教学大纲,"文化大革命"之前的数学教科书一律停止使用,数学被作为工农业基础知识开设,各地曾自编了一些数学教材。后来,一些省、自治区、直辖市在自编教科书的基础上协作编写教科书。

这一时期的数学教科书由各地自编或自选,所编教科书基本上是对以往教科书内容的选编或汇编。在教学内容的编排上，前期，采用混编的较多，后期采用混编与分科并存。各地所编教科书，大体有三种类型：精简型，实用型，中间型。精简型，即将1963年前的教科书加以精简并增加一些应用的内容。这样的教科书在"文化大革命"后期使用较多。实用型，即城市以联系工业生产的计算、绘图、测量等为主，农村以珠算、会计、测量等为主。例如，1968年上海市中小学教材编写组编写的教科书内容强调突出政治，片面强调实用性，削弱了基础知识。中间型，即介于以上两者之间。例如，1970年山东省中小学教材编写组按照"基本、有用、能学"的方针编写的山东省中学试用课本《数学》（4册），在教科书中间夹杂介绍一些"农业会计常识"等内容。从全国来看，采用这种方式编写的数学教科书居多。

五、又一次探索中国数学课程发展道路时期（1977—1991）

1976年10月，"文化大革命"结束，全国进入了全面整顿时期。教育领域，开始整顿恢复教学秩序，展开教育本质问题的讨论，根据"调整、改革、整顿、提高"八字方针开展以提高质量为中心的教育改革。

（一）试验统一的综合数学课程

1977年9月，教育部决定以全国中小学教材编写工作会议的形式编写中小学教材。为了充实中小学数学编辑力量，一方面将分配到各地的人教社编辑人员调回，另一方面从全国一些省市借调了16人，组建中小学数学编写组。教育部还聘请苏步青、关肇直、段学复、江泽涵、吴文俊、杨乐、张广厚、丁尔陞等8位专家担任中小学数学教材顾问。中小学数学编写组的任务，一是起草"全日制十年制中学、小学数学教学大纲"，二是编写全日制十年制中学和小学数学教材。

中小学数学编写组于1977年9月开始起草中小学数学教学大纲。起草过程中，编写组对日本、美国、英国、法国等国的中小学数学教材和教学大纲进行了分析和研究。年底，写出了中小学数学教学大纲征求意见稿。数学编写组将征求意见稿分送各省市自治区教育行政部门和教研部门、师范院校以及专家、顾问、教师等处征求意见，同时，派人到各地听取意见。当时，对大纲征求意见稿的意见主要集中在数学课程内容现代化和内容安排方面。关于数学课程内容现代化主要有两种意见：一种意见认为，数学教材必须现代化，增加现代数学教学内容，使学生尽早接触并逐步了解现代数学的基础知识；另一种意见认为，中学的任务在于为学生打好牢固的基础，现在的师资条件难以完成教学任务，暂时不必增加新内容。关于数学课程内容安排有两种意见：一种意见赞同代数、几何、三角不分科，把它们综合成为一门数学课；另一种意见认为，代数、几何、三角的研究对象、方法、教学要求各不相同，综合成一门数学课，学生容易忘记，不利于教师集中备课，建议分科并进。编写组对一些重要意见做了研究，提出：根据"精简、增加、渗透"的原则确定内容以实现数学课程内容的现代化，对于数学课程内容采用综合编排的方式。1978

年 1 月，中小学数学编写组完成了中小学数学教学大纲的起草工作。1978 年 2 月，教育部颁布《全日制十年制学校中学数学教学大纲（试行草案）》（简称"78 大纲"），并于当年秋季在全国试行。

"78 大纲"的内容包括教学目的，教学内容的确定，教学内容的安排，教学中应注意的几点，教学要求和教学内容 5 部分（与"63 大纲"基本一致）。该大纲阐述了确定数学教学内容和实现数学教学内容现代化的"精简、增加、渗透"六字方针：精简传统的中学数学内容，增加微积分以及概率统计、逻辑代数等的初步知识，渗透集合、对应等现代数学思想。并提出课程内容混合编排：数学课程不再分科，把"精选出来的代数、几何、三角等内容和新增加的微积分等内容综合成一门数学课"。[4]453-466

中小学数学编写组在起草大纲的同时，开始编写"全日制十年制中学数学教材"，到 1980 年 4 月完成整套教材的编写。这套教材包括初中数学课本 6 册，高中数学课本 4 册。这套十年制课本是第七套全国通用中学数学教材。

这套教材，在内容上有较大的变化：删去了传统数学教材中的一些作用不大的细节性内容；增加了许多学习现代技术必需的基础知识，如概率统计、逻辑代数等；还渗透了不少现代数学的基本概念、基本内容，如集合、对应、微积分等。根据把"精选出来的代数、几何、三角等内容和新增加的微积分等内容综合成一门数学课"的原则，教材采用混合编排。

（二）试验有选择性的分科数学课程

1980 年 12 月，中共中央、国务院在颁发的《关于普通中小学教育若干问题的决定》中提出：中小学学制，准备逐步改为十二年制。1981 年 4 月 17 日，教育部颁发了《全日制六年制重点中学教学计划试行草案》。规定：中学学制定为 6 年（初、高中各 3 年），各地应从实际条件出发，结合中等教育的调整和结构改革，做出具体规划，有计划地由五年制向六年制过渡，争取在 1985 年前把中学学制改为 6 年。1982 年，人民教育出版社根据《全日制六年制重点中学教学计划试行草案》制订了《全日制六年制重点中学使用的数学教学大纲（征求意见稿）》（简称"82 大纲"），作为编写供全国全日制六年制重点中学使用的数学教材的依据（该大纲并未以教育部名义颁发）。"82 大纲"中，高中阶段按三种不同的类型设置课程内容：第一种类型为单科性选修，第二种类型为侧重文科的选修，第三种为侧重理科的选修。人民教育出版社据此大纲编写了六年制重点中学数学课本。这套课本包括《初级中学课本代数》4 册，《初级中学课本几何》2 册，《六年制重点中学高中数学课本代数》3 册，《代数与几何》2 册，《立体几何》1 册，《解析几何》1 册，《微积分初步》1 册。其中，初中数学课本，供重点中学和一般中学的初级中学使用，1983 年秋季开始供应。高中数学课本是第一套专门供重点高中使用的数学教材，自 1982 年秋季开始供应。这套重点高中数学课本是第八套全国通用中学数学教材。

根据"78 大纲"编写的十年制中学数学教材在使用过程中反映出内容难、要求高，学生负担过重、分化较大、及格率偏低等问题，教育部决定调整高中数学的教学内容，实行两种教学要求，并于 1983 年 11 月发布《高中数学教学纲要（草案）》，其中规定了"基本要求"和"较高要求"两种要求的教学内容。[4]515-520 基本要求的课本称为"乙种本"，较高要求的课本称为"甲种本"。人民教育出版社数学编辑室根据《高中数学教学纲要（草案）》，对高中数学教材进行了调整：新编了基本要求的《高级中学课本代数（乙种本）》上下册、《立体几何（乙种本）》全一册、《平面解析几何（乙种本）》全一册；将原六年制重点中学供理科学习用（第三种类型）的高中数学课本改编为《高级中学课本代数（甲种本）》第一至三册、《立体几何（甲种本）》全一册，《平面解析几何（甲种本）》全一册、《微积分初步（甲种本）》。这套两种要求的高级中学数学课本是第九套全国通用高中数学教材，自 1984 年秋季开始使用。

（三）实行统一的分科数学课程

1985 年 5 月，中共中央发布《关于教育体制改革的决定》。1985 年 6 月，第六届人大常委会决定设立国家教育委员会，撤消教育部。1986 年 9 月，国家教育委员会在北京召开全国中小学教材审定委员会成立大会，决定改革中国的教材编写制度，实行由国家教委颁布教学大纲，鼓励各地因地制宜，自编教材，最后由审定委员会审定的原则。会议确定了中小学教材改革和建设的基本步骤：第一步是 1990 年以前，在对现行课程设置和主要内容及体系不做大的变动的前提下，修订现行教学大纲。大纲审定通过后，作为这一阶段教学、考试、教学质量评估和修订教材的依据。第二步是制定新的九年义务教育的教学计划和教学大纲，根据新大纲，组织编写各科教材和教学用书，经过试用、修改，供 1990 年后使用。同时研究制定高中阶段的教学计划和教学大纲。根据这个步骤，国家教委提出按照"适当降低教学内容的难度，减轻学生的学习负担，教学要求要明确具体"的原则，修改审查现行教学大纲。数学教学大纲主要是根据教育部此前对中学数学教学要求所做的调整以及 1981 年以来中学数学教材的变化情况，对"78 大纲"进行了修订，制定了《全日制中学数学教学大纲》。1986 年 11 月，这个大纲经审定委员会审定通过。1987 年 2 月国家教委颁布《全日制中学数学教学大纲》（简称"87 大纲"），作为 1990 年以前的过渡性大纲使用。

"87 大纲"的文本结构与"78 大纲"完全一样。该大纲阐述了选择数学教学内容的原则：精简传统的中学数学内容；在初中阶段，增加统计的初步知识，在高中阶段增加极限的简单应用和概率的初步知识作为选学内容；适当渗透集合、对应等数学思想。对于中学数学内容，按分科编排。[4]526-552

（四）探索中学数学课程内容新体系

1978 年，正当教育部组织编写中小学新教材时，美国加州大学伯克利分校项武义教授于 1978 年 7 月回国讲学。在看了当时的数学教学大纲和教材以后，当国务院副总理康世恩和教育部长蒋南翔会见他时，他提出了一个"关于中学数学实验教材的设想"，并希望在国内组织一些力量与他合作编写一套中学数学实验教材。康世恩很重视他的这个想法，请蒋南翔组织、落实这项实验研究。

1978年11月，教育部委托北京师范大学、中国科学院数学研究所、人民教育出版社、北京师范学院、北京景山学校五个单位组成领导小组，由北京师范大学牵头，组织五个单位及全国中小学教材工作会议数学编写组的有关人员组成了"中学数学实验教材编写组"，根据项武义的设想，从1978年11月开始编写教材。1979年7月教材陆续完稿，印成试教本。1979年7月教育部发布了《关于组织中学数学实验教材的实验工作的通知》，成立教育部实验研究组，并要求有关省市教育局也要成立实验研究组。在教育部实验研究组和有关省市实验研究组的指导下，该套教材自1979年9月起在全国一些学校进行实验。在实验过程中，编写组吸收了实验学校老师们的经验和意见，对试教本进行修改，形成了一套《中学数学实验教材》。该教材初版是由北京师范大学出版社出版的，自1981年到1986年陆续出全了初中6册、高中6册数学教材。初版教材使用6年后，对初中6册做了修改，由人民教育出版社1987年出版。1989年《中学数学实验教材》通过了全国中小学教材审定委员会审查，推荐在师资水平高、学生基础好的学校或班级试用。

《中学数学实验教材》对中学数学的内容体系作了新的探索和尝试。项武义提出编写《中学数学实验教材》的指导思想是："精简实用，返璞归真，深入浅出，顺理成章"。"精简实用"就是把实际中广泛多样的事物、现象，经过分析综合，归结出简单而又具有普遍性的道理，也就是真正具有普遍性、简明扼要的理论。只有理论达到精而简的层次，才能再用回到实际，以简驭繁。对于教材的取材来说，教材中的理论要由实际问题开始，逐步精简而得，而且要随时讲清如何以理论之简去统驭实际之繁。"返璞归真"就是要抓住最基本的思想和最本质的原理与方法，即要抓住通性、通法，着重于教学生基础数学的本质，而不拘泥于抽象的形式。"深入浅出"是指要达到应有的深度，要突出枢纽性的基础理论，通过掌握那些枢纽性的基础理论达到把握整体，融会贯通。对于教材的处理来说，就是要用易于学生接受的形式引导学生去掌握枢纽性的基础理论，占领制高点，才能居高临下，一目了然。"顺理成章"是指按照历史发展的程序和人类认识的自然演进顺序来处理数学题材。[8]实验教材主要从代数学、几何学、分析学三个学科中选择内容，采取代数、几何、分析分科，初中、高中循环安排的体系。

总之，在这一时期，针对"文化大革命"期间数学课程内容与要求太低的状况以及国家建设四个现代化的需要，教育部又一次提出了数学课程内容现代化的问题，对数学课程的内容、选择性、编排方式等进行了探索和实践。在"78大纲"中，根据"精简、增加、渗透"的原则选择课程内容，增加了许多现代化的数学课程内容，致使数学课程内容太难，与当时学生的基础和师资水平不相符合，一经实施就凸显出不适应的问题。之后的十几年，一直在围绕78年的课程进行减少内容、降低难度的调整，"87大纲"是这种调整结果的反映。从1982年开始，在高中尝试过分类型设置课程和两种不同要求的课程。但随着课程内容的调整，在"87大纲"中取消了分类设置课程和不同要求课程，只设置了一些用"＊"标记的选学内容。从1978年开始尝试的教材综合编排方式，由于教师不适应，也在实验过程中淡出，被分科编排方式所替代。

六、尝试建立中国数学课程体系时期（1992—2000）

（一）试验多元化义务教育数学课程

1986年，国家教委为了配合《义务教育法》的实施，制定了《义务教育全日制小学、初级中学教学计划（试行草案）》（以下简称《教学计划》），并委托人民教育出版社、上海市教育局、辽宁教育学院、北京师范大学数学系分别起草"九年制义务教育全日制初级中学数学教学大纲"草稿。国家教委于1992年8月正式颁布了《九年制义务教育全日制初级中学数学教学大纲（试用）》（以下简称"92大纲"）。

"92大纲"的结构与此前的"78大纲""87大纲"相比，除了将教学内容的确定与教学内容的安排合成一部分外，其余部分大致相同。特别地是，该大纲对教学目的中所用的名词"基础知识""基本技能""运算能力""逻辑思维能力""空间观念""解决简单实际问题""良好的个性品质"和"初步的辩证唯物主义观点"等都作了解释和说明。该大纲提供了"六三"与"五四"制两种选择。"六三"与"五四"制初中的教学内容在要求上基本相同，并且在初中阶段设置了带"＊"的选学内容。[4]604-626 "92大纲"在2000年作了修订。2000年3月教育部颁布了《九年义务教育初级中学数学教学大纲（试验修订版）》（简称"2000初中大纲"）。

教材编写方面，1988年8月，教育部提出用四五年时间逐步编写以下四种不同类型的教材：①达到九年制义务教育教学大纲的规定，面向全国大多数地区适合一般水平的学校使用的"六三"制教材；②达到九年制义务教育教学大纲的规定，面向全国大多数地区适合一般水平的学校使用的"五四"制教材；③适当高于九年制义务教育教学大纲的规定，面向经济文化比较发达的地区和办学条件较好的小学和初中选用的教材；④基本上达到九年制义务教育教学大纲的规定，面向经济文化基础比较薄弱的边远地区、农牧地区和山区，以及教学设备较差的学校使用的小学和初中教材。每个类型还可以编写不同风格、不同特色的教材，以上四种类型教材中，既可有成套的教材，也可有单科的教材。

当时全国九年制义务教育的教学大纲就有3种，并且编写出版了不同类型的教材，已经形成了"多纲多本"的局面。这些教材从试验性质来看，可以分为两类：①根据国家教委统一制定的教学大纲编写的教材，简称"一纲多本型"；②浙江和上海根据自定教学大纲（课程标准）编写的教材，简称"多纲多本型"。

"一纲多本型"教材主要有：人民教育出版社编写出版的"六三"制和"五四"制教材；北京师范大学编写，北京师范大学出版社出版的"五四"制教材；广东省教育厅和华南师范大学合作编写，广东教育出版社出版的"六三"制教材；四川省教委和西南师范大学合作编写，西南师范大学出版社出版的"六三"制教材；八所高师院校协作编写委员会编写，西南师范大学出版社出版的"六三"制教材；河北省教育科学研究所编写，河北教育出版社出版的面向农村小学的复式教学的教材。"多纲多本型"教材主要有：上海市教育局组织编写，上海教育出版社出版的面向发达地区城市的九年制中小学教材；浙江省教委组织编写，浙江教育出版社出版的面向农村为主的"五三"制和"六三"制教材。

除了上述 8 套教材中的初中数学教科书外，还有项武义发起的《中学数学实验教材》中的初中部分和初中数学自学辅导教材，也通过了全国中小学教材审定委员会的审查，作为义务教育阶段初中数学教材使用。

上述教材在实验区实验的基础上作了修改，经全国中小学教材审定委员会数学学科审查委员会审查通过，自 1993 年秋季开始陆续在全国使用。

（二）试验综合化高中数学课程

义务教育数学课程于 1993 年秋季在全国实施后，国家教委于 1993 年 10 月成立了普通高中新课程计划制定工作小组，起草《全日制普通高级中学课程计划（试验）》，并委托人民教育出版社负责起草与高中课程计划配套的教学大纲。人民教育出版社中学数学室吸收大、中学教师和中学教研人员一起参与了大纲起草工作。数学大纲的起草工作从 1994 年开始，到 1996 年形成初审稿，由国家教委以《全日制普通高级中学数学教学大纲（供试验用）》（以下简称"96 大纲"）的名称颁布。此大纲是与九年义务教育的"92 大纲"相衔接的高中数学教学大纲。

"96 大纲"与此前的"87 大纲"相比，在高中数学中增加了一些新内容。这些内容主要分布在简易逻辑、平面向量、概率统计初步知识和微积分初步知识中。对于高中立体几何提供了两种方案，一种是综合几何方法处理（大纲中的 9（A）），一种是向量几何方法处理（大纲中的 9（B））。该大纲中，高中数学课程含必修课程、限定选修课程和任意选修课程。必修课程在高中一、二年级开设。限定选修课在高中三年级开设，分为理科、文科和实科三种水平。大纲对高中数学课程内容要求实行混编，这在新中国成立后的数学课程中还是第一次。[4]632-645 经过三年试验之后，"96 大纲"在 2000 年作了修订。2000 年 3 月教育部颁布了《全日制普通高级中学数学教学大纲（试验修订版）》（简称"2000 高中大纲"）。

人民教育出版社依据"96 大纲"编写了《全日制普通高级中学教科书（试验本）数学》，一共有七册。其中第一、二册（都分成上、下分册）是必修课本，分别供高一、高二学习。高二下学期还分成第二册（下 A）与第二册（下 B）两种版本，分别对应大纲中的 9（A）、9（B）两种方案。第三册是限定选修课本，在高三学习，有理科限选和文科、实科限选两种版本。这套高中数学试验教材是第十套全国通用高中数学教材。

这套试验教材改变了以往将代数、立体几何、平面解析几何和微积分初步等分科编排的做法，将精选出的各种数学知识综合为一门数学课程。教材力求考虑数学内容各部分知识的逻辑性和系统性，按照知识系统和认知过程相结合的思想来安排教学顺序。这套教材自1997年秋季开始在天津、江西、山西两省一市进行试验，后来逐步在全国推广使用。2000年根据"2000高中大纲"对教材进行了修订，重新设计了装帧开本，但基本内容与结构未变。

总之，在这一时期，根据时代发展对人才素质提出的新要求，我国在数学课程的内容体系方面，又进行了一次新的探索和尝试。在义务教育阶段，试验了多元化的数学课程，制定了面向不同地区、不同要求的三种大纲，编写了"8套半"实验教材。从1993年起全国形成了"多纲多本"的教材多元化局面。义务教育初中数学的课程仍然采用分科编排的方式。从1997年起开始进行与义务教育数学课程相衔接的普通高中数学课程试验，高中数学课程实行全国统一大纲、统一教材，高中数学教材采取了综合编排方式。在这一时期，还成立了全国中小学教材审定委员会，由国家教委颁布教学大纲，鼓励各地自编教材，因地制宜，最后由审定委员会审定。所有这一切对数学课程体系新的探索和尝试，为此后新一轮基础教育课程改革奠定了基础，积累了经验。

参考文献

[1] 吕达. 课程史论[M]. 北京：人民教育出版社，1999：2.

[2] 施良方. 课程理论——课程的基础、原理与问题[M]. 北京：教育科学出版社，1996：9.

[3] 魏群，张月仙. 中国中学数学课程教材演变史料[M]. 北京：人民教育出版社，1996.

[4] 课程教材研究所. 20世纪中国中小学课程标准·教学大纲汇编（数学卷）[G]. 北京：人民教育出版社，2001.

[5] 毛礼锐，沈灌群. 中国教育通史（第六卷）[M]. 济南：山东教育出版社，1989：152.

[6] 游铭钧. 北京景山学校数学教学改革的理论和实践[M]. 北京：华夏出版社，1993：15-16.

[7] 课程教材研究所. 20世纪中国中小学课程标准·教学大纲汇编（课程（教学）计划卷）[G]. 北京：人民教育出版社，2001.

[8] 国家教委中学数学实验教材研究组. 改革实验研究——《中学数学实验教材》科学实验纪实[M]. 北京：人民教育出版社，1994：7.

第八章
21 世纪中学数学课程与教材的发展变化[①]

在 20 世纪末,我国启动了新一轮基础教育课程改革,初步建立了中国数学课程的体系。新一轮基础教育课程改革中的数学课程改革,与 1949 年以来的历次数学课程改革相比,在设计和实施层面都有新的突破。例如,以学生发展为本的课程目标取向,突出选择性的课程结构,综合化与模块化的课程组织形式,以主线统整课程内容的设计思路,对"双基"和"能力"的拓展等,都是数学课程设计层面创新的体现。

基础教育数学新课程的研制与实验分阶段进行,先进行义务教育数学新课程的研制与实验,接着进行高中数学新课程的研制与实验。

一、研制和实验义务教育数学新课程

(一)义务教育数学课程标准实验稿的研制过程

新一轮基础教育数学课程改革(简称"数学新课程")始于 1989 年。1989 年底,时任中国教育学会数学教学研究会理事长的人民教育出版社张孝达先生倡议开展"21 世纪中国数学教育展望"课题研究并得到一致同意。

"21 世纪中国数学教育展望"课题主要开展了五个方面的研究:一是思考中国数学课程的发展历程;二是反思中国数学教育的现状;三是了解当时国际数学课程发展的趋势;四是研究学生如何学习数学;五是寻找新的数学学习评价方式。

该课题的成果并没有停留在理论层面。从 1994 年到 1999 年,课题组中的一些年轻学者与当时的教育部课程教材中心合作,编写了一整套小学数学教材。该教材在北京市的几十所小学和吉林的一个县试用,不仅积累了教材编写的经验,也检验了"21 世纪中国数学教育展望"的理论。

"21 世纪中国数学教育展望"课题积淀下来的研究成果,对于 90 年代末的新一轮基础教育课程改革决策产生了一定的促进作用,也成为新一轮基础教育课程改革的先行研究。[1]

---

① 吕世虎,西北师范大学教育学院;曹春艳,陕西学前师范学院教育科学学院。

为了落实教育部《面向 21 世纪教育振兴行动计划》，建立现代化的基础教育课程体系，国家义务教育数学课程标准研制小组（以下简称"课标研制组"）于 1999 年 3 月成立，刘坚担任课标研制组组长。课标研制组成立后，形成了《义务教育阶段国家数学课程标准（征求意见稿）》（以下简称《标准（征求意见稿）》）。

课标研制组继续收集社会各界对《标准（征求意见稿）》的意见，召开了多次专题研讨会，对义务教育数学课程标准的框架结构、内容要求以及表述形式等作了细致的研讨，最终形成了《义务教育数学课程标准（实验稿）》（以下简称"2001 标准"）。该标准 2001 年 7 月由教育部颁布并在全国开展试验。

在"2001 标准"的研制过程中，课标研制组还对一些争议较大的问题进行了深入的研讨。例如，课程总目标的四个方面是否合适；如何保证基本的运算技能，包括口算要求的速度与准确度，竖式计算的速度与准确度，计算器何时引入，引入后何时使用，算术应用题的处理等；还有如何对平面几何内容进行选择、编排，包括如何认识欧氏几何的价值、对学生几何学习如何要求，如何体现不同的学生学习不同的数学，证明与图形的认识之间的关系，如何解释"形式化的证明"，探索与形式化证明的关系，等；"课题学习"领域与其他领域的关系、与算术应用题的关系等；"统计与概率"领域内容的容量、要求等；如何使评价建议具有可操作性等。通过对这些问题的研讨，"课标研制组"进一步明晰了数学课程的目标、结构、内容容量及其要求，这对形成"2001 标准"起到了重要作用。

（二）义务教育数学课程标准实验稿的内容

"2001 标准"包括四部分内容：前言、课程目标、内容标准、实施建议。"2001 标准"在"前言"部分，阐述了义务教育数学课程的基本理念和设计思路。"2001 标准"从课程、数学、学习、教学、评价、技术等六个方面阐述了数学课程的基本理念。在设计思路部分，整体考虑义务教育阶段九年的课程内容，根据儿童发展的生理、心理特征，将九年的学习时间划分为三个学段（1～3 年级为第一学段，4～6 年级为第二学段，7～9 年级为第三学段），统一规划和设计课程内容。同时对体现知识技能目标与过程性目标的行为动词进行了界定与说明，还对"数感""符号感""空间观念""统计观念""应用意识""推理能力"等核心概念的含义进行了解释。

"2001 标准"按照知识与技能、过程与方法、情感态度与价值观三个维度设计和表述课程目标。在课程目标部分，分层次表述了义务教育数学课程的总体目标和学段目标，各层次目标从知识与技能、数学思考、解决问题、情感态度价值观四个方面来具体阐述。例如，课程目标的总目标表述如下。

通过义务教育阶段的数学学习，学生能够：

• 获得适应未来社会生活和进一步发展所必需的重要数学知识（包括数学事实、数学活动经验）以及基本的数学思想方法和必要的应用技能；

• 初步学会运用数学的思维方式去观察、分析现实社会，去解决日常生活中和其他学

科学习中的问题,增强应用数学的意识;

• 体会数学与自然及人类社会的密切联系,了解数学的价值,增进对数学的理解和学好数学的信心;

• 具有初步的创新精神和实践能力,在情感态度和一般能力方面都能得到充分发展。

具体阐述如下:

知识与技能	经历将一些实际问题抽象为数与代数问题的过程,掌握数与代数的基础知识和基本技能,并能解决简单的问题。 经历探究物体与图形的形状、大小、位置关系和变换的过程,掌握空间与图形的基础知识和基本技能,并能解决简单的问题。 经历提出问题、收集和处理数据、作出决策和预测的过程,掌握统计与概率的基础知识和基本技能,并能解决简单的问题。
数学思考	经历运用数学符号和图形描述现实世界的过程,建立初步的数感和符号感,发展抽象思维。 丰富对现实空间及图形的认识,建立初步的空间观念,发展形象思维。 经历运用数据描述信息、作出推断的过程,发展统计观念。 经历观察、实验、猜想、证明等数学活动过程,发展合情推理能力和初步的演绎推理能力,能有条理地、清晰地阐述自己的观点。
解决问题	初步学会从数学的角度提出问题、理解问题,并能综合运用所学的知识和技能解决问题,发展应用意识。 形成解决问题的一些基本策略,体验解决问题策略的多样性,发展实践能力与创新精神。 学会与人合作,并能与他人交流思维的过程和结果。 初步形成评价与反思的意识。
情感与态度	能积极参与数学学习活动,对数学有好奇心与求知欲。 在数学学习活动中获得成功的体验,锻炼克服困难的意志,建立自信心。 初步认识数学与人类生活的密切联系及对人类历史发展的作用,体验数学活动充满着探索与创造,感受数学的严谨性以及数学结论的确定性。 形成实事求是的态度以及进行质疑和独立思考的习惯。

"2001标准"中强调知识与技能、数学思考、解决问题、情感态度价值观等四个方面的目标是一个密切联系的有机整体,对人的发展具有十分重要的作用。其中数学思考、解决问题、情感与态度的发展离不开知识与技能的学习,同时知识与技能的学习又必须以有利于其他目标的实现为前提。

在内容标准部分,采用"学段+领域"的表述方式,每个学段的内容都按四个学习领域展开,分别阐述了三个学段的学生在"数与代数""空间与图形""统计与概率""实践与综合应用"四个领域应实现的具体学习目标。学习目标用尽可能清晰的、便于理解与可操作的行为动词来描述。学习目标的陈述以学生为出发点,目标的行为主体是学生,而不是教师。四个领域的具体学习目标结构如表8-1所示。

表 8-1　义务教育数学课程内容结构表

	第一学段	第二学段	第三学段
数与代数	• 数的认识 • 数的运算 • 常见的量 • 探索规律	• 数的认识 • 数的运算 • 式与方程 • 探索规律	• 数与式 • 方程与不等式 • 函数
空间与图形	• 图形的认识 • 测量 • 图形与变换 • 图形与位置	• 图形的认识 • 测量 • 图形与变换 • 图形与位置	• 图形的认识 • 图形与变换 • 图形与坐标 • 图形与证明
统计与概率	• 数据统计活动初步 • 不确定现象	• 简单数据统计过程 • 可能性	• 统计概率
实践与综合应用	• 实践活动	• 综合应用	• 课题学习

"2001 标准"在数学课程的内容设计方面，新增加了统计与概率、实践与综合的内容，对于传统的代数、几何的内容采用了新的处理方式。从整体来看，几何、统计与概率的内容变化较大。

"2001 标准"对于第一、二学段的几何内容，增加了图形与变换、图形与位置的内容，加强了对立体图形认识的内容。第三学段的几何内容，增加了图形与变换、图形与坐标的内容，打破了以往欧几里得论证几何的体系，采用先实验几何后论证几何的处理方式；图形的认识部分主要采用直观几何的方式，探索发现几何图形的性质；图形与证明部分采用局部公理化来证明一些图形的性质。"2001 标准"对于传统几何内容进行了较大幅度的改革。降低形式化证明要求，强调空间和图形知识的现实背景，突出用"变换"和"坐标"的方式了解现实空间和处理几何问题；重视量与量的单位的实际意义，强调在测量过程中学会根据现实问题选择适合的测量工具，重视估测及其在现实生活中的应用，将视野拓宽到生活的空间，重视现实世界中几何的应用。"2001 标准"在强调空间和图形知识的现实背景基础之上，降低了对论证过程形式化和证明技巧的要求，删去了繁、难几何证明题的要求，把形式化证明的范围限制在三角形和四边形之内，并且具体列出了所有需要证明的命题，旨在通过这些证明让学生体会逻辑证明的意义和过程，掌握基本的证明方法。在学习方式上，"2001 标准"提倡通过自主探索，逐步认识简单图形的形状、大小和相互位置关系，初步认识一些特殊图形的特征及性质，学会运用测量、计算、实际操作、图形变换、代数化以及简单推理等手段，解释和处理一些简单的几何问题。在此过程中，发展学生的空间观念、几何直觉、图形设计以及推理的能力。因此，总体上来看"2001 标准"大大地加强和改善了几何教学的内容。

"2001 标准"对第一、二学段的"统计与概率"增加了不确定现象的认识、可能性的认识、中位数、众数等内容。在第三学段增加了概率的内容。三个学段的统计都要求学生经历数据处理的全过程,即收集数据、整理数据、分析数据、根据数据预测或推断的过程。统计与概率是本次数学课程标准增幅较大的内容,在以往的数学课程中,义务教育阶段没有概率的内容,只有简单的统计内容。

"2001标准"中新增设了"实践与综合"领域。目的是让学生在各个知识领域的学习过程中,有意识地体会数学与他们的生活经验、现实社会和其他学科的联系,以及数学知识的内在联系;通过综合运用数学知识、方法和各种联系实际的学习活动,发展学生的创新意识和实践能力,并逐步形成对数学的正确的态度。

为了体现数学课程的灵活性和选择性,"2001标准"并不规定内容的呈现顺序和形式,教材可以有多种编排方式。

"2001标准"的实施建议部分,包括教学建议、评价建议、教材编写建议、课程资源开发与利用建议,更多关注教师的教学方式、学生的学习方式、教材中知识的呈现方式和学生学业评价方式等问题。该部分还提供了典型案例,便于使用者(教师、教材编写人员、教育管理者)准确理解数学课程标准,减少标准在实施过程中的偏差。

(三) 义务教育数学课程标准实验教科书的编写

在"2001标准"研制过程中和颁布后,先后有多家出版社申请立项,编写初中7~9年级的数学课程标准实验教科书。截至2006年,经全国中小学教材审定委员会审定通过的初中(7~9年级)数学课程标准实验教科书有9套,分别为:人教版《数学》(7~9年级)(林群主编,自2004年陆续出版);北师大版《数学》(7~9年级)(马复主编,自2001年陆续出版);上海科技版《数学》(7~9年级)(张孝达,吴之季主编,自2005年陆续出版);华东师大版《数学》(7~9年级)(王建磐主编,自2001年陆续出版);江苏科技版《数学》(7~9年级)(杨裕前,董林伟主编,自2004年陆续出版);河北教育版《数学》(7~9年级)(杨俊英主编,自2003年陆续出版);青岛出版社版《数学》(7~9年级)(展涛,殷建中主编,自2006年陆续出版);浙江教育版《数学》(7~9年级)(范良火主编,自2005年陆续出版);湖南教育版《数学》(7~9年级)(严士健,邱维声主编,自2003年陆续出版)。以上9套初中数学课程标准实验教科书,经全国中小学教材审定委员会依据《中小学教材编写审定管理暂行办法》进行审定,认为基本符合《义务教育数学课程标准(实验)》的理念与要求,并且认为9套教材各有特色。

例如,人民教育出版社的《义务教育数学课程标准实验教科书数学》(7~9年级)具有以下主要特点:教材结构和知识体系安排合理,重点与难点处理较为得当,概念引入和内容的呈现较为自然;重视教材的科学性和基础性,注意继承传统教材的优点;教材中提供了较为丰富的具有时代性和趣味性的资源和素材,选编了一定数量的数学活动和课题学习,为学生提供自主探究和合作交流的空间,有利于激发学生学习数学的主动性和积极性,注意处理好呈现形式和数学实质的关系;以问题解决为线索,重视基础知识、基本技能和应用能力的结合，注意体现知识的形成、发展与应用的过程，促进教学方式和学习方式的改进；注重数学内容与信息技术的整合，通过"信息技术应用"栏目的设置，充实了计算器与计算机在数学教学中的应用。[2]48

北京师范大学出版社的《义务教育数学课程标准实验教科书数学》（7~9年级）具有以下主要特点：选取自然、社会和其他学科中具有现实性和趣味性的素材，体现数学知识的形成和应用过程，力求从具体问题中引出数学概念和规律，教学内容贴近学生的生活；力求教学内容呈现的多样化，设计了"想一想""做一做""议一议"等栏目。[2]54

上海科学技术出版社的《义务教育数学课程标准实验教科书数学》（7~9年级）具有以下主要特点：注意继承传统教材的优点，在内容编排上适应学生的实际，教材组织、例题配置、习题选编尽量体现数学课程的基础性；注重设计数学情景，设置一些思考问题，有利于启发学生主动思考，自主学习；主要为学生提供自主学习和合作交流的空间，通过"观察""思考""交流"等栏目，力求体现学生在学习过程中的主体地位；选编了一些农村题材的数学内容，关注农村学生的发展，注意信息技术的应用。[2]51

华东师范大学出版社的《义务教育数学课程标准实验教科书数学》（7~9年级）具有以下主要特点：力求教学内容的呈现形式多样化，栏目设置比较丰富；注意数学内容的基础性和整体性，设计思路清晰，呈现出一定层次性；知识的展开能体现初中学生的认知规律，通过"问题""分析""概括""思考""探索"等栏目引导学生参与学习过程和自主学习；阅读材料编写较好，有利于扩大学生的视野；各章小结采用知识结构图的形式，帮助学生建构知识体系。[2]57

江苏科学技术出版社的《义务教育数学课程标准实验教科书数学》（7~9年级）具有以下主要特点：注意按照学生的认知规律引入和展示数学知识，特别是在重要概念与法则的引入方面下了功夫，创设了一些较好的实例；重视为学生提供自主学习的空间，设置了"数学活动""数学实验室"及"课题学习"等多种栏目，引导学生自己"做"数学；重视数学知识的应用和学生应用数学知识能力的培养，设计开发了一些有时代性和实用性的实例；重视信息技术的应用，多处介绍计算机软件的使用，并使之与课程内容相结合。[2]60

河北教育出版社的《义务教育数学课程标准实验教科书数学》（7~9年级）具有以下主要特点：教材重视数学与现实的联系，在"观察与思考""做一做"等栏目中，选取与学生生活、学习相联系的素材，引发学生对数学知识及其应用的思考；教材中编写的"课题学习"，内容大都与培养学生的实践能力有关；教材注意各部分知识的内在联系与前后衔接；教材在创设数学知识的问题情境方面作了较大的努力，注意在反映相关知识的前提下，运用生活情境、数学探究等不同方式引入数学知识；通过设置"大家谈谈""试着做做"等栏目，为学生提供思考和讨论的情境和空间，有利于激发学生学习数学的积极性。[2]63

青岛出版社的《义务教育数学课程标准实验教科书数学》（7~9年级）具有以下主要

特点：力求体现"问题情境—建立模型—解释—应用与拓展"的组织模式，以展现数学知识的形成和应用过程；开发了一些生动的课程资源，将其充实在情景引入、问题背景以及实际应用中，比较贴近学生的生活和实际；在启发学生学习数学方面作了努力，"交流与发现""实验与探究""广角镜""智趣园"等栏目的设计，有利于引导学生思考和启发学生的学习兴趣；注意数学内容与信息技术的结合。[2]66

浙江教育出版社的《义务教育数学课程标准实验教科书数学》(7~9年级)具有以下主要特点：注重现代数学课程理论在教材编写中的运用，编写方式有所改进，概念引入、内容组织、例题配置等比较合理；倡导研究性的学习方法，重视为学生提供活动和自主学习的空间，注重设计学习情景，"探究活动""做一做""设计题"等栏目有特色；课程资源比较丰富，增加了教材的趣味性，呈现形式多样，有利于激发学生学习数学的兴趣；注意开发设计反映时代面貌的数学问题，较好地体现了数学的文化价值；教材注重应用信息技术，有利于提高学生使用计算器和计算机的能力。[2]69

湖南教育出版社的《义务教育数学课程标准实验教科书数学》(7~9年级)具有以下主要特点：重视知识传授与学生数学思维能力培养的结合，各知识块的陈述都以"观察""抽象""分析"等为线索，将数学思维过程展示给学生；在教学内容与体系结构的改革方面作了较好的尝试；重视教材的科学性与基础性，数学知识的逻辑链条较清晰，内容叙述和体系结构较为严谨；重视学生参与教学的过程，通过"动脑筋""说一说""做一做""试一试"等栏目，调动学生学习数学的积极性；重视"数学与文化"方面内容的选取与编写，通过"数学史料""数学与审美""数学与科学技术和人类社会"等内容引导学生认识数学的文化价值。[2]72

上述9套教材，自2001年秋季起，陆续在实验区选用。

二、研制和实验普通高中数学新课程

2000年4月，教育部成立高中数学课程标准研制组(简称"高中标准组")，北京师范大学的严士健教授、华东师范大学的张奠宙教授、首都师范大学的王尚志教授任研制组组长。高中标准组成员包括：一线教师、教研员、数学教育研究者、数学家、教材出版部门人员、考试研究人员。

高中标准组成立后，提出的基础性研究课题是：高中数学课程发展的国际比较研究；高中数学课程内容研究；国内现状调查分析；当代社会、经济、文化、科技发展以及数学科学进展对数学课程的影响；高中学生心理发展规律及其对数学课程的影响；与义务教育阶段及大学数学教育的协调性研究；数学课程评价研究。

(一) 普通高中数学课程标准实验稿的研制过程

高中标准组经过基础研究、标准起草、征求意见、修改初稿、形成实验稿等阶段，历时3年完成了课程标准实验稿。教育部2003年3月正式颁布《普通高中数学课程标准

（实验）》（以下简称"2003 标准"）。

第一阶段，标准初稿的起草。在基础研究和专题研究的基础上，形成了标准初稿。标准组在起草标准初稿的过程中，曾多次在北京、上海、广州、长春等地组织有关专家座谈会，广泛听取数学界、科技界、教育界等专家的意见。对标准中新设置的内容，在北京、新疆、广州、长春等地组织 40 多所高中进行教学实验。标准初稿的形成过程中采纳了很多专家意见和实验结果。

第二阶段，征求意见稿的形成。标准初稿完成后，标准研制组在北京、南京、重庆等地组织了多次全国性的研讨会，参加研讨会的有高校的数学家、数学教育专家、教研员、中学数学教师。

第三阶段，送审稿的形成。标准征求意见稿形成后，标准研制组先后在北京、上海、长春等地，举行了多次中科院院士、数学家、数学教育专家座谈会。在北京举行了一次来自全国 22 个省市的 58 名教研员、教师参加的征求意见会。对于标准的征求意见稿，共收到张恭庆、王元、王梓坤、马志明、崔俊芝、石钟慈 6 位中科院院士、12 位数学家、数学教育家，教研员、教师，全国几所大学课程研究中心的反馈意见。院士、数学家、教研员、教师对标准的征求意见稿表示充分的肯定，并对征求意见稿及其实施提出了一些建议。标准研制组对这些意见进行了认真研究，并对征求意见稿在体例、内容等方面作了修改，形成了标准的送审稿。

第四阶段，标准实验稿的形成。教育部组织了专家审查委员会对送审稿进行了审查。标准组对审查委员会的意见进行了认真研究，基本采纳了这些意见，再次对送审稿进行了修改，形成正式的课程标准实验稿。

（二）普通高中数学课程标准实验稿的内容

"2003 标准"包括四个部分：前言，课程目标，内容标准，实施建议。此结构与《义务教育数学课程标准（实验稿）》结构基本一致。具体内容如下。

1. 前言

这部分叙述了"课程性质""课程基本理念""课程设计思路"。

"课程性质"部分，把普通高中数学课程定位为"义务教育后普通高级中学的一门主要课程，它包含了数学中最基本的内容，是培养公民素质的基础课程"。

"课程基本理念"中列举了普通高中数学课程的十大理念：第一，构建共同基础，提供发展平台；第二，提供多样课程，适应个性选择；第三，倡导积极主动、勇于探索的学习方式；第四，注重提高学生的数学思维能力；第五，发展学生的数学应用意识；第六，与时俱进地认识"双基"；第七，强调本质，注意适度形式化；第八，体现数学的文化价值；第九，注重信息技术与数学课程的整合；第十，建立合理、科学的评价体系。

"课程设计思路"部分阐述了"高中数学课程框架""对学生选课的建议""标准中使用的主要行为动词"等内容。与以往的高中数学课程相比，本次高中数学课程更加突出了选择性。课程内容的呈现不再划分"几何""代数"等科目,直接由综合性的模块构成。这些模块又划分成必修和选修两部分。其中,必修课程由 5 个模块构成,选修课程分成 4 个系列,各个系列由若干模块或专题构成。

必修课程的内容是每一个高中学生都要学习的。必修课程分为 5 个模块:数学 1~数学 5。学生在进入高中以后,在数学领域,应当首先学习必修课程的 5 个模块,因为这是学生毕业时应掌握的最基本的数学内容,是学习其他选修课程的基础。同时,这一必修课程也是学生高中毕业后直接进入社会或报考艺术、体育院校的数学要求。必修课程的 5 个模块内容,以数学 1 为基础,其余的 4 个模块在不影响相互联系和准备知识的条件下,学校可以根据学生的选择和本校排课具体情况进行安排,原则上没有顺序的要求。

选修课程分为限定选修课程和任意选修课程两类。这些课程内容为不同学生的学习和发展提供了不同选择机会。限定选修课程包括系列 1 和系列 2。它们是在必修课程的基础上,为不同发展方向的学生设置的数学课程。其中,选修系列 1 是为准备在人文、社科方面发展的学生设置的;选修系列 2 是为准备在理工、经济方面发展的学生设置的。前面所说的必修课程是为所有的学生在义务教育的基础上,获得较高的数学素养的所有公民而设置的。对大多数学生来说,仍然有进一步选修数学的必要。系列 1 和系列 2,则是为这些学生而设置的、供选择的数学课程。对于大多数高中学生来说,它们依然是必要的和基础性的。任意选修课程包括系列 3 和系列 4,是为所有学生进一步拓宽或提高数学素养而设置的。所有这些内容都是为学生的进一步发展奠定基础,使学生能够按照自己的意愿来规划个人的进一步发展,为不同发展方向的学生提供不同的基础。

"2003 标准"中对学生选课提出了几种基本组合的建议。

• 学生完成 10 学分的必修课程,在数学上即达到高中毕业的要求。

• 在完成 10 学分的必修课程的基础上,希望在人文、社会科学等方面发展的学生,可以有两种选择。一种是在选修 1 系列课程中学习选修 1-1 和选修 1-2,获得 4 学分;在选修 3 系列课程中任选 2 个专题,获得 2 学分,共取得 16 学分。另一种是,如果学生对数学有兴趣,并希望获得较高数学素养,除了按照前面的要求获得 16 学分外,可在选修 4 系列中任选 4 个专题,获得 4 学分,总共获得 20 学分。

• 希望在理工(包括部分经济类)等方面发展的学生,在完成 10 个必修学分的基础上,可以有两种选择。一种是在选修 2 系列课程中学习选修 2-1,选修 2-2 和选修 2-3,获得 6 学分;在选修 3 系列中任选 2 个专题,获得 2 学分;在选修 4 系列中任选 2 个专题,获得 2 学分,总共获得 20 学分。另一种是,如果学生对数学有兴趣,并希望获得较高数学素养,除了按照前面的要求获得 20 学分外,可在选修 4 系列中任选 4 个专题,获得 4 学分,总共获得 24 学分。

课程的组合具有一定的灵活性,不同的组合可以相互转换。学生做出选择之后,可以根据自己的意愿和条件向学校申请调整,经过测试获得相应的学分即可转换。

"2003标准"中，按照知识与技能，过程与方法，情感、态度与价值观三类，将标准里所涉及的行为动词按照水平进行列举。

2. 课程目标

"2003标准"分总目标和具体目标两部分来阐述课程目标。

高中数学课程的总目标是：使学生在九年义务教育数学课程的基础上，进一步提高作为未来公民所必要的数学素养，以满足个人发展与社会进步的需要。

高中数学课程的六条具体目标是：

• 获得必要的数学基础知识和基本技能，理解基本的数学概念、数学结论的本质，了解概念、结论等产生的背景、应用，体会其中所蕴涵的数学思想和方法，以及它们在后续学习中的作用。通过不同形式的自主学习、探究活动，体验数学发现和创造的历程。

• 提高空间想象、抽象概括、推理论证、运算求解、数据处理等基本能力。

• 提高数学地提出、分析和解决问题（包括简单的实际问题）的能力，数学表达和交流能力，发展独立获取数学知识的能力。

• 发展数学应用意识和创新意识，力求对现实世界中蕴涵的一些数学模式进行思考和作出判断。

• 提高学习数学的兴趣，树立学好数学的信心，形成锲而不舍的钻研精神和科学态度。

• 具有一定的数学视野，逐步认识数学的科学价值、应用价值和文化价值，形成批判性的思维习惯，崇尚数学的理性精神，体会数学的美学意义，从而进一步树立辩证唯物主义和历史唯物主义世界观。

上述六个基本目标可以分为三个维度：知识与技能，过程与方法，情感、态度与价值观。这三个维度也就是这次课程改革提出的三维目标在数学课程的具体体现。

3. 内容标准

"内容标准"部分按照必修课程5个模块，选修课程4个系列具体叙述了内容与要求以及参考案例。

必修课程5个模块的具体内容如下。

数学1：集合、函数概念与基本初等函数Ⅰ（指数函数、对数函数、幂函数）。

数学2：立体几何初步、平面解析几何初步。

数学3：算法初步、统计、概率。

数学4：基本初等函数Ⅱ（三角函数）、平面上的向量、三角恒等变换。

数学5：解三角形、数列、不等式。

以上内容中除了算法是新增加的，向量、统计和概率是最近几次课程改革中不断加强的内容之外，其他内容基本上都是以往高中数学课程的传统基础内容，当然有些内容在目标、重点、处理方式上发生了变化。一方面，这些内容对于学生进一步了解现实世界中数量变化之间的关系，把握空间图形的位置关系，通过收集和处理数据分析事物发展变化的规律，计算和解决生活或工作中的一些实际问题，是非常必需的。另一方面，这些内容对于所有的高中学生来说，无论是毕业后直接进入社会，还是进一步学习有关的职业技术，或是继续升大学深造，都是非常必要的基础。

与以往的高中数学课程相比，"2003标准"在安排这些必修内容时，更加强调这些知识产生和发展的背景，以及它们在现实世界中的应用。

选修课程包括限定选修（分科选修）课程与任意选修课程，其内容具体如下。

• 限定选修课程

选修系列1和系列2是限定选修课程，分别由2个模块和3个模块构成，具体内容如下。

选修系列1由2个模块组成：

选修1-1：常用逻辑用语、圆锥曲线与方程、导数及其应用。

选修1-2：统计案例、推理与证明、数系的扩充与复数的引入、框图。

选修系列2由3个模块组成：

选修2-1：常用逻辑用语、圆锥曲线与方程、空间中的向量与立体几何。

选修2-2：导数及其应用、推理与证明、数系的扩充与复数的引入。

选修2-3：计数原理、统计案例、概率。

在选修系列1和系列2中，有些内容是相同的，如常用逻辑用语、数系的扩充与复数的引入；有些内容从标题来看是相同的，但是在内容的要求上有所区别，如圆锥曲线与方程、导数及其应用、统计案例、推理与证明；还有一些内容分别安排在不同的系列中，如框图只在选修系列1中才有，空间中的向量与立体几何、计数原理、概率只在选修系列2中才有。这种区别主要是考虑到选修系列1是为希望在人文、社会科学等方面发展的学生设置的，选修系列2是为希望在理工、经济等方面发展的学生设置的。

• 任意选修课程

任意选修课程系列3和系列4，分别由6个专题和10个专题构成。

系列3由6个专题组成，各专题内容如下。

专题1：数学史选讲

专题2：信息安全与密码

专题3：球面上的几何

专题4：对称与群

专题5：欧拉公式与闭曲面分类

专题6：三等分角与数域扩充

系列4由10个专题组成，各专题内容如下。

专题1：几何证明选讲

专题2：矩阵与变换

专题3：数列与差分

专题4：坐标系与参数方程

专题5：不等式选讲

专题6：初等数论初步

专题7：优选法与试验设计初步

专题8：统筹法与图论

专题9：风险与决策

专题10：开关电路与布尔代数

选修系列3的专题，主要是以通俗易懂的语言，深入浅出地介绍各专题的基本数学内容及其基本思想，以开阔学生视野，从数学的发展或从一个具体的数学分支，来认识数学的魅力和价值。选修系列3的评价，可以采用定性与定量相结合的方式进行，但不列入高等院校招生考试的命题范围。选修系列4的专题，虽然也是要深入浅出地介绍各个专题的主要内容，同时还要求学生能够运用其中的数学知识，计算、证明或处理一些问题。选修系列4的专题学习结束后，除了要写学习报告之外，还应能够运用所学知识解答一些简单的问题。高等院校的招生考试，也可以根据招收专业的需要，选择选修系列4中某个专题的内容来命题。

4. 实施建议

"2003标准"中的"实施建议"部分包括"教学建议""评价建议"和"教材编写建议"。

"教学建议"提出：以学生发展为本，指导学生合理选择课程、制定学习计划；帮助学生打好基础，发展能力；注重联系，提高对数学整体的认识；注重数学知识与实际的联系，发展学生的应用意识和能力；关注数学的文化价值，促进学生科学观的形成；改善教与学的方式，使学生主动地学习；恰当运用现代信息技术，提高教学质量。

"评价建议"中提出，重视对学生数学学习过程的评价，正确评价学生的数学基础知识和基本技能，重视对学生能力的评价，实施促进学生发展的多元化评价，根据学生的不同选择进行评价。

"教材编写建议"中提倡教材编写多样化，对于各模块所规定的教学内容的编排顺序可以做适当的调整，不同的教材可以有各自的风格和特点。

（三）高中数学课程标准实验教科书的编写

2003年6月，高中新课程标准实验教材的立项、编写工作正式启动。截至2006年，经全国中小学教材审定委员会审定通过的普通高中数学课程标准实验教科书有6套，分别是：人教版《数学》A版（刘绍学主编，自2004年陆续出版）；人教版《数学》B版（高存明主编，自2004年陆续出版）；北师大版《数学》（严士健、王尚志主编，自2004年陆续出版）；江苏教育版《数学》（单墫主编，自2004年陆续出版）；湖北教育版《数学》（齐民友主编,自 2005 年陆续出版);湖南教育版《数学》(张景中,李尚志主编,自 2005 年陆续出版)。

全国中小学教材审定委员会依据《中小学教材编写审定管理暂行办法》,对上述 6 套普通高中课程标准实验教科书进行审定,认为 6 套教材基本符合《普通高中数学课程标准(实验)》的理念与要求,并且各有特色。

例如,刘绍学主编的《普通高中课程标准实验教科书数学(A 版)》,由人民教育出版社出版。该套教材努力体现教材的基础性、时代性、典型性和可接受性,在继承传统教材优点的基础上"削枝强干",内容安排注意适应学生特点,在基础性和可接受性上贴近课标的要求。教材适当地设置许多思考问题和旁注,启发学生主动思考,提示关键所在,这有助于加深学生对内容的理解。教材选用大量贴近生活的图片,设置许多栏目,生动形象地反映数学与外部世界的联系,拓宽学生视野,感受数学的应用价值和文化价值。教材在培养学生动手能力和应用意识方面也作了不少努力,《算法初步》(必修 3)内容恰当,结构合理,注意培养学生使用信息技术的能力。[3]22

高存明主编的《普通高中课程标准实验教科书数学(B 版)》,由人民教育出版社出版。该套教材注意展现知识的发生发展过程以及内在联系,促进学生自主探索、思考数学本质。编者在教材编写方面,继承传统教材的优点,叙述简明扼要,注意与初中课程衔接,温故知新,平稳地由初中向高中过渡。教材将算法思想融入有关章节。在讲"算法"这一章以前就开始逐渐渗透,例如在讲解二分法求方程解时,在本章之后仍注意在后继章节中讲解有关算法。再者,教材注意数学课程与现代信息技术的整合,选用中法合作开发的免费软件"scilab",为教材配套设计编制了一定数量的课件,特别是立体几何章节的课件,图形丰富,提供可以变换的可视化图形。教材鼓励学生使用现代信息技术,帮助学生理解概念和形成空间观念。[3]25

严士健、王尚志主编的《普通高中课程标准实验教科书数学》,由北京师范大学出版社出版。该套教材注重数学课程的基础性,继承了传统数学教材的优点,并在新的历史条件下在某些传统内容的处理方式上有所改进和发展。概念的引进、法则的推导、例题的配置、习题的选取及教参的配备均有利于"双基"训练的加强和课堂教学的实施。教材倡导研究性的学习方法,精心设计学习情景,注意融汇一些重要数学思想(函数思想、数形结合等)以建立不同章节间的内在联系,加强课程的整体性。教材呈现方式有所创新,开发了不少生动的课程资源,以激发学生的学习兴趣,拓展其数学视野,提高其数学文化修养。[3]28

单墫主编的《普通高中课程标准实验教科书数学》,由江苏教育出版社出版。该套教材入口浅,寓意深,教材具有基础性、趣味性和层次性。注意教材数学知识之间的内在联系,也加强了与其他学科和生活实际的联系。教材呈现内容简明扼要,容量适度,难易得当,为教师留有较为广阔的空间。教材注重与信息技术的整合,Excel 软件功能开发较好，还含有制作图象的功能介绍。[3]31

齐民友主编的《普通高中课程标准实验教科书数学》，由湖北教育出版社出版。该教材在内容结构与知识体系的安排上能注意各模块和专题在整个数学课程中的作用，教学内容定位准确。教材在情景引入中应用实践及数学文化等教学资源的开发方面下了一定功夫，一些富有创意的案例（如"从SARS的数学模型谈起""神舟五号安全发射的概率"等）既有时代气息又与相关知识内容结合较好。教材重视知识的形成过程，在倡导研究性学习方面作了有益地尝试，一些"课题学习"的设计对培养学生的数学思维能力有积极的作用。"阅读与讨论""思考与实践"等栏目的设置与选材，有利于学生拓宽视野，培养自主学习的能力。教材重视教学内容与信息技术的整合，设有"信息技术链接"专栏。本教材具有可读性。[3]35

张景中、李尚志主编的《普通高中课程标准实验教科书数学》，由湖南教育出版社出版。该教材内容的结构安排和呈现方式颇具新意，情景的引入和运用较为清晰流畅，课程的开发深入广泛，语言的运用和习题的处理多有创新，整体上为学生主动学习留出了较大的空间，体现出较为鲜明的教材特色。该教材在引导学生理解数学的本质，体会数学的用途，以及把数学内容与数学文化、数学价值有机地融会在一起等方面做了许多有益的尝试，在与现代信息技术的融合方面也下了很大功夫，有了一些比较成熟的经验。[3]38

上述6个版本的高中数学教材虽然各有特点，但是都采用混编体系呈现课程内容，教材中的栏目设计和内容呈现方式都比以往教材有很大改进。这6套教材自2004年秋季起，陆续供实验区选用。

三、修订义务教育数学课程

2005年3月的两会期间，多名人大代表、政协委员联名提案要求停止数学课程标准的实验工作，有关提案人呼吁：数学课程标准破坏了上千年的数学体系，教师不好教，学生不好学，数学教学质量严重下降。[4]为回应来自数学界的意见，教育部重新组建数学课程标准修订工作组（简称修订组），着手义务教育阶段数学课程标准的修订工作。数学课程标准修订工作组的组长由东北师范大学校长史宁中教授担任，修订组的成员有6位数学教授、5位数学教育教授、1位数学教研员、2位数学教师共14人组成。修订组成立后，首先在全国范围内对"2001标准"的实施状况进行了调查研究，并对国际数学教育改革新进展作了分析和研究。在此基础上，提出修改思路，经过多次研讨和广泛征求意见，最终完成了《义务教育数学课程标准（修订稿）》。2011年12月，教育部正式颁布时采用《义务教育数学课程标准（2011年版）》（简称"2011标准"）的名称。

（一）义务教育数学课程标准实验稿修订的过程

1. 对"2001标准"的实施状况进行调查研究

2005年6月修订工作启动之初，修订组分成三个小组对天津、广东、宁夏、吉林、陕西、山东、重庆、江苏、河北、北京、浙江、海南等12个省（直辖市、自治区）的教师进行了问卷调查，并到海南海口、广东韶关、山东青岛、江苏无锡、陕西咸阳、宁夏灵武等6个省的12个实验区进行实地考察。修订组在中小学听课，组织座谈会，与中小学教师进行交流，了解对数学课程标准实验的情况和修改建议。

调查结果显示，数学新课程的理念被越来越多的教师所认同，课程改革加强了课程内容与现代社会的联系，教师关注学生的过程性学习，学生主体性得到更好的发挥；新课程促进了教师的专业成长和教学研究；教材形式新颖，题材丰富，激发学生兴趣，注重引导探索活动，注重数学的应用。同时调查结果也反映出一些问题。例如，"2001标准"中的目标表述不够明确，教师不容易操作；螺旋式上升的课程内容编排方式没有处理好，一些内容两次出现的间隔时间过长，一些内容频繁重复；新的教学方式使得学生的两极分化现象出现在了小学低年级；新的评价方法不好操作；等等。这次调查的结果对课程标准的修订有着重要的参考价值。

2. 对国际数学教育改革新进展作进一步考察

2000年制定"2001标准"时，课标研制组曾对国内外数学教育改革状况进行全面调研和分析。修订"2001标准"时，国际数学课程改革又有许多新的进展，美国、德国等国家在数学教育方面有新的研究成果，香港和台湾地区也对数学课程有新的研究进展。修订组对这些国家和地区的数学课程改革开展了比较研究。

3. 组织多次研讨会对"2001标准"进行认真的研讨和修订

课标修订过程中，修订组共计召开12次修订研讨会，其中9次全体成员讨论会，3次部分成员讨论会。

2005年5月16日，修订组在教育部召开第一次会议。教育部周济部长会见了修订组成员，陈小娅副部长对课程标准修订的意义和修订组的工作作了重要指示。随后修订组成员就开始分组对课程改革实验区进行调研。

其后的11次会议，自2005年7月到2010年4月，分别在吉林、重庆、长春、北京、南京、宁波等地召开。各次会议根据课程标准的修订进程，对修订的基本思路和基本原则，标准的前言、基本理念、设计思路、课程目标、内容标准、实施建议等内容，分阶段逐一进行了认真深入的讨论。先后形成《标准（修订稿）》的初稿和征求意见稿。2010年4月25日，修订组针对最后一次征求意见所提出的建议，在北京进行了全面的梳理和重点修改，形成了《标准（修订稿）》。

4. 广泛征求各方面意见

在标准修改过程中，修订组多次组织集中或分散的征求意见活动。主要活动如下。

2006年6月，《标准（修订稿）》初稿完成后，向全国30多位专家、学者和第一线教师征求意见。

2006年9月8日，史宁中教授邀请中科院院士和数学家座谈，征求对《标准（修订稿)》的意见。参加座谈的有姜伯驹、李大潜、伍卓群、侯自新、白志东等院士和数学家。教育部陈小娅副部长参加了座谈会。

2007年初，史宁中教授在中国数学会春节茶话会上介绍标准修改情况，征求数学专家的意见。

2007年7月，史宁中教授等与原来"2001标准"组的部分成员进行了座谈，征求对《标准（修订稿）》的意见。

2007年7月，教育部基础教育司将征求意见稿发放全国10个省教研室、10个国家级和省级实验区，以及40名专家征求意见。

此外，还通过不同形式，向项武义教授、张奠宙教授，以及部分数学家、数学教育专家和中小学教育工作者征求意见。

（二）修订后义务教育数学课程标准的变化

1. 结构体系的变化

与"2001标准"相比，"2011标准"在结构上有以下调整。

第一，重新撰写了"前言"。

第二，内容标准中三个学段的第四个知识领域统一为"综合与实践"，突出对知识的综合应用；此外还将"空间与图形"的名称改称为"图形与几何"。

第三，整合三个学段的"实施建议"，将原来分三个学段撰写的实施建议进行了整合，三个学段统一撰写了教学建议、评价建议和教材编写建议，并增加了课程资源开发与利用建议。

第四，将"行为动词"和"案例"等统一放入附录。

"2011标准"进一步明确并统一了数学课程三个学段的四个部分，即"数与代数""图形与几何""统计与概率""综合与实践"的目标与内容，并且较为详尽地阐述了有关学生数学素养的核心词，主要有数感、符号意识、空间观念、几何直观、数据分析观念、运算能力、推理能力、模型思想，以及应用意识和创新意识等，便于教师理解和把握课程内容的核心思想。

2. 基本理念与课程目标的变化

修订后的标准对数学的意义、数学教育作用的表述做了调整，对"2001标准"的基本理念作了修改，力图使得表述更加准确、易于理解、便于实施。将数学课程的性质与目标表述为，"义务教育阶段的数学课程要面向全体学生，适应学生个性发展的需要，使得：人人都能获得良好的数学教育，不同的人在数学上得到不同的发展"。

课程目标的总体设计仍然保持总体目标和学段目标的结构。修订后的标准明确提出"四基"：通过义务教育阶段的数学学习，使学生能获得适应社会生活和进一步发展所必需的数学的基础知识、基本技能、基本思想和基本活动经验。基本知识和基本技能是中国数学教育的"双基"传统，基本思想和基本活动经验是数学素养的重要标志，应当重视其研究和落实。此外，修订后的标准将原来总目标中四个方面的"解决问题"改为"问题解决"，更突出学生的问题意识以及解决问题的综合能力的培养，强调学生应学习在具体情境中发现问题和提出问题，提高分析问题和解决问题的能力，在标准中明确地提出了"发现问题、提出问题"能力的培养。[5]

3. 内容标准的变化

"2011 标准"将义务教育阶段数学课程内容分成"数与代数""图形与几何""统计与概率"和"综合与实践"四个方面。

"2011 标准"与"2001 标准"中的"数与代数"部分，在内容结构上没有变化。第一学段是数的认识、数的运算、常见的量、探索规律；第二学段是数的认识、数的运算、式与方程、正比例和反比例、探索规律；第三学段是数与式、方程与不等式、函数。[5]

"2011 标准"与"2001 标准"中的"图形与几何"部分，在第一、二学段的结构没有变化；在第三学段"2011 标准"将"2001 标准"的四个部分调整为三个部分，即把原来的图形的认识、图形与变换、图形与坐标、图形与证明，修改为图形的性质、图形的变化、图形与坐标。其中图形的性质基本上是整合了"2001 标准"中的第一和第四部分的内容，而其他两个部分与原来的两部分相同。[5] "2011 标准"中"图形与几何"部分，采用论证几何与实验几何结合的方式，用实验几何发现结论，紧接着用论证几何证明结论。

"2011 标准"对"统计与概率"的内容结构作了较大的调整，使三个学段的内容更加具有层次性。第一学段内容减少，主要是学会分类、会进行简单的数据搜集与整理；第二学段分为"简单数据统计过程"和"随机现象发生的可能性"两部分；第三学段分为"抽样与数据分析"和"事件的概率"两部分。这样的调整主要是因为在课程实施的过程中发现，"2001 标准"第一学段对于统计与概率内容的要求，对于低年级学生现有的认知水平学习起来有困难，同时也造成了在第二、三学段内容的重复。调整后使统计与概率内容在三个学段的要求有明显区分，在难度上也表现出梯度。[5]

"2011 标准"对于"综合与实践"内容作了较大修改，明确了"综合与实践"的内容和要求，明确"综合与实践"是一类以问题为载体，以学生自主参与为主的学习活动。"综合与实践"的教学目标是帮助学生积累数学活动经验，培养学生的应用意识和创新意识。[5]

4. 实施建议的变化

"2011 标准"将原来实施建议按三个学段分别表述改为集中整体表述，避免不必要的重复，并增强了可操作性。为了使教材编写者和广大教师能够更好地理解"2011 标准"的理念，明确教学的过程与方法，"2011 标准"中增补了一些具有针对性的案例，数量达到 83 个，并且对于案例的教学功能进行了比较详细地阐述。

"2011 标准"颁布后，各教材编写机构根据"2011 标准"修改教材，经全国中小学教材审定委员会审查后于 2012 年秋季起在起始年级使用。

总之，21世纪初进行的数学课程改革，确立了以人为本的理念，在数学课程研制方面形成了课程标准文本研制的工作范式（专题研究→综合研究→起草初稿→修改初稿→形成终稿）和课程标准的表述范式（课程性质、基本理念→课程目标→课程内容（内容标准）→实施建议）；在课程结构方面，义务教育阶段采用"学习领域＋学段"的形式，高中采用"必修＋选修框架下的模块化课程"形式，形成了综合化和选择性的课程结构；在课程内容方面体现了时代性、基础性、普及性、发展性和选择性；在教材开发方面，形成了"一纲多本"的教材多元化格局。这标志着我国已经初步建立了具有自己特色的数学课程体系。

参考文献

[1] 孙晓天. 近年来中国数学教育发展述要[J]. 数学通报，2007（6）.

[2] 教育部基础教育教材审定工作办公室. 义务教育课程标准实验教科书概览[M]. 北京：人民教育出版社，2006，9.

[3] 教育部基础教育教材审定工作办公室. 普通高中课程标准实验教科书概览[M]. 北京：人民教育出版社，2006，9.

[4] 姜伯驹. 新课标让数学课失去了什么？[N].《光明日报》教育周刊，2005-03-16.

[5] 史宁中，马云鹏，刘晓玫. 义务教育数学课程标准修订过程与主要内容[J]. 课程·教材·教法，2012（3）：50-56.

[6] 中华人民共和国教育部. 义务教育数学课程标准（2011年版）[S]. 北京：北京师范大学出版社，2012.

第九章
21 世纪中国数学教材的特色[①]

21 世纪的中国数学教材都依照教育部颁布的《义务教育数学课程标准（实验稿）》和《普通高中数学课程标准（实验）》进行编写。与原来的大纲教材相比，各个版本的教材在知识内容的体系安排、教材的组织形式和呈现方式等方面都做了很大的改革，呈现一些共同的特点。同时，本时期真正实现了"一纲多本"，各个版本的教材也都提出了自己的编写指导思想，这也使得这些教材在具有共同特点的同时，也都具有一些各自鲜明的特色。本部分内容将论述 21 世纪中国数学教材的共同特点，并介绍一套有代表性的教材。

一、21 世纪中国数学教材的共同特点

21 世纪的课程改革提出了许多新的理念，这些理念体现在教育部颁布的课程标准中，课程标准还对教材编写提出了具体的编写建议。在这些理念和建议的指导下，各个版本的教材呈现了一些共同的特点，具体如下。

1. 重视数学知识与实际问题的联系，反映数学的实际背景与应用

21 世纪的数学教材重视数学知识与实际问题的联系。教材在概念的引进上，常以学生熟悉的实际问题为素材，贴近学生的现实生活，以利于学生经历从现实情境中抽象出数学知识与方法的过程；通过让学生经历建立数学模型解决具有真实背景的问题，加深学生对于数学的理解，感受数学与生活及其他学科的联系，体现数学的模型思想，发展学生的应用意识。

例如，对于高中函数概念的引入，不同版本的教材都是通过对大量实例的概括得出的：人教 A 版高中教材从"炮弹发射高度与时间的关系""大气层中臭氧空洞面积与时间的关系""恩格尔系数与时间的关系"三个实例归纳得出；人教 B 版高中教材从"自由落体运动距离与时间的关系""好奇心与年龄的关系""玉米高度与时间的关系""国内生产总值与时间的关系""电压恒定时电流与电阻的关系"五个实例归纳得出；北师大版高中教材从"全国高速公路总里程与时间的关系""汽车行驶里程与时间的关系""加油站储油

[①] 李海东，人民教育出版社。

罐中储油量与油面高度的关系"三个实例归纳得出；江苏教育版高中教材从"人口与年份的关系""自由落体下落距离与时间的关系""某天气温与时间的关系"三个实例归纳得出。这些教材所选用的素材或来源于学生的实际经验，或联系生产实际和科学技术等方方面面，通过丰富的情境，反映当今社会对数学的需求以及数学对社会生活的影响，体现数学的自身价值。

教材中，对于实际问题的背景和应用有时贯穿整个章节。例如，对于一元一次方程的内容，以往的教材都是按照"方程概念—方程解法—方程应用"的过程呈现。21世纪的人教版初中教材改变了这种处理方式，把用方程分析与解决实际问题作为重点，让实际问题贯穿于全章始终，在建立和运用方程这种数学模型的大背景之下，进行方程概念和解法的讨论，突出用一元一次方程解决实际问题的基本过程。本章教材的具体结构如下：

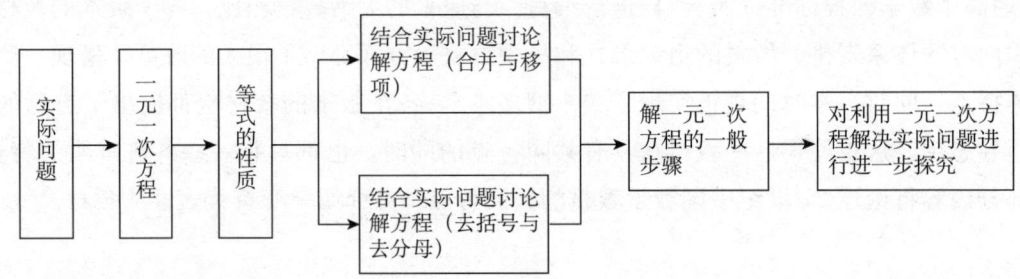

这种处理增加了联系实际的篇幅和学习时间，强化了对数学建模思想的渗透，对于提高以方程为工具分析和解决问题的能力起到了促进作用。

又如，江苏科技版初中教材八年级下册"第7章 一元一次不等式"中，首先以"生活中的不等式"作为第1节，用学生经常接触的一些实际问题为例，将不等式的基本概念一一引出。后面讨论一元一次不等式的解法时，教材又结合了一棵小树生长中的高度问题，使解不等式具有了实际背景。接下来教材又专设了"用一元一次不等式解决问题"一节，以几个实际问题作为载体，展示了建立不等式作为解决实际问题的数学模型的过程。这章教材从前到后始终与实际问题相联系，反映了数学知识的现实源头和实际应用。

2. 重视数学知识的形成过程，加强教材的启发性和探究性

21世纪的数学教材重视突出学习数学的过程，加强启发性、探究性。这一变化体现了本次课程改革的理念，即"以学生的发展为本"，充分重视"学生是学习的主体"。教材通过设计必要的数学活动，让学生通过观察、实验、猜测、推理、交流、反思等活动，感悟知识的形成和应用，让学生经历这样的过程。

教材中，在设计一些新知识的数学学习活动时，展现了"知识背景—知识形成—揭示联系"的过程。这个过程有利于激发学生的学习兴趣，帮助他们理解数学知识与方法，形成良好的数学思维习惯和应用意识，提高解决问题的能力。比如，人教版初中教材在引入负数时，首先给了这样三个图形：[1]

由记数、排序，　　　　由表示"没有""空位"，　　　由分物、测量，产生分数
产生数 1，2，3，…　　　产生数 0　　　　　　　　　$\frac{1}{2}$，$\frac{1}{3}$，…

由学生已有的正整数、零、正分数的产生背景归纳出数的产生和发展离不开生活和生产的需要，进而利用章主题图中出现的表示"负"的问题引入负数。这样做，反映了数的发展过程，体现了知识之间的联系。

21 世纪的教材还加强数学学习的活动性，让学生通过"做"来学习数学，活跃学习形式，增加学习兴趣。教材通过设计富有探究性的活动，使活动过程有吸引力。例如，北师大版初中教材的课题学习"制作视力表"包括如下过程：[2]

(1) 度量视力表中"E"的高度和宽度，探索大小不同的"E"的关系。

(2) 复制视力表中对应视力 0.1，0.2，0.3，0.5，1.0 的"E"，以水平移动方式，利用相似形知识，探究它们的关系。

(3) 根据测试距离为 5 m 的视力表，分别制作测试距离为 3 m 和 8 m 的视力表。

(4) 探究不同测试距离的视力表之间"E"的换算关系。

学生日常生活中经常接触视力表，但一般不注意其中包含的数学知识。通过本课题学习，学生可以探究视力表的制作原理，发现"E"的大小与观测距离之间的比例关系。本活动中，要根据相似三角形知识，计算"E"的高度及宽度，让学生以数学活动方式探究这样的问题，可以进一步提高运用数学知识分析问题的能力，加强理论与实际的联系。

3. 改进教材的呈现方式，提高学生学习数学的兴趣

21 世纪的数学教材的呈现方式与以往的教材相比也发生了很大的变化。他们普遍加强了对以探究形式学习数学知识的设计，更加突出学习数学的过程，加强了启发性、探究性、发展性。

(1) 改进内容呈现方式，引导学生思考和探究

在知识内容的呈现中，教材基本按照"背景材料→问题分析→抽象结论→延伸应用"的思路展开。在知识的展开过程中，大都通过设置一些栏目，体现思维过程，引导学生抽象概括出结论。这些栏目基本可以归为以下几类：

观察：通过观察一些现象得到猜想，多用于一些性质的引入；

思考：通过思考得出一些结论，通过反思对结论加强认识，多用于一些性质的导出以

及对一些性质的延伸；

探究：通过动手探究发现一些结论，后面多紧跟一些结论；

讨论：通过互相交流发现一些结论，对一些内容加深认识，有结论的拓展，有思想方法的引导，也有针对一些具体内容的联系；

归纳：通过观察、思考、探究、讨论归纳出一些性质，多用于一些结论的导出，也有思想方法的引导。

例如，对于函数单调性的内容，人教A版高中教材和北师大版高中教材是这样处理的：

人教A版：[3]首先交代研究函数性质的原因；然后给出三个函数图象让学生说说它们反映了各自哪些变化规律（其中反映出来的一项规律是单调性）；接着让学生观察熟悉的一次函数$f(x)=x$和二次函数$f(x)=x^2$的图象，用自然语言描述它们的单调性；再以一个思考栏目"如何利用函数解析式$f(x)=x^2$描述'随着x的增大，相应的$f(x)$随着减小''随着x的增大，相应的$f(x)$随着增大'？"从自然语言的描述过渡到数学语言的描述。

北师大版：[4]首先以一次函数$y=x+1$和二次函数$f(x)=x^2$为例，分别从函数解析式和函数图象看函数值随自变量变化的规律，并用自然语言进行描述；然后设置一个"思考交流"，要求根据函数图象说出一个一般函数的变化情况，并提出"怎样用数学语言表达函数值的增减变化呢？"

可以发现，教材并不是直接告诉学生函数的单调性，而是通过分析具体实例，先用自然语言描述单调性，再通过设置问题，引导学生进一步思考如何用数学语言刻画单调性，加深对该知识的认识和理解。

再如，人教版初中教材对于"三角形全等的条件"内容，安排了如下8个"探究"问题：[5]

探究1 满足三边对应相等和三角对应相等这六个条件中的一个或两个，两个三角形是否一定全等？

探究2 三边对应相等，两个三角形是否一定全等？

探究3 两边及其夹角对应相等，两个三角形是否一定全等？

探究4 两边及其中一边所对的角对应相等，两个三角形是否一定全等？

探究5 两角和它们的夹边对应相等，两个三角形是否一定全等？

探究6 两角和其中一组等角的对边对应相等，两个三角形是否一定全等？

探究7 三角对应相等，两个三角形是否一定全等？

探究8 斜边和一条直角边对应相等，两个直角三角形是否一定全等？

教材通过上述"探究"，引导学生从画图实验起步，逐渐进入逻辑推理，探索三角形全等的依据，掌握有关证明的方法、步骤和表述格式。教材在呈现方式上改变了平铺直叙地罗列结论的旧面貌,加强了探究发现的成分,体现了关注"过程"的新变化。

(2) 增强教材的可读性和亲和力

与以往教材相比,新世纪的教材十分重视教材的可读性。教材重视将实物照片、图形、图表、文字、数学符号等多种形式结合起来,以利于学生理解数学知识,激发学生学习数学的兴趣。

从外在形式上看,教材基本上改变了板着面孔向学生传授知识的方式,而代之以活泼有趣的问题,引导学生去思考、去理解所要学习的内容。教材也不再是单一的黑白版本,很多版本都提供彩色、双色、黑白等多种版本选择。教材图文并茂,生动有趣,大大提高了数学教材的可读性。例如,除了讲述知识内容必备的数学插图以外,各版教材基本都采用了一些实物图。这些实物图分为两类,有些与知识内容相关,为讲述知识内容服务;有些则纯粹是一些装饰性的插图,是为活泼版面、引起学生兴趣服务的。

从内在形式上看,教材也一改完全陈述的方式,而是以学生喜闻乐见的方式呈现知识内容。例如,人教版初中教材在"第 2 章 整式的加减"中,安排了一个"阅读与思考 数字 1 与字母 X 的对话",吸收了科普小品的做法,采用数字 1 与字母 X 争论的方式,反映了用字母表示数的重要意义,让学生认识到从算术到代数是数学的一大进步。再如,对于习题的陈述方式,教材也尽量采用切合学生的年龄的方式陈述。如人教版初中教材习题 13.2 第 11 题:[6]

数学家华罗庚在一次出国访问途中,看到飞机上邻座的乘客阅读的杂志上有一道智力题,求 59 319 的立方根. 华罗庚脱口而出:39。众人十分惊奇,忙问计算的奥妙.

你知道华罗庚是怎样迅速准确地计算出来的吗?请按照下面的问题试一试:

(1) 由 $10^3=1\,000$,$100^3=1\,000\,000$,你能确定 $\sqrt[3]{59\,319}$ 是几位数吗?

(2) 由 59 319 的个位数是 9,你能确定 $\sqrt[3]{59\,319}$ 的个位数是几吗?

(3) 如果划去 59 319 后面的三位 319 得到数 59,而 $3^3=27$,$4^3=64$,由此你能确定 $\sqrt[3]{59\,319}$ 的十位数是几吗?

这个习题是"立方根"内容中"拓广探索"的一个题目,是估计一个数的立方根的问题。教材这样处理,把一个单纯的数学问题融入一个故事之中。学生读完这个故事,也就能掌握估计一个数的立方根的方法了。这种处理,通过改进呈现方式,以学生喜闻乐见的形式呈现习题内容,改变了传统做数学题的枯燥方式,对于激发学生学习兴趣,更好地理解相关内容是有益的。

4. 介绍有关的数学背景知识,体现数学文化的价值

重视数学文化是 21 世纪数学课程的基本要求之一,也是 21 世纪教材的一个特点。各版教材中,大多设置了各种阅读材料,介绍数学家与数学发展历史,让学生学习数学家的治学精神与科学态度;让学生了解数学发展的历程,体会数学的发生、发展过程;介绍数

学与人类社会发展之间的相互作用,让学生体会数学的科学价值、应用价值、人文价值,开拓视野领会数学的美学价值,提升学生的人文素养。

21世纪的初中教材中,在"数与代数"部分,教材介绍了代数及代数语言的历史,包括有关正负数和无理数的历史、一些重要符号的起源与演变、与方程及其解法有关的材料(如《九章算术》、秦九韶法)、函数概念的起源、发展与演变等内容。在"空间与图形"部分,教材介绍了欧几里得《原本》,使学生初步感受几何演绎体系对数学发展和人类文明的价值;介绍勾股定理的几个著名证法(如欧几里得证法、赵爽证法等)及其有关的一些著名问题,使学生感受数学证明的灵活、优美与精巧,感受勾股定理的丰富文化内涵;介绍机器证明的有关内容及我国数学家的突出贡献;简要介绍圆周率π的历史,使学生领略与π有关的方法、数值、公式、性质的历史内涵和现代价值(如π值精确计算已经成为评价电脑性能的最佳方法之一);结合有关教学内容介绍古希腊及中国古代的割圆术,使学生初步感受数学的逼近思想以及数学在不同文化背景下的内涵;作为数学欣赏,介绍黄金分割、哥尼斯堡七桥问题等专题,使学生感受其中的数学思想方法,领略数学命题和数学方法的美学价值。在"统计与概率"部分,课标教材介绍了有关概率论的起源、掷硬币试验、布丰(Buffon)投针问题与几何概率等历史事实,使学生对人类把握随机现象的历程有一个了解,对于学生进一步学习与发展有一定的激励作用。下面列举出了人教版初中教材中与数学文化有关的一些选学栏目作为示例。

用正负数表示加工允许误差;中国人最先使用负数;数字1与字母X的对话;方程史话;几何学的起源;长度的测量;用经纬度表示地理位置;为什么要证明;一次方程组的古今表示及解法;为什么说$\sqrt{2}$不是有理数;杨辉三角;勾股定理的证明;再谈面积证法;海伦—秦九韶公式;黄金分割数;圆周率π;概率论的起源;概率与中奖;奇妙的分形图形;一张古老的三角函数表;视图的产生与应用。

对于数学文化的内容,除了专门设置阅读材料外,教材的章引言、旁注、课题学习等也都是有意识地渗透数学文化的常见地方。例如,湖南教育版高中教材编写的章头诗,不仅用来概括本章的主要精神,而且把数学知识染上了浓厚的文学色彩,让学生在一种令人心旷神怡的人文气氛中享受学习数学的乐趣。以下举一首章头诗为例:[7]

晨雾茫茫碍交通,蘑菇核云蔽长空。

化石岁月巧推算,文海索句快如风。

指数对数相辉映,立方平方看对称。

解释大千无限事,三族函数建奇功。

在客观世界中,数量的单调增长和衰减的现象大量存在,而指数函数、对数函数和幂函数,是描述增加或衰减过程的三种基本函数模型。教材通过这8句诗引入本章的学习内容,既反映了数学的本质,形式上又生动活泼,沟通了数学与文化的联系,有利于提高学生的人文素养。

5. 注重信息技术与数学课程的整合，提高教与学的效益

信息技术是一种强有力的认知工具，注重信息技术与数学课程的整合是 21 世纪课程的又一个要求。21 世纪数学教材在发挥信息技术的力量，帮助学生理解数学本质上进行了尝试。在教材中，科学计算器是作为必学内容出现的。学生可以利用计算器进行较为复杂的计算，利用计算器进行验算，利用计算器进行一些探究活动。除了计算器的使用外，教材还紧密结合教学内容，将信息技术与数学课程进行整合，使计算机（器）成为学生的新学具。利用一些计算机软件，让学生看到一些学习对象形成和变化的过程。利用一些软件的变换和度量功能，让学生总结一些图形运动变化过程中不变的位置关系和数量关系，从而发现数学对象的本质。

教材在整合信息技术上，一是选取一些能较好体现信息技术应用的例子，通过设置专门的栏目，如"信息技术应用""计算机上的练习""数学实验"等，对信息技术进行较为具体的介绍，或让学生对数学问题进行探究；二是在一些适宜使用信息技术的地方，用"也可以用计算器或计算机……""信息技术建议"等提示使用信息技术。考虑到我国地区发展的不平衡，这些内容多是以选学内容的形式出现的，鼓励有条件的地方使用。以下列出人教版初中教材的"信息技术应用"的选学栏目作为示例。

电子表格与数据计算；探索两条直线的位置关系；画图找规律；利用计算机画统计图；探索轴对称的性质；用计算机画函数图象；探索反比例函数的性质；用计算机求几种统计量；探索旋转的性质；探索二次函数的性质；探索位似的性质。

计算机和计算器进入课堂使学生看到了一些学习对象形成和变化的过程，为学生创造了观察、试验、猜想和发现的条件，具有其他教具所没有的优势。利用计算机或计算器可以进行一些探究活动，这些活动以前是难以实施的。例如，江苏教育版高中教材在函数应用部分安排了一个"数据拟合"的使用信息技术的材料。[8]在这个材料中，首先介绍用 EXCEL 软件作函数图象的方法，指出自变量的值用"等差趋势填充"生成，对应的函数值用 EXCEL 的相对引用功能"拖曳"产生。接下来研究三个问题：人口模型问题、汽车刹车模型问题和天体运动规律问题。通过给出的数据表，利用 EXCEL 软件绘制散点图，再选择合适的函数进行拟合，进一步预测人口数、分析车速和解释开普勒第三定律。

二、人教版义务教育教科书数学（7～9年级）[9]

1. 教材体系结构

本套教材按照《义务教育数学课程标准（2011 年版）》编写，教材包括课程标准规定的七～九年级所有数学内容，将"数与代数""图形与几何""统计与概率""综合与实践"四个领域的内容混合编写，形成各领域内容有机结合的基本框架结构。具体如下：

七年级上册

第1章 有理数 　1.1　正数和负数 　1.2　有理数 　1.3　有理数的加减法 　1.4　有理数的乘除法 　1.5　有理数的乘方	第2章 整式的加减 　2.1　整式 　2.2　整式的加减
第3章 一元一次方程 　3.1　从算式到方程 　3.2　解一元一次方程（一）——移项与合并 　3.3　解一元一次方程（二）——去括号与去分母 　3.4　实际问题与一元一次方程	第4章 几何图形初步 　4.1　几何图形 　4.2　直线、射线、线段 　4.3　角 　4.4　课题学习　制作长方体形状的包装盒

七年级下册

第5章 相交线与平行线 　5.1　相交线 　5.2　平行线及其判定 　5.3　平行线的性质 　5.4　平移	第6章 实数 　6.1　平方根 　6.2　立方根 　6.3　实数
第7章 平面直角坐标系 　7.1　平面直角坐标系 　7.2　坐标方法的简单应用	第8章 二元一次方程组 　8.1　二元一次方程组 　8.2　消元——解二元一次方程组 　8.3　实际问题与二元一次方程组 　8.4　三元一次方程组的解法
第9章 不等式与不等式组 　9.1　不等式 　9.2　一元一次不等式 　9.3　一元一次不等式组	第10章 数据的收集、整理与描述 　10.1　统计调查 　10.2　直方图 　10.3　课题学习：从数据谈节水

八年级上册

第11章 三角形 　11.1　与三角形有关的线段 　11.2　与三角形有关的角 　11.3　多边形及其内角和	第12章 全等三角形 　12.1　全等三角形 　12.2　三角形全等的判定 　12.3　角的平分线的性质

续表

第 13 章　轴对称 　13.1　轴对称 　13.2　画轴对称图形 　13.3　等腰三角形 　13.4　课题学习　最短路径问题	第 14 章　整式的乘法与因式分解 　14.1　整式的乘法 　14.2　乘法公式 　14.3　因式分解
第 15 章　分式 　15.1　分式 　15.2　分式的运算 　15.3　分式方程	

八年级下册

第 16 章　二次根式 　16.1　二次根式 　16.2　二次根式的乘除 　16.3　二次根式的加减	第 17 章　勾股定理 　17.1　勾股定理 　17.2　勾股定理的逆定理
第 18 章　平行四边形 　18.1　平行四边形 　18.2　特殊的平行四边形	第 19 章　一次函数 　19.1　函数 　19.2　一次函数 　19.3　课题学习　选择方案
第 20 章　数据的分析 　20.1　数据的集中趋势 　20.2　数据的波动程度 　20.3　课题学习　体质健康测试中的数据分析	

九年级上册

第 21 章　一元二次方程 　21.1　一元二次方程 　21.2　解一元二次方程 　21.3　实际问题与一元二次方程	第 22 章　二次函数 　22.1　二次函数的图象和性质 　22.2　二次函数与一元二次方程 　22.3　实际问题与二次函数
第 23 章　旋转 　23.1　图形的旋转 　23.2　中心对称 　23.3　课题学习　图案设计	第 24 章　圆 　24.1　圆的有关性质 　24.2　点和圆、直线和圆的位置关系 　24.3　正多边形和圆 　24.4　弧长和扇形面积

续表

第25章 概率初步
  25.1 随机事件与概率
  25.2 用列举法求概率
  25.3 用频率估计概率	

九年级下册

第26章 反比例函数
  26.1 反比例函数
  26.2 实际问题与反比例函数
	第27章 相似
	  27.1 图形的相似
	  27.2 相似三角形
	  27.3 位似

第28章 锐角三角函数
  28.1 锐角三角函数
  28.2 解直角三角形及应用
	第29章 投影与视图
	  29.1 投影
	  29.2 三视图
	  29.3 课题学习 制作立体模型

2. 教材体例

教材各章基本结构如下：

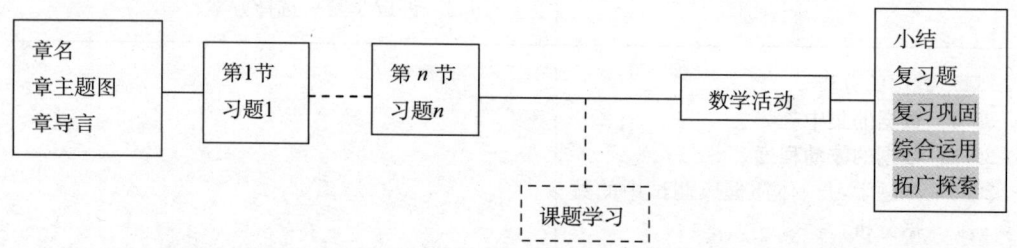

各节结构根据内容需要而确定，基本上包括以下部分：

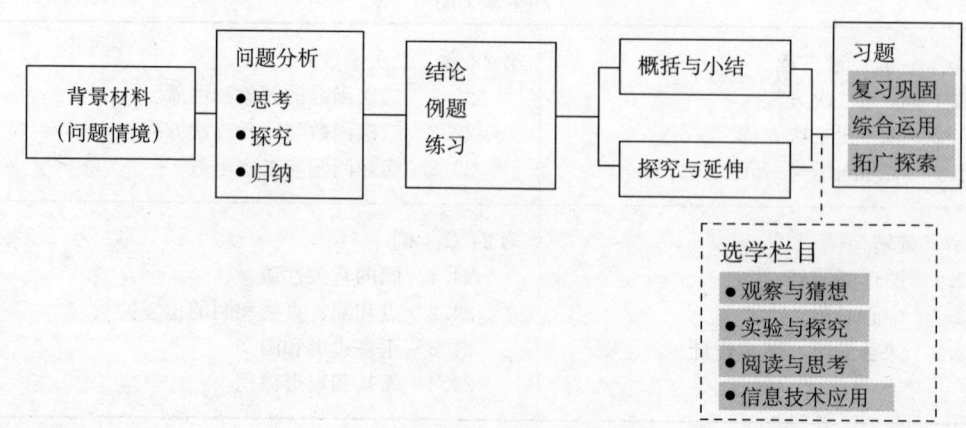

(1) 各册导言

教材在每一册开始，都安排了"本册导引"，除介绍本册教材的主要内容外，还有教材栏目、学习方法等介绍。呈现方式不是平铺直叙、以上示下的说明性质的文字，而代之以亲切的语言，充分体现对学生的尊重，把学生当作学习的主体。

(2) 章首页

章首页中包括章名，章主题图，章导言等，形式比较活泼，图文并茂，用以引出本章内容的学习。除了章名外，教材采用与本章知识相关的一个或几个实物图作为章主题图。章导言的内容也多采取叙述加问题的形式，从现实情境或数学情境引入本章内容，向学生介绍本章将要学习的内容，学习的方法和本章的思想方法等。

(3) 各节设置栏目

在各节内容的呈现中，教材基本按照"背景材料→问题分析→抽象结论→延伸应用"的思路展开。在知识的展开过程中，通过设置一些思考、探究、归纳等栏目，体现思维过程，引导学生抽象概括出结论。

除栏目外，教材还在正文的边空设有"小贴示"和"云朵"，"小贴示"介绍与正文内容相关的背景知识，"云朵"中是一些有助于理解正文的问题.

(4) 练习、习题、复习题

教材的习题主要包括练习、习题、复习题三部分。在正文叙述进行到一个阶段安排练习，练习供学生课上使用，主要是对所学内容的巩固；在每小节结束时安排习题，习题供课内或课外作业时选用，包括对所学内容的巩固，也包括知识的综合应用等；在全章小结后安排复习题，复习题供复习全章时选用。

教材习题、复习题不是简单按照难度分组，而是按照习题的教学功能将其分为"复习巩固""综合运用""拓广探索"三个层次。"复习巩固"层次的习题主要是复习本节或本章所学的基础知识，巩固基本技能；"综合运用"层次的习题则要综合运用本节或本章所学知识解决问题（包括实际问题和数学问题）；"拓广探索"层次的习题则是对本节或本章内容的拓展延伸，是作为选作内容呈现的。

(5) 选学栏目

教材根据选学材料内容特点将它们分别命名为"阅读与思考""观察与猜想""实验与探究""信息技术应用"。这些选学内容包括正文知识的拓展延伸，正文知识的背景资料和相关应用，数学历史的发展，数学思想方法的介绍，信息技术的应用等。

(6) 数学活动

教材在每章都安排了几个有一定综合性、实践性、开放性的"数学活动"，体现数学知识的综合应用，可供教师结合相关知识的教学或全章复习时选用。

(7) 章小结

教材在每章内容之后都安排了章小结的内容，用以对全章知识进行梳理，帮助学生复习本章所学的知识内容。章小结包括"本章知识结构图"和"回顾与思考"两部分。"本章知识结构图"体现了本章知识要点、发展脉络和相互联系;"回顾与思考"对本章主要内容及其反映的思想方法进行提炼与概括;并通过在重点、难点和关键内容上提出的有思考深度的具体问题,深化学生对本章核心内容及其蕴含的数学思想方法的理解。

3. 教材特色

本套教材立足于体现《义务教育数学课程标准(2011年版)》所提出的普及性、基础性和发展性,适应科技发展的形势,关注社会进步的需求,着眼于学生的长远发展,为使学生在数学的基础知识、基本技能、基本思想和基本活动经验等方面得到全面发展,提供良好的学习资源。教材除了具有前述的21世纪教材的五个共同的特点之外,还具有如下特色:

(1)构建符合数学逻辑和学生心理的教材体系,螺旋上升地呈现重要的数学概念和思想

由于课程标准不再以代数、几何划分初中数学的教学内容,而代之以"数与代数""图形与几何""统计与概率""综合与实践"四个领域。因此教材不再将代数、几何分科编写,而是在统一的数学教材下,安排课程标准规定的四个领域的内容。教材从各领域内容的前后顺序、内容之间的协调与配合,数学内容与相关学科内容的配合,学生的认知特点等角度,构建了符合数学逻辑和学生心理的教材体系,以利于学生理解数学知识,形成数学能力。

从教材的体系来看,教材各章都以课程标准中某个领域的内容为主,如某些章主要讲"数与代数"的内容,某些章主要讲"图形与几何"的内容,某些章主要讲"统计与概率"的内容等。对于"综合与实践"领域的内容,教材以"数学活动""课题学习"的形式安排。从各章内容的安排顺序来看,教材注意在每册书中将"数与代数""图形与几何""统计与概率"的内容相对集中安排。

在此基础上,教材关注不同数学内容之间的联系,突出"数与代数""图形与几何""统计与概率"之间的实质性关联,体现数学的整体性。展示使用不同领域的数学知识去表达与思考同一研究对象以及综合运用多种数学知识解决问题的过程,以提高学生综合运用数学知识的能力、发展良好的数学观。例如,为了更好地反映"数"与"形"之间的内在联系,教材提前安排了平面直角坐标系的内容(七年级下册,第7章),使坐标这种能充分体现数形结合思想的工具能更早更多地得到使用(用坐标方法分析平移变换、对称变换等的本质特征,处理某些图形问题,加深对函数及二元一次方程组、不等式等的认识等)。

除了综合安排课程标准规定的教学内容外,教材还充分重视初中学生的年龄特征和认知特点,对于核心的数学概念和重要的数学思想方法等,注意循序渐进地安排,让学生有螺旋上升地反复接触的机会,为学生铺设了合理、有效的数学认知台阶的同时,也为教师

提供了明确的、具有较强指导性的教学设计思路。例如，函数是"数与代数"的重要内容，也是初中阶段学生比较难理解和掌握的数学概念之一。为分散学生的学习难点，教材对函数内容采用分散安排，螺旋上升的处理方式，按照"一次"和"二次"的数量关系，使方程和函数交替出现，即按一次方程（组）、一次函数、二次方程、二次函数的顺序螺旋上升。函数内容分为三章：一次函数（包括函数概念、正比例函数和一次函数的内容，安排在八年级下册）、二次函数（安排在九年级上册）、反比例函数（安排在九年级下册）。这样处理，可以克服直线式发展所产生的不易理解消化的弊病，分阶段地不断深化对方程和函数的理解。

再如，培养逻辑思维能力是学生数学素养提升的核心问题。对于此，教材按"说点儿理""说理""简单推理""符号表示推理"等不同层次，周密设计了逻辑思维能力的培养过程。在重视直观感知、加强实验操作的同时，不降低对逻辑推理的要求，使推理论证成为学生通过观察、探究得到数学结论的自然延续，让学生逐步养成从感性到理性的思维习惯。教材在七年级下学期的"第5章 相交线与平行线"中即出现证明，但只要求会填关键步骤和理由。以后逐步提高对证明的要求。对于推理能力的培养不拘泥于形式，不局限于"图形与几何"，而是结合各领域内容中适宜的内容自然地进行。

（2）重视思想性，加强学习方法的引导，加深学生对数学核心内容的理解

教材注意挖掘数学核心知识蕴含的思维教育价值，加强学习方法的引导，以问题引导学习，使学生经历数学概念的概括过程、数学原理的抽象过程，从中体会数学的研究方法，领悟数学研究的"基本套路"。这有利于学生形成对数学的有一定深度的整体认识，从而体现数学教学的育人价值。

例如，在各种代数问题中，我们总是运用各种代数运算（如加法、乘法等）来分析量与量的代数关联。运算过程中，运算律的普遍性让我们可以有效地分析所给问题中未知量与已知量的关联，从而化未知为已知。解决实际问题的过程中，则要用代数工具去表示现实事物中的量（式），反映其中的关系（方程、函数）和变化过程（函数），将实际问题"代数化"后再加以解决。基于上述认识，对于"数与代数"的内容，教材从数的扩充、式的扩展、方程的丰富，到变量与函数的引入，构建了一个从简单到复杂、从具体到抽象、从常量到变量的不断归纳提升的过程，体现了研究代数的基本方法——归纳法。在内容展开过程中，充分注意"有理数"的基础地位和作用，在相关章节（有理数、实数、整式加减、整式乘除、分式、二次根式）的编写中，加强思想方法的引导，重视"数式通性"，加强式的相关内容与数的概念、运算法则和运算律的类比。同时在小结中，阐述"从数到式"的研究内容和方法。

对于"图形与几何"的内容，教材则力求体现研究几何问题的基本思路、内容和一般方法。例如，对于平行四边形，教材采用从一般到特殊的研究思路，即从平行四边形的边、角的特殊性，得到特殊的平行四边形——矩形、菱形、正方形。从它们的组成要素

（边、角、对角线）之间的位置和数量关系出发，研究它们的性质；从判定和性质的互逆关系，研究它们的判定方法等，教材不仅在正文中呈现这样的过程，让学生参与到研究中来，而且在引言和小结中对这种研究方法给予引导和归纳总结，让学生体会其中的数学思想。

统计是建立在数据的基础上的，本质上是对数据进行推断，统计的核心就是数据分析，而不是单纯的数字计算或绘图。教材在呈现"统计与概率"的内容时，特别注意体现"通过统计数据探究规律"的归纳思想，注意结合解决具体实际问题的典型案例展开相关内容，并在每一章都安排实践性较强的"课题学习"，让学生在收集数据、整理数据、描述数据、分析数据的过程中体会数据中蕴含的信息，学会根据问题的背景选择合适的方法，通过数据分析体验数据的随机性。从而发展学生的数据分析观念，感受统计思想，逐步建立用数据说话的习惯。

教材还重视中学数学在数学科学和其他科学中的基础作用，重视渗透和揭示基本的数学思想方法。突出算术到代数、实验几何到论证几何、常量数学到变量数学、确定性数学到随机性数学等重大转折，强调基础知识和基本方法在实现这些转折中的作用。返璞归真，引导学生认识初等数学的本质，为进一步学习和应用数学打好基础。例如，教材在二元一次方程组部分突出解法中"消元"这一基本策略，在一元二次方程部分突出解法中"降次"这一基本策略，不仅在节的标题中明确点出"消元"和"降次"，而且在内容的设计和呈现中有意识地加强引导，使学生能认识有关解法的核心思想，抓住问题的本质。

（3）反映背景、重视过程、加强应用，使学生获得数学的基本思想

使学生获得数学的基本思想是数学课程的重要目标，也是学生数学素养得到提升的重要标志。数学思想是数学学科发生、发展的根本，是探索研究数学所依赖的基础，也是数学课程的精髓。教材中每一个概念和原理的引入都强调它的现实背景或数学理论发展的背景，让学生感到知识的发展是自然而水到渠成的；以问题引导学习，使学生经历数学概念的概括过程、数学原理的抽象过程，从中体会数学的研究方法；通过解决具有真实背景的问题，让学生感受数学与生活及其他学科的联系，体现数学的模型思想，发展学生的应用意识。

例如，教材在处理代数式的相关内容时，加强了与实际的联系。无论是概念的引出，还是运算法则的探讨，都是紧密结合实际问题展开的。教材在"整式的加减"一章的开头集中安排字母表示数的实例，然后给出单项式与多项式的概念，以体现"列式表示数量关系"这一抽象过程，突出用字母表示数的思想；接下来结合列式问题中的化简，类比数的运算引出合并同类项和去括号的法则，进而引出整式的加减运算法则。教材的这种编写方式，可以让学生充分感受所学知识与实际的联系，体会由实际问题抽象出数学概念的过程。

再如，在"一元一次方程"中，教材改变了"概念—解法—应用"的传统教材结构，

以实际问题为主要线索，将概念与解法融于对实际问题的分析和解决过程之中。在本章的最后，还安排了"销售中的盈亏""球赛计分表问题""电话计费问题"等三个更加贴近实际生活的问题，引导学生分析问题中的数量关系，寻找其中的等量关系，并通过列一元一次方程解决问题，让学生体会一元一次方程这一数学模型在解决实际问题中的作用。

（4）发挥章引言的"先行组织者"和章小结的"概括提升"作用，体现知识的整体性

引言是全章起始的序曲，是全章内容的引导性材料。好的引言，对于激发学习兴趣、加强基本思想教学、培养发现和提出问题的能力等都有重要作用。为更好地发挥章引言的作用，教材着重从本章内容的引入、本章内容的概述、本章方法的引导等角度组织相关内容。在具体处理中，不追求"实际问题—数学问题"的单一模式，而是结合具体内容以自然的方式引入。例如，"有理数"一章的引言，从学生熟悉的几个具体问题入手，以"数系的扩充"为指导思想，按"引入新的数—运算—运算律"的线索加以阐述；又如，"不等式与不等式组"的引言注重引导学生借助方程的学习经验，以知识的相互联系为切入点；等等。

小结是对全章内容的梳理，是对本章内容所反映的主要思想方法进行归纳概括，对于帮助学生"由厚到薄"地再认识本章内容、帮助教师提升教学的思想性具有重要作用。教材的章小结包括"本章知识结构图"和"回顾与思考"两部分。"本章知识结构图"体现了本章知识要点、发展脉络和相互联系。在"回顾与思考"部分，首先对本章的核心知识内容及其中包含的数学思想方法等作了言简意赅的归纳概括，帮助学生对所学内容进行"去粗取精，由厚到薄"地提炼，使其对这章内容的认识有新的提升。例如，"有理数"的小结，在"数系的扩充"的思想指导下，明确地点明数及其运算、运算律的内容和方法，渗透代数学习的基本思想方法；"一元一次方程"的小结中指出方程是一种重要的数学模型；"相交线与平行线"的小结，结合本章内容的展开过程揭示研究几何图形的基本思路、内容和方法；等等。接下来是在重点、难点和关键内容上提出的有思考力度的、具体的问题，深化学生对本章核心内容及其反映的数学思想方法的理解。由"框图""概述""问题"三部分组成的章小结是一个整体，充分发挥它的功能可以使学生对本章内容形成整体性认识，使全章学习在更高的层次上"收官"。

（5）加强探究、重视"综合与实践"，积累数学活动经验、培养创新意识

创新意识是科学不断发展和社会不断进步的动力，也是现代数学教育的基本任务，应当体现在数学教与学的过程之中。教材非常重视学生创新意识的培养，在内容的呈现上努力体现数学思维规律，倡导探究式学习，给学生一条观察事物（情境）、发现问题、提出问题、分析问题、解决问题的线索。教材从知识内容的发展脉络、核心概念、思想方法、学习过程等方面考虑，在一些关节点上设置"思考""探究""归纳"等栏目，使学生通过观察、实验、比较、归纳、猜想、推理、反思等理性思维活动，领悟数学的本质，提高数学思维能力，积累数学活动经验，培养创新意识。

除加强探究外，教材还注意了探究的层次性，使操作性活动、思考性活动顺次安排，并注意根据学生年级的提高、知识储备的增加、学习经验的丰富，不断加强"探究"的理性思维成分，体现数学探究的理性精神，提升学生的数学素养。教材中，低年级的探究侧重在通过观察、实验发现结论上；高年级的探究则侧重在利用已有的数学概念、结论探究一些解决问题的策略上。例如，对于平行四边形的性质的研究，教材并未采用低年级常用的通过观察、实验操作发现性质的方法，而是突出提出平行四边形组成要素（边、角、对角线）之间的位置和数量关系的猜想，借助三角形全等证明所提猜想的过程，培养学生的理性思维精神。

"综合与实践"是培养创新意识的重要载体，教材以"课题学习"和"数学活动"的形式安排这部分内容。除每册安排综合性较强的"课题学习"外，教材在每一章都安排了2～4个具有综合性、探究性、开放性的"数学活动"。通过这些"数学活动"，学生不仅可以复习、巩固本章的知识，而且通过这种动手操作、主动思考、合作交流的"做数学"的过程，加深对相应内容的认识，增强动手能力、主动思考的能力，提高运用数学知识解决问题的能力，培养合作精神，使课程标准中"实践与综合应用"的内容以多种方式进行，经常化和生活化。

例如，教材七年级上册"第4章　几何图形初步"的活动1是要制作火车车厢的模型，火车车厢是学生很熟悉的，它有不同的形状，不同形状的车厢主要装载的货物不同。要制作这样的模型，首先要能根据立体图形画出它们的展开图，这对于培养学生的空间想象力，发展空间观念是很有帮助的。在此基础上，画出展开图，完成设计，最后折叠，粘合，得到模型。这个过程，能充分发挥学生的主观能动性，让他们在成功的喜悦中体验数学的价值。再如，"第3章　一元一次方程"的活动2是让学生结合统计报告中的内容，运用一元一次方程求出某些数据，一方面可以锻炼学生运用方程解决实际问题的能力，另一方面也引导学生关注新闻报道中隐含的数学问题。根据收集的数据编题并用方程求解它们，是要求较高的活动内容，它有较大开放性，有益于提高分析解决问题的能力。

参考文献

[1] 林群等. 义务教育课程标准实验教科书数学七年级上册. 北京：人民教育出版社，2007年6月第3版：2.

[2] 马复等. 义务教育课程标准实验教科书数学七年级上册. 北京：北京师范大学出版社，2007年11月第5版：170-173.

[3] 刘绍学等. 普通高中课程标准实验教科书（必修）数学第一册. 北京：人民教育出版社，2007年1月第2版：27-29.

[4] 严士健，王尚志等. 普通高中课程标准实验教科书（必修）数学第一册. 北京：北京

师范大学出版社，2006 年 7 月第 3 版：40-41.

[5] 林群等. 义务教育课程标准实验教科书数学八年级上册. 北京：人民教育出版社，2008 年 3 月第 2 版：6-13.

[6] 林群等. 义务教育课程标准实验教科书数学八年级上册. 北京：人民教育出版社，2008 年 3 月第 2 版：81.

[7] 张景中等. 普通高中课程标准实验教科书（必修）数学第一册. 湘潭：湖南教育出版社，2005 年 3 月第 1 版：75.

[8] 单墫等. 普通高中课程标准实验教科书（必修）数学第一册. 南京：江苏教育出版社，2008 年 3 月第 2 版：85-87.

[9] 林群等. 义务教育教科书数学七年级上册～九年级下册. 北京：人民教育出版社，2012 年 6 月～2014 年 8 月第 1 版.

第十章
中国数学课堂教学结构与行为研究[①]

课堂教学是学校教育工作的核心环节，是联系教师、学生、课程的关键纽带，是决定课程改革成效的关键因素。广义的教学包括教师的教与学生的学。狭义的教学指教师的教即教师引起、维护和促进学生学习的活动。[1]不论从广义的教学还是狭义的教学出发，可以明确的是，课堂教学结构、教师"教"的行为和学生"学"的行为成为课堂教学的核心要素，研究课堂教学，提高课堂教学的质量和效率需要从这三个方面着手。为此，本章基于视频分析，对课堂教学结构、教师"教"的行为和学生"学"的行为进行深入的分析与研究，探讨中国数学课堂教学的一些基本特点。

课堂教学结构是指构成师生活动的要素及相互关系，主要研究课堂教学中，师生是按照怎样的操作程序展开教学过程的。对于教师"教"的行为有很多，本研究主要选取最具代表性的教师讲解和教师提问两种教师行为进行研究。学生"学"的行为也有很多，本研究主要选取三种最具代表性的学生行为进行研究，即学生参与、学生提问和学生上讲台讲演。

一、数学课堂教学结构及其主要特征
（一）概述

教学模式作为教学理论和教学实践紧密结合的产物，既是教学理论在教学中的应用，又是教学经验的系统化、理性化的概括，它和教师的关系最为密切。[2]教学模式是对教学经验的概括和系统整理，它是在一定的教育理论指导下，受到一定的教育思想、教学理论的指导、支配和制约。教学实践是教学模式产生的基础，但教学模式不是已有的个别教学经验的简单呈现，也不同于教学方法，而是教学方法的升华，强调了教学理论、教育思想在教学模式构建过程中的重要地位和支配作用。教学模式被看作是沟通理论与实践的桥梁，既能用来指导教学实践，又能为新的教学理论的诞生和发展提供支撑，在两者中起中介作用。

---

① 曹一鸣，北京师范大学数学科学学院；李欣莲，西南大学数学与统计学院；董连春，中央民族大学理学院。

对于教学模式的认识，大致有以下几种观点：

最早提出教学模式的乔伊斯和威尔认为：教学模式是"系统地探讨教育目的、教学策略、课程设计和教材，以及社会和心理理论之间相互影响的，可以使教师行为模式化的各种可供选择的类型。"[3] 美国冈特、施瓦布等提出：教学模式就是"导向特定学习结果的一步步的程序"。[4] 我国教育界认为教学模式是在教学实践中形成的一种设计和组织教学的理论，这种理论大致包括结构说、方法说和过程说。

根据教学模式的论述，结合数学学科特点，数学教学模式研究的着眼点有两个：一是数学教学的特点，另一个是一般教学模式。因此，数学教学模式应包括两类：一是揭示数学学科本身特点，反映数学教学的本质内涵；二是一般教学共有的教学模式。无论哪一类，都应该具有一个相对稳定的结构。而这种结构对于数学教学模式而言，就是指发生在数学教学过程中构成教学的诸要素及相互关系。

本研究中定义"数学课堂结构"为"在数学课堂教学中，构成师生活动的要素及相互关系"。这些要素在构成数学课堂结构中具有不可或缺、不可替代性。也即在数学课堂教学中，师生是按照怎样的操作程序完成教学。

本研究拟解决如下问题：在同一位教师的一节课中，是否存在反复出现的课堂活动或者结构？在同一位教师的10节课中，是否有稳定的课堂结构或重复的系列？如果有，这些课堂结构在其他教师的课堂中是否出现？如果没有，存在哪些差异？

为叙述方便，这里所说的"中国数学课堂"严格意义上讲是指中国上海的两位教师所进行的七年级代数学方程的教学，虽具有一定的代表性，并不代表所有的中国数学课堂教学的情况。

（二）研究设计

1. 研究对象

以澳大利亚国际课堂教学研究中心 LPS 项目资料库提供的中国（香港、澳门、上海、苏州）课堂录像资料为基础，通过观察上海3位数学教师各自连续15节数学课课堂教学录像，发现3位教师的教学内容都是关于二元一次方程和二元一次方程组的相关代数教学内容，但是 SH1 和 SH3 两位教师的教学内容和教学进度完全一样，SH2 的教学进度与 SH1 和 SH3 有明显不同，于是选择具有代表性的教师 SH1 和 SH3 在七年级连续15节数学录像课中的前10节课作为重点分析。

2. 研究工具

本研究主要利用日本研究者 Shimizu 提供的13个编码，对上海两位教师各10节共20节连续数学课的课堂录像进行分析，利用其课堂实录以及 Studiocode 视频分析工具进行分析。

3. 编码设计

本研究采用的编码将数学课堂结构分为13个子编码。编码的形成过程如下：早期的编码分类是由美国、德国和日本三个国家的课堂记录者在 TIMSS 研究中给出的，他们通过对每个国家的课堂记录进行参考得到一个编码系统，然后这个系统用于每个国家前 4 节课的编码分析。而现在使用的这 13 个编码分类是在早期版本的基础上修改得到的。[5] 这 13 个子编码是：

(1) 复习（Reviewing the Previous Lesson，简记为 RP）；

(2) 检查作业（Checking Homework，简记为 CH）；

(3) 呈现情境（Presenting the Topic，简记为 PT）；

(4) 描述情境和问题（Formulating the Problem for the Day，简记为 FP）；

(5) 提出问题并转化成数学问题（Presenting the Problems for the Day，简记为 PP）；

(6) 解决子问题（Working on Sub-problem，简记为 WS）；

(7) 分组或独立解决问题（Working on the Problem Individually or in Groups，简记为 WP）；

(8) 学生阐述（Presentation by Students，简记为 PS）；

(9) 讨论解法（Discussing Solution Methods，简记为 DS）；

(10) 练习（Practicing，简记为 P）；

(11) 强调总结（Highlighting and Summarizing the Main Point，简记为 HS）；

(12) 布置作业（Assigning Homework，简记为 AH）；

(13) 提示下节课的内容（Announcement of the Next Topic，简记为 AN）。

这一编码系统主要经历三个阶段：

第一阶段，利用 LPS 录像资料观看上海 3 位教师各 15 节共 45 节课的录像，初步将课堂中的行为与编码进行匹配。对于有争议的地方和不好匹配的行为采用讨论的办法进行归类。第二阶段，利用编码系统分别独立对 SH1 和 SH3 第 4，5 节课进行编码，对一些有争议的地方再次讨论，确定归类。第三阶段，选取 SH1 和 SH3 的前 10 节课的录像，对其进行编码，并把一些不好判断的行为，利用 Studiocode 分析工具，将视频截取出来，讨论确定其编码。

(三) 研究结论

1. 学生数学新知识的获得以"课堂教学"形式为主

两位教师的 10 节课中都没有使用过"提示下节课的内容"这个编码，而且只有 SH3 在第 8 节课中使用了一次"检查作业"的编码，使用率远远低于其他编码。而且 SH3 教师检查作业，是为了通过检查作业，由教师引出当堂课的内容——复杂一些的情况下如何利用加减消元法解方程组。这说明中国数学课堂以课堂教学为中心，教师在教学过程中没有提出下节课的内容让学生自学或预习。但是为了使教学内容连贯，中国教师往往在课前使用"复习"的手段（SH1：9/10；SH3：6/10）衔接上节课及以前所学过的知识点。

2. 专注于"解决数学问题",容量大

在 SH1 和 SH3 的 10 节课中,每节课都使用了"提出或解决数学问题"的编码。在 SH1 的课堂中,每节课至少使用 1 次,最多使用 4 次,平均使用了 2.8 次;在 SH3 的课堂中,每节课至少使用 1 次,最多使用 7 次,平均使用了 2.9 次。说明在中国数学课堂中,每节课都有明确的数学问题,主要围绕"解决数学问题"展开。

对于如何解决数学问题,在 SH1 和 SH3 的课堂中,主要呈现了如下四种模式:

(1) 模式一:"PP→DS",即"提出问题→讨论解法"

"PP→DS",即"提出问题→讨论解法"模式大量存在于 SH1 和 SH3 的课堂中。SH1 教师的每节课(10/10)都使用"PP→DS",即"提出问题→讨论解法"模式,SH3 教师大部分(7/10)课堂都使用了"PP→DS",即"提出问题→讨论解法"模式。而且 SH1 教师的使用率高于 SH3 教师。在 SH1 教师的 10 节课中,第 2,3,4,6,7,8,9 节课总共 7 节课完全(100%)使用了"PP→DS",即"提出问题→讨论解法"模式,第 5,10 节课中大部分(75%)使用了这种模式,在第 1 节课中部分(50%)使用了这种模式。在 SH3 教师的 10 节课中,第 2,4,8 节课总共 3 节课完全(100%)使用了"PP→DS",即"提出问题→讨论解法"模式,第 5 节课中大部分(67%)使用了这种模式,在第 1(50%),3(57%)节课中部分使用了这种模式,在第 7 节课少量(25%)使用了这种模式,而第 6,9,10 节课没有(0%)使用这种模式。

"PP→DS",即"提出问题→讨论解法"模式是数学课堂中使用广泛的一种模式。由于中国数学课堂的课堂容量大,所以教师经常选择提出问题,然后讨论解法的模式进行教学。这是一种比较高效的教学方法,可以满足课堂容量大的需求。在讨论解法的过程中,教师可以根据学生的反应灵活调整教学进度,使学生能够在短时间内学习知识。但这种方式的缺点是会限制学生的思维,要求学生与教师步调一致,参与到教师营造的讨论环境中。如果学生没有跟上教师的步调,则学习效果就会很差;相反,如果学生的步调快于教师的步调,则会挫伤学生的学习积极性。但是,由于中国都是大班授课制,不可能照顾到所有的同学,所以"PP→DS",即"提出问题→讨论解法"模式是一种比较适合中国数学课堂的教学模式。

通过观察,我们发现"PP→DS",即"提出问题→讨论解法"模式包含几种子模式:

① "PP→DS→PP→DS",即"提出问题→讨论解法→提出问题→讨论解法"

也就是说在教师提出数学问题后,和同学们一起讨论解法,讨论解法之后,再提出数学问题,再讨论解法。

② "PP→DS→P",即"提出问题→讨论解法→练习"

也就是说在教师提出数学问题后,和同学们一起讨论解法,讨论完解法之后,就让同学们进行练习,从而加深理解。

③ "PP→DS→P",即"提出问题→讨论解法→练习"模式,包含两种子模式:"PP→

DS→P→HS"和"PP→DS→P→DS",即"提出问题→讨论解法→练习→强调总结"和"提出问题→讨论解法→练习→讨论解法"。也就是说在学生练习之后,教师可以强调和总结这一类问题,也可以通过讨论解法的方法去处理练习题目。

④ "PP→DS→HS",即"提出问题→讨论解法→强调总结"

也就是说教师在提出数学问题之后,和同学们一起讨论解法,然后再强调总结这类问题。

总的来说,"PP→DS"模式是中国数学课堂中比较传统的一种模式,所以在 SH1 和 SH3 两位老师的课堂中都出现过。但是,SH1 老师比 SH3 老师更喜欢在课堂中使用这种模式,所以 SH1 教师的课堂相比 SH3 教师的课堂更传统一些。

(2) 模式二:"PP→WP",即"提出问题→分组或独立解决问题"

"PP→WP",即"提出问题→分组或独立解决问题"模式在两位教师的课堂中均有出现。但 SH1 教师使用较少(1/10),SH3 教师使用较多(7/10),而且 SH3 教师的使用率明显高于 SH1 教师。SH3 教师在第 6 节课中完全(100%)使用了"PP→WP",即"提出问题→分组或独立解决问题"模式,在第 7 节课较多(75%)使用了这种模式,而在第 1,9(50%),3(43%),5,10(33%)中部分使用了这种模式。

"PP→WP"模式依据教师不同风格,其使用率存在很大差异。"PP→WP"模式与"PP→DS"模式的差别主要反映在教师的作用方面。"提出问题→讨论解法"模式中教师占主体作用,要求学生跟着教师的步调,参与讨论;而"提出问题→分组或独立解决问题"模式中教师起引导的作用,教师旨在提供一个环境,让学生自主探究,解决问题。在"提出问题→分组或独立解决问题"模式下,教师对学生的作用相对较弱,这样能够给予学生充分的空间,让其自由发挥。但由于这种模式教师对学生的把控不大,学生在解决问题的过程中,有可能出现"跑偏"现象,所以需要教师在过程中不断地与学生进行交流和沟通,关注每个学生,但这一点又与中国的大班教学现状发生矛盾。在大班教学的条件下,教师很难顾及每个学生。所以在中国数学课堂中,"提出问题→分组或独立解决问题"模式并没有"提出问题→讨论解法"模式被教师的使用率高。但是,"提出问题→分组或独立解决问题"模式却是一种趋势,越来越多地被广大中国数学教师采纳,将其运用到自己的教学实践中。

通过观察,我们发现"PP→WP"还包含几种子模式:

① "PP→WP→PS",即"提出问题→分组或独立解决问题→学生阐述"。也就是说教师在提出问题之后,学生先分组或独立解决问题,然后教师再让学生阐述他们的想法和解法。

② "PP→WP→DS",即"提出问题→分组或独立解决问题→讨论解法"

也就是说教师在提出问题之后,学生先分组或独立解决问题,然后教师再和同学们一起来探讨解法。

总之，"PP→WP"，即"提出问题→分组或独立解决问题"模式是一种在教师主导作用下，以学生为主体的教学模式，正在逐渐被中国数学教师接受并使用。

(3) 模式三："PP→PS"，即"提出问题→学生阐述"

"PP→PS"，即"提出问题→学生阐述"模式在 SH1 和 SH3 的课堂中均有出现，但出现不多。通过观察出现的几次"提出问题→学生阐述"模式的情况，我们可以看出："提出问题→学生阐述"模式在两位教师的第 10 节课上都出现过。SH1 和 SH3 两位教师的第 10 节课都是习题课，所以一般能够使用"提出问题→学生阐述"模式。SH3 教师的第 9 节课也出现过此模式，但是出现的位置在这节课即将结束的时候。通过以上分析，我们可以看出："提出问题→学生阐述"模式一般出现在习题课上或者主体知识介绍得比较完整的情况下，此时学生对整体知识有了一定的了解，这时就可以由教师提出问题，学生马上阐述。

通过观察，我们发现"PP→PS"，即"提出问题→学生阐述"还包含几种子模式：

① "PP→PS→HS"，即"提出问题→学生阐述→强调总结"。也就是在教师提出数学问题之后，由学生来阐述想法和解法，然后教师再强调和总结。

② "PP→PS→DS"，即"提出问题→学生阐述→讨论解法"。也就是在教师提出数学问题之后，由学生来阐述想法和解法，然后教师再和同学们一起讨论解法。

(4) 模式四："PP→WS→DS→WS→DS"，即"提出问题→解决子问题→讨论解法→解决子问题→讨论解法"。这种模式只出现在 SH1 教师的第 1 节课上。说明在中国的初中课堂中，主要还是把关注点放在了解决问题上，而对于问题间的联系关注还不太够。

总之，中国数学课堂专注于"解决问题"，教师采用多种方式和途径来解决问题。

3. 数学课堂的结构比较稳定

通过对 SH1 和 SH3 两位教师各 10 节课的分析，我们可以得出：课堂的结构比较稳定。两位教师在一节课的开始都会复习（SH1：9/10，SH3：6/10），在解决完问题之后，都会强调总结（SH1：9/10，SH3：10/10）和布置作业（SH1：10/10，SH3：10/10）。

正如前面谈到的一样，由于数学课堂的容量较大，教师没有太多时间去顾及与本节课教学内容关联不大的内容，但为了保持知识的连贯性，教师一般都会采取在课前复习的策略。这既能使学生对于知识之间的连贯性有一个初步的认识，又能帮助学生唤醒记忆，有利于当堂课内容的展开，特别是复习的知识与当天学习的新知识有很强联系的时候，帮助更大。也正因为数学课堂教学容量较大，有时候学生在学习知识之后会感觉知识比较零散，难以建立知识间的内在联系，所以需要教师站在更高的高度上给予学生一个强调和总结。而对于布置作业，这是中国数学教学的一个传统，在大容量的教学之下，为了更好地理解所学知识，需要做一些巩固练习。而巩固练习在课堂上没有足够的时间支撑，所以留在课下完成。

当然，出现如此稳定的课堂结构，也与数学教学指导分不开。通过对教师的访谈资料、教师教学参考资料的分析研究发现，在数学教师手中，除了教材之外，每位教师还有一本教师指导用书，在书中会给出教师教学的一些建议。在这些建议中，就有"复习引入""强调总结""布置作业"这些环节。所以，很多数学老师通过实际教学的摸索，选取了这些教学建议，尽管教师并不完全按照这些教学建议进行教学，但由于受其影响，习惯成自然，逐渐形成了中国数学课堂教学的一些特点。

4. 对于数学问题的引出集中表现为直接提出数学问题，较少选择"呈现情境→描述情境→转化为数学问题"的方式。

在观察的 SH1 和 SH3 两位教师的各 10 节课的录像中，采用"PT→FP→PP"即"呈现情境→描述情境→转化为数学问题"方式的教学中，SH1 的 10 节课堂中占 2 节，SH3 的 10 节课堂中占 3 节，在 SH1 的两节课中，"PT→FP→PP"即"呈现情境→描述情境→转化为数学问题"方式只出现一次，在 SH3 的两节课中，"PT→FP→PP"即"呈现情境→描述情境→转化为数学问题"方式也只出现一次，另一节课中出现两次。而在两位老师的 10 节课中，每节课都出现了"直接提出数学问题"，而且出现的次数均大于等于一次。这说明在数学课堂教学中，教师更倾向于直接提出数学问题。

为什么教师更倾向于直接提出数学问题呢？这也与课堂容量大有关系。通过访谈资料分析，进一步了解到，"如果采用先呈现情境，然后描述情境，最后转化为数学问题，往往需要在情境的呈现和描述中花费不少时间，从而影响到教学进度，很难完成教学任务。"他们还认为，"通过情境引出到数学问题的教学过程中，教师往往还担心情境设置不当可能会分散学生的注意力，从而引起学生不必要的学习负担。"所以，教师在选择情境的时候往往比较谨慎，既不能花费太多的时间，也不能太发散，以致分散了学生的学习注意力。

二、数学课堂教学中的教师行为

（一）教师启发式教学

1. 概述

"启发"在现代汉语中，指在他人的引导下通过产生联想而领悟。启发式教学是指教师通过诱导使学生联想，从而领悟所学知识。现代人们也将"启"理解为教师的动作，指教师创设一个能激起学生强烈的学习动机，热烈的情绪，积极地感知、想象、思维、记忆的情境的过程；"发"是学生的动作，是指学生产生求知欲望，产生积极的认知活动。启发式首先是一种教学论思想，贯穿在教学的各个领域、教学的全过程，也可以当作一种教学方法和形式。

在数学教学中，启发式教学也被广泛应用，并不断发展。G. 波利亚在《怎样解题》一书中，用占全书 80% 的篇幅专门探讨了"探索法小词典"。他特别推崇探索法，认为现代探索法力求了解解题过程，并强调数学教学应尽可能为学生提供从事独立探索的机会，教师要通过适当的选题，让学生即使是中等班级的学生也能感受到某种近似于独立探索的体验。通过这种形式，教会学生思考，培养学生的思维方式和创造能力。汉斯·弗赖登塔尔则认为："就教学法而言，必须激励学生主动地去学习。将数学作为一个现成的产品来教，留给学生活动的唯一机会就是所谓的应用，其实就是问题。这不可能包含真正的数学，留作问题的只是一种模仿的数学……于是学生离校时对数学留下一个不正确的印象，那是多年来的教育所造成的。"[6]

随着教学的不断改革，我国的启发式教学模式发生了一定的变化。由孔子的"学—问—习—思—行"，逐步发展到朱熹的"学—问—思—辨—行"，再到蔡元培的"自学—引导—综合—直觉—美"。而国外的关于启发式教学模式也一直在发展，由苏格拉底的"问题—诘问—反思—引导—结论"，到柏拉图的"对话—辩论—思考—真理"，再到杜威的"创设情境—产生问题—提出假设—展开推理—应用验证"。

在国外，由传统启发式过渡到现代启发式——探索式教学。为了构建一种新的数学教育方式，以全面体现探索式教学思想。波利亚做出了先驱工作。他首先提出了启发式的"heuristic"一词，即探索法。随后他从20世纪三四十年代开始通过"了解解题过程，特别是解题过程中典型有用的智力活动"而认真研究探索法，并"力求用朴素而现代化的形式来复兴探索法"。

我国著名数学教育家傅仲孙在进行数学和数学教育研究的同时，特别关注对数学进行哲学思考和方法论上的概括，对数学，"不在知其所以然，而在知何由以知其所以然"（即追索获取方法的思维过程和途径）。

20世纪80年代末，我国一批数学教育工作者在我国知名数学教育家、数学方法论专家的大力倡导和支持下，开展了包括波利亚思想在内的数学方法论研究，在"把数学方法论用于改革教材和教学方法"的方针指导下，开创PM与MM系列学术会议。后经实验表明，MM教育方式是一种现代启发式教学。

如今，启发式教学模式形式日趋多样化，内涵日趋丰富，从问答式到活动式，从认知式到非认知式。随着时间的推移，启发式教学又有了新的内涵。启发式教学模式从单一化向多样化发展，从简单化向综合化发展，重视教学中的双主体性和双边性。本文意图探索中国数学课堂中"启发式"教学的本质面目和内涵，为解读中国数学课堂教学的本真面目提供一个视角和依据。

2. 研究设计

（1）研究对象

以澳大利亚国际课堂教学研究中心LPS项目资料库提供的中国（香港、澳门、上海、江苏）录像资料为基础。选择具有代表性教师SH1和SH2在七年级连续15节数学录像课中的中间6~10共5节课作为重点研究。

（2）研究工具：澳大利亚国际课堂教学研究中心与公司联合开发的Studiocode视频

分析工具。

（3）编码设计：TIMSS 录像研究通过两次编码方法对课堂谈话进行编码，第一次是对谈话片断（utterance）进行编码，第二次是在初次编码基础上进一步对内容作细分编码，增加了谈话启发—响应序列（Elicitation-Response），来刻画师生之间的交流。已关注到对谈话启发进行深层的分析，但现有的研究结论主要是以教师讲的时间、学生讲的时间为主要指标进行形式上的考量。通过对 LPS 项目、TIMSS 研究方法的研究，我们建立了一个较为简化的二维编码系统，从课堂教学中启发式的形式和功能两个维度对启发式教学进行编码研究。

启发式教学的形式编码为：
①回答问题：个别提问，全班提问，追问，师生共答，老师自答。
②问题解决：学生作业，学生提问，学生讨论，个别讨论，小组讨论。
③教师讲解：全班讲解，个别指导。

启发式教学的功能性编码为：
①铺垫：联结，中间问题，问题情境。
②理解：学生读题，教师读题，学生解释，教师解释，演示。
③引导：分析关系，具体方法，一般规律，反思追问。
④评价：暗示，点评，表扬，讲评。

这一编码系统的突出特点是深入分析教师主导下的课堂提问、讲解的内容，深入分析中国（东方）课堂文化的特点，探讨、研究中国的数学课堂教学中教师怎样以"启发式"教学为基本指导思想，进行探索、发现、师生互动。

3. 研究结论

（1）中国的数学课堂是在教师主导下，具有高度的统一性和计划性。

利用课堂教学形式编码系统得出的结论：教师 SH1 组织讲解（包括学生回答教师的提问）时间平均占 86.94%，其中面向全班同学讲解（包括学生回答教师的提问）占 83.87%，学生解答教师规定的相同的问题时间占 15.27%，整个数学课堂教学几乎 100% 的时间都是在教师的计划下进行。学生主动提出的问题为 0，学生之间讨论的时间占 1.448%。

SH2 讲解（包括学生回答教师的提问）的平均时间少于 SH1，只占 69.97%，其中面向全班同学讲解占 46.17%，不到总时间的一半，但用于学生解答教师规定的相同问题的时间占 47.17%，整个的数学课有约 94% 的时间都是在教师的计划下进行（包括教师面向全班同学讲解和学生解答教师规定的问题）。学生主动提出问题在连续 5 节课中有 1 次，学生之间讨论的时间占 3.434%。

注重以教师系统讲解知识，重视基础知识、基本技能的教学是中国数学课堂教学的一个基本特征。奥苏贝尔认为，学校的主要任务是向学生传授学科中明确、稳定而有系统的知识,"大多数课堂学习,特别是在较年长的学生方面,都是有意义的接受学习"。学生的主要任务是以有意义的接受学习的方式获得有组织的知识,形成良好的认知结构。这一教学思想与中国的一些教师实践相吻合,目前,在许多学校的数学课堂教学中占据着主要地位。

(2) 中国的数学课堂不是以教师为中心,更不是以学生为中心,而是"教师为主导学生为主体"或师生"双主体"的师生关系。

在中国的教学理论研究中对师生关系曾有长期的争论:20 世纪 80 年代基本以"教师为主导学生为主体"的师生关系为代表,20 世纪末逐渐开始认为教师和学生分别是教的主体和学的主体的"双主体"的师生关系,不同于西方课堂文化中的"教师中心"说和"学生中心"说。因此在教学实践中,虽然数学课堂上几乎所有的时间都在教师的组织下进行,师生之间的交流、学生独立解决问题的时间仍占较大的比例。

SH1 用于个别提问、全班提问、追问、师生共答、学生作业、学生提问、学生讨论、个别讨论、小组讨论的时间占了 42.41%,占教师讲解时间 86.94%的近一半,也就是说这种讲解只是在教师组织下的一种师生共同参与的"双边活动"。学生主体性、独立性可以从学生独立解决问题的时间的 15.27%中得到更充分的体现。这种课堂教学具有显著的以教师主导,注重学生主体性的特征。

SH2 用于个别提问、全班提问、追问、师生共答、学生作业、学生提问、学生讨论、个别讨论、小组讨论的时间占了 68.15%,与教师讲解时间 69.97%几乎一致,也就是说教师的讲解基本上只是在组织讨论。此外,平均有 47.17%的时间是由学生独立解决问题,说明 SH2 的教学几乎都是在一种学生与教师共同参与或学生独立解决问题,教师进行辅导中进行的,是一种"双主体"下的课堂教学策略。教学过程中,让学生主动探索,不越俎代庖,体现了"教是为了不教"和"授人以渔"的教学原则,体现了对学生"以人为本",而不是教师"一人为本",教师中心。

(3) 中国的数学教师在课堂教学中重视启发诱导,主要通过师生之间的对话进行。

中国数学课堂的一个重要特征是教师面向全体同学的讲解是以一种"铺垫、理解、提示、评价"师生共同探讨的"启发式"的方式进行的。SH1 用于个别提问、全班提问、追问、师生共答、学生作业、学生提问、学生讨论、个别讨论、小组讨论的时间占了 42.41%。SH2 用于个别提问、全班提问、追问、师生共答、学生作业、学生提问、学生讨论、个别讨论、小组讨论的时间占了 68.15%。进一步用功能性编码系统进行分析。

SH1 主要通过复习旧知,帮助学生建立新旧知识之间的联系 (5.40%),设置中间问题 (6.48%) 进行铺垫,启发诱导,进入新的问题领域。

SH2 则是通过复习旧知,帮助学生建立新旧知识之间的联系 (1.124%),设置中间问题 (18.358%) 进行铺垫,设置问题情境 (0.26%),学生独立探索(约 17%),启发诱导,进入新的问题领域。

SH1、SH2 对于数学问题的理解和表征（9.824%，3.736%）则是通过：学生读题（1.606%，2.424%），教师读题（6.18%，1.458%），学生解释（1.148%，0.342%），教师解释（1.984%，2.486%），演示（0，1.524%）等形式进行。

在问题解决的过程中，SH1、SH2 并不是进行简单的讲授，更多的是通过师生之间的提问、对话、个别指导（113.8 次，89.8 次）进行引导启发，包括分析关系，具体方法，一般规律，反思追问、点评。

（4）精选问题，及时反馈，进行有针对性的启发、指导。

SH1 主要是师生一起解决数学问题，在解决问题的过程频繁运用"问答法"进行启发、引导。每节课面向全班同学的师生之间的提问、对话平均达 110.4 次。SH2 对全班的提问、对话平均为 65 次。SH2 更多的是在学生独立解决问题时进行个别有针对性的启发指导，平均每节课有 42.8 次，其中有 24.8 次给出具体的启发引导；而 SH1 则每节课只有 14.6 次，其中只有 3.4 次给出具体的启发引导，有显著的差异。这是因为 SH1 用较多的时间"一起来解决问题"，进行集体指导，而 SH2 则更多的让学生自己探索、解决问题，所以需要更多的个别指导。在个别指导过程中，SH1，SH2 主要有两种方式，一种是在巡视时停下来，看一看，不直接给予明确指导，通常会通过点头、"嗯"等方式给出暗示或认可；另一种给出具体的启发引导，而不是直接给出问题的正确解答。

（5）学生之间几乎没有交流、互动、合作和相互启发帮助，学生主动学习、主动探索意识缺乏。

中国的启发式教学、交流在教师的组织引导下进行，学生之间的讨论，特别是自发性讨论几乎为 0，教师组织下的讨论 SH1 的时间占 1.448%，最长的一次为 1 分 35 秒，最短的一次为 8 秒；在 SH2 组织下进行讨论的时间占 3.434%，最长的一次为 3 分 8 秒，最短的一次为 3 秒。从访谈了解到，教师认为如果让学生自由讨论，课堂秩序会很乱，难以"控制"。学生主动提出问题 10 节课中只出现过一次（SH2 第 8 节），且出现在 SH2 讲评过程中发生的一个误解。

另外在研究的 10 节课中有一次（SH2 第 10 节）教师让学生提问，"有什么问题需要问的？"这是发生在下课前 1 分半钟，教师"已完成教学任务"的前提下，学生没有提出问题，有一个学生自言自语说，"没有什么问题，太简单了！"学生没有提问的习惯。

（二）教师提问

1. 概述

关于教师如何在课堂上进行有效的提问有着悠久的历史渊源。在东方，可以追溯到孔子的"不愤（有疑难）不启，不悱（想说说不清）不发。举一隅不以三隅反，则不复也。"朱熹解释为"愤者，心求通而未得其意；悱者，口欲言而未能之貌；启，谓开其意；发，谓达其辞。"而在西方，则可以追溯到苏格拉底的产婆术，通过问答的方式，抓住学生思维过程中的矛盾，启发诱导层层深入，最终让学生自己得出结论。[2][7]

现在，提问依然是课堂中使用最频繁的教学技能之一，日本著名教育家斋滕喜博甚至认为提问是教学的生命。提问在课堂中占有重要地位，它是师生互动的重要形式，是促进学生思维发展的基本手段，同时也是实现教学目标的重要方法。[8][9]

2. 研究设计

选取中国东南西北中 5 个一线城市学区，从其中的重点中学（示范中学）与非重点中学（普通中学）中随机选择若干所初级中学，再从每所学校的 7 年级随机选取 5～7 名数学教师（如果此学校 7 年级教师少于 5 名，则选取所有的 7 年级教师），共 42 所学校 132 名教师作为教师样本，共采集 218 节数学课堂录像。

采用专家评议法及课堂编码分析的方法选择研究对象。首先根据北京师范大学"MIST-China"项目组已有的研究成果之一：课堂评价表对录像进行编码打分，按照得分高低选取出前 30 节课堂录像；然后再将所有教师课堂录像中的 1 节随机平均分配给 4 位有十几年教学经验的教研员及一线优秀教师，4 位一线优秀教师和教研员观看课堂录像，根据自己的经验对选出的 30 节课再从高到低排序。结合课堂评价表的得分及 4 位一线优秀教师的评价结果，综合选出 15 节高质量的数学课堂录像，最后结合研究的问题再根据课堂教学质量评价工具 IQA（Instruction quality assessment）中相应指标得分也较高的 5 节高质量数学课作为研究对象。

采用视频编码分析法，运用软件 NVivo 对教师在每个"提问—回答—反馈"这一对话序列中所运用到的策略、时间上所占的百分比以及发生的总次数进行分析。所用编码如下：

表 10-1 发问编码

编码	名称简记	描述[10]	解释/举例
核实（understanding checking）	Check	用于核实学生是否跟上或同意教师及其他同学的观点	仅需要学生回答是/否（Yeah/No），例如，对吗？同意吗？之类
复习（review）	Review	用于复习之前学习的概念、命题、公式	我们上节课讲的这个公式的文字表述是什么样子？
信息提取（information exaction）	information	用于要求学生从文字描述、图、表中筛选信息并对其进行解释	第一个是谁？-x
要求举例（exemplification）	Example	要求学生提供例子	比如说？
问结果（product/result）	Result	用于引出数学操作的结果，或是问题解决的最终答案	答案一般为名词，英文尤其用 How many, How much 提问时

续表

编码	名称简记	描述[10]	解释/举例
问策略/过程（方法）（strategy/procedure）	Strategy	用于引出问题解决策略或过程	What…How…
要求解释（explanation）	Explain	要求学生提供解释	Why…等等

表 10-2　追问编码

编码	名称简记	描述[10]	解释/举例
确认（seeking confirmation）	Confirm	用于确认学生对于他们的回答是否理解	"理解吗？"之类。为发问中"核实"在追问中的对应
澄清题目（clarification）	Clarify	有关题目的进一步信息	有关题目的进一步信息
重复学生答案（repeat）	Repeat	教师重复学生答案	重复学生答案
提示（cueing）	Cue	引导学生注意到解决问题的关键方面	提示线索
要求学生阐述、论证（elaboration/justification）	Justify	要求学生进一步阐述论证他们的答案及提供进一步的信息	提问"为什么，你能……吗？你这样做的原因是什么？"
教师自行补充（supplement）	Add	要求补充	教师不再与学生交流而是自说自话

3. 研究结论

（1）询问结果和重复答案这两种策略的次数最多，持续时间最长

统计编码结果发现并不是每节课的教师提问都包括编码中全部的提问类型，然而基本每节课都会出现的提问类型有，教师自行补充、核实、澄清题目、确认、提示、要求解释、要求学生阐述论证、重复答案、问结果、问策略过程方法。其中编码参考点个数最多、所在的问题串持续时间最长的是问结果和重复答案。

问结果属于发问，往往存在于问题串的开始部分。有时类似于对答案，快问快答，而有时是在学生回答完问题（往往为一个名词）后，再对学生是如何做的、用什么方法得到的等更多信息进行更具体的追问；重复答案往往位于教师提问—学生回答之后，其出现较为普遍，并且往往跟着对学生问题的进一步追问，要求阐述论证或提示等。

（2）复习、信息提取与让学生举例需要更长时间

复习、信息提取、要求举例这三项虽然在时间轴上占的时间很长，但实际编码的参考点却很少。换句话说，这三种提问策略所在的问题串持续时间比其他问题串要长得多。当

涉及复习、信息提取与让学生举例时，一方面因为这并不是一个具体明确的问题，往往需要更多的时间；另一方面，这三种策略更容易出现在大题的讲解过程中，总时间一般更长。

（3）教师花在复习提问上的时间较长

很多中国教师都喜欢在课堂一开始的前十分钟回忆上节课的学习内容，如定理、公式如何表达，或在学习例题时简单复习回顾以前学习的内容，重视知识的前后贯通性。

（4）发问的主要策略是问结果、核实与要求解释

发问策略中，中国教师运用最多的是问结果与核实，其次是要求解释。

（5）追问主要策略是重复学生答案、提示、教师自行补充与确认

追问策略中，中国教师运用最多的是重复学生答案、提示和教师自行补充，其次是确认。

三、数学课堂教学中的学生行为

（一）学生参与

1. 概述

随着课程改革的不断深入，学生在教育教学活动中学习的主体地位越来越得到重视。《义务教育数学课程标准（2011年版）》在课程基本理念中强调"教学活动是师生积极参与、交往互动、共同发展的过程。""学生是学习的主体，教师是学习的组织者、引导者与合作者。""数学教学活动应激发学生兴趣，调动学生积极性，引发学生的数学思考"。[8]由此可知在初中数学课堂的教学中，教师应当关注学生的参与，引导学生积极主动参与课堂活动。课堂是培养学生数学素养的主要阵地，而学生课堂教学参与行为直接影响其数学素养的形成与自我发展，因此，关注数学课堂中的学生参与具有重要意义。

"参与"一词最开始来源于管理学、组织行为学等社会领域。[9]它揭示个体加入或卷入到群体活动的一种状态。在英语中常常表示为"engagement""participation""involvement"等。在教育学领域，"参与"强调的是教师和学生在教育教学活动中的平等地位，共同讨论与交流，它可以看作是一种关系。

虽然国内外关于学生参与的各方面已经做了大量的研究，但对于"学生参与（student engagement）"的概念仍没有形成一个统一确定的论述。大部分研究者认为学生参与是一个多方面组合的概念。他们认为学生参与是指在学生的学业活动中，学生指向学业工作所要促进的学习、理解和掌握知识、技能和技术的心理投入及其努力。学生参与是认知参与、情感参与和行为参与三个方面的组合。[11]本研究中的学生参与是界定在课堂教学中的学生参与，其焦点关注在学生的行为表现，但并不只是局限于学生参与的行为方面，因为行为参与是认知参与和情感参与的外在表现，也就是说学生的行为参与在某种程度上显示了其认知参与和情感参与。

2. 研究设计

以北京市和成都市的初级中学共 8 节数学课堂录像为研究对象，使用 NVivo 软件对课堂录像进行编码分析。

已有研究将学生参与划分为认知参与、情感参与和行为参与三个维度。从课堂教学录像发现学生的认知参与和情感参与不易量化，另外，学生的行为参与也在某种程度上显示了学生认知与情感的参与。在课堂教学中学生如果在情感上积极参与，那么这部分同学也会踊跃发言，参与各种教学活动；反过来，学生积极参与教学活动，也反映出了其积极情感的参与。因此，本研究着重研究学生的行为参与。经过研究前期对初中数学课堂录像的观察，参考孔企平和斯海霞的学生行为参与分类，本文将初中数学课堂中的学生参与分为九个方面：学生应答、小组合作学习、学生练习、学生提问、学生朗读、学生讲解、学生举手、学生板演以及其他行为。

3. 研究结论

(1) 学生参与以学生应答为主

对 8 节初中数学课堂教学录像中学生参与的数据进行统计、分析发现，无论是北京市还是成都市学生应答出现的次数均明显高于其他类型的参与行为；在参与时间上，学生应答的时间也都超过了整节课的 10%。也就是说，教师在课堂教学中，师生互动主要以问答为主。通过数据统计还发现，在所有类型的学生参与中，学生提问发生最少，在 8 节数学课堂中仅出现了 6 次。

(2) 学生应答以集体应答为主，个体应答次数较少

在 8 节初中数学课堂中，学生应答以集体应答为主，个体应答较少，并且个体应答的认知水平明显高于集体应答的认知水平，集体应答以机械判断性应答和认知记忆性应答为主。在曹一鸣[12]等人的初中数学课堂师生互动行为主体类型研究中，基于 LPS 项目课堂录像资料，研究得出教师与全班学生互动是课堂师生互动行为中的主要类型，师生互动的主要形式是问答，这反映出我国初中数学课堂教学中，教师提问主要面向全班学生，通过课堂教学录像的分析，再结合数据发现，在初中数学课堂的教学中，教师对于集体的提问往往比较简单，不需要学生进行复杂的思维活动，学生认知参与较低；同时，对于集体的提问，学生会出现滥竽充数的情况，不利于教师感知学生整体对知识的掌握程度。

(3) 学生应答的认知水平不高

在北京市和成都市两地的 8 节初中数学课堂教学录像中，学生应答总共出现了 652 次，其中，机械判断性应答和认知记忆性应答为低认知水平的应答，共 367 次，而较高层次认知的应答（包括理解运用性应答、分析评价性应答以及生成创造性应答）共 285 次，说明在初中数学课堂中学生应答的认知水平不高。在 8 节课堂录像中，学生应答的平均认知水平相差不大，基本上都处于认知记忆性应答和理解运用性应答之间，数值大于 1 小于 2。

(4) 教师提问与学生应答的认知水平呈显著的正相关

在两地 8 节初中数学课堂录像中，学生共回答 652 次。将教师提问与学生应答赋值之后，利用 SPSS 软件对教师提问和学生应答两个变量进行相关性分析，结果显示二者有显著的正相关性。教师提问的认知水平与学生应答的认知水平呈非常显著的正相关。

(5) 北京市和成都市两地的初中数学课堂中学生参与行为差异显著

通过对北京市和成都市的初中数学教学录像编码比较分析发现，两地区的学生在学生应答、应答对象以及应答认知水平上没有明显的差异，但在以下参与行为上产生了较为明显的差异，具体如下：

第一，北京市数学课堂中，学生练习及学生应答占用时间最多。

在北京市的 4 节初中数学课堂录像中，学生的练习时间平均为 1 节课的 15.4%，学生的应答时间为 1 节课的 15.08%。而在成都市的 4 节课堂中，学生练习时间仅为 1 节课的 0.77%。在行为出现的次数上，两地差异也比较明显，学生练习在北京市的课堂中出现了 16 次，但在成都市课堂中仅出现一次。

第二，成都市数学课堂中，学生讲解及小组合作学习占用时间最多。

在成都市的 4 节初中数学课堂录像中，学生讲解时间为 1 节课的 22.89%，学生小组合作学习时间为 1 节课的 16.8%，这两种行为在课堂教学中占用的时间最多，而在北京市的 4 节课堂录像中，学生讲解时间仅占 1 节课的 1.51%，学生小组合作学习没有出现。可见两地在这两种行为上的差异也比较明显，从次数来看，也同样如此。

第三，不同的教学模式使两地的学生参与产生差异。

总的来说，在两地的初中数学课堂教学中，学生练习、学生讲解以及小组合作学习三方面的差异是比较明显的。成都市初中数学课堂中学生各种参与行为占到了 1 节课的 66%，而北京市仅占到 1 节课的 42%。结合教学录像及教师访谈发现，两地的教学模式也不尽相同，北京市以传统的教师讲授式为主，成都市以教师引导为主。

(二) 学生提问

1. 概述

如何在课堂中培养学生提出问题的能力是近年来数学课堂教学研究的热点问题。波利亚认为"对自己提出问题是解决问题的开始"[13]，作为"问题解决"的一种手段，"提出问题"成为了数学教育研究的对象。近年来，国内外众多学者对在课堂中提出数学问题进行了大量的研究，但大多针对教师的课堂提问，对学生课堂提问的研究主要集中在学生课堂提问的价值、影响学生课堂提问的因素以及促进学生课堂提问的策略这几个方面。

《全日制义务教育数学课程标准（2001 年版）》对学生提出数学问题进行了明确阐述，"让学生逐步学会从数学的角度提出问题、理解问题，并能综合运用所学的知识和技能解决问题，发展应用意识"[8]。学会提问不仅有利于问题的解决，而且有利于培养学生的创新精神和创造能力。在数学学习方面，创造力在一定程度上体现在对以文字、图示或图表的形式描述的一个数学情境，能提出大量的、相异的问题。[14]

我国数学课堂教学中"问题"的发现、提出、整合、归纳直至解决普遍都由教师完成。一些学者研究发现，小学生上课听讲遇到问题能够当场举手提问的学生仅占 13.8%，而初中生和高中生则更少，所占的比例仅有 5.7% 和 2.9%。[15] 可见我国学生提出问题的能力堪忧。如何促进学生课堂提问能力的发展，已成为新课程背景下人们关注的一个重要话题。

2. 研究设计

以 20 节初中数学课堂视频为研究对象，借鉴"课堂教学教师提问"观察量表以及同类研究中观察表格的内容，结合研究目的，制定了如下的观察量表，对 20 节课堂录像中学生课堂提问行为进行记录和分析。记录以每个问题为单位，每当确定学生的行为是提问时，就完成表 10-3 的相关内容。

表 10-3 学生课堂提问观察表

课题：		课时长度：		第 课时	
教师：		年级：		教学方法：	
提问主体	提问对象	提问时机	提问内容	提问水平	教师反馈

3. 研究结论

从学生课堂提问数量等结果来看，我国学生课堂提问情况不容乐观：20 节数学课堂中只有 21 个学生提问；学生课堂提问的主体全部为学生个体，没有学生个体代表学习小组的提问形式出现；在学生或学习小组发言完毕后，当其他学生个体或学习小组对该学生或小组代表发言有疑问时，一般情况下并不能直接提出问题，而是需要通过教师作为"间接对象"，给予提问的机会并选择提问的对象，生生之间、小组之间相互提问数量很少；学生提问行为的发起者基本为学生自己，而教师主动给予学生提问的机会则非常少；学生提出的问题多数为呈现型问题，认知水平不高，反映出学生依赖教师解决问题的心理，学生提问的能力有待提高。

影响学生提问的因素包括：

（1）教学方法。绝大多数教师在课堂中主要采用讲授法教学，影响了学生主动思考和提问的时间。然而，在新课改的背景下，一些课堂也采取了新的教学方法，如 DJP、小组合作式等有助于促进学生课堂提问。

（2）提问时机。学生课堂提问的发起者基本为学生自己，在笔者观察到的 20 节课堂录像中，仅有两节教师主动询问学生对于刚才所讲的内容是否还有疑问。反映出教师对课堂的严格控制。

(3) 教师的应答态度。绝大部分教师对学生的应答态度比较积极,从教师回应方式来看,教师对学生提问的回应使用最多的是将答案直接告诉学生。

(4) 教师的评价。教师评价方式影响学生提问的积极性,然而目前教师的评价比较简略,很少有教师在解答或讨论完问题之后对该学生的提问行为进行表扬,并鼓励其他同学学习效仿。

(三) 数学课堂中学生上讲台讲演行为

1. 概述

在 TIMSS 1999 中,相关研究人员对数学课堂中教师与学生对话进行了国际比较研究,结论是[16]:在八年级的数学课堂上,无论是哪一个国家或地区,学生都有比较多的机会简要回答问题(每次讲话 1~4 字或 5~9 字的次数),学生都有比较少的机会详细回答问题(每次讲话 10 字以上)。即教师采用主讲式的教学,学生是被动的学习者,并且这一现象在中国香港尤其突出。

有学者通过对苏州一位教师及上海两位教师的数学课堂中师生对话进行研究发现[16]:课堂中教师 1~4 字讲话次数占总讲话次数的百分比较少,25 字以上讲话次数占总讲话次数的百分比较高。其中上海两位教师 1~4 字讲话次数所占比例不到 10%,25 字以上都超过 50%。对学生话语长度的比较显示,学生话语长度主要集中在 1~4 字,10 字以上占的比例较少。总的来说,各课堂学生 25 字以上的长话语所占比例都在三分之一以下,这反映出课堂教学师生互动的深入程度有限;教师的长话语多数在一半以上,这一方面反映教师在讲授问题时比较深入,另一方面也说明教师倾向于大段的讲授。

在 LPS 国际课堂录像北京地区录像资料的收集过程中,通过课堂听课及对教师、学生的采访,结合长期以来自身学习过程的体会和反思,发现现实课堂教学中学生板演及讲述活动对体现学生的主体性地位有重要作用。学生自己演示、说出自己的想法和思路更能体现学生的思维过程,学生的课堂参与度将更高。

2. 研究设计

选取 LPS 项目资料库中国内地具有代表性的北京七年级数学教师(BJ1)自然状态下连续 12 节课的课堂教学录像,上海七年级数学教师(SH2)自然状态下连续 15 节课的课堂教学录像为研究对象。借助 Studiocode 视频分析工具观察录像并进行编码分析。

在对教师 BJ1 与 SH2 录像的观察中,发现学生上讲台讲演的行为主要可以分为学生板演与学生讲述两种。学生板演指学生在黑板上完成教师布置的课堂练习,多为无声的书写;学生讲述则是学生针对某个题目的理解或解题思路面向全班学生进行阐述,多为口头表达。因此,本研究主要从学生板演行为及学生讲述行为两方面对学生上讲台讲演行为进行分析和研究。

(1) 学生板演行为编码的确定

表 10-4　学生板演行为的编码

编码及代码		编码解释
板演类型（BL）	指名板演（BL1）	教师指定学生上黑板板演，学生被动。
	竞争板演（BL2）	教师不指定板演学生，学生主动上黑板板演，学生主动。
	补充板演（BL3）	学生主动对前面同学的板演进行补充修改，通常为学生主动发起。
	电子板演（BL4）	教师通过投影仪等多媒体展示学生的课堂练习。
板演形式（BS）	一人板演一题（BS1）	一名学生板演一题，侧重重点分析。
	多人板演一题（BS2）	多名学生共同板演同一题目，便于进行多解比较。
	多人板演多题（BS3）	多名学生共同板演多个题目，每人各一题，便于分析各题的内在联系。
板演题型（BT）	标准型（BT1）	四个基本要素都为学生知道的问题。 例如，如图，已知：$AB = CD$，$\angle 1 = \angle 2$。能够判定 $\triangle ABD \cong \triangle CDB$ 的方法是（　　）。 A. SAS　　B. ASA　　C. AAS　　D. SSS
	训练型（BT2）	在构成问题的四个要素中，如果有一个要素是学生不知道或不明确的，就称为训练型问题。 例如，上图中，条件不变，结论改为"求证$\triangle ABD \cong \triangle CDB$"，就是训练型练习。
	探索型（BT3）	在构成问题的四个要素中，如果有两个要素是学生不知道或不明确的，就称为探索型问题。 例如，还以上图为例，问题改为"要证明$\triangle ABD \cong \triangle CDB$，需要哪些条件"，这个问题条件不明确，也没有指明用哪种判定方法，因此是探索型练习。
	问题型（BT4）	在构成问题的四个要素中，如果有三个要素是学生不知道或不明确的，就称为问题型问题。 例如，以上图为例，问题改为"已知：$AB = CD$，$\angle 1 = \angle 2$，你能得出哪些结论"，这个问题的解法、解法依据、结论都没有明确，因此为问题型练习。

续表

编码及代码		编码解释
板演目的（BM）	检查型（BM1）	在学习新课之前检查旧知识的掌握状况。
	导入型（BM2）	教师提出并让学生解答与新课内容联系密切的题型，目的是导入新课。
	巩固型（BM3）	在基本概念和例题的教学初步完成后，目的是为了及时反馈学习信息，巩固新学的知识，学会初步应用。
评价（BJ）	教师讲评（BJP）	教师对学生的板演进行点评。
	学生互评（BSP）	学生之间互相点评。
	师生共评（BJSP）	教师与学生共同点评。
教师对板演的评价（BP）	积极肯定（BP1）	教师以简单的方式肯定学生的板演是正确的，如点头、鼓掌、说好等。
	否定批评（BP2）	教师以简单的方式指出学生的板演是错误的，如摇头、说不正确等。
	终止（BP3）	教师在学生没有板演结束或完成任务时终止学生的板演。
	补充（BP4）	教师对学生的板演过程或结果进行补充，使其完善。
	纠正（BP5）	教师纠正学生板演中的错误，有学生自己改正后继续板演。
	讲评（BP6）	教师在学生板演结束后进行讲评。
	引导启发（BP7）	教师在学生板演过程中进行启发引导，使学生能正确地板演。

（2）学生讲述行为编码的确定

表 10-5　学生讲述行为的编码

编码及代码		编码解释
讲述类型（JL）	指名讲述（JL1）	教师指定某一学生针对某一问题进行讲述。
	竞争讲述（JL2）	教师不指定学生，有学生自己主动讲述。
	补充讲述（JL3）	学生主动对前面同学的讲述作补充。
讲述形式（JS）	一人讲述（JS1）	一人针对同一问题的讲述。
	多人讲述（JS2）	多人针对同一问题的讲述。
讲述内容（JN）	讲述思路（JN1）	针对某一问题的解题思路作解释。
	讲述过程（JN2）	阐述具体的解题步骤和依据，讲述解题过程。

续表

编码及代码		编码解释
讲述方式（JF）	仅口头讲述（JF1）	仅作口头讲述。
	书写和口头讲述并用（JF2）	一边讲述一边书写过程、作图、在黑板上标记等。
评价形式（JJ）	教师讲评（JJP）	教师对学生的讲述进行点评。
	学生互评（JSP）	学生之间互相点评。
	师生共评（JJSP）	教师与学生共同点评。
教师对讲述的评价内容（JP）	积极肯定（JP1）	教师以简单的方式肯定学生的讲述是正确的，如，点头、鼓掌、说好等。
	否定批评（JP2）	教师以简单的方式指出学生的讲述是错误的或不完善的，如，摇头、说不正确、说不好等。
	打断（JP3）	教师在学生没有完全讲述清楚或完成任务时打断学生。
	补充（JP4）	教师对学生的讲述给予补充，加以完善和改进。
	纠正（JP5）	教师纠正学生讲述时产生的错误。
	讲评（JP6）	教师对学生的讲述进行进一步深入的讲评。
	引导启发（JP7）	教师根据学生讲述的思路进行启发引导，使学生思维得到发展，最终学生自己完善和改进自己的答案。
	代答（JP8）	学生讲述遇到困难时，教师代替学生讲述。
	没有反应（JP9）	教师对学生的讲述活动未做直接反应而进行到其他教学环节。

3. 研究结论

学生上讲台讲演行为的特点为：

（1）学生上讲台讲演的类型主要是教师指名讲演，有的教师辅以学生主动竞争讲演，以及通过投影仪电子展示。

（2）教师偏好于多名学生讲演同一题目，进行不同解法之间的比较和分析。

（3）教师 BJ1 和 SH2 都比较注重学生的主体性，在课堂教学活动中能做到以学生为中心，教师 BJ1 的每节课学生上讲台讲演讲述活动所用时间平均为 5.27 分，占课堂总时间的 13.18%；教师 SH2 每节课学生上讲台讲演板演所用时间平均为 12.43 分，占课堂总时间的 31.08%。

（4）学生讲演的首要目的是巩固复习所学知识，其次是通过讲演活动引导学生思维的发展，发散学生的思维，让学生充分参与到课堂活动中。

（5）教师 SH2 的教学模式是数学解题教学的自动化技能形成模式，而教师 BJ1 让学生上讲台讲演的教学模式是数学解题教学中的问题开放模式。

（6）教师 BJ1 更注重学生在讲台上的表现，若学生讲述不正确或不完整，一般再由其他的学生指正或补充，充分让学生参与课堂；更注重对学生的引导启发，引导启发占总讲评时间的 56.54%，通常是在学生的讲述过程中，教师 BJ1 针对学生的思维水平及时引导，启发学生思考，得出解题思路；而教师 SH2 则在学生板演后进行大量的讲评，更加注重教师的点评、总结，注重对学生板演的讲评，教师讲评占总讲评时间的 68.72%，通过教师的讲评，强化解题步骤和过程，让学生形成更加牢固的解题自动化技能。

参考文献

[1] 姚利民. 有效教学[D]. 上海：华东师范大学，2004.

[2] 曹一鸣. 中国数学课堂教学模式及其发展研究[M]. 北京：北京师范大学出版社，2007.

[3] B. Joyce, M. Weil, E. Calhoun. 教学模式[M]. 荆建华，等，译. 北京：中国轻工业出版社，2002：6.

[4] 吴立岗. 教学的原理、模式和活动[M]. 南宁：广西教育出版社，1998.

[5] Yoshinori Shimizu. Discrepancies in perceptions of lesson structure between the teacher and the students in the mathematics classroom[C]. "International Perspectives on Mathematics Classrooms", at the Annual Meeting of the American Educational Research Association, New Orleans, April 1~5, 2002.

[6] 弗赖登塔尔. 作为教育任务的数学[M]. 陈昌平，唐瑞芬，译. 上海：上海教育出版社，1995：109.

[7] 曹一鸣，李俊扬，大卫·克拉克. 数学课堂中启发式教学行为分析——基于两位数学教师的课堂教学录像研究[J]. 中国电化教育，2011（10）：100-102.

[8] 中华人民共和国教育部. 义务教育数学课程标准（2011年版）[S]. 北京：北京师范大学出版社，2012.

[9] 曾琦. 学生的参与及其发展价值[J]. 学科教育，2001（1）：4-7.

[10] Lianchun D, Tiong S W, David C. Teacher questioning in Mathematics classes in China and Australia: a case study[J]. In Vincent J, FitzSimons G, Steinle J (Eds). The Proceedings of the MAV 51st annual conference, La Torbe University, Melbourne, 4-5 December. Bundoora, VIC: The Mathematical Association of Victoria., 2014：37-46.

[11] 孔企平. 数学教学过程中的学生参与[M]. 上海：华东师范大学出版社，2003.

[12] 曹一鸣，贺晨. 初中数学课堂师生互动行为主体类型研究——基于 LPS 项目课堂录像资料[J]. 数学教育学报，2009（5）：38-41.

[13] 波利亚. 怎样解题[M]. 北京：科学出版社，1982.

[14] 任伯许. 数学问题提出的教育价值[J]. 职业，2007（12）：50-51.

[15] 李萍. 小学语文中高学段学生课堂提问现状调查研究[D]. 江西师范大学，2014：60.

[16] 曹一鸣. 数学课堂教学实证系列研究[M]. 南宁：广西教育出版社，2009.

第十一章
数学课堂中的任务设计[①]

一、数学任务的概念及国内研究综述

任务指担负的责任和交派的工作,教学任务"体现了达成教学目标的各种具体要求,它指出了课堂学习中师生需要做什么"[1]。2001年开始顾泠沅[2-3]等学者对Stein,Smith,Henningsen,Silver[4]的专著的翻译,将mathematics instructional task翻译成"数学教学任务"。有些学者将其概念直接表述为"教学任务",但其概念的内涵和发表的论文中的"数学任务"的含义一样。国内学者黄兴丰、程龙海和李士锜[5]的研究中引入了"数学教学任务"的概念,袁志玲和陆书环[6-7]等学者的研究中也有"数学教学任务"的概念。杨玉东、华瑛、盛群力等学者的研究中均有对"教学任务"的研究,他们概念的来源是Stein MK, Grover BW和Henningsen M[8]及顾明远等学者的"数学任务"或者"教学任务"的概念。

数学任务是将学生的焦点集中到一个特定的数学内容上的一套问题或者一个复杂的问题组成的数学活动。[8]Stein,Smith,Henningsen和Silver[4]的一本专著《Implementing standards-based mathematics instruction: A casebook for professional development》中有"数学教学任务(mathematics instructional task)"的概念,但其概念的内涵和发表的论文中的"数学任务"的含义一样。Doyle[9]认为"学术任务"应该关注学生工作的三个方面:(a)学生制定的成果,比如一些系列问题的原始答案或者论文;(b)可以用来将成果一般化的运算,比如记忆一系列的词语或者对概念的例子分类;(c)学生在将成果一般化的过程中所用到或者"给予"的资料,比如由教师或者一个学生提供的完成论文需要的模式。总之,Doyle认为,"学术任务"是由学生被要求创作的答案和获得这些答案所需要的途径所定义的。Doyle不仅给出了"学术任务"的定义,而且还给出了"学术任务"的四个一般要素:成果(product),资源(resources),运算(operations),教学效果考核制(accountability)。上面的两个定义除了在"数学任务"的长度上有所不同外,其他方面非常类似:"数学任务"包含期待学生得出什么样的成果,期待学生怎么样去得到这个

[①] 邵珍红,北京景山学校。

成果以及所需要的资源等等。

顾泠沅[2-3]等学者的研究中采用的"教学任务"的定义主要指课堂教学中学生参与其中的课堂活动，并用一张图来表示每一个教学任务（图11-1）：从图中可以看出，这里的"教学任务"主要指课堂教学中学生参与其中的课堂活动。

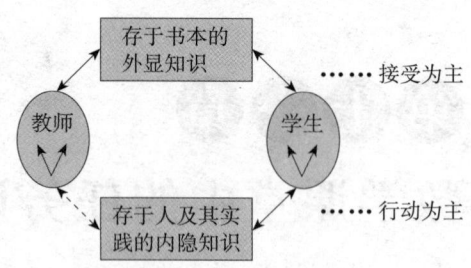

图 11-1　教学任务图

顾泠沅还研究了教学任务的基本构成，他认为："教学任务的输入项是教学对象的学习准备，教学任务的输出项是教学的目的，教学任务作为目的与对象的中介，就具体落实在教学过程中以怎样的内容、通过怎么样的方式、达成怎么样的水平，三者构成的三维关系。"并将教学水平分为：记忆（记住事实和操作程序）、解释性理解（教师讲解学生领会）、探究性理解（学生投入亲自探索）。从顾泠沅对教学水平的分类看，这三者和Stein对数学任务认知水平的分类有很大的关系，特别是记忆和探究性理解，分别属于低认知水平和高认知水平。

有学者根据Stein，Smith，Henningsen和Silver[4]的"数学教学任务"的定义及其认知水平的分类，对中国的数学课堂进行案例分析。黄兴丰、程龙海、李士锜[5]等学者对比国内两节不同时期的代数课堂录像进行分析，发现当前数学课堂的教学重心发生着变化，从主要注重公式的记忆及灵活运用转移到注重公式的发现过程。袁志玲、陆书环[6-7]等学者从认知水平的角度对数学课堂中的数学教学任务进行分析研究，提出对教学的建议。杨玉东[10]以一节"统计"为例，从数学任务的认知水平角度来看如何进行教学设计。袁思情[11]对一节录像课中的数学任务进行案例分析。总之他们的研究中"数学教学任务"的概念来源于Stein等学者关于"数学任务"的研究，其研究的认知水平分类框架均来源于Stein等学者的分析框架。俞昕[12]、宋颖[13]等研究了使用高认知水平的任务对课堂教学的意义，倡导高中数学教学使用高认知水平的任务。也有学者[14]对高认知水平数学课堂教学任务的情境创设进行研究。邵珍红[15-16]通过视频编码分析的方法，对中美两个国家的各15节相对高质量的数学课堂录像进行了分析，从质性和量化两个方面对中美数学课堂中的数学任务特征进行了比较研究。

从"数学任务"的概念界定中可以看出，在国内课堂中，"数学任务"不仅包含课堂教学为了教学生学习新知识而使用的一个或者一系列的数学问题或者数学探究活动，比如新知学习探究、例题等，而且也包含为了让学生回顾已经教过的技能而使用的练习题。

总之，国内对"数学任务""教学任务""数学教学任务"等的研究比较少，主要是利用Stein提出的任务认知水平的分类，对中国课堂教学中的数学任务进行案例分析及对高认知水平的数学任务对课堂教学的价值进行研究。

二、数学课堂中的任务设计

数学课堂一般由学生们围绕数学任务上的活动组织和实现，数学任务可以在课堂中传递"数学是什么"，在课堂中的执行可以从多个方面影响学生学习数学的机会。[17]有价值的任务指能给学生提供机会拓展他们的知识面及激励他们的学习；选择和建立合适的数学任务是有效教学的重要因素之一[8,9,17]。国外研究主要从数学任务的概念、作用、分类等方面进行了研究；国内对数学课堂中的任务设计的研究相对比较少，特别是中国数学的常态课教学中，数学任务的设计更是少之又少。本文将以2011年中国较高质量常态数学课堂录像为研究样本，从给学生提供机会使学生能参与到复杂的数学思维的角度去分析数学课堂录像中的数学任务，将数学任务从使用"实际生活"的背景知识、表现形式、认知水平特征等方面对中国数学课堂中所使用的数学任务的特征进行分析。

研究数据来源于美国国家科学基金会资金支持的中美合作项目——中美区域和学校层面对高质量数学教学支持的比较研究的数据库：2011年位于中国东、南、西、北、中五大城市的109位教师的218节初中数学课堂录像。研究样本选择采用专家评议法，并结合课堂评价量化分析法。由有几十年教学经验的教研员、一线教师们选取高质量的课堂，并结合北京师范大学项目组成员对中国所有课堂录像的评分选取15位教师的15节课堂录像。利用录像分析法，从数学任务的"实际生活"背景知识的使用、表现形式、认知水平等方面对这15节相对高质量的常规数学课堂中的数学任务进行分析。

（一）任务设计中"实际生活"背景知识的使用

新课标[18]倡导课程内容的选择要"贴近学生的实际，有利于学生体验和理解、思考和探索"。而且新课标对于课程内容的组织要求："重视过程，处理好过程与结果的关系；要重视直观，处理好直观和抽象的关系；要重视直接经验，处理好直接经验和间接经验的关系。"课程内容的呈现应注意层次性和多样性。

Hiebert J[19]对参与TIMSS 1999的7国的8年级的数学录像课中数学问题与实际生活的联系进行了研究，将数学问题分为仅用抽象语言所描述的"纯数学问题"及与实际生活相联系、以实际生活为背景的数学问题两类，研究发现数学教学中使用的以实际生活为背景知识的数学问题所占的比例为9%~42%，平均值为22%。

国内学者曹一鸣[20-21]等对现行数学教学中的创设问题情境以及密切联系生活的看法的调查研究发现，中国课堂教学中以实际生活为背景的数学问题占11%，大部分教师对数学回归生活的做法基本是肯定的态度，但同时认为，一些教师在实际教学中，为了"联系生活"而联系生活，增加许多实际生活的背景知识内容，存在形式化的倾向，冲淡了数学，影响了教学目标的达成。

荷兰著名的数学教育家弗赖登塔尔（H. Freudenthal）主张数学教学中的"情境

化"。在他看来,任何数学都是数学化的结果,即对现实世界场景的逐渐抽象和形式化的结果,所以学生的数学学习的过程也需要从实际情境开始,逐渐把实际生活情境化再数学化。

上面的文献中均分为两类研究:纯数学问题及与实际生活相联系的数学问题。但与实际生活相联系的问题也有区别,比如,有的问题仅提到一个实际生活的物品或者事件,而有的问题则给出一个生活化的情境,利用数学知识去解决实际生活知识。为了比较中美数学课堂教学中,教师所选取的数学任务与实际生活联系的区别,我们根据表11-1的分类对所有的数学任务进行分类比较研究。

表 11-1 任务中"实际生活"背景知识使用量表

类别	解释	举例
抽象数学问题	数学任务的描述仅使用抽象数学语言,即纯数学问题。	例如:等腰三角形的一边长为10 cm,另一边长是5 cm,则它的周长是____。
仅指出实际生活物品或者事件的数学问题	数学任务的描述中,仅指出了与"实际生活"相关的事件或物品,本质是解决一个数学问题。	例如:通过折纸探索等腰三角形的定义及性质。
实际生活问题	运用数学知识解决实际生活的问题。	例如:你想知道我们全班同学对新闻、体育、动画、娱乐、戏曲五类电视节目的喜爱情况,你会怎么做?

将15节课堂中的数学任务按照"纯数学问题""实际情境问题""解决实际问题"进行分类统计,可得到图11-2和表11-2。

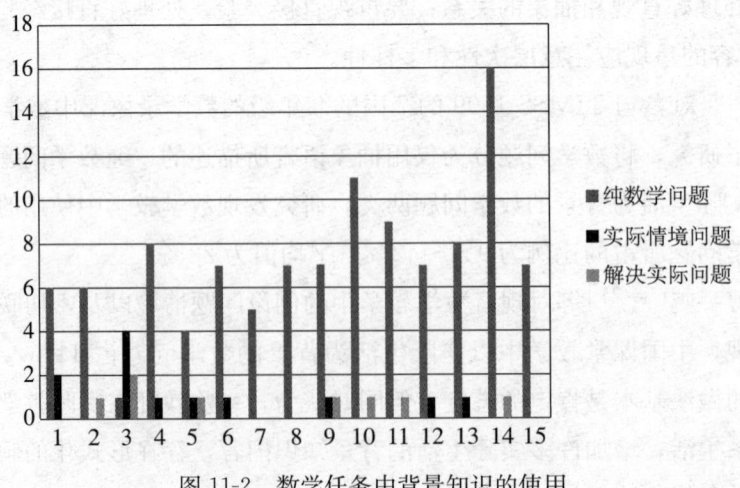

图 11-2 数学任务中背景知识的使用

表 11-2　数学任务的"实际生活"背景知识应用比较

任务中的背景知识	中国	
	数量	百分比
纯数学问题	109	84.5%
实际情境问题	12	9.3%
解决实际问题	8	6.2%
总数量	129	100%

1. 课堂中数学任务的量

15 节数学课共有 129 个数学任务,最少一堂课要解决 5 个数学任务,最多要解决 17 个数学任务,平均一节课要解决 8.6 个数学任务。

2. 课堂中的数学任务以"抽象数学语言"描述最多

在这 129 个数学任务中,使用"抽象数学语言"来描述任务的有 109 个,占总任务量的 84.5%;仅指出实际生活物品或者事件的数学任务共 12 个,占总任务量的 9.3%;运用数学知识解决实际生活问题的数学任务共 8 个,占总任务量的 6.2%。从这些数据可以看出,中国数学课堂中的任务多解决抽象数学语言描述的"纯数学"问题,最少的数学任务是解决实际生活的问题。文献 [19] 对参与 TIMSS 1999 的 7 国 8 年级的数学录像课中数学问题与实际生活的联系研究,将数学问题分为仅用抽象语言所描述的"纯数学问题"及与实际生活相联系、以实际生活为背景的数学问题两类,研究发现数学教学中使用以实际生活为背景知识的数学问题所占的比例为 9%~42%,平均值为 22%。中国课堂中数学任务的设计与"实际生活"的联系较国际平均水平偏低。

3. 数学课堂中"解决实际问题"的任务一般是为了引入新知识

在这 15 节的课堂录像教学中,共有 8 个"解决实际生活问题"的数学任务。仔细观看课堂录像,分析这 8 个数学任务的特征发现,中国课堂中的"解决实际生活问题"中的 5 个数学任务的作用是课堂引入或者引入新知识。将"实际生活问题"放到课堂开始的第一个任务位置,让学生察觉到实际生活中有这样的问题需要解决,必须需要新知识才能解决实际生活的问题,进而进入课堂的主要内容。如某一中国课堂,利用第一个数学任务——解决 1 000 张数码照片能不能放进一个闪存盘中的问题,以此引入这节课的内容:同底数幂的除法。

(二) 数学任务的表现形式

观察数学课堂录像发现,数学任务在课堂中出现的位置及其使用的目的是不相同的。在课堂中开始阶段,有的教师通过提问学生上节课或者以前学习的旧知识,有的教师通过几个上节课学过的练习题来复习,这类数学活动称为"复习旧知识"。但在课堂的开始阶段,也有教师给学生布置 1~2 个数学问题让学生自己思考以便很快地进入课堂学习的状态，此种数学活动叫做"热身"。数学课堂中最重要的活动是新知识的学习，有的教师将本节课学习的新概念、定理、法则等作为数学任务学习，之后会给学生一个或者几个例题，对新知识进行运用学习，之后还会给出几个练习题，让学生课堂上完成。所以从数学课堂中对数学任务的处理上不同，我们将数学任务从其表现形式上分为：复习任务、热身任务、学习任务、练习任务等。

将数学课堂中的任务按照"复习任务""热身任务""学习任务""练习任务"分类统计，得到数学任务表现形式的统计图 11-3 和表 11-3。

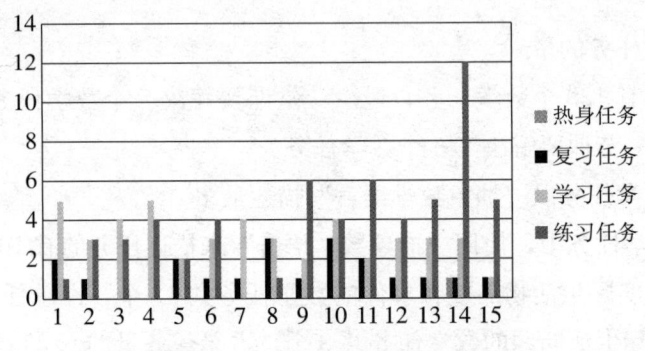

图 11-3　数学任务的表现形式

表 11-3　数学任务的表现形式

任务类别划分	中国	
	数量	百分比
热身任务	1	0.8%
复习任务	20	15.5%
学习任务	48	37.2%
练习任务	60	46.5%

1. 练习任务占百分比最高

从上面的数据可以看出，中国课堂中的数学任务，占总任务数量百分比最高的是练习任务，为 46.5%，其次是学习任务占 37.2%，复习任务占 15.5%，热身任务占 0.8%。中国课堂的开始阶段一般是"复习旧知识"阶段，"复习"占总任务数量的 16.4%，在 15 节数学课堂录像的样本中，仅有一堂课里有 1 个热身任务。而且中国的练习任务占总任务量的百分比比学习任务占总任务量的百分比高近 10%。

根据分类，学习任务包含两部分：例题及新概念、定理、法则等的学习活动。由此推断，例题的数量要比练习题的数量少。比较课堂中各表现形式的数学任务占总任务量的百分比，中国的练习任务占任务总量的百分比最大，平均每节课要解决 4 个练习任务。

2. 新知识的获得和巩固投入量最高

课堂上新知识的获得和巩固需要通过学生参与到学习任务和练习任务中。从学习任务和练习任务的和占总任务量的百分比来看，中国课堂上 83.7% 的数学任务与本节课新知识学习有关。从这方面看，中国课堂上对新知识的获得和巩固的投入量比较高。

（三）数学任务的认知水平

数学任务传递着数学是什么及做数学承担的信息。数学任务的选择与设置是数学教学成功的至关重要的一部分[8,17,22]。Doyle[9,17]认为学生学习了什么很大程度上取决于教师给予他们的任务，Henningsen, Stein[23]认为在数学课堂中运用的数学任务限制或者开阔了学生所参与的学科内容知识。

并不是所有的数学任务都能给学生提供平等的学习机会。有些任务具有激发学生参与到复杂的数学思考与推理的潜能，有些任务则侧重于记忆型或者利用步骤解决问题。但并不是建议所有的课堂都必须使用高认知水平的任务，这需要和各节课堂的教学目标相一致。如果一节课的目标是让学生记忆基础概念、法则等，则选择记忆性的数学任务比较合适。但学生还是需要参与到能让他们对数学概念、过程、关系等更深刻或者一般性的理解。[4]教学材料应该使学生接触丰富的知识以便于理解主要的数学概念、公式、定理等核心知识，而且还需要给学生提供机会去提出和解决问题。

Stein 等学者从学生完成数学任务所需的思维过程视角将数学任务分为四个水平[4]：低认知水平的任务——记忆型及无联系的程序型任务；高认知水平的任务——有联系的程序型任务和做数学的任务（见表 11-4）。下面根据数学任务在认知水平方面的分类，分析数学课堂中任务的认知水平特征。

表 11-4　Stein 任务认知水平分类

低认知水平要求	高认知水平要求
记忆型任务 • 包含对以前所学过的事实、法则、公式、定义的再现或者记忆以前所学过的事实、法则、公式、定义。 • 不能使用程序解决问题，因为程序不存在或者完成任务所需要的时间太短，来不及使用程序。 • 不含糊的任务——这些任务包含对以前所材料的重复复制，而且明确直接地表述需要复制的内容。 • 与所学过的事实、法则、公式、定义所蕴含的概念或者意义没有联系。	有联系的程序型任务 • 任务强调学生对程序的使用以发展学生对数学概念和想法更深层次的理解。 • 任务暗示一条明确的或者含糊的路径可以遵循，这条路径可以缩小算法，与隐含的概念想法有一定的联系但隐含的概念想法是不明确的。 • 任务可以有多种表征形式（比如：直观的图表、学具、符号、问题情境）。运用多种表征形式的联系去促进理解的发展。 • 任务需要一定的认知程度的努力。尽管有一半的路径可以遵循，但这些路径不能不费心思地被应用。 • 学生为了成功地完成任务和发展数学的理解必须参与到步骤所蕴含的概念上的想法之中。

续表

低认知水平要求	高认知水平要求
无联系的程序型任务 • 算法化。任务要求使用特殊的程序或者程序的选取依据前面的教学、经验或任务的布局。 • 任务的完成对认知要求非常有限——任务要求该做什么和怎么做不是很含糊。 • 任务与所使用的程序暗含的概念或者意义没有联系。 • 任务强调正确答案的获得而不是发展学生的数学理解能力。 • 任务不要求解释，或者任务所要求的解释仅局限在对使用程序的描述。	做数学 • 任务要求使用复杂的和非算法的思想（任务中没有明确的暗示一个可预见的、精心排练的方法或途径，没有任务的说明书，没有已完成的例子）。 • 任务需要学生去探索和理解数学概念、步骤、关系之间的本质。 • 需要学生对自己的认知过程的自控和自律。 • 要求学生在解决任务的过程中接触和适当使用相关的知识和经验。 • 要求学生分析任务并能主动地检查任务中可能约束结果和策略的条件。 • 任务需要相当多的认知努力，由于要求的解法过程的不可预测性，任务可能还包含学生某种程度的焦虑。

将数学课堂中的所有任务按照 Stein 等学者关于任务认知水平的分类标准进行统计，特别地，将课堂中的"练习任务"和"学习任务"按照认知水平进行分类统计，得到数学任务认知水平分析表（表 11-5）、图 11-4 和图 11-5。

表 11-5 数学任务认知水平分析表

数学任务划分	所有数学任务		练习任务		学习任务	
	数量	百分比	数量	百分比	数量	百分比
做数学	22	17.1%	1	1.6%	20	42.6%
联系程序型	32	24.8%	13	21.3%	19	40.4%
无联系的程序型	62	48.1%	45	73.8%	8	17%
记忆型	12	9.3%	2	3.3%	—	—
无数学活动	1	0.8%	—	—	—	—

1. 课堂中数学任务中"无联系的程序型"比例最高

从图 11-4、图 11-5 及表 11-5 可以清晰地看出，数学课堂中认知水平为 2 的数学任务占总任务量的比例最高，接近一半；其次是认知水平为 3 的数学任务、认知水平为 4 的数学任务；占总任务量最少的是水平 0：即任务中不涉及数学活动。

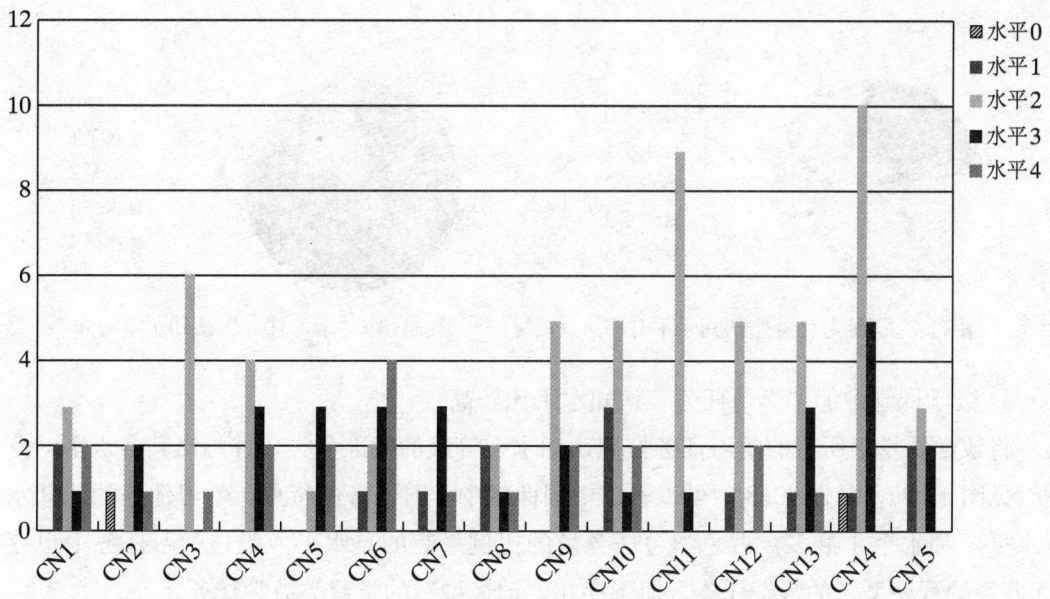

图 11-4 数学课堂中任务认知水平比较

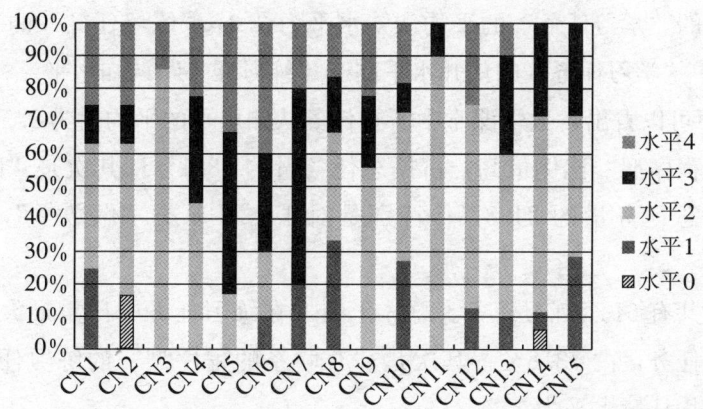

图 11-5 数学课堂中任务认知水平占百分比比较

2. "复习任务"中认知水平较低

从图 11-6 可以看出，数学课堂中的"复习任务"认知水平比较低，占大多数的为水平 1（记忆性任务）和水平 2（无联系的程序型任务）。仅有 1 个复习任务的认知水平是"做数学"。例如 1 节数学课中的复习任务，认知水平为水平 4"做数学"。

3. "练习任务"中以"无联系的程序型"居多

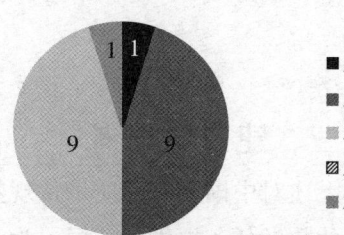

图 11-6 "复习任务"认知水平分布

对数学课堂中所有的练习任务的认知水平统计，画出各水平的分布图（见图 11-7）。从图 11-7 中可以看出，课堂中练习类任务以"水平 2：无联系的程序型"占大多数，其次是水平 3。练习任务中的水平 4 占很少的一部分，仅有 1 个练习任务的认知水平为"水平

4:做数学"。

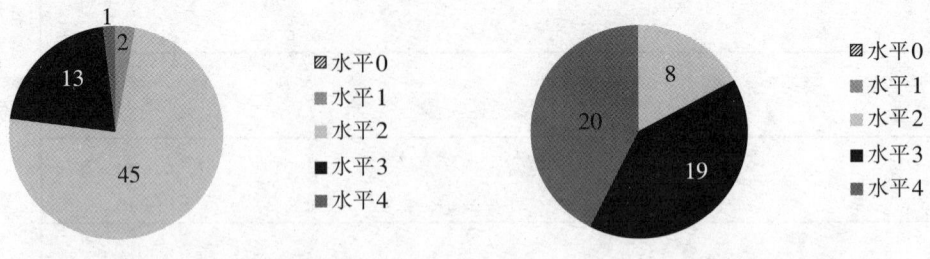

图 11-7 "练习任务"认知水平分布　　　图 11-8 "学习任务"认知水平分布

4. 数学课堂中的"学习任务"认知水平比较高

将数学课堂中所有的学习任务按照认知水平等级的标准分类，并画出其各水平的分布图（见图 11-8）。从图 11-8 中可以看出中国课堂中学习任务的特点，学习任务的认知水平以水平 3 和水平 4 最多，占总学习任务量的比例最高的是水平 4 类；学习任务中也存在"无联系的程序型"的数学任务，但不存在"记忆型"的学习类数学任务。

5. 数学课堂中"学习任务"的认知水平高于"练习任务"认知水平

数学课堂中的"学习任务"的平均认知水平为 3.3，"练习任务"的平均认知水平为 2.2，中国课堂中"学习任务"的认知水平高于"练习任务"认知水平。

从表 11-5 中可以看出，数学课堂中所有任务认知水平的平均值为 2.5，数学任务认知水平"无联系的程序型"比例最高，占据总任务量的 48.1%；其次是"联系程序型"的数学任务，占据总任务量的 24.8%；特别是对于水平 4 类"做数学"，中国课堂中仅有 17.1%。

数学课堂中共有 61 个练习任务。总体上看，在练习任务中比重最大的是水平 2——无联系的程序型任务，占 73.8%；其次是"有联系的程序型"的练习任务，占 21.3%。中国练习任务平均认知水平为 2.2。

数学课堂共有 47 个学习任务，其中水平 3 占 40.4%，水平 4 占 42.6%，任务认知水平的平均值为 3.2。数学课堂中学习任务均为水平 3 和水平 4 类的高认知水平的数学任务居多。

三、建议与思考

上述对中国相对高质量常规数学课堂中的数学任务特征的研究，对于充分了解中国课堂中的数学任务提供了证据，为我国的数学课堂教学改革提供一份重要参考，也给中国的课堂教学带来一些思考。

（一）课堂教学应适当减少低认知水平数学任务的投入

中国课堂中有近一半的数学任务是"无联系的程序型"类数学任务，特别是中国课堂中"练习任务"占总任务数量的近一半比例（61/129），而且"练习任务"的认知水平大部分是以"无联系的程序型"（水平 2）为主，仅有一个"练习任务"是"做数学（水平 4）"。在练习任务实施的过程中，大部分"练习任务"认知水平的变化是降低认知水平；练习任务的认知水平降低的主要原因是相同类型的练习任务重复出现。可以看出，"无联系的程序型"水平的练习任务在数量上多，而且重复性过高。2012 年 PISA 测试结果也显示，中国课内练习密度高、对应用数学的重视不足。已有的研究结果也显示，在教学设计中，应适当减少低认知水平的数学任务的投入。

中国的数学教育在"双基"上是否投入太多了？是否可以相对减少一些"双基"的练习投入，而加大一些在开放性问题等非常规问题的解决中的投入？中国义务教育阶段的数学课程标准规定，义务教育阶段的数学学习的总目标是让学生能获得适应社会生活和进一步发展所必需的数学的基本知识、基本技能、基本思想、基本活动经验。虽然对于数学基础知识和基本技能的掌握离不开练习，但练习的度是什么？课堂中对这些练习型任务的投入应该如何？虽然这些问题没有一个确定的答案，但现在中国课堂教学中对低认知水平数学任务的投入太多，这一现象应得到改变。

（二）适当减少任务数量，提高任务的认知水平

中国课堂中共有 129 个数学任务，平均每节课要处理 8.6 个数学任务。从任务的认知水平上看，中国课堂中 48.1% 的数学任务的认知水平为 2：无联系的程序型；最多的一节课处理 17 个数学任务，其中"无联系的程序型"类任务有 11 个，"记忆型"的数学任务占一个，多数的数学任务是重复练习知识点。虽然学生完成的数学任务数量很多，但学生的思维并没有真正参与到课堂中。让学生在这个复杂的数学任务中充分思考，提供学生课堂思考的机会，数学课堂中任务的设置可以适当减少任务量，提高任务的认知水平，提高学生在课堂中的思维参与度。

（三）将课堂教学中的情境真正用到数学教学中

情境化教学、教学情境化、情境导入、情境化问题等是近年来关于"情境"的研究热点。本研究也对课堂中数学任务的情境化进行了研究分析。中国课堂中带有"实际问题"的数学任务占据的比例很少，"解决实际生活的问题"类的数学任务更是少之又少（8/129）。但通过对这 8 个数学任务的分析发现，大部分（5/8）的此类任务在课堂中充当着"引入"的角色：一部分是对整个课堂的引入，另一种是对重要知识点的引入。新课标倡导：课程内容的选择要贴近学生的实际，让学生从现实生活或者具体的情境中抽象出数学问题。在实际的教学过程中，创设数学情境的目的是激发学生的学习动机，调动学生自主学习的积极性。很多研究者也强调：不能为情境而设置情境[24-25]。从这方面看来，中国课堂教学中的"问题情境"与"数学"是两张皮，实际课堂中应该加强对"问题情境"的实际应用。课堂教学中的情境要来源于学生的实际生活，并对实际的生活进行优化。如何不将情境和教学内容割裂开来，还能让学生真正体会从现实问题抽象成数学知识再运用数学知识解决新的现实生活问题，是一个非常值得探讨的问题。

参考文献

[1] 盛群力. 新课程学习方式专题之二 什么样的教学任务适宜合作学习[J]. 人民教育, 2004 (5).

[2] 顾泠沅. 教学任务与案例分析[J]. 上海教育科研, 2001 (3): 2-7.

[3] 顾泠沅. 教学任务的变革[J]. 教育发展研究, 2001 (10): 5-12.

[4] Stein MK, Smith MS, Henningsen MA, Silver EA. Implementing standards-based mathematics instruction: A casebook for professional development[M]. New York: Teachers College Press, 2000: 462-520.

[5] 黄兴丰, 程龙海, 李士锜. 从认知要求角度分析数学教学任务——对两节课堂实录的对比研究[J]. 上海教育科研, 2005 (5): 86-88.

[6] 袁志玲, 陆书环. 高认知水平数学教学任务的特征分析[J]. 数学教育学报, 2006, 15 (4): 24-28.

[7] 袁志玲, 陆书环. 高认知水平数学教学任务的教学意义及启示[J]. 数学教育学报, 2009, 17 (6): 37-40.

[8] Stein MK, Grover BW, Henningsen M. Building student capacity for mathematical thinking and reasoning: An analysis of mathematical tasks used in reform classrooms[J]. American educational research journal, 1996, 33 (2): 455-488.

[9] Doyle W. Academic work[J]. Review of educational research, 1983, 53 (2): 159-199.

[10] 杨玉东. 在学习目标导向下改进教学任务设计——以人教版小学数学五年级下册"统计"第一课时为例[J]. 课程·教材·教法, 2012 (7): 98-102.

[11] 袁思情. 基于"数学教学任务"的课堂实录研究[J]. 中学数学月刊, 2011 (2): 13-14.

[12] 俞昕. 高中数学教学"呼唤"高认知水平数学教学任务[J]. 数学教学研究, 2012, 31 (2): 13-16.

[13] 宋颖. 新课程高认知水平教学任务的教育价值[J]. 新课程学习 (学术教育), 2010 (7): 263.

[14] 朱海祥. 高认知水平的数学课堂教学任务的情境创设[J]. 新课程研究: 高等教育, 2012 (3): 43-45.

[15] 邵珍红. 中美高质量初中数学任务的比较研究[D]. 北京: 北京师范大学, 2014.

[16] 邵珍红. 中美初中课堂中数学任务特征的比较研究[J]. 比较教育研究, 2015, 301 (2): 102-107.

[17] Doyle W. Work in mathematics classes: The context of students' thinking during in-

struction[J]. Educational Psychologist, 1988, 23 (2): 167-180.

[18] 中华人民共和国教育部. 义务教育数学课程标准（2011年版）[S]. 北京：北京师范大学出版社，2011.

[19] Hiebert J. Teaching mathematics in seven countries: Results from the TIMSS 1999 video study[M]. Washington, D. C.: DIANE Publishing, 2003: 10-30.

[20] 曹一鸣. 数学教学中的"生活化"与"数学化"[J]. 中国教育学刊，2006 (2): 46-49.

[21] 曹一鸣. 中国数学课堂教学模式及其发展研究[M]. 北京：北京师范大学出版社，2007.

[22] Hiebert J, Wearne D. Instructional tasks, classroom discourse, and students' learning in second-grade arithmetic[J]. American educational research journal, 1993, 30 (2): 393-425.

[23] Henningsen M, Stein MK. Mathematical tasks and student cognition: Classroom-based factors that support and inhibit high-level mathematical thinking and reasoning[J]. Journal for Research in Mathematics Education, 1997, 28 (5): 524-549.

[24] 吕传汉，汪秉彝. 论中小学"数学情境与提出问题"的数学学习[J]. 数学教育学报，2001, 10 (4): 9-14.

[25] 吕传汉，汪秉彝. 论中小学"数学情境与提出问题"的教学[J]. 数学教育学报，2006, 15 (2): 74-79.

第十二章
数学教学目标的设计与实现[①]

一、数学教学目标概述
(一) 教学目标体系

教学是人类所从事的一种特殊的培养人的社会实践活动,有明确的目的性。教学目标是一个有层次结构的系统,在学校教育中,按照从宏观、抽象到微观、具体的顺序可大致分为五个层级:教育目的,培养目标,学科教学目标,单元教学目标和课时教学目标(如图 12-1)。

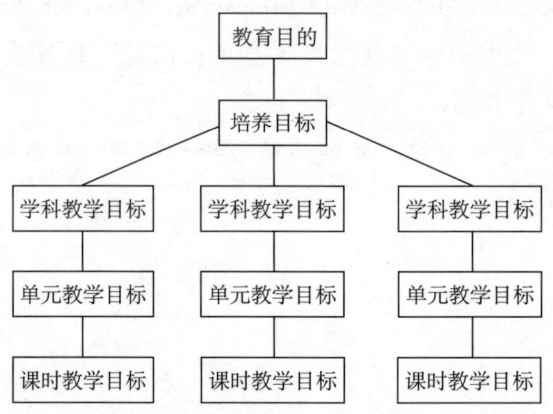

图 12-1　教学目标体系

教育目的是最高层次的目标(第一层级),是对所有受教育者而言的,是社会对教育所要造就的社会个体质量规格的总设想或规定。培养目标(第二层级)根据教育目的制定,规定了对各级各类学校的具体培养要求。学校的培养目标要到各个学科去实现,因此不同学科制订出本学科教学目标(或课程目标)及不同学段(义务教育阶段、高中)的学科教学目标(第三层级)。各学科教师在教学实践中要把学科教学目标分解成单元教学目标(第四层级)。在课堂教学前应将单元教学目标进一步分解为课时教学目标(第五层级)。课时教学目标作为教育目的系统的微观层次,是实现课程目标的载体和手段。新课程标准所制定的课程总目标能否有效落实在很大程度上取决于能否设计明确、恰当、具体

[①] 胡典顺,叶珂,王静,华中师范大学数学与统计学院。

和完整的课时教学目标。本章节中，我们遵循习惯将课时教学目标简称为教学目标。

（二）数学教学目标的含义

人们较早就对数学教学目标的重要性有了一致的认可：它是数学教育目的系统的重要组成，是教育目的、培养目标在数学教育教学中的具体化和学科化，能够指导数学教学活动并为教学评价提供依据。有效的数学教学目标强调数学教学活动及其结果的可见性、可控性与可测性，一般表述为学生外显的、具体明确的行为方式。人们对数学教学目标含义的认识一直处于发展变化中，普遍认为数学教学目标是在数学教与学过程中师生双方合作实现的共同目标，表现为数学教师教学活动所引起的学生终结行为的变化。有人认为数学教学目标即是关于数学教学活动的预期结果所要达到的标准或要求作的规定或设想。[1]也有人认为数学教学目标是较之数学教学任务更下位的范畴，[2]是教学活动主体预先确定的，在具体教学活动中要达到的，利用现有技术手段可以测度的教学结果。[3]而教学活动所欲达到的预期结果，是学生的身心发展，或者说有规律、有秩序的身心变化，因此，数学教学目标包含了对教学活动所要促成学生身心变化上要达到怎样的标准、要求所作的规定或设想。

数学教学目标实际上是从数学学科的角度对教学目标在数学教与学活动中预期达到的学习结果的标准的阐释。简言之，数学教学目标是在数学教学中师生预期达到的学习结果和标准。它表现为对学生学习成果及终极行为的具体描述，或对学生在教学活动结束时其知识技能等多方面取得的变化的说明。

（三）数学教学目标的变迁

近三十多年来，伴随数学教育改革的进行，数学教学目标也发生了很大变化。1978—1982年间，教学中注重加强基础知识教学和基本技能训练，培养学生智力，发展学生能力。1978年《全日制十年制中学数学教学大纲（试行草案）》提出培养学生必需的数学基础知识；具有正确迅速的运算能力、一定的逻辑能力和一定的空间想象能力，从而逐步培养迅速分析问题和解决问题的能力。1983—1987年这个阶段也明确提出了加强双基训练，发展智力，培养能力的主张。此阶段还首次提出独立思考、勇于创造的要求。1986年《全日制中学数学教学大纲》指出使学生学好必需的数学基础知识和基本技能，培养学生的运算能力、逻辑思维能力和空间想象能力，以逐步形成运用数学知识来分析和解决问题的能力，培养学生对数学的兴趣。1988—1992年间，除了上述内容，第一次提出促进学生个性的健康发展，个性作为新的教学目标被明确下来。1992年《九年义务教育全日制初级中学数学教学大纲（试用）》规定使学生学好必需的代数、几何的基础知识与基本技能，进一步培养运算能力，发展逻辑思维能力和空间观念，并能够运用所学知识解决简单的实际问题，培养学生良好的个性品质。1993—2000年的阶段，中小学教育由应试教育转向全面提高国民素质的轨道，除了继承前期的教学目标，还新增了培养学生的主动性和创造性的教学目标。[4]

2001年以来，新一轮基础教育课程改革下的数学教学目标在原有体系的基础上进行发展和创新，转变双基为四基并将数学课程目标划分为知识与能力、过程与方法、情感态度与价值观三个不同领域。在一定程度上从单纯的知识教育拓展为文化教育，强调学生的个人发展，注重社会实践能力的培养，突出探究能力和创新意识训练。[4]三维目标不再拘泥于具体细微的知识、能力、智力等提法，而是从更宏观全面的角度来阐述人的培养与发展。从上述演变可以看到，我国的数学教学目标经历了一个不断探索和发展的过程，总体而言，各时期的教学目标都是在先前基础上根据当时的社会需要进行扬弃，数学教学目标呈现出更加丰富和多元的趋势。

（四）课程改革下的数学教学目标简介

我国于20世纪80年代末开始涉足教学目标的研究。[5]各时期的数学教学大纲中提出的教学目标不尽相同。其中，包含基础知识和基本技能的双基目标对我国传统数学教学影响深远。国家教育部于2001年颁布的《基础教育课程改革纲要》指出："国家课程标准是教材编写、教学、评估和考试命题的依据，是国家管理和评价课程的基础，应体现国家对不同阶段的学生在知识与技能、过程与方法、情感态度与价值观等方面的基本要求。"在新课程改革的推动下，数学教学目标正在由线性的双基向立体的三维目标转变。新课程标准理念下的数学教学目标，反映了学生通过一段时间的数学学习后产生的行为变化的最低表现水准或学习水平，也可以说是学生的学习目标。

1. 《义务教育数学课程标准（2011年版）》中教学目标的维度及水平

《义务教育数学课程标准（2011年版）》将数学课程目标分为总目标和学段目标。总目标又从以下四个目标领域进行具体阐述（如表12-1）：

表12-1 《义务教育数学课程标准（2011年版）》中的四个目标领域

目标领域	具体阐述
知识技能	• 经历数与代数的抽象、运算与建模等过程，掌握数与代数的基础知识和基本技能。 • 经历图形的抽象、分类、性质探讨、运动、位置确定等过程，掌握图形与几何的基础知识和基本技能。 • 经历在实际问题中收集和处理数据、利用数据分析问题、获取信息的过程，掌握统计与概率的基础知识和基本技能。 • 参与综合实践活动，积累综合运用数学知识、技能和方法等解决简单问题的数学活动经验。
数学思考	• 建立数感、符号意识和空间观念，初步形成几何直观和运算能力，发展形象思维与抽象思维。 • 体会统计方法的意义，发展数据分析观念，感受随机现象。 • 在参与观察、实验、猜想、证明、综合实践等数学活动中，发展合情推理和演绎推理能力，清晰地表达自己的想法。 • 学会独立思考，体会数学的基本思想和思维方式。

续表

目标领域	具体阐述
问题解决	• 初步学会从数学的角度发现问题和提出问题，综合运用数学知识解决简单的实际问题，增强应用意识，提高实践能力。 • 获得分析问题和解决问题的一些基本方法，体验解决问题方法的多样性，发展创新意识。 • 学会与他人合作交流。 • 初步形成评价与反思的意识。
情感态度	• 积极参与数学活动，对数学有好奇心和求知欲。 • 在数学学习过程中，体验获得成功的乐趣，锻炼克服困难的意志，建立自信心。 • 体会数学的特点，了解数学的价值。 • 养成认真勤奋、独立思考、合作交流、反思质疑等学习习惯。 • 形成坚持真理、修正错误、严谨求实的科学态度。

总目标的四个方面是一个有机的整体，在进行教学设计和组织教学活动时应同时考虑。数学思考、问题解决、情感态度的发展离不开知识技能的学习，知识技能的学习必须有利于其他三个目标的实现。目标的整体实现是学生受到良好数学教育的标志，对学生的全面、持续、和谐发展有着重要意义。

《义务教育数学课程标准（2011年版）》中有两类行为动词，一类是描述结果目标的行为动词，另一类是描述过程目标的行为动词，其基本含义如表12-2。

表12-2 《义务教育数学课程标准（2011年版）》中行为动词的分类及含义

分类	行为动词	含义
结果目标	了解	从具体实例中知道或举例说明对象的有关特征；根据对象的特征，从具体情境中辨认或者举例说明对象。
	理解	描述对象的特征和由来，阐述此对象与相关对象之间的区别和联系。
	掌握	在理解的基础上，把对象用于新的情境。
	运用	综合使用已掌握的对象，选择或创造适当的方法解决问题。
过程目标	经历	在特定的数学活动中，获得一些感性认识。
	体验	参与特定的数学活动，主动认识或验证对象的特征，获得一些经验。
	探索	独立或与他人合作参与特定的数学活动，理解或提出问题，寻求解决问题的思路，发现对象的特征及其与相关对象的区别和联系，获得一定的理性认识。

《义务教育数学课程标准（2011年版）》中使用的一些词，表述与上述术语有同等水平的要求程度。这些词与上述术语之间的关系如表12-3。

表 12-3 《义务教育数学课程标准（2011 年版）》中同类的行为动词及实例

行为动词	同类词	实例
了解	知道，初步认识	知道三角形的内心和外心；能结合具体情境初步认识小数和分数。
理解	认识，会	认识三角形；会用长方形、正方形、三角形、平行四边形或圆拼图。
掌握	能	能认、读、写万以内的数，能用数表示物体的个数或事物的顺序和位置。
运用	证明	证明定理：两角及其中一组等角的对边分别相等的两个三角形全等。
经历	感受，尝试	在生活情境中感受大数的意义；尝试发现和提出问题。
体验	体会	结合具体情境，体会整数四则运算的意义。

2. 《普通高中数学课程标准（实验）》中教学目标的维度及水平

《普通高中数学课程标准（实验）》的总目标是：使学生在九年义务教育数学课程的基础上，进一步提高作为未来公民所必要的数学素养，以满足个人发展与社会进步的需要。具体目标如表 12-4。

表 12-4 《普通高中数学课程标准（实验）》中的三个目标领域

目标领域	具体要求
知识与技能	1. 获得必要的数学基础知识和基本技能，理解基本的数学概念、数学结论的本质，了解概念、结论等产生的背景、应用，体会其中所蕴含的数学思想和方法，以及它们在后续学习中的作用。通过不同形式的自主学习、探究活动，体验数学发现和创造的历程。
过程与方法	2. 提高空间想象、抽象概括、推理论证、运算求解、数据处理等基本能力。 3. 提高数学地提出、分析和解决问题（包括简单的实际问题）的能力，数学表达和交流的能力，发展独立获取数学知识的能力。 4. 发展数学应用意识和创新意识，力求对现实世界中蕴涵的一些数学方式进行思考和作出判断。
情感、态度与价值观	5. 提高学习数学的兴趣，树立学好数学的信心，形成锲而不舍的钻研精神和科学态度。 6. 具有一定的数学视野，逐步认识数学的科学价值、应用价值和文化价值，形成批判性的思维习惯，崇尚数学的理性精神，体会数学的美学意义，从而进一步树立辩证唯物主义和历史唯物主义世界观。

总目标的要求分为三个维度，相辅相成。在确定数学教学目标的内容和范围时要全面考虑三个领域的分目标，不可有所偏废。在具体的每节课中，数学教学目标又要有不同的侧重点。

《普通高中数学课程标准（实验）》中三维目标所涉及的行为动词及水平如表 12-5。

表 12-5　《普通高中数学课程标准（实验）》中行为动词及水平

目标领域	水平	行为动词
知识与技能	知道/了解/模仿	了解，体会，知道，识别，感知，认识，初步了解，初步体会，初步学会，初步理解，求
	理解/独立操作	描述，说明，表达，表述，表示，刻画，解释，推测，想象，理解，归纳，总结，抽象，提取，比较，对比，判定，判断，会求，能，运用，初步应用，初步讨论
	掌握/应用/迁移	掌握，导出，分析，推导，证明，研究，讨论，选择，决策，解决问题
过程与方法	经历/模仿	经历，观察，感知，体验，操作，查阅，借助，模仿，收集，回顾，复习，参与，尝试
	发现/探索	设计，梳理，整理，分析，发现，交流，研究，探索，探究，探求，解决，寻求
情感、态度与价值观	反应/认同	感受，认识，了解，初步体会，体会
	领悟/内化	获得，提高，增强，形成，养成，树立，发挥，发展

二、数学教学目标的设计

（一）数学教学目标设计的特点

数学教学是促进学生学习的活动，要使这种活动有效，教学必须有计划性。关于教学的系统计划就是教学设计。数学教学设计的首要环节是教学目标设计。数学教学目标设计，既是为了体现数学教学的目标意识，也是为了明确教学设计者的设计意图，给后续教学设计过程设定方向。科学合理的教学目标有利于数学教师明确学生"怎么学"和教师"怎么教"。当前，我国数学教学目标设计的主要特点有以下两方面：

1. 价值取向的多元

数学教师确定教学目标的过程在一定程度上蕴含着教育价值观在数学教学设计中的具体化。"行为主义"的教学目标设计以"刺激—反应"为基础，强调预见和控制行为。"认知主义"认为教学是促进学习者内部心理结构的形成或改组，在教学目标设计中强调培养学生的智力。"人本主义"认为教学目标的设计不仅要关注学生的行为变化，还要关注其情感、态度和价值观的发展，进行教学目标设计时倾向于不事先提出具体的目标，而是让目标从学生的经验中逐渐形成。"建构主义"则认为学生获取知识的过程不是通过教师传授得到的，而是学习者在一定的情境中即社会文化背景下，借助其他人（包括教师和学习伙伴）的帮助，利用必要的学习资料，通过意义建构的方式而获得。它提倡如交互式教学、"支架式"教学、情境教学、随机进入教学理论指导下的教学目标设计。[6]

每种价值取向下的教学目标设计各有利弊。传统的数学教学目标往往只描述教师的教学行为和教学过程,而忽略了教学过程的本质和落脚点是学生的学习行为和学习结果。鉴于此,数学教师逐渐采用多种取向的目标设计于一节课的教学目标中,既考虑学生知识、技能的获得,又考虑其情感、态度和价值观方面的变化,强调随着教学活动的展开动态生成的目标,体现了对教学过程本质的关注。此外,数学教学目标不仅要关注结果更要关注学生,反映教学活动所引起的学生行为的变化,应着眼于教师的教而落脚于学生的学。

2. 设计主体的转变

专家作为教学目标的设计主体主要出现在新中国成立到20世纪末。新中国成立之初,国家编订了统一的数学教学计划、数学教学大纲、数学教科书等,向数学教师展示了每一节课具体的教学设计。教师是专家所开发的课程的被动的"消费者",教师所做的工作无非是对专家提供的设计进行微不足道的修补,然后具体付诸实施而已。[7]虽然是数学教师在开展课堂教学,完成教学目标,却并不是教学目标设计的真实主体,真正的设计主体是教学参考书的编写者。他们往往从数学教育学的逻辑出发,在数学教育目标体系中把握教学目标,但无法及时满足学生及实际课堂教学的需求。

新课程改革将原有的数学教学大纲改为数学课程标准,以一个基本准则的形式呈现给数学教师,为其教学提供方向性的指导,给数学教师预留了充分的空间发挥教学艺术和主观能动性,鼓励教师根据学生及教学实际情况设计具体的教学目标。教师为"为自己设计教学"的呼声越来越高,校本课程开发、综合实践课程的开展也为教师自主设计提供了平台。[8]一线数学教师在事实上都是教学目标设计的主体。这一类别的数学教学设计主体主要是指数学教师不仅自主设计教学目标,指导课堂教学实践,而且教师自身的发展也是重要的关注点。新课程改革还倡导通过多种途径为中小学校数学教师和数学课程与教学专家交流搭建平台。借助信息技术,一线数学教师不仅可以在网络上与数学专家直接对话,学习先进理论,还能与其他教师交流经验,这些都对一线数学教师进行教学目标设计产生了影响。

(二)数学教学目标的确定依据

(1)数学课程标准是确定数学教学目标的根本依据。从新中国成立到20世纪末,数学教师在设计教学目标时往往凭经验或采用"拿来主义"照搬一些参考书或参考教案,制定的教学目标过于笼统繁杂,对教学效果和教师发展极为不利。第八次课程改革明确提出以数学课程标准为基础进行教学目标实践。对具体的目标要求,义务教育阶段分学段说明,高中教育阶段按类别说明。文献[9]认为基于课程标准的教学,就是教师根据课程标准对学生规定的学习结果来确定教学目标、设计评价、组织教学内容、实施教学、评价学生学习、改进教学等一系列设计和实施教学的过程。

(2)教材是确定数学教学目标的重要依据。无论是传统课程的数学教学还是新课程的数学教学,分析教材都是教学的基础。用教材教什么?凭借教材教数学知识和数学思想方法，让学生在数学学习实践过程中形成、提高数学学习能力，培养学生的科学精神和人文素养。数学学科在教材内容与教学目标的对应上比较明显，教学的重难点是什么，学生要掌握什么，要训练什么，要达到什么程度，都可以根据教材内容来确定。教科书是学校教育中最重要的教材，除此之外教材还包括其他一些参考资料。

（3）学情是确定数学教学目标的必要依据。学习者个体的客观差异使得数学教师设计教学目标时要十分重视学情分析，包括学生原有的知识水平、心理发展水平和成熟状况以及态度、兴趣、爱好和学习的倾向性等个性因素。否则，教学目标太高或太低，教学效果都会大打折扣。如在设计"函数的单调性"的教学目标时设计为"能灵活运用函数的单调性解决数学问题"就过高了；而设计成"能利用函数的图象确定函数的单调性"就过低了。[10]全班学生普遍具有的学习准备状态和共同心理特征是确定数学教学目标时考虑的主要方面。同时，目标的设计也应充分考虑学生的个性差异来制定相应层级的发展目标。

（三）数学教学目标的设计过程

一般认为数学教学目标设计分为两个步骤。第一步：分析，主要是分析教学内容，弄清这节课学生所要学习的知识是什么，它在整个教材中的地位和作用怎样，学生形成这一知识的过程是怎样的，教材中配备的例题和习题怎样。第二步：转化，将课程标准中关于这一知识的教学要求，根据对具体内容的分析，借助行为动词表述，转化为更具体、明确的要求，从而形成教学目标。目前，构建数学教学目标设计的过程呈现出从单向到螺旋式的转变，一般过程如图12-2所示。

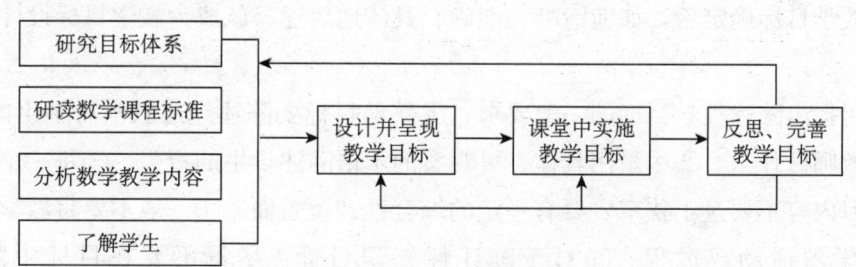

图 12-2　数学教学目标设计的过程

这一过程不是单向的，反思教学目标还需要涉及主体回顾准备工作、设计和实施工作，在综合所有情况的基础上，对课前预设的教学目标进行相应调整，完善教学目标。以上每一环节的具体含义如下：

（1）研究在数学教育目标体系中教学目标要完成的具体任务。数学教学目标是整个数学目标体系的基本组成部分，其是否实现将影响上一级目标甚至整个目标能否实现；反过来，如果能在整个数学教育目标体系的基础上来审视教学目标，则能更加准确地定位教学目标要完成的任务。这样，教学目标的设计就有的放矢，不会偏离整个数学教育活动的方向。

（2）研读数学课程标准。数学课程标准体现了国家对不同阶段的学生在知识与技能、过程与方法、情感态度与价值观等方面的基本要求，不仅规定各门课程的性质、目标、内容框架，还提出数学教学建议和评价建议。研究数学课程标准，了解国家或社会对培养学生的素质和质量方面的规定，以确定教学目标的内容组成等。

（3）分析数学教学内容。数学教学内容不仅是对事实、概念、概括、原则和类似于学科化知识的理论等方面的总括，也包括对信息进行程序化的方法；不仅是为了实现数学教育目标而要求学生掌握的信息，还应该是学生感兴趣的并经过了精心组织的内容。在数学教学目标设计中应体现出具体的教学内容，否则教学目标便没有实际的支撑点。

（4）了解学生的实际水平和发展需要。整个数学教育活动都是培养人的活动，期望通过一定的教育活动促使学生的身心向社会期望的方向发展。因此，了解学生现有的发展水平和知识结构，才能知道学生的最近发展区在哪里，才能提出经过学生努力后可达到的目标。

（5）完成上述基础性工作后，目标设计就进入了提出目标、确定目标分类的实质阶段。从不同角度和标准出发制定不同层级的教学目标，并采用适当的方式呈现出来。

（6）在数学课堂教学实践中实施教学目标。

（7）根据数学课堂教学的实际效果，反思教学目标设计的各个步骤，完善教学目标，为以后的教学目标设计积累经验。[11]

（四）数学教学目标的表述

1. 数学教学目标表述的基本要求

数学教学目标确定后，如何清晰、准确、具体地表述，就成为教学目标设计中的关键问题。

王小明提出陈述教学目标的一般要求：①教学目标要陈述经过教学后学生能做什么，不要陈述教师做什么。②尽量用具体、可观察的术语陈述学生的行为。③每一个教学目标涵盖的学习内容不要过于狭窄，要有一定的综合性和覆盖面。④一般不要将教学目标陈述成学生的学习活动或过程。⑤对于陈述性知识目标，尽量不要在目标中陈述学习内容。[12]

顾明远认为一个表述得恰当的目标具有以下两个基本特征：①包含要求达成的具体内容的明细规格；②能用规范的术语描述所要达到的教学结果的明细规格。[13]

朱作仁认为好的教学目标应包括下述三方面的内容：①确定可以作为成绩的证据的行为；②确定行为的必要条件；③确定合格的标准。[14]

传统数学教学目标的表述常以教师为本位，话语较抽象、笼统。例如，提高学生的运算技能，培养学生的数学逻辑思维能力等。这种表述方式的最大弊端就在于不够明确，缺乏操作性，难以测量评价。一个好的教学目标的表述要将一般性的目标具体化为可观察、可测量的行为目标，要说明学生在教学后能学会什么，学到什么程度，说明教师预期学生行为改变的结果，这样才有利于教师在教学时对目标的把握与测评。一般说来，一个规范、明确的教学目标表述要说清楚：谁（即学习者）在什么条件下（即特定的、限制的影响条件）做什么（即要求的行为），做到什么程度（即要求的行为的水平或标准）。

2. 数学教学目标表述的常用方法

心理学界目前对于教学目标的表述主要有三种观点：行为观、认知观和综合观。行为观强调要用可观察、可测量的学习行为来描述教学目标；认知观主张用学习者内部心理过程的变化描述教学目标；综合观则认为应综合考虑外显行为与内部心理过程来表述教学目标。下面介绍两种常用的表述方法：

(1) A, B, C, D 表示法

行为主体（A, 即 Audience），学习者是行为的主体。行为目标描述的是学生的行为，而不是教师的行为，不能把教学目标写成"教会学生……"或"教师将……"等。教学目标规范的写法开头应是"学生能……""学生会……"等，通常在表述教学目标时行为主体可省略不写，但设计者思想上要牢记，教学目标是针对特定的学习者。

行为方式（B, 即 Behavior），行为表述是最基本的成分，说明学生在教学过程结束后应该达到什么要求。行为的表述应能够观察，基本方法是使用动宾短语，先根据教学内容分类把具体课程内容分成不同类型，再按照类型选用行为动词作为动宾结构中的动词，最后把课程的具体学习内容作为动宾结构中的宾语。如：比较矩形和菱形性质上的异同，会至少一种证明勾股定理的方法。课程标准中列举了各类目标相应的行为动词供教学设计人员参考、选用。

条件（C, 即 Condition），条件是指学生完成行为的情景，也就是在什么条件和范围内评价学生的数学学习结果。条件一般包括：环境、设备、时间、信息以及同学或老师等因素。如：通过具体实例直观了解对数函数模型所刻画的数量关系，利用计算工具比较指数函数、对数函数以及幂函数的增长差异。

标准（D, 即 Degree），标准是主体完成行为可接受的最低衡量依据。对行为标准的描述使教学目标具有可测性。标准可以用定量的方法、定性的方法或定性定量相结合的方法表示。[15]行为标准一般分为三类：①完成行为的时间限制。如：三分钟内解决问题。②准确性，即正确操作、运算百分比或数字。如：回答正确率90%。③成功的特征。如：解答到小数点后三位。课程标准给出了"了解""理解"等不同层次行为对应的水平，可参考课程标准对概括性目标进行合理的具体化。

(2) 内外结合法

A, B, C, D 表示法是广大数学教师和教学设计人员进行教学目标表述的一般方法，按照这种方法表述的教学目标具有明确清晰、可观察、可测量的特点，有利于指导和评价教学。但是，由于实际数学教学的复杂性和多样性，有些作为目标的心理过程难以采用表示外显动作的术语来表述，如情感领域的目标只有少数能用可观察和可测量的术语来表述，甚至有些目标不可能用行为动词表述。为了克服这一弊端，格朗伦提出了一种实现内在心理变化观察和测量的新方法：先用表述内部过程的术语陈述教学目标，然后再用可观察的行为作例子使这个目标具体化，这就是用内部过程和外显行为相结合设计教学目标的方法，即内外结合表述法。[15]

如"理解指数函数的概念"，这里的"理解"是一个内部心理过程，每个人的标准不一，难以直接观察和测量，对数学教学不能起到很好的导向作用。可以借助能反映"理解"水平的行为实例进一步说明，如"a. 用自己的话转述指数函数的定义；b. 能根据给定函数的解析式，判断其是否是指数函数；c. 能区别指数函数和指数式函数"。有了这三个实例的补充，通过显性的外部行为"转述""判断""区别"，内隐性教学目标就不再模糊不清，既避免了用内部心理过程陈述目标的抽象，又摒弃了行为目标的机械。

3. 课程改革下的数学教学目标表述

数学教学目标表述只有做到外显性与内隐性相整合，才能描述学生在教学活动结束后发生的全部变化，为学生的评价提供全面有效的信息与依据。当下，教师在进行数学教学目标的表述时综合运用多种方法，大致有以下四种方式：

①依据三维目标课程理念，将数学教学目标分为知识与技能、过程与方法、情感态度与价值观；

②依据课程总目标四个方面的具体阐述，将数学教学目标分为知识技能、数学思考、问题解决及情感态度；

③沿用传统数学教学目标设计方式，将教学目标分为知识目标、能力目标及情感目标；

④对教学目标子目标不做明确的分类，直接列出几条教学目标，多为3~4条。[16]

对数学教学目标的表述，数学教师应根据具体教学内容选择适当的方式。方式①是从三维目标课程理念出发制定教学目标的，可以看作课程理念在教学目标设计中的体现；方式②是依据对课程总目标四个方面的具体阐述来制定教学目标，是对课程总目标的具体化；方式③沿用传统数学教学目标的表述方式；方式④没有对教学目标给出具体名称。虽然在实践中后两种方式的某些部分基本上可归于前两种方式，但其分类不够明确合理、与时俱进，使教学目标的表述过于随意，与新课程脱节。方式②可归为三维目标体系，因此，越来越多的数学教师倾向于接受和使用三维目标来表述数学教学目标。

基于三维目标的表述主张融合式分述。三维目标不是并列的关系，而是一个整体，三者是在同一过程中同时实现的。知识是认知的目的，认知是知识学习的手段，态度是认知的动力，情感目标的功能是引起学习者注意的最佳方式，使之形成认知冲突、激发学习兴趣。基于三维目标的表述从知识内容，学习认知行为与情感态度三个维度体现了知识与技能、过程与方法、情感态度与价值观的三维目标的有机融合，符合数学学习及教学规律，体现了教师将教学内容进行科学解析再组合的过程。另外，基于三维目标表述的教学目标设计为教师在短时间内诊断学生学习及教学评估提供了明确的方向，同时为生成性评估提供了可能。下面是一个完整的教学目标表述案例：

北师大版《数学选修2-1》"第二章　空间向量与立体几何""§5夹角的计算"第一课时"5.1直线间的夹角"的三维教学目标：

知识与技能：
a. 举例说明两直线间的夹角、异面直线间的夹角的概念；
b. 会用空间向量计算直线间的夹角的大小。

过程与方法：
a. 借助直观图、空间想象及向量运算自主形成计算空间直线间的夹角的方法；
b. 比较、分析平面上直线间的夹角与空间中直线间夹角的概念，类比平面向量夹角公式与空间直线间的夹角公式。

情感、态度与价值观：
a. 说出空间向量在计算直线间的夹角大小时的作用；
b. 逐渐树立对几何概念与向量运算间进行类比转化的意识。

三、数学教学目标的实现

教学目标具体化的过程是从宽泛的国家教育目的出发，根据学科内容、课时安排、实施的具体条件等被逐步分解成不同的层次，同时也按照分类学的方法，把每一层次的教学目标分成不同领域，如认知、技能、情感等，并利用目标陈述技术规范地将各项目标描述成语言文字。教学目标以课时教学目标出现在教师的备课教案上，通过实际教学转变成现实的结果，落实到学生身上。[17]当然，无论多么科学合理的数学教学目标都不代表其一定实现。要保证数学教学目标的实现就必须从教学设计的其他环节以及课堂教学各方面进行综合考虑。

（一）数学教学目标在教学设计中的实现

数学教学目标设计是数学教学设计的首要环节，在教学活动中表现出导教、导学和导评三个主要功能。尽管对数学教学设计阶段的划分有不同看法，数学教学目标作为教学设计的出发点，决定整个数学教学活动的进程和方向是毋庸置疑的。数学教学目标是整个教学设计的方向和最终目的。它关系到数学教学方法和策略的选择、数学教学内容的选择与组合、教学媒体的运用、教学效果的评价，同时也关系到数学课程目标的落实。因此，其他教学环节的设计和安排必须围绕如何更好地实现教学目标进行。[10]

教学策略是在特定的教学情境中为完成教学目标和适应学生认知需要而制定的教学程序计划和采取的教学实施措施。[18]教学方法是在教学过程中教师和学生为实现教学目的、完成教学任务而采取的教与学相互作用的活动方式的总和。[19]教学策略和教学方法是进行教学设计的必要因素，都是为完成特定教学目标服务的，其选择必然受教学目标的制约。因此，要依据不同层次和不同特点的数学教学目标选择与之相应的能实现教学目标的教学策略和教学方法。实验表明，如果数学教学目标注重知识的掌握或学习的结果，宜选择基于意义的接受教学策略，与此相应的教学方法是讲授法；如果教学目标注重形成或提高技能，则宜选择程序式教学策略，选择以练习、实践为主的方法；如果教学目标注重获得探索知识的经验或发展学生的情感，则应选择基于问题探究的教学策略，相应地采用发现法或任务驱动法。

（二）数学教学目标在课堂教学中的实现

数学教学目标设计的特征是"预成性"，即是由数学教学活动主体进入数学教学情境之前确定的，是数学教师对教学活动成果的一种主观估计。数学教学是人有目的、有组织、有计划的活动。在数学教学活动前对数学教学活动有良好的预测和预期是必要的。然而，由于数学教学目标设计是在数学教学情境之外的一种主观性前置性设计，对数学教学情境中即时发生的种种复杂情况无法估计，这就造成了数学教学目标设计的"估计偏差"。[20]

在数学教学情境中，教师保持着对情境的整体感知，并对数学教学情境中的教学事件保持关注。当课堂上出现不属于预设的数学教学目标范畴内的教学事件发生时，数学教师凭借敏锐的职业敏感及时捕捉并利用课堂上的各种动态资源，提炼和生成出更具针对性的教学目标，从而在课堂上产生超越预设目标的教学效果，使教学目标的实现呈动态生成态势。生成的数学教学目标具有诸多优势，能弥补目标设计的不足。教学目标的实现既具有预设性，又具有生成性。就本质而言，生成性是数学教学目标的本质属性。

随着数学课程改革的不断深入，人们切实体会到在教学实施过程中预设的数学教学目标远远不能适应和满足课堂需要。"预设与生成的数学教学目标是对立统一体"的观点逐渐被认同，即强调数学教学目标的实现既需要预设，也需要生成。特别是数学教学实践的不确定性决定了要对预设的数学教学目标做必要的补充和调整，需要开放地纳入师生在数学互动中的直接经验，强调数学教学过程中数学教学目标实现的动态生成。

参考文献

[1] 谢利民，郑百伟. 现代教学基础理论[M]. 上海：上海教育出版社，2003.

[2] 关致霞. 教学论教程[M]. 西安：陕西师范大学出版社，1992.

[3] 裴娣娜. 教学论[M]. 北京：教育科学出版社，2007.

[4] 喻平，涂荣豹，徐文彬. 中国数学教学研究30年[M]. 北京：科学出版社，2011.

[5] 王延玲，吕宪军. 论教学目标设计理论与实践的应用研究[J]. 东北师大学报（哲学社会科学版），2004（1）：136-141.

[6] 袁振国（主编）. 当代教育学（修订版）[M]. 北京：教育科学出版社，2004.

[7] 周仕德. 论课程实施基本取向与教学设计的转变[J]. 西华师范大学学报（哲学社会

科学版),2009(1):88-89.
[8] 任成强. 教师作为教学设计者的角色研究[D]. 四川师范大学硕士学位论文,2009.
[9] 崔允漷. 课程实施的新取向:基于课程标准的教学[J]. 教育研究,2009(1):74-79.
[10] 濮安山. 新高中课程标准下数学课堂教学目标的设计[J]. 数学教育学报,2006(1):92-94.
[11] 闫艳. 课堂教学目标研究[D]. 华东师范大学博士学位论文,2010.
[12] 王小明. 教学论——心理学取向[M]. 上海:上海教育出版社,2007.
[13] 顾明远. 教育学大辞典[M]. 上海:上海教育出版社,1990.
[14] 朱作仁(主编). 教育辞典[M]. 南昌:江西教育出版社,1987.
[15] 陈时见. 课程与教学[M]. 桂林:广西师范大学出版社,2003.
[16] 罗新兵,徐慧玉,恩斯特姆. 数学教学目标制定的问题及改进——以初中三维数学教学目标为例[J]. 数学教育学报,2014(5):23-26.
[17] 王爱玲,梁春芳. 教学目标的具体化:一个复杂的过程[J]. 教育理论与实践,2007(4):57-60.
[18] 闫承利. 课堂教学的策略、方式与艺术[J]. 教育研究,2001(4):43-46.
[19] 李秉德. 教学论[M]. 北京:人民教育出版社,1991.
[20] 龙安邦. 教学目标的预设与生成[J]. 现代教育科学,2008(6):105-106.

第十三章
信息技术与数学课程的整合[①]

进入新世纪以来,新一轮基础教育课程改革全面推进,"加快教育信息化进程""大力推进信息技术与学科课程的整合"成为新课程改革的重要工作之一。国务院、教育部在《基础教育课程改革纲要(试行)》[1]《国家中长期教育改革和发展规划纲要(2010—2020)》[2]《教育信息化十年发展规划(2011—2020年)》[3]《国家教育事业发展第十二个五年规划》[4]中不断推进这一工作的深化与落实,以期"推进信息技术在教学过程中的普遍应用,促进信息技术与学科课程的整合,逐步实现教学内容的呈现方式、学生的学习方式、教师的教学方式和师生互动方式的变革,充分发挥信息技术的优势,为学生的学习和发展提供丰富多彩的教育环境和有力的学习工具。"[1]

信息技术与数学课程整合,不是简单地在传统数学课程中添加信息技术的元素,而是需要进行本质性的变化,通常涉及三个方面:形成新型的教学环境[5,6],构建新型的教学结构[5-9],形成新型的教学方式和学习方式[5-8]。何克抗认为"只有从这三个基本属性,特别是从变革传统教学结构这一属性去理解整合的内涵,才能真正把握信息技术与课程整合的实质"。[5]

经过十五年的课程改革实践,我国逐步加深对信息技术与数学课程整合的理解,在信息技术与数学课程整合领域积累了一定的实践经验和研究成果,不断探索信息技术与数学课程有效整合的发展之路。

一、信息技术与数学课程整合的实践现状

(一)国家层面的信息技术政策支撑

随着国家教育信息化进程的推进,近年来,我国义务教育阶段信息技术装备水平明显提高。2009年,全国普通小学每百名学生拥有教学用计算机台数为3.8台,全国普通初中每百名学生拥有教学用计算机台数为5.9台。[10]到2013年,全国普通小学上升为6.3台,全国普通初中上升到9.9台,全国接入互联网的比例小学为68.1%,初中为92.4%

[①] 张楠,杨蕊,刘艳云,周九诗,王光明,天津师范大学教师教育学院。

（如图 13-1 所示）。[11]硬件设备的配置为教师在课堂教学中整合信息技术提供了保障。

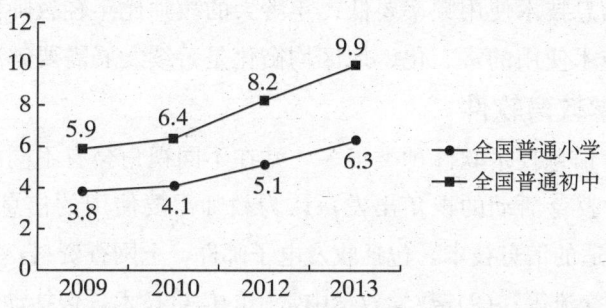

图 13-1　全国普通小学、初中每百名学生拥有教学用计算机台数统计

2012 年，刘延东副总理在全国教育信息化工作电视电话会议上提出："十二五"期间，要以建设好"三通两平台"为抓手，即"宽带网络校校通、优质资源班班通、网络学习空间人人通"，建设教育资源公共服务平台和教育管理公共服务平台。

此外，教育部还实施了"国培计划""卓越教师培养计划""一师一优课、一课一名师"等一系列教师教育项目和活动，颁布了《中小学教师信息技术应用能力标准（试行）》和《中小学教师信息技术应用能力培训课程标准（试行）》，启动了"全国中小学教师信息技术应用能力提升工程"，全面提高教师信息技术应用能力，促进信息技术与学科教育的深度融合。

在推进落实教育信息化进程的背景下，国家层面为信息技术与学科课程整合提供积极的硬件及软件支撑，以推动信息技术与数学课程整合理念的有效落实。

（二）信息技术在数学教育中的整合现状

自 2001 年数学新课程启动以来，信息技术与数学课程整合的理念逐步推开，信息技术在数学课堂教学中的使用率在逐步增加。刘隆华对贵州的数学教师进行调查研究，发现仅有 2.3% 的教师经常用计算机上数学课，35.2% 的教师偶尔用，从来不用的占 62.5%。[12]胡凤娟等对山东高中数学教师进行了调研，发现经常和比较经常使用信息技术展示教学内容的教师已超过 50%，教师经常使用信息技术绘制函数图象，探索理解函数性质，呈现几何图形、空间几何体，提供形象支持等；经常和比较经常使用信息技术"与学生加强交流、增进感情"的已超过 70%。[13]廖运章对广州市普通高中一年级的数学教师进行了调查，发现 17% 的教师经常使用计算器，66% 的教师一般使用多媒体计算机。[14]王爱玲对山东省数学教师进行调研，发现 93.7% 的教师在公开课或竞赛课中使用信息技术，但在日常教学中信息技术使用较少，年龄大的教师信息技术使用率更低，一般不使用信息技术的教师仅有 6%。[15]郭衎等对我国华北、东北、东南、西南地区中的教师进行抽样调查，发现有 68.5% 的教师至少每周使用一次信息技术，10% 的教师每月使用一次或从不使用。[16]

随着数学新课程理念的推进，教师在课堂中使用信息技术的比例逐渐增加，但是信息技术使用行为还非常态。信息技术的使用具有很大的地区差异、课型差异、年龄差异，具体表现在：西部、农村等经济发展较缓慢地区，教师的信息技术使用频率较低；常态课比公开课或竞赛课中信息技术使用频率要低；年龄大的教师比年轻教师信息技术使用频率要低等。因此，信息技术使用的常态化、地区均衡化是后续发展需要解决的重要问题。

（三）常用数学教育软件

常用的数学教育信息技术软件种类很多，站在不同视角会有不同的分类方式。

张景中等从数学教育活动的视角出发，认为教师需要使用的信息技术大体分为三类：(1) 选择性地使用普适的信息技术，包括收发电子邮件，上网查资料，汉字输入写东西，以及在网络论坛社区上交流等；(2) 数学教学中常用的信息技术，包括动态几何，动态曲线作图，动态测量，符号计算，编程环境，随机现象模拟，统计图表制作，快速公式编辑，课件制作演示等；(3) 某些专题教学互动需要的信息技术，如分形制作，函数拟合等。[17]

王光明等从教师使用的视角出发，将教师常用数学教育软件分为三类：(1) 数学学科软件，数学学科内部使用的软件，主要包括以呈现数学内容为主的专业性软件，以促进学生探究、实现及时交流与反馈为主的互动性软件两类；(2) 数学教学通用软件，指辅助数学教学的通用性软件，可在各学科使用，包括课件制作软件、表征知识结构和课后交流互动平台软件；(3) 数学教育研究软件，指服务于数学教育研究数据分析的软件，包括量化数据分析软件、质性数据分析软件两类。[18] 软件分类及示例如图 13-2 所示。

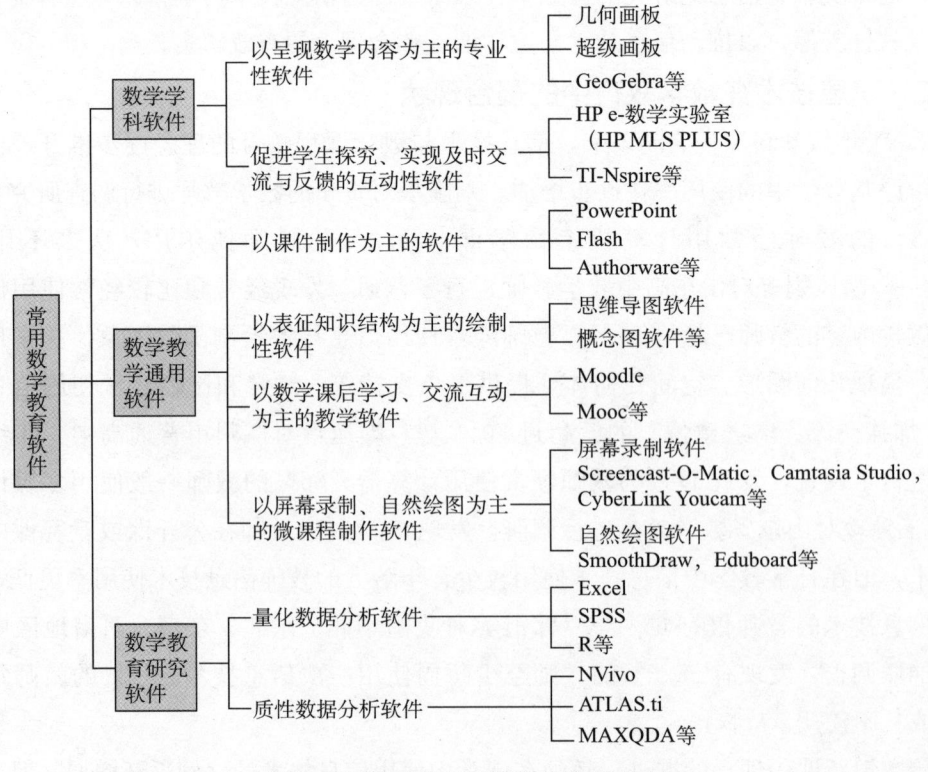

图 13-2　数学教育常用软件分类及示例

数学教师有必要掌握这些教育软件的功能及特点,在数学课堂教学活动以及数学教学研究中灵活使用不同类型的数学教育软件,促进课堂教学质量的提升和教科研手段的更新。

二、信息技术与数学课程整合的研究现状

(一)信息技术与数学课程整合的研究项目

数学新课程实施以来,我国数学教育领域开展了一系列课题研究促进信息技术与数学课程整合。

2001年,课程教材研究所中学数学课程教材研究开发中心启动了"中学数学课程教材与信息技术整合研究",在《普通高级中学实验教科书数学》的基础上,编写《普通高级中学实验教科书(信息技术整合本)数学》。这是首次以"整合本"为基础进行数学课程与信息技术整合实验。该项目组在北京、广东、云南、浙江等省的70多所学校开展教学实验研究,16 000多名学生参与其中。通过改变教材的呈现方式改进教师、学生和信息技术的互动方式、学生的数学学习方式和教师的数学教学方式,培养学生的创新精神和实践能力,促进高中数学课程内容现代化,探索以教材实验为平台的数学课堂教学改革和教师专业化发展的途径,推进信息技术在数学教学过程中的普遍应用。[19]

2008年,教育部数学与复杂系统重点实验室同北京师范大学、美国惠普公司合作进行"手持技术与中学数学新课程整合"课题研究,在全国建立了10个地市级实验区,在80多所学校围绕下列问题开展教学研究实验:(1)手持技术与中学数学新课程整合的教学计划、方案与教学案例;(2)手持技术对于不同学生数学学习方式的影响;(3)手持技术对学生的数学理解、能力发展和学业成就的影响;(4)手持技术环境下的教学有效性;(5)手持技术环境下的评价标准与评价方法;(6)手持技术与新课程的整合对教师专业发展的影响等。

2010年,以惠普"e-数学实验室"和"TI-Nspire无线课堂"为代表的新技术进入中国的数学课堂。这类新技术以图形计算器为核心,融合PC、数据采集器、综合传感器、无线互动课堂管理平台、实验教学云技术服务等教育技术,具有灵活方便可移动的特征,为学生提供数学实验的平台与环境。以技术为支撑,课题组逐步研发以课堂应用为导向的实验教学教材和支持实验教学的课程设计;开发实验教学课堂应用的微课程;建立数学实验教学服务平台;构建支持学校、教师发展的教学和科研途径,从多个方面推动数学实验室理念的落实。

2011年5月,由美国Markus Hohenwarter于2001年设计开发的GeoGebra动态数学软件首次来到中国,北京师范大学GeoGebra学院成为中国首席学院,同年8月,天津GeoGebra学院在天津师范大学成立,致力于中国GeoGebra软件及相关信息技术在课堂教学中的应用研究。

依托于课题、项目研究,数学教育研究者、教师、学生等对信息技术与数学课程整合

的认识逐步加深，推动了信息技术环境下数学课堂教学、数学课程建设、数学学习等方面研究的深入。

（二）信息技术环境下的数学教学研究

1. 信息技术在数学课堂教学中的功能

不同种类的信息技术搭载了不同的功能，对数学课堂教学起着不同作用。廖运章认为信息技术对课堂教学的作用表现在四个方面：信息技术作为演示工具；信息技术提供资源环境；信息技术作为情境探究和发现学习工具；信息技术作为信息加工与知识建构工具。[14] "中学数学课程教材与信息技术整合研究"课题组认为信息技术的作用体现在四个方面：信息技术是处理复杂的画图、繁琐的计算和数据的强大工具，能极大提高作图、运算和数据处理的效率和效果；信息技术是构建"多元联系表示"的数学学习环境的工具；信息技术能提供数学实验和其他数学实践活动的手段；信息技术能促进数学思维。[19] 刘晓玫等认为信息技术在整合中发挥的作用表现在三个方面：（1）信息技术能提供丰富的学习资源，有助于构建拟真的、多元联系的数学学习环境；（2）信息技术有助于凸显发现式学习的过程；（3）信息技术有助于呈现和交流学习结果。[20]

总体来讲，研究者共识的信息技术对数学课堂教学的作用主要体现在以下三个方面：

（1）信息技术有利于数学的直观呈现

数学是一门抽象的学科，信息技术集成的动态几何、动态曲线作图、动态测量、随机现象模拟、统计图表制作等功能，可以使抽象的数学内容直观地呈现出来。廖运章将信息技术的这一用途归纳为"信息技术作为演示工具"，特别指"用数学软件或图形计算器动态呈现图形的变化过程"，并以二分法求方程近似解为例说明信息技术使用的必要性。[14] 张景中也以二分法教学为例，认为在教学中，教师可以借助信息技术的编程功能和绘图功能，一边呈现算法程序过程，一边绘制图象，将数学本质直观化地呈现，以帮助学生理解（见图13-3）。[17]

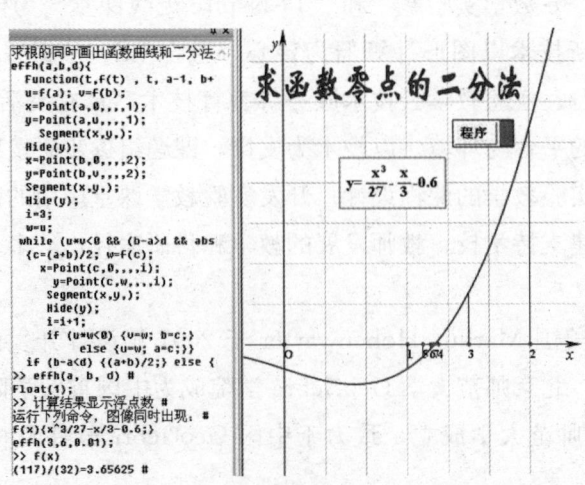

图 13-3　函数零点的计算

(2) 信息技术有利于呈现数学的多元表征

"多元表征"指使用多种方法来表示同一数学概念，不同的表示法侧重于概念的不同方面，教学需要引导学生将几种表示法中的信息有意义地组合在一起，使不同方面建立起概念性的联系，从而深刻、全面地理解概念。[19]

数学专业软件（如几何画板、超级画板、GeoGebra、图形计算器等）均搭载了数学对象的多种表征形式，包括解析式、图象、图表，甚至可以识别实物图象上的函数图象。刘晓玫等认为，教师可以借助信息技术使数学对象以图象、图表、动画等多种形式呈现。[20]张楠以数列教学为例，讨论了图形计算器提供的数列通项公式、数列列表、数列图象、递归数列四种表征形式。[21]杨蕊分析了函数的多元表征，认为函数的表征方式有解析式、图象、表格、文字描述、实物等（图13-4，图13-5），从不同角度对同一数学学习对象进行表征可以帮助学生达到对学习对象的全面理解。[22]

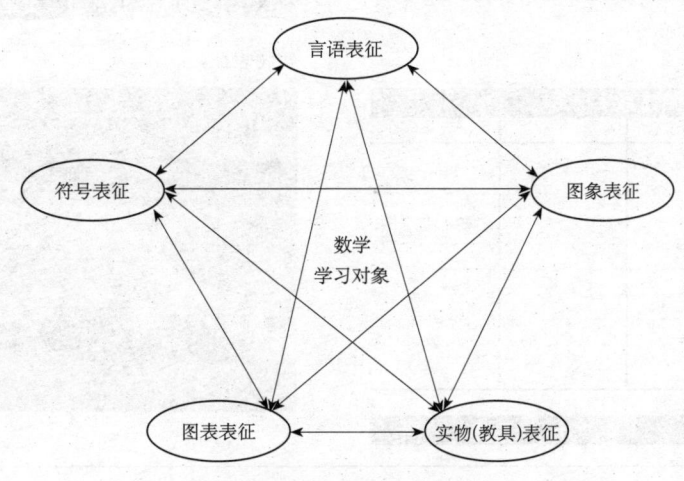

图 13-4　函数的多元表征

(3) 信息技术有利于学生数学探究

数学新课程改革凸显以学生为本的理念，鼓励学生自主探索、动手实践、合作交流，在"做数学"的过程中，发展数学学习的兴趣，养成独立思考、积极探索的习惯，从而发展学生的创新意识。信息技术为学生的探究活动搭建了平台，既可先提出数学假设与推理，然后用数学软件进行验证；也可以运用数学软件或图形计算器等信息技术做实验以发现、总结数学规律和数学现象。[17]

例如，GeoGebra、图形计算器等集成了编程功能。教师可在高中一年级学习了等比数列后，开设雪花曲线的探究课程，让学生通过编程来实现雪花曲线的若干次生长过程（图13-6），并求解雪花曲线的周长和面积。让学生体验通过等比数列来解决实际问题，体验算法的思想、极限的思想，初步了解分形几何，并感受数学美。

函数 $f(x)=-x^2+5x+6$ 的五种表征形式

言语表征：函数 $f(x)$ 等于 x 的平方的相反数加5乘以 x 加6。开口方向向下，对称轴等于2.5，顶点是 (2.5, 12.25)。

符号表征：

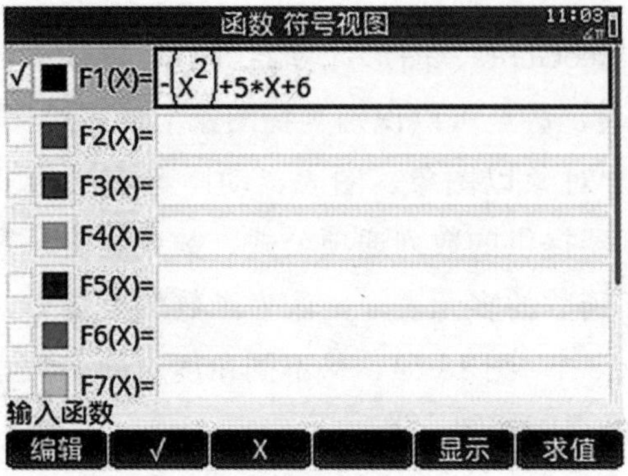

图象表征：

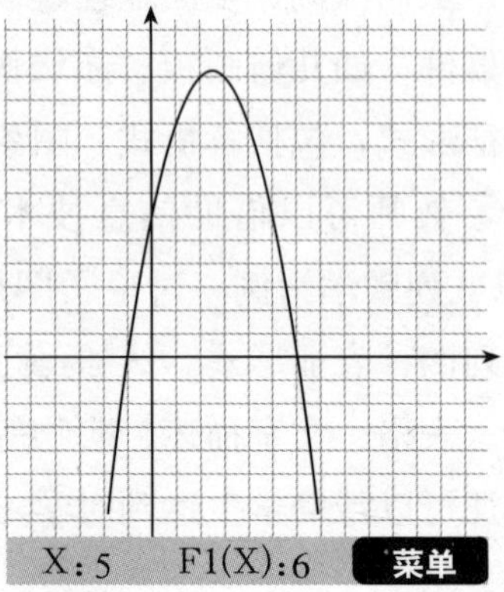

图表表征：

实物表征：

图 13-5 函数的五种表征形式

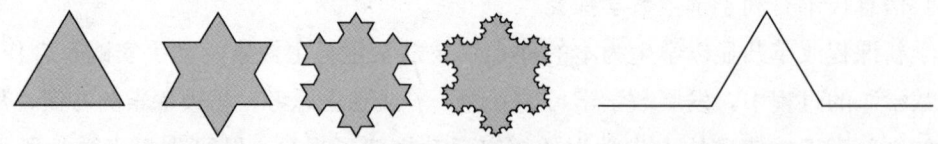

图 13-6 雪花曲线的探究

再如，HP 图形计算器和 TI-Nspire 都搭载了数据流技术，其配套的探头具有强大的数据收集功能，利用它可以收集到光线强度、pH 值、高度、力、声音等真实反映事物变化状况的数据，同步传导到图形计算器上，并用图形、数据表等方式记录和显示，基于这些数据，学生可以建立数学模型解决实际问题。

2. 基于信息技术的数学教学设计

杨蕊、王光明等设计了《基于信息技术和学生学习的数学课程教学设计标准》（表13-1）[22-23]，为教师融入信息技术进行数学课程教学设计提供导向引领，也为教师自我评价及同行评价教学设计提供标准性参照。

表 13-1　基于信息技术和学生学习的数学课程教学设计标准

教学设计要素	基于信息技术和学生学习的数学课程教学设计标准表述
教材分析	1. 阐述当前知识的内涵，明确知识产生发展的过程、蕴含的数学思想方法以及知识的文化价值； 2. 阐述当前知识在数学课程中的地位和作用； 3. 阐述信息技术与当前知识的切入点，明确信息技术在该教学内容中充当什么角色。
学情分析	4. 阐述学生已有的知识基础和技能基础及其掌握程度，如学习当前知识时的前期知识、已掌握的数学思想方法、绘图能力、运算能力、信息技术使用能力等； 5. 阐述学生对信息技术所持态度、学习的心理状态、学习情感等。
教学目标	6. 目标的设置既要体现 4 个维度（知识技能、数学思考、问题解决、情感态度），又要考虑 4 个维度的整体融合性，并准确使用目标行为动词； 7. 根据信息技术的特点，如与实际生活的联系、呈现准确图象、培养动手能力等，发挥其创设情境、动态演示、数学实验的功能； 8. 目标设置应与教材、学情分析紧密结合，表述清晰简明，避免抽象空洞。
教学重难点	9. 重点、难点明确区分，内容具体，阐述得当； 10. 利用信息技术后有助于突出重点、突破难点； 11. 根据学生情况（学习水平、信息技术能力、心理状态）动态调整教学难点，切忌从一而终。
教学策略	12. 教学方法能发挥教师的主导作用，也能体现学生的主体地位，注意要结合具体教学内容有所侧重，如传授新知可以教师的主导作用为重，思考探索以学生主体为重； 13. 教学方法、教学手段优化组合且符合数学学科特点和学生的认知规律； 14. 教师要对向学生提供的信息资源进行有效的过滤、分类、梳理，消除学生的迷茫，更有效地使用信息资源建构学习。
教学过程	15. 建议正确认识信息技术的辅助教学作用，是教师提升数学教学质量的助手——有助于促进学生对数学的理解，有助于引发学生的深入数学思考； 16. 信息技术手段介入的同时不能忽视学生的主体参与性，要在学习的过程中充分发挥学生的主动性、积极性和创造性； 17. 情境创设适合高中阶段学生接受，符合学生认知经验、生活经验、兴趣爱好； 18. 教学内容设置融入教师个人理解，可适当调整教材内容的呈现顺序和例题习题的顺序，以便学生更好地理解数学知识，组织合理、层层深入，并注重学生前后知识间的联系； 19. 在学生知识生长点处设置数学活动，适度设难，为学生创设思维碰撞的空间，鼓励学生参与、大胆发言、独立思考、动手操作、合作交流等多种学习方式，学生学习热情饱满、课堂参与度高； 20. 针对教学内容择优选取信息技术手段，如几何内容（平面几何、立体几何或解析几何）可选择几何画板和 GeoGebra，代数内容和统计内容可选择图形计算器和 Excel，向学生呈现同一数学对象的多种表征方式； 21. 根据教学目标和重难点的设置，考虑信息技术在使用过程中的原则，如必要性、平衡性、实用性、多样性； 22. 建议将知识的生成、归纳、总结过程留给学生自己完成，教师在必要时候进行引导； 23. 教学环节紧凑、流畅，设计意图表述明确； 24. 板书设计合理，充分考虑应用信息技术后板书的特点，重点突出。

续表

教学设计要素	基于信息技术和学生学习的数学课程教学设计标准表述
教学评价	25. 信息技术的辅助性教学特色突出，能将信息技术很好融入数学教学中，信息技术使用得当，教学效果好； 26. 融入信息技术的数学教学，能够促进学生的主体参与性。学生在学习过程中的主动性、积极性和创造性能够进一步加强； 27. 能够保证课件运行正常，数学对象的呈现准确无误，师生使用信息技术手段效果良好，突破了教学难点，突出了教学重点。

3. 信息技术与数学课程整合的教学模式

徐梅芳，陈明蕾等[24]聚焦于数学探究教学，认为由于数学知识领域多样，要根据不同的教学内容与教学目标以及学生的年龄特征、生活经验与认知经验等，选用恰当的探究教学策略。其根据自身教学实践经验，探索了"引导—探究""尝试—探究""自学—探究""协作—探究"四种探究教学模式。

张锐基于信息技术与数学课程整合的特征提出了适于信息技术整合的数学课堂的教学模式，包括"演示—讲授"模式、"发现—探究"模式、"自查—掌握"模式、"对话—交流"模式、"合作—研究"模式，并对每一种教学模式从理论基础、功能目标、实现条件、活动程序、师生及教学内容和信息技术之间的关系示意图五个方面进行内涵的论证。[6]

王大鹿对信息技术环境下"以教师讲授为主的常规教学模式""以教师为主的CAI模式"和"网络环境下的学生分组习作，通过数学实验等方式尝试探索的合作教学模式"进行了实验研究，发现采用"网络环境合作模式"的教学效果最好，学生的学习成绩显著优于其他两种教学模式。CAI模式虽然比常规教学模式略好，但是没有显著性差异。[25]

（三）信息技术环境下数学课程研究

信息技术与数学课程整合对传统的数学课程内容、课程设计等都带来了挑战，部分数学教育研究者从课程的视角对整合情况进行研究。

"中学数学课程教材与信息技术整合研究"课题组编写了一套体现数学课程与信息技术整合思想的《普通高级中学实验教科书（信息技术整合本）数学》，在以下四个方面进行了探索：(1) 在教材中体现数学课程改革新理念；(2) 改变教材的呈现方式；(3) 开辟"数学实验"新栏目；(4) 适当提高了教学要求，将实验、尝试、模拟、猜想、检验、调控、运算、推理、证明等作为数学学习的重要方式，重视学生亲身实践活动和高层次数学思维，同时将运算繁杂、作图困难、数据处理难度大的问题，和一些有真实背景的实际问题引入了教科书。[19]例如，表13-2给出了"指数函数的图象和性质"在教材呈现方式上的比较，"整合本"教材倾向于"归纳式"地呈现教材内容，让学生经历认知过程。

表 13-2 "指数函数的图象和性质"的教材比较

普通本	整合本
1. 列 x，y 的对应值表； 2. 描点法作出的图象； 3. 列出在 $0<a<1$ 和 $a>1$ 两种情况下的图象和性质。	1. 用信息技术完成表格； 2. 用信息技术作出图象； 3. 借助信息技术，在上述图象上动态观察函数的取值范围、单调性等； 4. 学生自选几个底数不同的指数函数，画图象并观察取值范围、单调性等； 5. 列出在 $0<a<1$ 和 $a>1$ 两种情况下的图象和性质。

郭衎等以英国、法国、荷兰、中国、日本、韩国、新加坡、南非、俄罗斯等十四个国家的小学、初中数学课程标准文本为研究对象，分析了这些国家对信息技术的重视程度、信息技术使用的种类、信息技术使用的学段以及信息技术使用的领域等内容。研究发现，欧洲几国（荷兰、英国、法国、德国）对信息技术的重视明显多于亚洲国家；法国、德国、英国的信息技术种类丰富，亚洲国家主要提及计算工具，俄罗斯、南非、芬兰、日本、美国的课标中信息技术所占篇幅较少且技术使用单一；信息技术使用的学段主要集中在小学高年级或初中阶段；信息技术应用领域在数与代数最多，图形与几何居中，统计与概率最少。[26]

纵观下来，聚焦于数学课程标准、教材内容设计等课程领域的研究相对较少，具体关注信息技术与数学课程整合的课程目标、课程内容、课程实施等研究也有待丰富，有必要加强这些方向的研究，促进信息技术与数学课程整合的落实。

（四）信息技术环境对学生数学学习影响的研究

信息技术与数学课程整合的最终目的是为学生带来更好的学习环境，使学生有更好的数学发展。

张景中多年从事"Z+Z智能教育平台——超级画板"的研究推广工作，认为在教学中使用信息技术不但可以帮助学生解题，培养学生的创新意识，引发学生的兴趣，让学生深入理解数学，提高教学效率，而且还可以将数学与生活和大自然联系在一起。[17] "中学数学课程教材与信息技术整合的研究"课题组研究认为[27]，在信息技术环境下，对于常规的计算技能训练应该更加关注学生对算理的理解，更加强调对算法的设计，更加强调口算、估算，而对运算技巧的重视程度可以适当降低，以腾出时间来发展对数学过程、数学本质的理解力，把更多的时间花在实质性的数学思考上。信息技术可以为学生创造出图文并茂、丰富多彩、人机交互、及时反馈的学习环境，学生可以利用信息技术模拟现实情境，自己构建数学内外问题的模型，进行数学探究、数学应用、数学交流等实践，这些是传统数学学习较难实现的。同时，信息技术提供的外部刺激具有多样性和综合性，既看得见又听得见，还可以动手操作。这有利于学生调动多种感官协同作用，对数学知识的获取和保持具有重要意义，也是数学学习方式转变的具体体现。在信息技术为学生提供的交互学习环境中，实验、探究、发现等将成为重要的学习方式，学生可以按照自己的认知基础、学习兴趣来选择内容，为学生主动性、积极性的发挥创造条件。

王光生，赵兴龙等[28]和隗开云，孙奎元[29]总结了信息技术环境下的数学探究学习的主要形式，包括数学概念的探究学习、数学原理的探究学习、数学问题解决的探究学习，并分别以"垂线"和"拿破仑定理"为例给出了数学探究学习的案例设计。何鹏万，邓鹏等[30]基于"三角形三边关系"对学生探究式学习进行个案研究，并总结了探究式学习中合理使用信息技术的策略，包括根据教学内容和教学目标恰当使用现代信息技术；面向全体学生，体现以人为本、实用便捷、经济高效的原则来使用信息技术；注意现代信息技术媒体与其他教学媒体的结合使用。

郭衎等选取全国有代表性的三个学区的 55 名初中数学教师和近 2000 名学生开展为期两年的跟踪调查，探究教师信息技术的使用对学生学业成绩产生的影响。[31]该研究以学生 2012 年成绩为因变量，教师 M-TPACK 水平、信息技术使用情况、学生 2011 年学业成绩及学生课外补习时间为自变量，建立分层线性模型。研究结果表明：信息技术环境下数学教师教学知识（TPACK）对学生学业成绩有显著的促进作用，且对几何成绩的影响大于代数；而在课堂教学中使用信息技术过于频繁反而会阻碍学生代数能力的发展。教师信息技术与教学方法整合的能力能够帮助学生在代数成绩上获得较大提升，教师信息技术与数学内容的整合能力以及课堂教学中信息技术的充分使用则有利于学生几何成绩的提高。因此，信息技术的使用要避免拿来主义，要避免盲目性，否则过度使用信息技术也可能会对学生造成负面的影响。

（五）制约教师信息技术与数学课堂教学整合的因素

影响教师运用多媒体技术的因素多种多样[15,32,33]，主要可以归纳为内在因素和外在因素两类（表 13-3）。

内在因素指与教师信息技术使用信念、教师知识等相关的因素。王爱玲发现 46.7% 的教师反映制作课件困难，78.2% 的教师认为没有时间和精力制作课件。[15]文玉婵等认为教师的知识经验和内在促动两个方面影响教师的信息技术使用。[32]熊丙章研究了教师信念对信息技术与数学课程整合的影响，发现教师信念结构中的学生观、自我效能、数学观、教学效能和外部诱因均对教师信息技术整合行为有显著性影响。[33]"中学数学课程教材与信息技术整合研究"课题组经过两年多的研究发现，制约教师信息技术整合水平的因素包括教师信息技术使用水平，"整合"的教学设计能力，"整合"的教学实施能力，"整合"的教学评价能力，良好的信息技术使用习惯。[19]

外在因素包括硬件、软件、经费、学校管理等因素。王爱玲认为设备配备不足、经费不足、领导不够重视、缺少合作和交流的环境等因素影响教师信息技术使用。[15]文玉婵等认为相关课程教学资源、学校行政管理支持、同事间的协作环境、软硬件配备等外在支持可以为教师信息技术整合提供重要平台。[32] 在外在因素中，研究表明，与信息技术的硬件配置相比，教师间的交流协作、学校奖励机制、课程教学资源的积累等因素更为重要。[15,32]

表 13-3 影响信息技术与数学课程整合的因素

维度	因素描述	维度	因素描述
内部因素	教师信念（学生观、自我效能、数学观、教学效能、外部诱因） 信息技术知识不足 课件制作时间不足 对整合信息技术必要性认识不足 教师信息技术整合能力 ……	外部因素	设备配备不足 经费不足 学校领导不够重视 缺少同事间的协作交流 相关课程教学资源短缺 学校缺乏相应的管理、奖励机制 ……

三、信息技术与数学课程整合的反思与展望

回顾新课程改革十五年来的研究历程，不难发现数学教育专家对信息技术与数学课程整合的认识正在逐步深入，令人可喜的是一线教师运用信息技术教学的比例也在不断提高。毋庸置疑，信息技术的快速发展极大程度地推进了其与数学课程整合的发展进程，加快了数学课程改革的步伐。

当然，面对已取得的成果，我们还应理性、客观地看待信息技术与数学课程整合过程中存在的问题和未来的前进方向，让信息技术发挥更大的优势，更好地为教学服务、为学生服务。

（1）实证研究还需进一步加强

新课程改革十五年间，信息技术与数学课程整合的研究成果在"整合的意义、内涵、目标、模式"等相关认识基本达成一致。张景中、王长沛、曹一鸣等在实践研究方面取得了丰硕的成果[17][34-36]。然而，纵观这些成果不难发现其中定量研究、比较研究、个案研究并不多见，实证研究还需要进一步加强。

使用信息技术会对教学效果、教学质量产生积极的促进作用，还是消极的阻碍作用？信息技术的介入对学生数学知识的理解是否真有帮助？对学生学习数学的兴趣是否真有提高？在理论指导下进行实验去定量评估是有必要的。信息技术的使用对不同学习状况的学生的数学学习分别产生什么效果？信息技术在数学课程中作为教学、学习、认知和环境建构工具有何不同的作用？这样的对比研究，可以使整合更具有针对性。此外，由于每个学生的个性特点，数学认知水平的各不相同，课程整合需要结合具体情况对不同学生采取不同的策略，这并不是进行大范围的实践研究就能做到的。

(2) 信息技术与数学课程整合的教学模式过于宽泛

教学模式是在特定时期的教学思想或教学理论支撑下为达到某个教学目的而形成的教学过程、方法、程序的综合体系。它既是教学理论的具体化，又是教学经验的系统概括。信息技术与数学课程整合的教学模式种类繁多，名称花哨，但仔细分析能够符合数学学科特点的寥寥无几，很多模式对于任意学科与信息技术整合的教学都适用。并且，提出这些教学模式时，没有充分考虑到教学内容、教师水平、学生学习状况等相关因素，致使教学模式过于宽泛，缺少针对性。

(3) 整合有效性的界定或评价标准需要进一步明确

实践研究中，很多一线教师认为信息技术与数学课程整合就是简单地将多媒体运用于课堂教学，比如，许多教师在教学设计时往往只为装饰而不求效果，只求数量不求质量，这些都是对整合内涵的曲解。尽管已有研究者在融入信息技术的数学教学设计标准方面做了一部分探索性的研究，[23]但从实践层面还需要进行更为深入的调查。纵观信息技术与数学课程整合的研究，提到整合有效性的比比皆是。然而，何为有效？当撤去信息技术的辅助时，学生对数学知识是否还有自己的认识与建构？今后的研究中，相关界定或评价标准还需要进一步的明确。

(4) 创建试点，改革数学评价方式

国际上，越来越多的国家准许在重要考试中使用图形计算器。而在我国，学生只有在少数竞赛中才可以使用图形计算器。如果学生只在选修课和数学实验课上才能接触手持技术，那么他们必然不能形成对技术的亲近感，也无法知道技术能如何帮助他们进行学习和探索。目前，我国已有多个省份的学校建立了数学实验室，我国一些高中数学国际班更是将使用图形计算器作为教学常态。在新一轮高中数学课程改革过程中，可以尝试在一些试点地区进行评价方式的改革，允许学生在考试中利用图形计算器进行解答。借助这种尝试，引导师生重视熟悉和深化技术的使用，借助新技术平台，更好地发展学生的探究能力和创新能力。

(5) 改善硬软件条件，提高教师素质

尽管前面对贵州、广州、山东等地的调查可以看出教师运用信息技术的比例在不断提高，但是从全国来看，这种现象并不如人意。首先，教育发展的不均衡导致各地教育信息化水平不均衡，很多经济欠发达的地区教育资源严重匮乏，学校对信息化环境的建设自然不能保证。其次，尽管经济相对发达的地区教育资源较好，但如果只是在公开课或者优秀课评比中使用信息技术，就会失去整合的真正意义。尚晓青和黄秦安进行"技术与数学教学整合"的调查发现，当问及学校或有关领导对技术与教学整合的支持状况时，有90%的教师都表示领导是"大力支持"，但在实际支持行动上并不那么乐观。[37]

毫无疑问，信息技术与数学课程的整合对教师提出了更高的要求。因此，在信息背景下，国家尽快缩小地区间的教育差距，普及教育信息化建设是当务之急。而对普通教师而言，及时更新教育观念，提高信息技术应用能力，不断充实、提升自己的信息素养也是非常有必要的。

《国家中长期教育改革和发展规划纲要（2010—2020年）》（第十九章）把教育信息化纳入了国家信息化发展整体战略，也即将教育信息化置于至高的地位。[2]在日新月异的信息技术革命中，我国数学教育界有识之士没有抱残守旧，在数学教学中重视使用现代信息技术，尝试设计开发教材，努力加强教师在信息技术方面的培训。新一轮高中数学课程改革对新技术予以高度关注，并在课程标准中也明确提出新技术的要求。[38,39]当然，我们也要尝试研发适于我国教育情况的信息技术媒介，并在数学课程研制、课堂教学方式、学习方式以及评价方式等方面有效整合信息技术，以提高数学教育质量。

参考文献

[1] 中华人民共和国教育部. 教育部关于印发《基础教育课程改革纲要（试行）》的通知[EB/OL]. 2001. http://www.gov.cn/gongbao/content/2002/content_61386.htm.

[2] 国务院. 国家中长期教育改革和发展规划纲要（2010—2020）. 2010. http://www.moe.edu.cn/publicfiles/business/htmlfiles/moe/moe_838/201008/93704.html.

[3] 中华人民共和国教育部. 教育部关于印发《教育信息化十年发展规划（2011—2020年）》的通知[EB/OL]. 2012. http://www.moe.gov.cn/publicfiles/business/html-files/moe/s3342/201203/xxgk_133322.html.

[4] 中华人民共和国教育部. 教育部关于印发《国家教育事业发展第十二个五年规划》的通知[EB/OL]. 2012. http://www.moe.gov.cn/publicfiles/business/htmlfiles/moe/moe_630/201207/xxgk_139702.html.

[5] 何克抗. 信息技术与课程深层次整合的理论与方法[J]. 电化教育研究，2005（1）：7-15.

[6] 张锐. 信息技术与数学课程整合的教学模式探讨[J]. 电化教育研究，2007（12）：69-72.

[7] 王旭媚. 信息技术与数学学科教学整合的尝试与思考[J]. 数学教育学报，2004，13（2）：97-98.

[8] 何棋，范登晨. 信息技术与高中数学课程整合的实践研究[J]. 中国电化教育，2007（9）：73-76.

[9] 王虹，杨威，王洁. 信息技术与数学课程整合的探讨[J]. 山西师范大学学报（自然科学版），2006，20（1）：37.

[10] 中华人民共和国教育部. 中国教育概况：2010年全国教育事业发展情况[EB/OL]. 2011. http://www.gov.cn/test/2011-10/31/content_1982280.htm.

[11] 中华人民共和国教育部. 2013年全国教育事业发展情况[EB/OL]. 2015. http://www.gov.cn/guoqing/2015-02/09/content_2816730.htm.

[12] 刘隆华. 贵阳地区信息技术在中学数学教学中应用的调查与思考[J]. 数学教育学报，2003（03）：46-50.

[13] 胡凤娟，王万良，王尚志，张思明. 高中数学教师使用信息技术的现状研究[J]. 电化教育研究，2011（2）：36-43.

[14] 廖运章. 高中新数学课程使用信息技术的调查与思考[J]. 数学教育学报，2006，15（3）：83-86.

[15] 王爱玲. 现代信息技术在数学教育中的应用与现状调查[J]. 数学教育学报，2009，18（2）：69-71.

[16] 郭衎，曹一鸣，王立东. 教师信息技术使用对学生数学学业成绩的影响——基于三个学区初中教师的跟踪研究[J]. 教育研究，2015（1）：128-135.

[17] 张景中，彭翕成. 深入数学学科的信息技术[J]. 数学教育学报，2009，18（5）：1-6.

[18] 王光明，张楠，康玥媛. 数学教师培训视域下的教育软件培训内容研究[J]. 教育理论与实践，2015（12）：35-37.

[19] "中学数学课程教材与信息技术整合研究"课题组. 高中数学课程教材与信息技术整合研究与实验[J]. 课程·教材·教法，2004，24（3）：47-52.

[20] 刘晓玫，刘志苗. 论信息技术与中学数学课程整合的意义和存在的问题[J]. 课程·教材·教法，2006，26（2）：64-68.

[21] 张楠. HP图形计算器在高中数列教学中的应用示例[J]. 数学教育学报，2009，18（2）：63-65.

[22] 杨蕊. 基于信息技术和学生学习的数学课程教学设计案例研究[D]. 天津：天津师范大学，2013.

[23] 王光明，杨蕊. 融入信息技术的数学教学设计评价标准[J]. 中国电化教育，2013（11）：101-104，120.

[24] 徐梅芳，陈明蕾，周炜，陆磊. 信息技术与数学教学整合构建"探究"教学模式的研究[J]. 中国电化教育，2005，216（1）：52-55.

[25] 王大鹿. 信息技术环境下数学教学模式的实验研究[J]. 中国教育信息化，2007（8）：69-70.

[26] 郭衎，曹一鸣. 数学课程中信息技术运用的国际比较研究——基于中国等十四国小学初中数学课程标准的研究[J]. 中国电化教育，2012（7）：108-113.

[27] "中学数学课程教材与信息技术整合的研究"课题组. 中学数学课程教材与信息技术整合的思考[J]. 课程·教材·教法，2002（10）：51-55.

[28] 王光生,赵兴龙,付东方. 信息技术环境下的数学探究学习[J]. 中国电化教育,2006,231(4): 48-51.

[29] 隗开云,孙奎元. 如何利用信息技术开展数学探究性学习[J]. 中国教育信息化,2008(10): 35-37.

[30] 何鹏万,邓鹏,何鹏九. 信息技术环境下数学探究式学习的个案研究[J]. 中国教育信息化,2007(20): 41-43.

[31] 郭衎,曹一鸣. 信息技术环境下数学教师教学知识调查研究与影响因素分析[J]. 教育科学研究,2015(31): 4-48.

[32] 文玉婵,周莹. 影响教师将信息技术整合于数学教学的因素分析[J]. 数学教育学报,2007,16(3): 44-48.

[33] 熊丙章. 教师信念对信息技术与数学课程整合的影响研究[J]. 电化教育研究,2014(5): 87-90.

[34] 曹一鸣,王长沛. MCL环境支持下的中学数学教学研究[J]. 数学教育学报,2009,18(2): 56-58.

[35] 王长沛. 掌上电脑与后PC时代的数学教学——兼谈TTC和T^3的发展策略[J]. 数学教育学报,2000(1): 16-22.

[36] 王长沛. 图形计算器:不可替代的"数学工具"?[J]. 中小学信息技术教育,2007(3): 9-13.

[37] 尚晓青,黄秦安. 关于技术与数学教学整合现状的调查与思考[J]. 数学通报,2005(5): 14-16.

[38] 中华人民共和国教育部. 全日制义务教育数学课程标准(实验稿)[M]. 北京:北京师范大学出版社,2001.

[39] 中华人民共和国教育部. 普通高中数学课程标准(实验)[S]. 北京:人民教育出版社,2003.

第十四章
21世纪的数学课堂教学改革实验[①]

一、背景

基础教育改革的核心环节是课程改革,而课程改革的核心环节是教学改革。改革开放以来,尤其是进入21世纪以来,中国的数学课堂教学在继承了数学双基教学、变式训练等优良传统的基础上,涌现出来一大批优秀教学改革成果。如西南大学陈重穆、宋乃庆主持的"GX(高效学习法)"实验;天津师范大学王光明主持的"数学教学效率的实验";贵州省吕传汉、汪秉彝"数学情境与提出问题"教学实验;江苏无锡市徐沥泉主持的"贯彻数学方法论的教育方式,全面提高学生素质"数学教育实验(简称MM课题或MM实验);山东杜郎口实验;等等。再加上在国际数学奥林匹克竞赛、TIMSS等国际评价中中国学子均取得了优异成绩,尤其是近年来PISA成绩上海第一,更是引起国际上对中国数学课堂教学的广泛关注。当前中国基础教育领域的自信程度以及学校教育实践层面对课程改革的自觉程度,都是前所未有的。[1]中国本土化数学教育经验逐步被国外同行重新认识。梳理改革开放以来,尤其是进入21世纪以来的中国数学教育改革实验成为必需和必要,可以引领中国的数学教学更好发展。

二、传承与创新:数学课堂教学改革实验
(一)基于传统的数学课堂教学改革

在传统的中小学数学课堂教学中,数学教材的编排方式常常是:定义—定理—证明—举例,相应的数学课堂教学模式:组织教学—复习旧课—讲授新课—归纳小结—布置作业,典型的凯洛夫"五步教学法"。这影响了一代又一代中国中小学数学教师,再加上中国自古就有尊师重教、注重知识的传授和推崇学习的传统,使得"五步教学法"更是成为我国教育界倍加推崇的通用模式。"五步教学法"的好处就是简单易行,与数学上纯演绎的呈现方式配合默契,因此得以持久地传承应用,并受到教师们的青睐;同时,由于"五

[①] 吴立宝,天津师范大学教师教育学院;周九诗,华东师范大学数学系;王光明,天津师范大学教师教育学院。

步教学法"过分强调教师的教，忽视学生的学，历来成为批判的靶子。

正是认识到这些弊端，一些学校和教师积极尝试进行改变。尤其20世纪90年代以后，中国数学教育工作者和一线教师积极探讨摸索，积累了许多教学模式，影响深远。下面分别以卢仲衡的自学辅导教学法、上海顾泠沅的青浦教改经验、西南大学陈重穆与宋乃庆主持的"GX（高效学习法）"实验、李庾南提出的"自学·议论·引导"教学法为例介绍。

1. 自学辅导教学法

自学辅导教学法是由中国科学院心理研究所卢仲衡教授主持的"中学数学自学辅导实验"中所采用的教学方法，最早在1958年提出并且进行实验，实行小步子、多反馈的教学原则。实验班遍及全国30多个省市、自治区、直辖市。

自学辅导的课堂教学模式是"启、读、练、知、结"，其中"启"是启发，"读"是阅读，"练"是练习，"知"是及时知道结果，"结"是小结。"启"和"结"是由教师在开始上课和将要下课时向班集体进行的，共占10~15分钟。中间30~35分钟，让学生自己进行"读""练""知"的学习活动。学生阅读课本，读到指令做练习处时就做练习，并核对答案。

该模式最大的特点是能培养学生的自学能力，调动师生双方的积极性，提高学生的学习兴趣，形成自学信心和自学习惯。

2. 青浦教改实验

青浦教改实验以"回到数学教育的规律去"为口号。该实验从1977年起经过了3年的调查、1年的筛选经验、3年的科学实验和7年的推广应用的教改历程，主要从改革教学方法入手，提出了一种新型的教学方法，以专著《学会教学——青浦教改实验过程》[2]《教学实验论——青浦实验的方法学与教学原理》[3]形式出版。这是以调查研究为改革的起点，以实验筛选得出有效的经验系统，以教学实验作为通往理性认识的桥梁，传播与发展作为迁移和深化经验的必要途径。

青浦教改实验提出四条教学基本原理：情意原理、序进原理、活动原理与反馈原理。四条原理具有内在联系：情意原理是学习的动因，序进原理是对教学内容和过程的要求，活动原理是对教学方法的要求，反馈原理是对教学结果的要求。在四条原理基础上形成了"尝试指导——效果回授法"。该教学方法的主要环节：（1）启发诱导、创设问题情境；（2）探求知识的尝试；（3）归纳结论、归入知识系统；（4）变式练习的尝试；（5）回授尝试效果，组织质疑和讲解；（6）单元教学效果的回授调节。

3. "自学·议论·引导"教学法

江苏省南通市启秀中学李庾南提出"自学·议论·引导"教学法。

"自学·议论·引导"教学法名称来源于其3个环节：自学—议论—引导，其中"自学"是基础，"议论"是枢纽，"引导"是关键；3个环节又可以理解为3个维度，"独立自学""群体讨论""相机引导"是围绕学习能力的培养，是可以突破时间线索的，3个方面相辅相成。

4. "GX"实验

"GX"实验是"提高课堂效益的初中数学教改实验"的简称，是由原西南师范大学陈重穆、宋乃庆两位教授于1992年提出并组织、指导实施的旨在"减负提质"的教改实验。该实验提出了行之有效的"32字诀"作为教学的指导思想、原则和方法："积极前进，循环上升；淡化形式，注重实质；开门见山，适当集中；先做后说，师生合作"。[4]在几年内实验推广到十四个省（市、区）数百所学校展开，深受师生欢迎。[5]

"GX"实验的教学环节是问题为中心，呈现和组织内容，当堂练习，反思回顾，布置作业，循环上升。"GX"教学模式更偏重于讲授式教学模式，但同时有引导发现式教学模式和活动式教学模式的环节，教师在讲授过程中渗透学生的自主活动，从而达到最佳教授效果。正如张孝达先生所说，"GX思想如果用一句话来说，就是用最少的时间，使所有学生学到更多并且有用的数学"。因此，"GX"教学模式是讲授式教学模式的发展，其教学与学习类型是教师有意义地讲授教学和学生有意义地接受学习。

5. "MM"教育方式

即数学方法论的教学方式，代号"MM"取自英文短语"Mathematical methodology education pattern"的前两个词头，是江苏无锡市教育科学研究所徐沥泉主持的"贯彻数学方法论的教育方式，全面提高学生素质"数学教育实验（简称"MM"课题或"MM"实验）。该实验开始于1989年，要求教师在数学教学的过程中，充分发挥数学教育的两个功能（技术教育与文化教育功能），自觉地遵循两条基本原则（既教证明又教猜想原则和教学、学习、研究同步协调），瞄准三项具体目标（引导学生自我增进一般科学素养，自我提高社会文化素养，自我形成和发展数学品质），恰当地操作八个变量（运用八项教学措施：数学返璞归真教育、数学审美教育、数学发现法教育、数学家人品教育、数学史志教育、演绎推理教学、合情推理教学和一般解题方法的教学[6]），从而达到全面提高学生素质的目的。

（二）基于学案的数学课堂教学改革

1997年，在我国课堂教学这块热土上生长出了一个打上中国教学文化胎记的"教学生物"——学案，与之相类似的术语还有"讲学案""导学案""教学案""讲学稿"等。毫不夸张地说，学案目前正在引领着一场自下而上的教学改革运动，并且受到各地中小学高度认可。当前，基于学案的教学模式及其教学改革实验如雨后春笋般涌现出来。一般认为，最早提出用"学案"进行教学改革的是浙江省金华一中，而利用学案取得显著教学效果的是江苏省东庐中学。其核心实质就是先学后教，最初在尝试教学改革实验中被提出并不断得以阐释，再经江苏省洋思中学等学校的实践而渐渐出名。正式作为一种模式的名称始于1999年，当年江苏建湖中学提出了"先学后教"五步教学模式，其步骤包括"准备—自学—讨论—点拨—延伸"。[7]

浙江省金华一中于 1997 年秋在全国首次提出了一种用以帮助学生学习的、相对于教案的"学案",把借助学案进行教学的方法称为"学案教学法",并开展了"学案导学教学模式"教学改革实验。比金华一中的"学案导学教学模式"教学改革实验稍晚一点的是江苏省溧水县东庐中学开展的"讲学稿"教学改革实验,两者称谓上有所差异。"讲学稿"是东庐中学一个非常本土化的创造,其形成经历了三个阶段[8]:1998 年全校教师进行自编"同步练习"和"单元测试卷",主要为学生课后巩固提供学习资料;编制引导学生课前预习的"导学卡",先后尝试编制使用过"预习卡""自读卡""问题卡""学案导学卡"等"卡片预习"自主学习形式;1999 年,发展提出了统一教案,师生共用的"教案导学稿",即讲学稿(首先在数学与化学两个学科试用)。

1998 年,杜郎口中学构建和形成了以学生为主体、以学习为主线、以展示为特征的教学模式,提出了"三三六"自主学习模式,包括预习—展示—反馈,六大环节分别是预习交流、明确目标、分组合作、展示提升、穿插巩固、达标测评。其成功之处主要是课堂的开放程度大,"兵教兵"调动了学生的学习积极性。但是,"少教多学"也存在弊端:一是指令性规定"讲与学";二是"兵教兵"导致课堂信息量减少,"萝卜炖萝卜",使有效教学时间难以保障;三是课程"整体与系统性"体现得不够到位。

在杜郎口和洋思教学模式的感染下,各个地区积极开展课堂教学改革、探索特色教学模式以追求高效率教学。但是,学案作为教学实践的产物,充满着经验的成分,具有强烈的"草根"特色。宁夏金凤区三小"231 高效教学模式":该模式以"学讲稿"为载体,提倡"先学后教""以学定教",形成 7 种课型模式,3 个学讲稿编制模板,20 余条教改理论。山东省淄博市桓台县世纪中学创立的课堂教学模式:导—展—练—测—馈。导:学生依据导学案课前读书自学;展:学生展示预习成果;练:学生分层次做练习;测:学生当堂独立完成课堂检测题;馈:教师有针对性反馈讲解。[9]

四川省成都市龙泉驿区的 DJP 教学模式:"导学""讲解"和"评价"是"导学讲评式教学"的核心要素和主要教学环节,故取"导""讲""评"汉语拼音的第一个大写字母,简称"导学讲评式教学"为"DJP 教学"。[10]"导学"是 DJP 教学的基础和前提,导学的主要工具是学案,主要解决"学什么"的问题。"讲解"是 DJP 教学的中心环节,这里的讲解是一种对话性讲解,主要解决"怎样学"的问题。DJP 教学中的讲解是由师生共同完成的,学生以"学生老师"的身份在展示个人或小组学习经历或思维的过程中,启发引导全班同学对话交流、沟通协商,教师则以"教师学生"的身份参与到学习活动中。"评价"是 DJP 教学目标达成的保障。这里的评价是一种学习性评价,主要解决"学得如何"的问题。导学、讲解、评价构成了 DJP 教学的完整结构,只有当三者都具有和完成后才称得上真正完成了一次 DJP 教学活动(如图 14-1)。

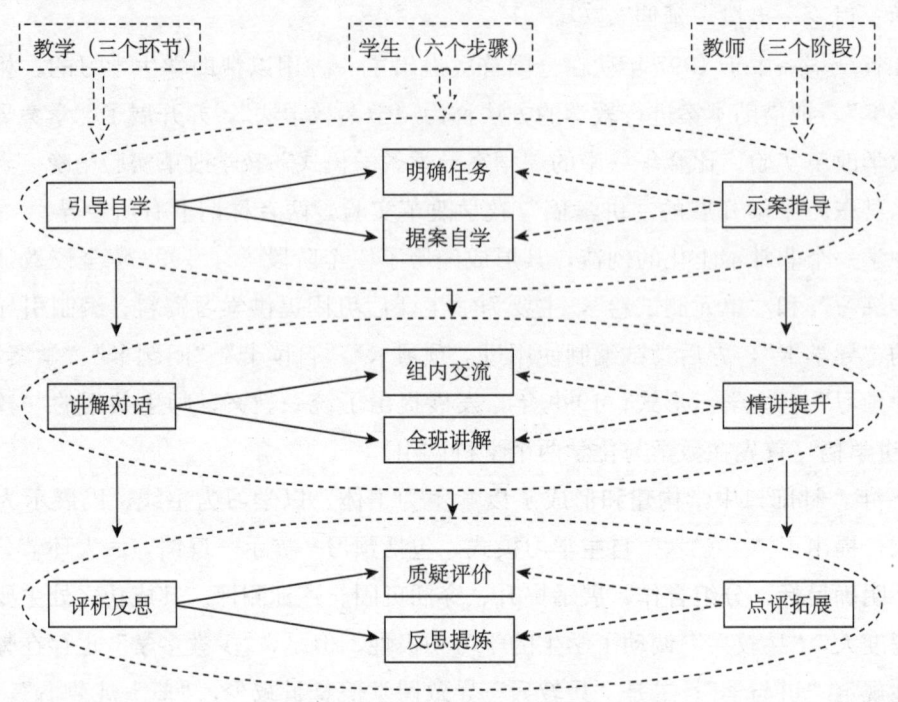

图 14-1　DJP 教学课堂教学基本模式

"导学讲评式教学"是遵循"以学生发展为本"的教育理念，沿着"基于课堂—高于课堂—回归课堂"的研究路径，由 23 所学校、3 274 名教师参与，历时 6 年实践研究和理论提炼逐渐形成的一项区域性的学科教学改革成果。

（三）情境教学改革

在数学课堂教学改革实验中，重视数学与生活的联系，也是 21 世纪课程改革所倡导的重要理念之一，受到了一线教师的高度认可。贵州师范大学吕传汉、汪秉彝于 2000 年提出在数学教学中培养中小学生创新意识与实践能力的"数学情境与提出问题"教学，并于 2001 年元月起在中国西南地区中小学开展实验研究，实验历经五年取得了显著成效。

"数学情境与提出问题"教学的基本模式为：设置数学情境—提出数学问题—解决数学问题—注重数学应用，四个环节密切联系、相互依存。设置数学情境是提出数学问题的基础，同时提出一个好问题又可以作为一个新的教学情境呈现给学生；提出数学问题与解决数学问题形影相伴，携手共进；解决问题的过程也可以看成是发现和提出新的数学问题；应用数学知识解决实际问题本身就是一个解决数学问题的过程，也可以提出有意义的数学问题。[11]

在中小学数学"情境—问题"教学中教师既要注意创设情境的策略，又要注意学生提出问题的策略。创设数学情境的策略有：（1）游戏情境；（2）实践情境；（3）现实情境；（4）过程式情境；（5）悬念情境；（6）竞赛情境；（7）类比、猜想情境；（8）争论性情境；（9）创设构造情境；（10）创设动态情境。提出数学问题的策略有：（1）因果策略；

(2) 比较策略；(3) 扩大策略；(4) 极限策略；(5) 变化策略；(6) 逆反策略。[12]

该模式同样也影响到中国其他地区与学校教学模式的建构，譬如响水县实验小学提出了"递进式•四环节"小学数学课堂教学模式研究，主要分为四个环节：创设情境、提出问题、导入新课；自主探索、合作交流、建立模型；巩固深化、解释应用、拓展延伸；总结回顾、评价反思、完善结构。[13]

（四）数学教学效率实验

进入新世纪以来，各种新的数学教育理论、教改方案和教学方法与模式犹如雨后春笋般出现。但是研究发现，这些理论、方案与方法的实施，若没有"效率"为前提做保证，课堂就会导致教师教的"辛苦"，学生学的"疲劳"。[14]在有关数学教学效率的理论和实践研究中，以天津师范大学王光明主持的全国教育科学十五规划课题——数学教学效率的研究最为代表性，成果以专著《数学教学效率论》[15]形式出版。该研究通过对高中数学学优生与普通生的数学认知结构差异、学生数学认知理解的程度以及学生认为影响数学学习效率的因素等方面进行调查研究和分析，认为"教学效率从两个维度来认识。在学生的时间投入方面，指能够充分利用时间，全身心、积极、主动地参与数学学习。在数学教学方面，指多方面的学习效果——认知成绩、理性精神、效率意识、良好认知结构和数学学习能力。"[16]该研究并不是从量化的观点来认识，而是基于学生实际所获得，兼顾到学生学习结果的近期目标和远期目标，并提出了高效率数学教学的特征：注重思维的教学；注重数学教学中的理解问题；注重帮助学生构建良好的认知结构。[17]在此基础上，从理性精神、意识方面、认知方面和学习能力方面四方面构建高效率数学学习的学生心理特征模型。随后，王新民等对数学教学效率进行了探讨，根据评价的内容把其分为量化的效率与定性的效率；根据知识的分类可分为显性效率和隐性效率。从学生发展的角度，数学教学效率具有明显的层次性，由时间意识、成本意识、质量意识、选择意识与发展意识等成分构成，其中，发展意识是数学教学效率的核心。[18]

天津师范大学王光明对数学教学效率继续深入研究，主持全国教育教学"十一五"规划教育部重点课题——基础教育高效教学行为研究，认为高效数学教学行为与低效教学行为相比较应该凸显科学性、智慧性与艺术性等特征。其中，"科学性"是指数学教师在教心、导学与发挥数学的教育性方面更具有合理性，即能够恰当确定教学目标以及教学重点与难点，在数学认知方面重视促进学生的深刻理解与帮助学生建立良好的数学认知结构，在非认知方面促进激发学生的数学求知欲与求识欲，在元认知方面给予学生必要的数学学习方法指导，恰到好处地发挥数学的教育性，让学生适时沐浴数学精神、思想与方法，获得理性的数学思维的教育；"智慧性"是指在选择教学内容以及教学方法等方面具有智慧，在调控教学节奏方面也显现着教学的智慧；"艺术性"是指在教学、形体与板书语言方面以及管理方面显现着艺术特征。[19]总之，数学课堂高效教学行为是指引发学生高效率数学学习的那些课堂教学行为，并针对高效教师与低效教师在课堂导入方面的行为差异，提出了建议。[20]

（五）走班制

一直以来，课堂教学组织形式是以班级授课制为主，学生有固定班级、固定教室，全班同学统一同步的课程，教师集体授课。随着基础教育课程改革的推进，加上现代信息技术的发展和现代教学手段的运用等，教学组织形式带来了新变化，出现了走课制，行政班在有些学校正在慢慢消失。2004年，广东省深圳中学正式被教育部列为"全国高中课改实验样本校"，尝试高二这学年在八大学科全面开设必修、选修课程，同时开设校本选修课程，学生可以跨班级跨年级自主选修。学生修习课程内容不一样了，每个学生就都有了自己的一张课程表，教学打破了原有班级建制，"走课制"应运而生。从2009年9月份开始，山东省青岛二中实行全面"走课制"，即在国家规定普通高中课程的8个学习领域、14个学科，设计87个模块供学生自主选择。在北京大学附属中学，普遍实行的固定行政班已改革变成单元模式，备受关注的"走课制"也在高一和高二进行推广，选课排课走课制，即使同样内容，上课方式、教学进度可以不同，实施分层次教学，更不用提学生根据不同发展方向、兴趣爱好选择的不同课程。其他譬如中国人民大学附属中学、北京十一学校等初高中，也开始实行"走班制"。北京十一学校更具特色，其主导的"普通高中育人模式创新及学校转型的实践研究"荣获"基教类2014年国家级教学成果特等奖"，其中重要的一环是在高中开齐开足选修课程，实行走班制：在今天十一学校里4 000多位学生已经有着4 000多张课表，真正实现一个学生一张课表，原先的行政班级就很难存在。在有些数学教师任教的班级，根据学生的学习水平，也实行一定程度的分层教学下的走班制。

不管是走班制，还是行政班，都要充分考虑学生的兴趣，创造条件努力让教室成为学生最喜欢的地方之一，让课堂教学成为学生最喜欢的活动之一。在杜郎口中学、成都龙泉驿区很多中学，原有行政班级没有变化，但是将传统学生的排座方式改成围坐式，四周全是黑板，一般4~6人一个小组，便于学生的合作与交流。近年来，对杜郎口中学的学习实现了从形式到实质的转变：从当初的"学生反了，课堂散了，教师也不管了，四周全是黑板了"的模式到最新的"学杜郎口中学，不必砸掉讲台，不必死扣'三三六'，不必全都镶上黑板，只要记住以人为本，关注生命就可以了"的新诠释。

（六）基于信息技术的数学课堂教学改革实验

多媒体和网络技术的迅猛发展，为教育改革提供了技术支撑，催生了教育体制的变革，推动了数学课堂的教学变革，让"个性化"的教育不再只是梦想。教师要走出传统课堂的局限，把握信息技术与课堂的契合点。[21] 基于信息技术，层出不穷的数字叙事热、电子书包热、电子白板热、翻转课堂、微课等都对传统课堂的教学模式进行着不懈的蚕食，使传统教育教学模式的重要性和影响范围不断萎缩，基于信息技术的数学课堂教学改革实验在许多有条件的地方得到了开展。

三、数学课堂教学改革实验的一点思考

（一）注重教学的整体性

数学课堂教学是一个完整的概念，应当注重整体性。在课堂教学改革实验中，应当建构一个完整的教学过程，以学生的学为核心，并不排斥更不能否定教师的教，恰恰相反，在数学课堂教学的范畴中如果没有教师真正的教，就没有学生真正的学，没有教师高水平的教，就没有学生高水平的学。现在不能完全争论是"先学后教"还是"先教后学"，更应该是教学同步；也不应该在"先学后教""多学少教"的教学程序上、教学时间分配上兜圈子，而缺乏其他途径和方法，这也是教学改革难以突破的一个原因。[22]在改革实验过程中，一定要处理好教与学的这一基本关系，不能顾此失彼，谨防"去教学化""去教师化"的现象。教师找准讲的时机，控制好讲的时间，不要不敢讲。讲授法不是万能的，但没有讲授法是万万不能的。[23]

（二）以学生为中心

日本学者佐藤学教授在分析日本课堂教学的现状时认为，其所存在的主要问题在于：一是课堂未能实现学生的学习权；二是单靠教师来实现课堂教学改革，而没有把课堂创建为学习型的共同体。[24]这种教学现状在中国大陆也存在。自1997年叶澜教授发出"让课堂焕发出生命活力"以来，数学课堂教学正在慢慢突破传统的"知识课堂""讲授课堂"的局限，构建以学习者为中心，以促进发展为指向的价值观念。我国基础教育领域涌现出的先进典型，如洋思经验、杜郎口经验、DJP教学模式、"情境—问题"教学等，这些精神实质都是相通的，都把学生作为学习和成长的主体，而不是客体。教是为了使学生"学"起来，所以教学的"用"——功能，就是学生的学。[25]教师"为学而教"、学生合作学习、教学内容有效组织的学习共同体理念已经成为当前课堂教学改革的主旋律。[26]真正意义上的改革不要怕一放开就乱，成绩就会下来。如果说我们思路清晰，并采取了一些保障措施，就可以放手去做。[27]

（三）正确对待教学模式

龙生九子，各不相同。任何课堂教学模式都有其先进性、特殊性和一定范围内的适应性。学习借鉴他人经验和模式，必须进行科学、实事求是地审视与反思，才能避免生搬硬套和强行入轨。数学课堂教学方式（模式）直接影响到数学学习的效率和成败。[28]教学的成功与否主要取决于人，取决于学生认知基础、学习动机与风格，取决于教师深厚的学术背景、美丽的心灵与高尚情操的精神力量。如果一味强调采用一种固有的模式，在一定程度上破坏了"万类霜天竞自由"和"百花齐放春满园"的局面，就不能帮助教师与学生形成自己的教学风格与学习特色，是不可取的甚至是失败的。

每种教学模式对于不同教师、学校可能效果也是有差异的。高效率的数学教学方式与低效教学行为相比较应该凸显科学性、智慧性与艺术性等。[19]任何一所学校或一个地区，

应有教学模式指导教学实践,旨在教给教师在学科教学中的基本套路,而不是限制或扼杀教师的创造性。南京师范大学单墫先生指出:"教学是一种艺术……一个好的艺术家不仅熟悉各种模式,基本功扎实,而且富有创造性,不断展示自己的风格。所以一个优秀的教育工作者也绝不会拘泥于某种固定的模式,而是不断创新,不断呈现个人的特色,进入无模式教学的至高境界。"[29]

(四)处理好教师、学生、课程和课堂文化之间的关系

教师、学生、课程和课堂文化之间的互动构成了六种教学关系:一是教师与课程互动构成的创生关系;二是教师与课程互动构成的调适关系;三是学生与课堂文化互动构成的创生关系;四是教师与课堂文化互动构成的调适关系;五是学生和学生互动构成的合作关系;六是教师和学生互动构成的导学关系。[30]在一定程度上,课堂教学实际上就是师生话语权的争夺,因此应适当给予学生更多的话语权,促进多向交往,注重知识的生成性。教师对学生不放心、不放手,处处替学生着想,管头管脚,包办代替,学生很少有真正意义上的独立思考空间。教育的本质是自育,学习的本质是自学。教育的最终目的,不是培养鹦鹉学舌的模仿者,而是培养能够独立思考的创造者。[31]理想的高效数学课堂教学应该是学生自主发现问题、自主提出问题、自主分析(思考)问题、自主(或小组合作)解决问题、自主应用的。教师要学会"退让":方法让学生去寻找,教师只是引导;规律让学生去发现,教师只是点拨;结论让学生去概括,教师只是梳理;公式让学生去推导,教师只是启发;思路让学生去探求,教师只是参与合作;推理让学生去讲解,教师只是组织;知识让学生去应用体验,教师只是设计。[32]

(五)考试指挥棒影响的改革

20世纪80年代以来,为了适应中高考的需要,在初中与高中数学课堂教学中创造了一种"三年课,两年完,一年搞训练"的模式,沿用至今。目前"知识+解题能力"的应试教育依然大行其道,过度的数学技巧训练窒息学生的发展。中小学一线教师们面对教育改革的要求常常是使用隐喻式的文化抵制:一方面采用迎合改革要求的方式规避学校和主管部门的冲突;另一方面又主动适应课程改革中应试指标。[33]一切改革实验要在确保不影响学生考试成绩的前提下,才能获得更大的推广价值。这也是某种程度上,前面数学教学改革实验都脱离不开的中国现实,一切改革或多或少均受到考试指挥棒的影响。

(六)谨防去数学化

一些数学课堂教学改革实验,对于数学本质的重视程度不够,在一定程度上影响了数学课堂教学效率,形成了两种典型的结果:一方面是将知识教学搁置,造成了"虚化"知识教学而片面强化课堂互动、讨论、探究[34];另一方面则是通过各种形式化的"自主学习"、学案教学等教学,强化了教师控制下的课堂教学[35]。数学课堂教学改革实验是一个不断继承,不断创新,不断超越和发展的过程。数学教学绝不能唯一地强调动手,而更应该重视动脑,重视学生思维能力的培养,深入贯彻好"双能"到"四能"的变化。毕竟

"数学是自己思考的产物,首先要能够自己思考起来,用自己的见解与别人的见解进行交换,会有很好的效果,但是思考数学问题需要很长时间,我不知道中小学数学课堂,是否能提供很多的思考时间。"[36]

四、结语

哲学家克拉孔曾说:"一个社会要想从它以往的文化中完全解放出来是根本不可想象的事。离开文化传统的基础而求变求新,其结果必然招致悲剧。"[37]应认真学习和借鉴长期形成的数学课堂教学改革实践经验,并推广使其成为必需。

21世纪,中国数学课堂教学改革需要教师进一步更新思想观念,改变教学模式的单一性价值取向,建立多层次、多角度、全方位的教学生态新模式,激活教学过程中的每一个环节,实现育人与教书并重、教学与科研并行、主体与主导结合、课内与课外互补的态势,始终让学生保持对知识的渴求,真正实现"学"校而不是"教"校,"教"室应该是"学"室,"教"材应该是"学"材,课堂真正变成教师与学生生命与生命的交流场所。

参考文献

[1] 阚维. 专题:基础教育课程改革的走向[J]. 教育学报,2015,11(2):62.

[2] 上海市青浦县数学教改实验小组. 学会教学[M]. 北京:人民教育出版社,1991.

[3] 顾泠沅. 教学实验论——青浦实验的方法学与教学原理[M]. 北京:教育科学出版社,1994.

[4] 陈重穆,曾宗教,宋乃庆. 减轻负担、提高质量——GX(提高课堂教学效益)实验简介[J]. 数学教育学报,1994,3(2):1-4,61.

[5] 庞坤. GX实验的再研究——GX教学模式的建构[D]. 西南大学博士学位论文,2007.

[6] 徐献卿,杨世明. 数学知识的两种形态与数学教学[J]. 数学教育学报,2002,11(2):72-73.

[7] 万伟. 三十年来教学模式研究的现状、问题与发展趋势[J]. 中国教育学刊,2015(1):60-67.

[8] 何善亮,徐文彬. 东庐中学"讲学稿"教学改革探索与启示[J]. 中国教育学刊,2009(10):46-48.

[9] 胡久红. 为学生的终生幸福奠基——山东省淄博市桓台县世纪中学办学侧记[J]. 人民教育,2008(2):54-59.

[10] 王富英,王新民. 让知识在对话交流中生成——DJP教学中知识生成的过程与理解分析[J]. 中国数学教育,2013(21).

[11] 吕传汉,汪秉彝. 中小学数学情境与提出问题教学研究[M]. 贵阳:贵州人民出版

社，2006.

[12] 祝玉兰，曾小平. 中小学数学创设情境与提出问题的策略[J]. 数学教育学报，2004，13（4）：93-94.

[13] 王秀红. "递进式·四环节"小学数学课堂教学模式研究[J]. 中国教师，2014（7下）：5-6.

[14] 刘升芳. 厚积薄发 引领数学教学新潮——评《数学教学效率论》[J]. 中学数学教学参考，2006（12）：57-58.

[15] 王光明. 数学教学效率论[M]. 新蕾出版社，2006.

[16] 王光明. 重视数学教学效率 提高数学教学质量[J]. 数学教育学报，2005，14（3）：43-46.

[17] 涂荣豹，杨骞，王光明. 中国数学教学研究30年[M]. 北京：科学出版社，2011：293.

[18] 王新民. 关于数学教学效率及其效率意识的分析[J]. 数学教育学报，2006，15（3）：16-18.

[19] 王光明. 高校数学教学行为的特征[J]. 数学教育学报，2011，20（1）：35-38.

[20] 王光明，王迎. 高效与低效数学课堂导入的案例比较[J]. 教学与管理，2011（1）：49-51.

[21] 教育信息化专家组秘书长任友群. "互联网＋教育"将让"个性化"教育成为现实[N]. 中国教育报，2015-05-21（3）.

[22] 成尚荣. 回到教学的基本问题上去[J]. 课程·教材·教法，2015，35（1）：21-28.

[23] 丛立新. 讲授法的合理与合法[J]. 教育研究，2008（7）：64-72.

[24] 佐藤学. 学校的挑战：创建学习共同体[M]. 上海：华东师范大学出版社，2013：45.

[25] 郭思乐. 杯子边上的智慧[J]. 人民教育，2008（3-4）：19-21.

[26] 王鉴，王明娣. 高效课堂的建构及其策略[J]. 教育研究，2015（3）：112-118.

[27] 田慧生. 落实立德树人根本任务 全面深化课程教学改革[J]. 课程·教材·教法，2015，35（1）：3-8.

[28] 曹一鸣. 中国中学课堂教学模式及其发展研究[M]. 北京：北京师范大学出版社，2007：2.

[29] 曹一鸣. 数学教学模式导论[M]. 北京：中国文联出版社，2002：2.

[30] 郝志军. 探究性教学的实质：一种复杂性思维视角[J]. 教育研究，2005（11）.

[31] 郅庭瑾. 为思维而教[J]. 教育研究，2007（10）：44-48.

[32] 施久铭，赖配根. 让课堂活起来的力量[J]. 人民教育，2008（1）：44-46.

[33] 邵朝友，周明. 试论内容标准、表现标准的特点与关系——基于评价与标准一致性的角度[J]. 当代教育科学，2006（10）.

［34］郭建鹏，彭明辉，杨凌燕. 正反例在概念教学中的研究和应用［J］. 教育学报，2007（12）：21-28.
［35］余文森. 新课程教学改革的成绩与反思［J］. 课程·教材·教法，2005（5）：3-9.
［36］张奠宙. 我亲历的数学教育［J］. 南京：江苏教育出版社，2009.
［37］余英时. 中国思想传统的现代诠释［M］. 南京：江苏人民出版社，1998：48.

第十五章
数学学困生成因及转化的个案研究[①]

学习困难,这一概念由美国学者柯克(S. kirk)在20世纪60年代首先提出,用来标示那些智力正常而学业成绩长期滞后的学生。从20世纪80年代末以来,人们在界定学习困难时,回避对原因问题的争论,而普遍接受美国学习困难联邦委员会1988年的定义:学习困难是多种异源性(heterogeneous)失调,表现为听、说、读、写、推理和数学能力的获得和使用方面的明显障碍。

我国自20世纪80年代末开始研究学习困难学生的问题。1996年全国教育管理研究会课题组在《初中学习困难学生教育的研究》中对学习困难学生的界定时提到,将学习困难学生简称"学困生"[1],这是目前文献中最早将学习困难学生简称"学困生"的。

2009年据日本松原达哉的调查,日本的学困生存在率约为20%。我国台湾省陈英三调查台湾省的学困生存在率也在20%左右。我国黄佳芬、徐敏根据186张问卷中教师认为学困生占全班人数的百分比统计:上海学困生存在率小学为20.04%±3.43%,初中为20.50%±5.28%,高中为28.14%±8.46%。[2]

1995年,山东省泰安师范专科学校杜玉祥教授等人对泰安市辖郊县近20所中学约6 000名初中生进行了调查,并以"学习成绩低下,学习持续困难,不能坚持正常学习"为主要标准进行统计,数困生在县城占22%左右,在乡镇占29%左右。[3]

可见,数学学困生问题一直存在于各学段并困扰着教师、家长以及学生。本研究立足于已有的研究基础,采取个案追踪的方法,通过因材施教探寻数困生的成因、特点以及转化方案。

一、关于数学学困生成因、表现特点、转化的已有研究

(一)关于数学学困生的成因

关于学困生研究的缘起,现在我们普遍接受的是西方对于学困生的研究最早始于1896年摩根发现"词盲"现象。

[①] 郭玉峰,于国文,北京师范大学数学科学学院。

国外有相关研究指出了数学学困生产生的原因。有美国学者指出，大多数4~8年级学生的数学学业成就处于或低于基本水平线上，[4]显然这是难以令人满意的。大约26%的15岁学生（美国）在PISA 2013中表现出的数学推理能力差，得分低下。因而，数学学困生问题在美国以及其他国家都引起了广泛关注。

国外研究者对于学困生的产生成因提出如下见解：学困生产生的根本原因是学校教育让学生产生失败的经验，[5]此外还有社会、家庭以及学生个人原因。这一结论与中国研究不谋而合。

苏联学者将数学学困生产生的原因主要归于教育自身的不足。其中巴班斯基指出导致学困生产生的因素中，教育因素占了70%；苏霍姆林斯基认为是社会环境、家庭以及学校教育三者促成了学困生的产生，也就是说，问题不在学生个人。

我国对于数学学困生的成因进行了深入细致地探索。数学学困生形成的原因，即为什么他们不能像其他学生那样顺利习得数学知识，不同学者给出了不同的阐释：内因外因说，智力非智力因素说，主观客观说。无一例外地是，这些分析都大致包含了两个方面的内容，一是学生自身原因，二是学生之外的原因。

从学生自身来看，主要原因有：

1. 缺乏自信心和进取心，即使明知自己与学优生或者中等生没有智力的差距，但是由于差距既已形成，便不相信自己有能力取得进步，赶超其他学生；

2. 逆反心理也加剧了数学学困生学习上的迟滞，有一些学生由于不喜欢老师或者家长的一些做法便通过学习上的怠慢给予消极的反抗；

3. 数学学困生普遍缺乏学习的意志，没有学习数学的兴趣，在课堂上也不能做到始终集中注意力，而且没有积极有力的动机，相对不愿意投入数学学习之中，不愿意通过努力使得自己进步并获得数学成就感；

4. 学习习惯不好，基础与自学能力比较差——基础差使其不能跟上老师的节奏，不能与其他学生齐头并进久而久之丧失了学习的动力，自学能力差使其明知与其他学生有差距的情况下不能通过切身努力去改变处境；

5. 缺乏基本的数学学习方法与技能，不能理解题意和问题症结；

6. 缺乏基本道德判断能力使得一些学生没有将主要精力用于学习，而是耽于玩乐或者为社会上形形色色的人事物所诱惑，进而发展为数学学习困难的学生；

7. 同伴关系不睦，师生关系紧张，他们自卑的心理使其与老师和其他学生缺乏交流，遇到问题也不会寻求同伴援助或者向老师请教，而是听之任之；

另外国内有一些研究是从数学学困生的心理不健全、智力发展迟滞等角度展开的，不是主流的研究范畴，在此不做深入展开。

也有学者提出了较为新颖的学生自身原因——谈凤在发表于2012年的《中国校外教育》上的《高中数学学困生的成因调查与转化措施研究》一文中提出了"不正确的归因"

一说,通过她的研究可以发现,有将近60%的数学学困生将其数学学习不好归因于老师教得不好,没有好的数学学习环境,甚至运气太差。"不正确的归因"一说是对于数学学困生成因研究的一个新视角,也是在众多学者见解之外的一个标新立异的看法。

也有学者提出了数学学困生相对于一般学生或者学优生表现出较为薄弱的数学能力,这些数学能力主要包括思维能力,笔者在此将其概括为"能力欠缺说"。以陈尤科为代表的学者在其发表于2006年《数学教学通讯》上的《初探高一数学学困生的成因及转化策略》一文中系统提出了数学学困生所欠缺的数学能力:阅读理解、消化领悟、合作交流能力,独立思考、自主探索、灵活运用能力,反思质疑等自主学习的能力,独立获取新知识的探究能力和运用所学知识解决问题的实践能力。[6]

从学生自身之外来看,主要原因有:

1. 家庭教育缺失

恰当的爱与责任的缺失,这主要表现在不当的教育方法如棍棒教育、放任不管,这两个极端对孩子的心灵产生了原始的伤害。溺爱使得孩子缺乏自主和担当,表现出行动力不强,动机力度欠缺;家庭中不好的氛围,不睦的家庭成员之间的关系,不稳定健全的家庭结构如单亲、留守等也使得孩子在家中的学习得不到保障,甚至产生厌学的情绪;家长不能以身作则,没有培养孩子勇于承担并解决问题的勇气,不是一个好的榜样。

另外,有研究指出,父母对于孩子教育方式、理念的不一致也是导致数学学困生产生的家庭原因之一。这种不一致带给孩子的是一种疑惧和摇摆不定的心态,他们不知道该听从哪个建议,甚至有家长为了孩子的教育问题一直处于争吵之中破坏了家庭的氛围,将孩子带入了一种极不稳定的学习氛围和学习心理之中。

2. 学校教育失误

很多教师对于数学学习困难的学生缺乏信心,久而久之使得学生对自己产生了不正确的定位,他们变得甘于被归入学困生一类并且不去努力以求改变;一些教师对于数学学困生没有公平公正的对待,使得他们对教师产生很深的意见,进而丧失对数学学习的兴趣;由于教师教学方式以及业务素质偏低的原因,例如单调呆板的教法使得部分学生不能深刻理解并掌握知识;教师不能以身作则,不能言传身教让那些数学学困生产生对数学学习的热爱,对问题解决的热情,对自身发展的合理规划;各科教学没有达成一种有效的平衡使得学生的课业负担过重,对于其他学生也许可以应付,但是对于学困生而言将耗费他们大量的时间与精力,久而久之逐渐产生了放弃数学学习的念头;更有一些学校悖行教育宗旨以升学为主要甚至唯一的教育目的,不去为学困生的进步作出努力,牺牲了学困生的成长进步。

仅仅因为教师的原因而使得学生丧失学习的兴趣进而发展为数学学困生,有文献将这样的学困生称为"师源性学困生",而减少"师源性学困生"是教育者的基本道德和学校以及社会的基本义务。

还有一个不得不正视的原因——学校以及教师不恰当的评价方式。有学者指出学困、学优的标准是很模糊的，常常就在教师的一念之间，那么教师是依据什么进行划分的，也就是教师的评价方式往往影响对于一个学生的判断。根据加德纳的多元智能理论，一些在数学学习中不能取得优异成绩的学生未必在其他方面没有可圈可点之处。这给我们的启示是，不轻易将一个学生划为数学学困生，相信学困生的转化是必然可以达成的。

3. 社会影响不良

社会的不正之风，对于投机成功的个例的过分宣传使得学生认为即使不付出艰辛的努力一样有机会在未来获得对等甚至更高于学优生的成就；内容不健康的影视剧、书刊杂志等的迅速传播腐蚀了孩子们本该专心学习、无暇他顾的纯洁心灵，而如今的网络加剧了这种传播；流散在社会上的同龄人或团伙的不良影响，犯罪分子的诱骗、教唆使得本该沉浸于学习的学生将注意力从校园和课堂上转移。

（二）关于数学学困生的表现特点

对于数学学困生的表现特点，美国的研究者指出：其数学成绩明显低于与年龄、智力及受教育水平相适应的分数；数学学习困难又阻碍了数学成绩的提高，阻碍了学生将数学用于实际生活。世界卫生组织对数学学困生的特点描述：数学能力显著低于其年龄、智力和所在年级的应有水平；阅读和拼写能力在正常的范围。[7]

近年来，有学者提出数学学困生的特点有：认知与行为障碍；阅读理解困难；知识背景、词汇背景有限；学习效率低下，记忆力差；学习无计划；学习进度的自我管理差。[4]综合并概括这几点，国外学者认为数学学困生有认知上的障碍、学业理解上的困难、学习品质不端、学习态度欠佳这些特点。具备如上这些特点的数学学困生，有其具体的表现：理解问题能力差，解决问题过程中的毅力差，不知道何时使用何种解决问题的方法是合适的。[4]当然，这里需要指出的是，我们很难区分数学学困生的特点及其表现，其中有相当一部分是重合的，因为这二者在数学学困生问题上本就具有一定的模糊性与统一性。

苏联的相关研究指出了学困生的特点：思维发展中存在缺陷，基本的学习技能有缺陷，实际知识存在缺陷，学生的非智力因素存在缺陷。[5]

整合当前对于数学学困生特点的研究，下文将从心理特点、学业表现特点这两个维度将当前关于数学学困生的表现特点的相关研究进行整理归纳。

1. 心理特点

数学学困生往往表现出较为严重的自卑心理；

他们的抱负与志向、求知欲以及好胜心都明显低于学优生，自觉性和独立性欠缺；

但是他们比之学优生以及中等生，焦虑程度又明显更高，在情绪上更容易表现出不安与暴躁；

同时他们不具备较为专注的注意力和自制力，不能长时间地专注于数学学习；

数学学困生的自主学习习惯较之其他学生欠缺，他们不能或者不愿意主动学习，缺乏学习的愿望；

经过失败的数学学习经验（一次或多次）之后，他们不再相信自己能够较好地习得数学，这表明了数学学困生具有自信心缺乏和自我效能感偏低的特点；

根据多元智能理论，许多学困生往往在数学学习之外的其他学科或者体艺等方面表现较好，但是数学学习的失败依然让他们觉得自卑，可见他们的元认知能力低下，不能看到自己的闪光点，而是过分关注和沉湎于自己的不足之处；

他们发现并承认自己在数学学习之中的困难，却又没有付出相应的努力去解决问题，他们难以寻找到一个强有力的动机支持他们去付出努力，这说明数学学困生缺乏积极健康的动机以及行动力匮乏。

2. 学业表现特点

阅读和书写困难，经常不能准确理解题目意思和问题，也难以有步骤有条理地呈现他们对题目的理解和问题的解答；

计算困难，比之其他学生更容易出现计算错误或者不会计算的情况；

数学中较高级的问题解决困难，这是很多学困生都存在的问题，他们确定问题和解决问题的能力普遍较低；

空间组织困难，这导致数学学困生在学习几何这一高度依赖空间想象的知识时比一般学生表现差。[7]

有研究指出学困生具备"品德差"的特点，[8]这是极为个别的见解，也是数学学困生群体中极为少见的特例，正如学优生和中等生中也会存在个别道德品质低下的学生。

在谈及数学学困生的含义界定时，有个别学者持有"数学学困生的智力没有得到正常开发，低于合格水平"的观点，他们认为数学学困生具有智力低于其他学生的特点，也是与主流观点相左的，在此不展开叙述。

另外有研究指出数学学困生具有"记忆能力差"的特点，[9]确实一部分数学学困生对于数学基础概念、方法的识记存在问题，但是笔者认为其原因并不在于其记忆能力差，而是由于他们对于数学的恐惧心理使得其主观上不接受这些知识因而在识记过程中产生一种如看"天书"的感觉。相反，很多数学学习困难的学生在语文、英语等记诵更多的学科上具有不错的表现，他们能够自如地掌握需要记忆的知识，甚至列于相应学科学优生之列，这足以说明他们并非记忆能力差。因而笔者对于数学学困生"记忆能力差"这一判断不敢苟同。

（三）关于数学学困生的转化方案

对于学困生转化方案，解决了根本原因，再从原因入手寻找解决途径，这一问题也就迎刃而解，也就是要让学生在学校不再经历反复失败的挫折，能获得爱和自我价值的需要。

美国学者较为关注从教师的教学角度进行改进以促进数学学困生的转化。例如，26％

的美国 15 岁学生在 PISA 2013 中表现出数学推理能力差的问题，有学者据此提出改进教师教学以帮助培养学困生的数学推理能力的六个方法要点：给与学生明确的指示；关注学生推理的言语表达；以视觉直观的形式呈现应用题；充分运用启发式；举例要延伸，要有连续性；鼓励同伴辅助学习。[4]

启发式这一教学方法是我国教育智慧里不容忽视的一种方法，同样得到了国外学者的关注。有美国学者以"数的教学"为例，从启发式切入提出了教师改进教学以促进数学学困生的转化。他提出数的教学要遵循如下五个步骤：从实数开始教学，并做"数的比较"的练习题；鼓励学生使用口头语言描述数；根据情境引入正式的符号以使得学生能够产生使用这些数的需要；适时以适当的方式介绍概念；允许学生以各种方式解决问题，然后再教给他们其他解题策略。[10]

我国古代教育理念中有因材施教，在美国的数学学困生研究中，有学者提出了类似的直接指导教学策略（DI），并证实了该教学策略对于所研究的四年级和五年级的数学学困生基本技能的习得具有显著效果，且可以提升他们对于数学的态度。该研究还详细指出了进行 DI 教学的几个步骤，对我国的相关研究具有一定的启示作用：了解学生学习成就现状；制定目标；分析教学任务；保证充足的目标学习时间；就学生表现给予反馈；指导学生落实学习任务；展示学生的表现；提供学生问题解决的方法，支持学生自主学习。[11]

国内的大量研究也试图探寻转化数学学困生的有效方案，主要是从学生自身、家庭教育、学校教育以及社会教育几个方面展开。

1. 学生自身

（1）学生应努力培养学习数学的兴趣，树立学习的信念；

（2）寻找正确动机和有力动力，主动学习、自觉学习；

（3）养成良好的数学学习习惯，认真对待数学学习；

（4）端正学习数学的态度，习得并运用正确高效的数学学习方法，在迎接困难和解决困难中获得数学成就感。

2. 家庭教育

（1）转变家教理念。科学教育孩子，培养孩子和谐健全的人格，与孩子平等沟通对话，家长不断提高自身素养和教育智慧。

（2）创设民主的家庭氛围。让孩子在健康的家庭氛围中学习和成长是学困生转化的根本家庭条件。

（3）改变家教方式。不用棍棒教育，不用打骂呵责，不过分溺爱，也不能不管不顾任其发展；循循善诱引导学生树立正确的学习动机，寻找正确的人生方向。

（4）赏识教育。家长要学会赞美孩子，发现孩子的闪光点，并给予他们真诚平等的关爱。

（5）家校联合形成教育合力。家长对于学生在家中的情况必要时要如实向学校和教师反馈，主动与学校配合；家长还应当避免让孩子接触到社会上那些不健康的东西，首先家长自己要做到与社会上的不正之风保持距离。

3. 学校教育

通过学校教育对数学学困生进行转化的相关研究是当前研究方案的主题，学校教育在数学学困生转化中的作用也是最为重要的。分析当前研究，主要提出了如下几个方面的方案：

(1) 情感教育。教师要走进数学学困生的心灵，多与他们交流沟通，多使用鼓励性的语言，使得学生愿意向你倾诉他们学习、生活中的困难，形成民主和谐的师生关系，如此才能做到发现问题、解决问题。同时还要尊重学生的人格，保护学生的自尊。

(2) 赏识教育。学会发现那些数学学习困难学生身上的闪光点，及时赞美，激发他们学习数学的兴趣，让他们不自卑，敢于面对困难；关注学生作为"整体的人"的发展；指导学困生进行科学归因，消除学习过程中的无助感。

(3) 教师专业化水平提升。教师应当及时更新教法，使得尽可能多的学生不掉队，最大程度减少学困生，并且还需在其日常教学之中着力培育学生包括抽象概括、正逆思维、逻辑思维、综合分析思维在内的各种数学思维与能力；教师应当悉心研习学法，帮助学生学会学习，学会高效学习，帮助那些数学学困生享受数学学习的乐趣而不是被数学学习所折磨和禁锢；教师应当指导所有学生尤其是数学学困生培养优良的学习习惯；因材施教，采用适用于学困生的分层教学方案，使其循序渐进获得提高；教师应当通过评价方式的改变给予数学学困生闪光的机会，关注到数学学困生的优点，激发他们的成就感，维护他们的自尊心。

(4) 通过班级管理助力学困生转化。通过营造健康积极的班级环境为数学学困生的学习创设一个健康积极的学习环境；通过班会等班级集体活动，给出一些数学学习优秀的典型，为数学学困生树立良好的榜样作用；还可以在集体活动中潜移默化地展开心理健康教育和道德教育。

(5) 多管齐下。学校作为学困生转化的"主战场"，学校教育也就成了数学学困生转化的主渠道，但是学校还是需要与家长、社会保持密切合作，尤其是教师要通过家校联系的方式与家长进行沟通以密切关注学困生在家庭中的情况，包括自主学习情况和生活娱乐情况，多管齐下，统一战线助力数学学困生的转化。

(6) 分层教学。这是助力学困生转化的全新视角，基本思路是将学生进行 A，B，C 分层，分层的主要依据是学生已取得的数学学业成就，在分层的基础上进行备课、教学、作业布置等。无疑，分层教学可以尽可能使得每个学生获得可以"消化"的知识，但是其弊端和操作的难执行性也是不言而喻的。分层教学的过程中首要顾及的就是学生的心理反应，以防产生反面效应。

绝大多数学者的研究方案都与上述方案类似，但是也有个别学者提出了不一样的方案与见解。何晓娜、孙帆在其发表于2008年《现代教育科学》上的《多元智能视野下的数学学困生转化初探》一文中提出了以多元智能理论为指导，重新认识数学学困生的方案："树立多元智能观，立足差异，培养和发挥学困生的智能强项，带动智能弱项，并且采取科学评价的方式让学困生的优点闪光"，[12]这与上文提及的另一位学者陈尤科提出的"以学生为主人，促进学生的终身发展"有着异曲同工之妙。

4. 社会教育

国家与社会有责任给青少年一个健康成长的环境，让青少年学生远离不健康的甚至非法的社会活动，专心学习，健康成长。

（1）肃清校园周边环境，消除不良因素甚至不安全因素的骚扰，保证学生在最主要的学习场所不会接收到干扰学习的信号。整顿学校周边的娱乐场所和网吧等。

（2）加强法制宣传和教育，使得数学学困生不至于走上不法之路。

（3）开发第二课堂。让学生在校园之外的地方依然有学习的场所而不是娱乐的环境，并且他们能够学习到课本上没有的东西，无形中增进学习兴趣。

对于助力于数学学困生转化的多种角度与途径，在学校教育环节落实因材施教这一操作性较强的方案得到了许多学校和教师的青睐。

采用分层教学进行学困生转化的一个典型案例是北京市第166中学，下面将详细陈述北京市第166中学开展分层教学研究的方式方法。

1. 研究设计

分层教学的研究必要性来自于《数学课程标准》中提出的"数学要面向全体学生，实现不同的人在数学上得到不同的发展"，来源于对于因材施教的需求，来源于强调学生差异又尊重差异。

研究对象是北京市第166中学初二学生中的数学学困生，测试对象是初二全体学生，所采取的主要研究方案是分层教学。确切地说是对所采取的分层教学方案在学困生转化过程中的效果进行研究。

需要进行如下一些必要的准备：对全体332名学生展开一次测试（前测），依据该次成绩以及学生之前的表现对学生进行分层。教学过程之中需要贯彻这样一条基本原则：在因材施教原则的指导下，依然采取的是同一教学大纲，同一教材，并按照基本统一的教学进度，但是所实施的教学是不同的，并且针对不同层次的学生，制定不同的学习目标，提出不同学习要求，布置不同的作业。研究周期为一学期，在一个周期结束后再对学生进行一次测试（后测），前后两次测试进行对比以探寻分层教学在学困生转化过程中的效果。

2. 研究过程

（1）前测及分层

对初二全体332名学生进行一次与其平时所学内容相关的测试，测试的题型为平时测试中所接触到的常规题型。主要依据测试的结果，并结合学生的综合数学表现（以前的数学学业成就）对学生进行 A, B, C 分层, 与原先的班级数量设置一致, 共产生新的 8 个班级, 其中 A 层班级 2 个, 学生 96 人; B 层班级 4 个, 学生 175 人; C 层班级 2 个, 学生 61 人。

(2) 教学

学生的数学课实行走班制, 学生根据自己所在的层以及指定的班级, 进入新的集体中与自己所属同一层的同学一起上数学课, 而其他学科保持原有上课形式不变。在教师分配上实行跨层制度, 即每位教师教授两个班级且分属两个不同的层次。各层之间均采取同一教学大纲以及教材, 按照基本一致的教学进度, 区别在于对于不同学生制定不同的具体目标, 布置进度基本一致但难度要求不同的作业, 但是对数学学困生所提出的要求一定需要达到教学大纲的基本要求。这样做的目的在于, 保证学生基本达到教学大纲要求的前提下, 使得每一位学生学习自己能力范围内能接受的数学。

这样的分层教学对教师的要求是非常高的, 教师既要跨层备课, 从而增加了工作难度; 更要把握好不同层之间的差异, 真正做到因材施教; 尤为重要的是, 作为 C 层教师, 还要做好学生及家长心理状态的及时观测与调试, 取得学生及其家长的理解与支持是分层教学产生成效的前提之一。

(3) 后测

在学期末对学生进行分层教学效果测量, 主要观测分层教学对于学困生转化的作用。所采取的测试卷是北京市东城区期末统一考试卷。

从前测到后测一共进行了五次测试。

3. 研究结论

(1) 校内比较

分层前后各层学生之间的差异明显, 借助实行分层教学期间的五次测试描述学生成绩的变化趋势。分层前, 不同层的学生水平差异明显, 求多次考试均分也可得出类似结论; 但传统的分析方法缺乏对趋势的概况, 比较不同层学生成绩的斜率, 发现并无明显差异。这表明, 在分层前, 不同层的学生成绩有差异, 但发展趋势近似。分层后, A, B 层依然保持显著的上升趋势, C 层学生呈下降趋势, A, B 层和 C 层的学生出现分化。其中 B 层, 上升幅度最大。这是否证实了分层教学在数学学困生的转化上是不可行的呢? 我们知道, 在一个学校这样封闭的教学环境内, 必然有上升也有下降, 既然 A, B 层显示出上升, C 层下降就在所难免。但是我们的测试是全区范围内的, 所以有必要在全区范围内与其他学校的学生进行比较。

(2) 全区比较

对 166 中学实行分层教学之前的一次全区范围内的测试成绩与最后一次的全区测试成绩作比较, 将全区所有学生按数学名次排列, 分别为前名次和后名次。在此, 我们注意到, 166 中学实行分层教学之前的一次全区范围内的测试与前文所提到的仅针对 166 中学展开的前测并不是一回事，那么是否会影响比较的实效性？显然不会，因为我们在此要观测的是在全区范围内 166 中学实行分层教学后对于整体数学学业成就以及学困生数学学业成就的影响，所以只需提供实行分层教学前后两次全区的观测数据即可。结果显示，分层教学后，166 中学 A，B，C 三个层次的学生数学名次都提高了（图 15-1）。这一结果充分佐证了分层教学在提升教学效果上的显著作用以及在助力于数学学困生转化上的明显作用。

而我们知道，分层教学的本质是因材施教，于是这一结果又证明了因材施教在数学学困生转化过程中的效果。如果我们真正做到关注每一位学生，为每一位学生提供他所能接受的数学，培养每一位学生对数学的兴趣，那么数学学困生的转化将指日可待。而后文将提供一个案例，深度解析教师关注，以及切实在每一个学生身上践行因材施教对于数学学困生转化的成效。

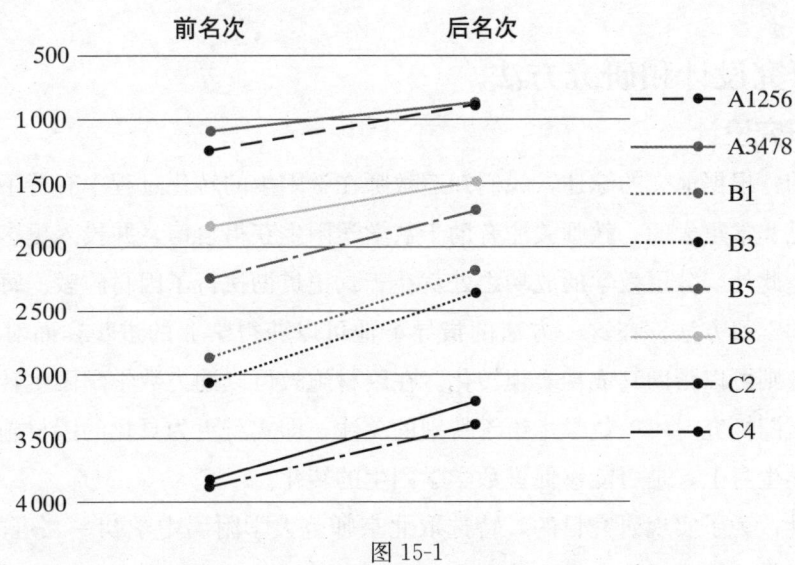

图 15-1

（四）学困生转化过程中的一些注意事项

综合提及学困生转化过程中的注意事项的文献，以下几点是我们需要格外注意的：

首先，学困生转化必须情感先行，关心和爱与方法并重，依据皮格马利翁效应，多给予学生正面的期待；

其次，学困生转化的关键在教师，"战场"在学校，集体具有不可替代的作用；

第三，学校、家庭、社会形成教育合力才能最大力度转化学困生；

最后，学困生的转化不能操之过急，因为此事不是一蹴而就的。

（五）文献述评

纵观中外，众多教育学者对于数学学困生的相关问题展开了深入研究。这些研究表明数学学困生及其转化是一个全球数学教育领域普遍关注的问题。对于数学学困生的研究体现了积极响应《数学课程标准》中所提出的"数学要面向全体学生，实现不同的人在数学上得到不同的发展"。对于数学学困生这一群体的产生原因、表现特点及其转化策略，有必要加以格外关注，以真正践行"面向全体学生"的数学教育观。

国外的研究尤其是美国的研究更为侧重从具体的教学策略层面转化数学学困生，提出了一些具体切实可行的教学方案，其中的一些与我国的启发式、因材施教等理念不谋而合。我国对于数学学困生的研究更为系统全面，充分关注了学生自身、家长、学校及教师以及社会因素对数学学困生产生的潜在影响，并从这些角度给出了转化数学学困生的一些意见与建议，其中不乏切实可行并在教育实践中取得成效的方法，如分层教学。

我国展开数学学困生研究的主力是中小学一线教师，这主要是因为他们是最为贴近学困生群体的人。作为最为贴近这一群体的主力，一线教师在当前学困生问题的研究中展现出了灿烂的教育智慧。

二、研究设计和研究方法

（一）研究设计

研究目的：根据前文的综述，我们知道教师在学困生的转化过程中有着不可或缺的位置，其意义是非常重大的。教师关注有助于数学学困生获得自信，并投入更多的精力在数学学习之中。此外，分层教学的成功之处就在于真正贯彻执行了因材施教。每一个学生都有最适合他的学习方法，在这一方法的指导下他可以获得学业的进步；而对于数学学困生，因材施教则可以帮助其成功实现转化。在因材施教可以助力数学学困生转化的前提之下，本研究试图探究对每一位学生给予特别的关注，即实行更为具化的因材施教，将之落实到每一位学生身上，是否能够促进数学学困生的转化。

研究设计：为了实现研究目的，特选取北京师范大学附属中学初一二班的 H 同学开展了为期两个月的课堂观察以及跟踪研究。H 同学的选取并非随机，他属于数学学困生群体中的一员，其数学学业表现在全班 40 名学生之中通常处于 32 至 40 名。他具备绝大多数前文提到的数学学困生的特点，尤为明显的是他的自制力差，不能长时间地专注于学习。

研究思路：在数学课堂上观察 H 的一举一动，观察其课堂卷入情况；课下与之进行交流沟通，答疑解惑，并指出其不好的课堂表现使其加以改正，对于好的方面及时表扬，帮助他肯定自己，扬长避短，逐渐建立起数学学习的兴趣。课堂观察结束之后一段时间对其进行一个访谈，深度探析其数学学习困难产生的原因及具体表现特点。

研究可行性：这一研究设计及思路、方法均是可行的，研究开展之前已经获得了学校、班主任、任课教师、学生以及家长的理解与支持。

（二）研究方法

1. 文献研究法

通过查阅中外文献，尤其是近年的文献，在此基础之上归纳总结学困生以及数学学困生产生的原因、特点及表现、转化方案以及在转化过程中的注意事项。其中，产生的原因及转化方案均主要从学生自身、家长、学校及教师以及社会几个方面加以阐释。

在文献研究的基础之上，本文对于数学学困生的相关研究及进展均有了一定了解，从而进一步提出了因材施教以及教师的个别指导对于数学学困生的转化具有积极作用的设想，并在实践之中检验了这一设想。

2. 课堂观察法

采取这一研究方法，对所选取的学生 H 进行跟踪观察，并记录其课堂表现与参与度等，同时与其他学生的表现及参与度进行比较。在历时两个月的跟踪观察的基础之上，对比干预前后的 H 的表现，进行研究，得出研究的结论。

3. 访谈法

完成了课堂观察并进行前后比较之后，对 H 进行访谈，旨在了解其成为数学学困生的自身、家庭、学校及教师、社会原因，并探明其特点与表现，同时了解个案跟踪这一因材施教的干预方法对其转化的效果。与此同时，还询问了 H 对于以后学习的期望，旨在了解在学业成就提升的基础之上他是否产生了更强的学习动机。

4. 个案研究法

本研究主要是选取 H 这一名学生展开个案跟踪研究。通过课前了解，课上观察，课后询问学习上的困难以及访谈等途径尽可能多地接触该生，帮助其解决学习上的困难，寻找更强的学习动机，树立学习的信心，并最终完成从数学学困生到学业成就达到均等水平的学生的转化。

三、数困生成因、特点及转化的个案研究

（一）核心概念界定

"数学学困生"，简明之意，即数学学习困难的学生。学困生概念的发展经历了一个曲折的过程——从最初的差生，到 20 世纪 60 年代提出、其后风行一时的后进生，再到如今的表述"学困生"，名称的演变表现出了社会、学校、家庭对这一学习困难群体的关注与尊重的提升。

当前我国的相关研究之中对于数学学困生含义的界定方式、繁简各有不同，但又有其相同之处，概括而言，基本上都强调了以下几点：

1. 数学学困生的智力处于正常水平；
2. 没有生理或身体原发性障碍，感官正常数学学习效果低下；
3. 达不到国家规定的数学教学大纲的要求。

本研究认可对数学学困生进行这样的界定。

（二）研究过程

166 中学的分层教学效果实际上显示出了因材施教的必要及成功。这给我们的研究者

以这样的启示：既然对不同的学生群体采取不同的措施取得了教学效果上的成功，那么针对每一位学生提供必要的帮助与关注，让他在自己力所能及的范围内学习数学理应取得很好的效果。源于此，我们选择北京师范大学附属中学的一位学生展开个案研究。

1. 前期

（1）作业

一开始接触 H 时，根据他的作业（图15-2）以及测试卷（图15-3）可知他的数学成绩不好，学习上有相当程度的困难，且态度有待端正。

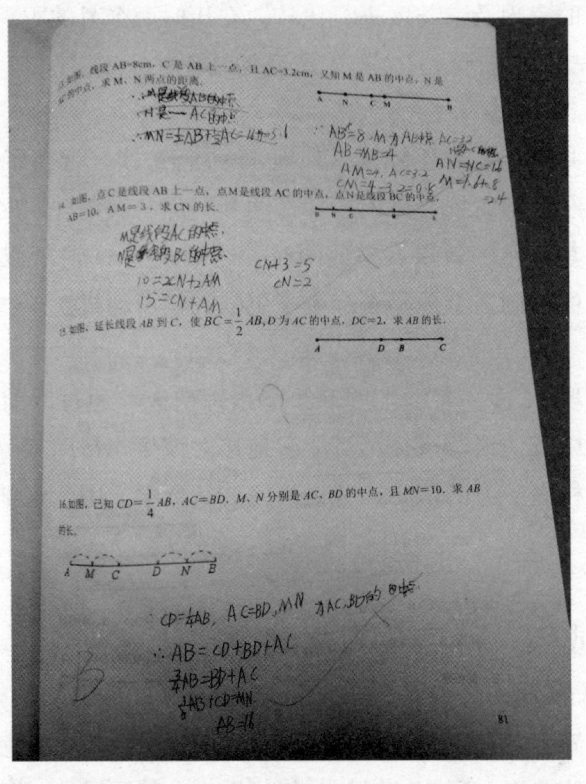

图 15-2

通过这一份作业可以看出，各题均没有写"解"，说明基本数学规范没有掌握，随意性较大；第13题，H 对于书写错误的部分随意划去而不是认真修改，表明其数学学习态度不太端正；第14题，应该得到 $5=CN+AM$，他却写成了 $15=CN+AM$，但是一样得到了正确的结果，到底是粗心手误还是参考其他同学的答案不得而知；第15题作为第14题的延伸，H 没有写出来表明其数学思维的欠缺，分析、理解题意的能力欠缺，数形结合的能力欠缺；第16题，解题过程无章法可循，因为与所以之间没有因果关系，纯粹是题目条件的堆砌，有参考他人之嫌。

综合以上种种，虽然这仅是一份作业，但是以上所述问题也表现在 H 前期其他数学作业之中。作为一名数学学困生，H 表现出前文提及的诸多数困生在数学学业表现上的特点：阅读困难，理解题意困难，数学抽象能力不足。

(2) 测试

如图 15-3，这是一份几何图形测试卷，主要考察的是线段、正方体展开图等初一年级所接触到的常见知识及题型。根据已有研究，数学学困生存在空间组织能力薄弱的特点，而这一份试卷也将佐证 H 作为一名在数学学习上具有明显困难的学生，他同样在完成几何练习时存在一定的困难。

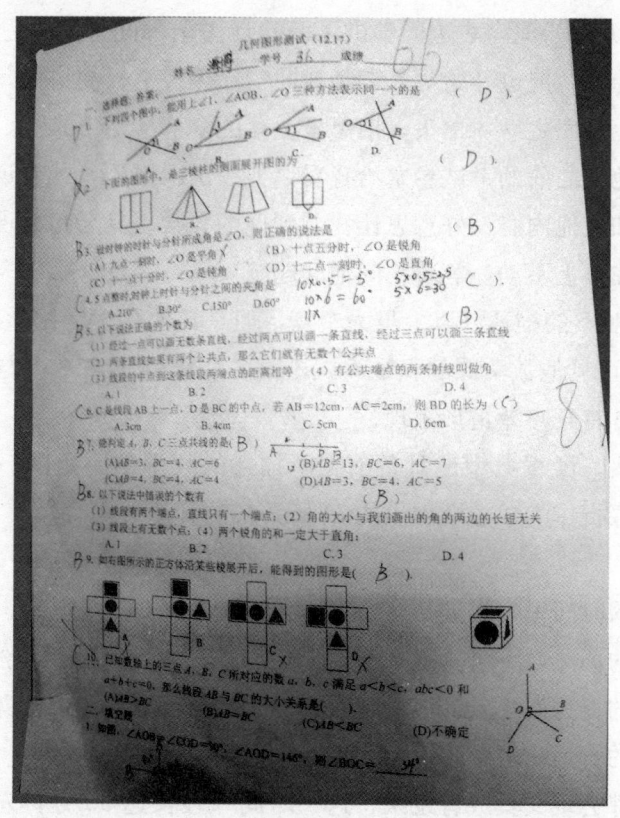

图 15-3

通过这一份几何图形测试卷，可以看出作为一份难度不大的试卷 H 仅得了 66 分（在全班 40 名学生中排名 36），说明其空间想象力欠缺。第 2 题，要选出三棱柱的侧面展开图，H 所选的却是三棱柱展开图，表明其审题不清，态度不端正，不够细心；第 10 题表明其数形结合能力差，将数学语言用符号表示以清晰展示题目内涵的能力欠缺，甚至该题没有书写一点草稿（其他部分题目有），说明 H 对此题毫无思路，这可归结为数学思维欠缺，不能很好地根据题目要求寻找合适的方法，将题目要求与所学知识建立联系的能力不足。

(3) 课堂观察

下面将以一次课堂实录为例展示 H 通常的课堂表现。

从上课开始，H 就在专心地玩笔，玩尺子，似乎没有在听课。其后，老师在讲解，他一直在往试卷上抄写黑板上的东西。上课 18 分钟，显然他已经非常无聊，老师让做错的同学适当记笔记，他毫无反应，甚至连笔记本都没有翻开。上课 22 分钟，回头看了后面同学的书桌课本；上课 26 分钟，抓耳挠腮；在老师说昨天考试成绩并表扬进步学生时，他停下一切手头动作听了一下，但是很快又忙着抓耳挠腮了。就是他停下来的这一两分钟，让我们相信了他对数学的在意，并坚信找到适合他的方法一定可以帮助他成功转化。

随后，上课 30 分钟，他与右边同学讲了两句话。老师问大家这题是否做过时，他看了一眼题目；老师让写，他也开始写；老师找同学在黑板上板演讲解，他一下都没有抬头看黑板。只是在学生讲完之后才抬头，把黑板上写的全部抄了下来。

课间，我去让他把之前的考试卷拿给我看，他一次次推诿，或者说是忘了，或者说是被老师收去了，我知道他内心不好意思让我看到他的分数。其后每次课间他看到我朝他身边走去，就开始趴在桌上不动，等着我问他问题。

通过对 H 课堂观察的描述（以上虽为个例，但是其他数学学困生与 H 的数学课堂表现基本如出一辙），可见他数学课的思维卷入不高，积极性不高，参与度不够，不能同其他学生步调一致，常有开小差情形出现。

综合前期的观察，H 很典型地具备前文所描述的数学学困生的一些表现特点，后文还将通过访谈形式探析作为数学学困生的 H 所具备的其他特点。

2. 后期

笔者在两个月的时间里，定期出现在数学课堂上对 H 进行观察，在中后期，他明显意识到自己所受到的关注，不自觉地在课堂上更加好好表现自己。当然，我们希望学生能够主动地修正自己的行为而不受外界的干扰，但是无可厚非的是，如果外界的压力能够促使学生去修正自己的行为也未尝不可。

之前他每节课都会玩文具或者发呆，这一时间一般长达 30 分钟左右，后来呈现逐步减少的趋势，他会玩着玩着突然停止，也许是猛然意识到有人在关注他吧。他的课堂参与也在逐步增加中，老师让看黑板或者做题目的时候，他能够与其他学生同步。虽然有时候还是会"慢三拍"，但是总体而言可以明显看得到进步。

有一次老师让 5 分钟完成几道题，时间到了后，老师让完成的举手，一部分学生举手了，另外一部分尚还没有完成的就停止写了，而他却还在写着，姑且不论正误，他的态度是可圈可点的。比之一开始观察他，现在的 H 与之前的 H 一个很明显的差异在于他不再自我定位为"差生"，给予适当的鼓励与关注，已经深刻激发出他内心的动力与自信。

但是他依然不愿意把之前的测试卷拿给我看，却很愿意与我分享他现在的测试卷，也很乐意把笔记本给我看，因为比之以前的笔记现在的笔记显得非常详细认真（图 15-4），虽然整洁程度上在班上未必是最好的。

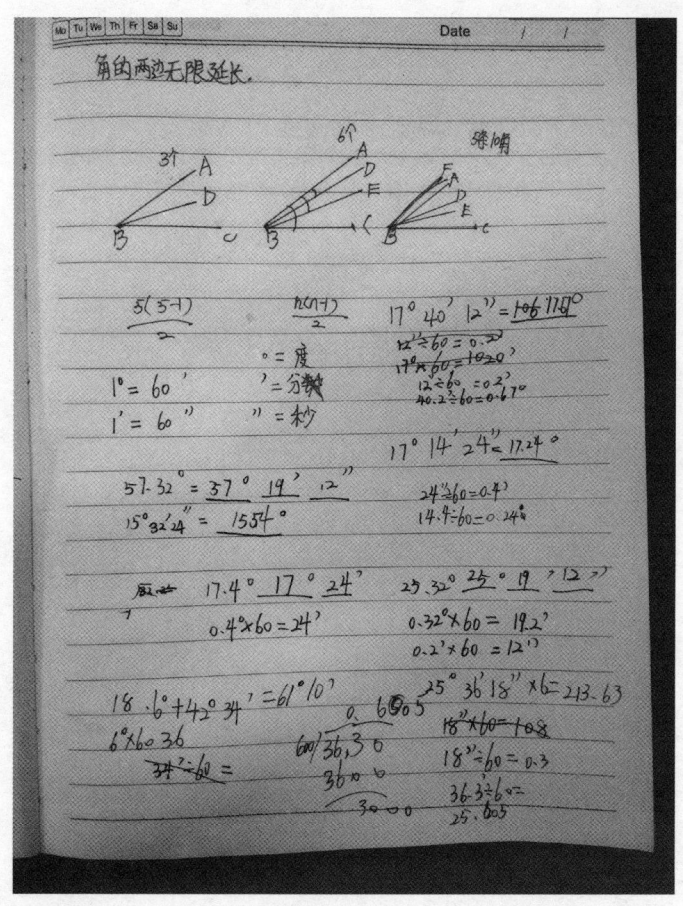

图 15-4

在这一份课堂笔记中,有红笔标注的重难点,格外需要注意的地方;有课堂演算;虽然有草稿影响了笔记的整洁,但是草稿恰恰表明了 H 在课堂习题过程中有自己的思考,有高度的课堂卷入。

每节数学课,我都走到 H 身边给予他一些肯定,查看他的课堂准备情况,提醒他在课上要认真听讲,不要开小差;每节课后,我也会走到他旁边去。在前期,他每次见我来都趴在桌上不动;后来,每到下课他就回头在教室后面寻找我的身影甚至主动走到我身边问问题或者陈述他的课堂表现。对于我提出的问题,无论是关于数学知识的,还是关于课堂上他的活动,他都能够坦然自信地回答,对于不清楚的地方也会谦逊地提问。可以明显地看出,其自信心得到了很大的提升。

随着观察与交流的深入,H 逐渐地愿意投入更多时间和精力放在自己薄弱的数学学习之上,在课堂上的表现也与其他学生无异,作业更是写得非常认真(图 15-5)。

结合这份作业,我们注意到,在第 1 题中,他写上了"解",虽然第 3 题还是把"解"丢了,但是他的解题规范得到了很大的长进还是值得肯定的。

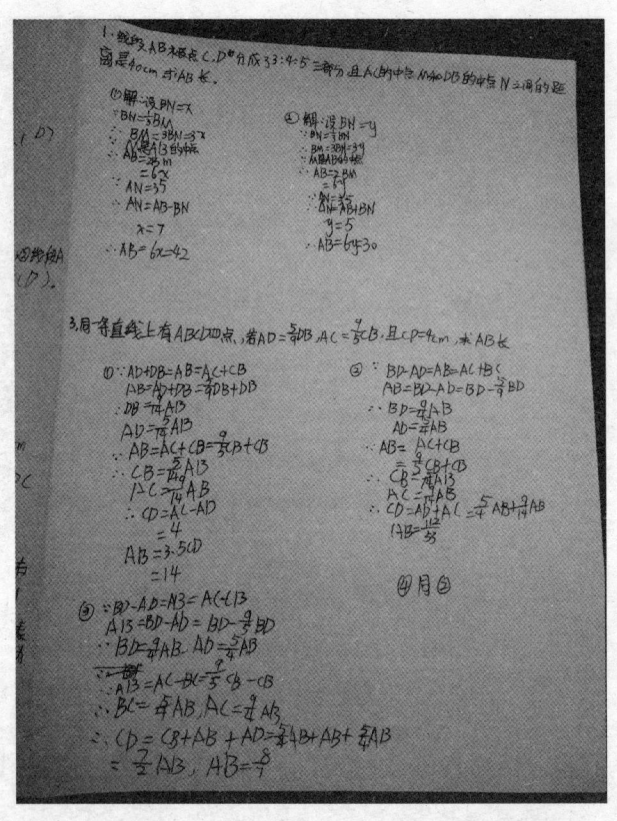

图 15-5

3. 访谈

其后,我们对于学生 H 又进行了一次访谈,以期寻找出他先前数学学习困难的种种潜在原因,并试图挖掘他在数学学业成就表现有所进步之后对数学、对自己新的态度与定位。

一开始让 H 回顾他这学期开始学了哪些东西,他详细地表述了一元一次不等式的概念、解法等。下午详细记录了访谈的核心内容。

研究者(下称"研"):现在数学学习感觉如何?

H:挺好的。

研:挺好的这个状态太含糊了。觉得比上学期如何?

H:比上学期简单了。

研:有测试吗?可以说一下怎么样?

H:有 83,有 70 多。

研:这个成绩在班上相对位置如何啊?

H:中间吧。

研:具体点?

H:20 多吧。

研：28？22？

H：22～23吧。

研：那你觉得这个位置你满意吗？

H：还行吧。

研：对自己就这点要求了？

H：前面都是学霸。

研：我觉得你的进步还是比较明显的。以前上课老是玩尺子、笔，现在呢？

H：不玩了。

研：以前为什么玩？

H：我也不知道。

研：你觉得现在喜欢数学吗？

H：挺喜欢的。

研：你现在觉得上课能跟得上老师的节奏吗？

H：能。完全可以。

研：课下作业完成得怎么样啊？

H：全都会写完啊。

研：态度呢？你自己给自己的态度打分。

H：老师会给打。一般都是A，有的时候是B+。

研：不错，挺好的。你觉得你以前数学为什么学得不是特别好？

H：有时候老师讲得听不懂，然后就不想听了。上学期应用题多，题目难懂。

研：那我再问一下，有没有请数学的家教啊？

H：没有，都是自己学。

研：你觉得跟同学关系处得怎么样啊？

H：挺好的。

研：跟老师之间沟通多吗？

H：多，因为之前手受伤了，各科老师都比较关心我。

研：你放学回家时间一般怎么安排啊？

H：就是快点回家，然后快点写作业。

研：哦，快点写作业，然后快点看电视？

H：不看电视。

研：那玩pad什么的吗？玩手机？

H：都不玩。周六周日玩，我妈管着呢。

研：只有周六周日，那周六周日玩多久啊？

H：半个小时，然后就休息。但是两天合起来只能玩2小时。

研：那倒是玩得不多，很好。能再简单说说家里面的情况吗？随便说说，爸妈干什么的？

H：我妈是服务员，我爸是司机。

研：你平时学习上的问题他们可以帮你解决吗？

H：可以。

研：具体数学问题他们帮你解决吗？

H：我不会的有时候爸爸妈妈会，有时候太难了他们也不会。

研：也是，有的题目确实太难了。那你觉得他们对你学习最大的帮助在哪？

H：能督促我。要是作业挺多的，他们就不睡觉，陪着我。

研：哇，好感人。那每次这样你有没有觉得心里特别温暖？

H：就是想快点写好，好让他们早点休息。

研：真懂事。你已经这么努力了，下次我希望听到你进到前20，前15，前10。我跟你说，H，你不要觉得这是一件不可能的事情，努力创造奇迹。只要你在进步之中，哪怕很缓慢，就是非常好的。别的好像没什么要说的了，最后你对自己数学学习能制订一个目标吗？我看看你的目标什么时候能达到。

H：跟您说得差不多，就是慢慢往上走。

研：以这学期期中为界，你要到哪里？

H：应该能到前20。

研：20以内是吧，我看好你哦！那没有问题了，你先过去吧，谢谢你啊！

H：老师再见。

从H作为数学学困生的表现特点来看：他明确表示了他先前出现对于教师所讲的内容不能理解以及无法理解应用题的现象，这与当前已有研究表明的数学学困生存在理解障碍、阅读障碍的特点是一致的。但是H的家庭教育方面虽未能为他提供明显的较大的帮助，至少不是他在数学学习上困难的原因。他的专注力、自制力较差，但是不存在自卑心理等心理表现。这表明，并非所有数学学困生都具备上文提及的所有特点，有的只是具备其中的一部分表现。

从H数学学习困难产生原因来看，他先前在数学学习上有困难，其实最主要的是他自身的原因。因为他的家庭完整而美好，因为手受伤了，他也得到了来自教师的更多的高度关心，也就是说教师没有因为他学习不好或者缺课太多而放弃他。他从不无故缺课，也不会离开学校和家庭参与到社会游戏、网吧等之中去，这表明他成为数学学困生基本上没有来自社会的因素。那么唯一的原因就在于他自己，正如访谈和课堂观察显示的，上学期的前半段他在数学学习上，态度是有待端正的，数学的理解、课堂卷入等都不到位。

（三）个案追踪的研究结果

1. 学业成就

在观察之前的期中考试中，在全班40个学生之中，H总分排在班级36，数学全班36

名，在此之前的数学测试中，其名次基本上在 32~40 之间，偶尔会进入前 30。而在经过了两个月的观察与交流之后的期末考试中，全班 39 人参加考试，H 总分排在第 29 名，数学排在 31 名。这两个月期间的小测试，其成绩也从原先的 32~40 之间转变为 20~32 之间，偶尔会在 35，36。无疑，H 是全班进步最明显的学生。

2. 学习态度

从后期的作业及笔记都可以看出来，在关注干预之下，H 的学习态度有一个显著提升。比之以前，现在的他上课很少走神，基本上能始终跟着教师的节奏，对于教师下达的指令，如着手完成某一道习题等，他也总是可以和其他同学一样快而正确地完成。作业完成得更加认真工整，课堂笔记更是清晰整洁，有标注重点等。

3. 学习兴趣

即使 H 在数学理解之上有欠缺，在注意力等个性品质方面不足，通过密切关注和关心，也可以挖掘其内在动因，使其积极卷入数学学习之中，并慢慢取得成效，进而实现转化。在这一过程中，H 对于数学的兴趣以及信心有了很大提升，这从侧面表明他上学期开始时段对于数学学习的兴趣不大，随着教师关注的提升，他开始端正数学学习态度，并在不断达成小的数学目标（如每天的作业，每周测试等）的基础之上慢慢提升兴趣与信心，直至这学期入学一个月以来，自我感觉达到一个很好的状态。

四、研究结论

以上的个案研究充分说明 H 取得了显著的提升，而这一提升很大程度上得益于教师的关注提点。教师对每一位学生的关注，其实是因材施教的表现，是分层教学方案的具体化。这给我们的启示就是：在助力数学学困生转化的过程中，教师的效应是不可忽视，也是不可替代的。教师如果真正做到：关注每一位学生，帮助每一位学生，那么必然可以使得每一位学生都走向成功，取得学业成就的进步。

数学学困生的相关研究是一个任重道远的研究，它深深植根于基础教育实践，是对课程标准所提出的"数学要面向全体学生，实现不同的人在数学上得到不同的发展"这一理念的切实践行。对于如何转化数学学困生，我们依然走在探索的路上，唯有不断尝试，不断探寻，在实际行动中落实因材施教，落实以人为本，才能助力于数学学困生的转化。

参考文献

[1] 全国教育管理研究会课题组. 初中学习困难学生教育的研究[J]. 教育研究，1996(8)：40-46.

[2] 李艺艳. 小学学困生的原因分析及教育策略[EB/OL]. 漳州教育信息网，(2009-4-22)，http://www.fjzzjy.gov.cn/newsInfo.aspx? pkId=51717.

[3] 戴凤明. 苏北农村初中数学学习困难学生的情况分析和对策研究[D]. 扬州大学，2001.

[4] Sharlene A Kiuhara, Bradley S Witzel. Math Literacy Strategies for Students With Learning Difficulties[J]. Childhood Education，2014：234.

[5] 王在勇. 关注每位学生的发展——"学习困难学生"转化的理论与策略[M]. 山东教育出版社，2007：31.

[6] 陈尤科. 初探高一数学学困生的成因及转化策略[J]. 数学教学通讯，2006（2）：14-16.

[7] 谢明初，苏式冬，徐勇. 数学学困生的转化[M]. 华东师范大学出版社，2009：6.

[8] 钟杰. 教育西游记——我和"后进生"的故事[M]. 中国轻工业出版社，2010：序言.

[9] 张红梅，刘亚. 教师如何做好学困生的转化[M]. 天津教育出版社，2009：3.

[10] Quine, Douglas D. Why is Math so Hard for Some Children？：The Nature and Origins of Mathmatical Learning Difficulties and Disabilities[J]. Childhood Education，2009：201.

[11] Ahmad Abdulhameed Aufan Al-Makahleh. The Effect of Direct Instruction Strategy on Math Achievement of Primary 4th and 5th Grade Students With Learning Difficulties[J]. International Education Studies，2011，4（4）：199-205.

[12] 何晓娜，孙帆. 多元智能视野下的数学学困生转化初探[J]. 现代教育科学，2008（4）：79-80.

第十六章
中国数学教师的校本成长[①]

一、引言
(一) 中国数学教师队伍概况
1. 数学教师的准入资格

我国通过建立教师资格考试制度,严格教师职业准入。任何期望从事基础教育教学工作的人员必须先通过中小学教师资格考试,取得相应的教师资格证书。

1993年10月,全国人民代表大会常务委员会公布的《中华人民共和国教师法》规定了各类教师资格应当具备的相应学历:取得小学教师资格应当具备中等师范学校毕业及其以上学历;初中教师资格应当具备高等师范专科学校或者其他大学专科毕业及其以上学历;取得高级中学教师资格应当具备高等师范院校本科或者其他大学本科毕业及其以上学历。[1]

21世纪以来,随着我国经济社会发展和教育水平的不断提高,中小学教师的学历水平有了明显提高。截至2013年,小学专任教师数为5 584 644,其中研究生毕业教师占到总数的0.3%,本科毕业教师占到总数的36.9%,专科毕业教师占到总数的50.1%,高中毕业及其以下教师占到总数的12.7%。初中专任教师数为3 480 979,其中研究生毕业教师占到总数的1.3%,本科毕业教师占到总数的73.6%,专科毕业教师占到总数的24.4%,高中毕业及其以下教师占到总数的0.7%。高中专任教师数为1 629 008,其中研究生毕业教师占到总数的5.8%,本科毕业教师占到总数的91.1%,专科毕业教师占到总数的3.1%,高中毕业及其以下教师占到总数的0.08%。[2]

可见我国目前小学教师多数具有专科及以上学历,共占小学教师总数的87.3%;初中、高中教师多数具有本科及以上学历,分别占中学教师总数的74.9%和96.9%。从小学到高中,教师的学历水平逐步升高。数学教师作为教师队伍中的一股重要力量,其学历层次居于教师队伍的中上水平。

[①] 曹一鸣,北京师范大学数学科学学院;李欣莲,西南大学数学与统计学院。

2. 数学教师的职务评定体系

国家为教师建立了统一的教师专业技术职务制度，将专业技术职务的等级晋升作为激励教师工作的重要方式，教师专业技术职务分为初级职务、中级职务和高级职务。中学教师专业技术职务依据学校教育教学工作的需要设置为：中学高级、中学一级、中学二级和中学三级教师。其中，中学高级为高级职务，中学一级为中级职务，中学二级和三级为初级职务。小学教师的职务设置为中学高级、小学高级、小学一级、小学二级和小学三级教师。其中中学高级为高级职务，小学高级、小学一级为中级职务，小学二级和三级为初级职务。为了鼓励和表彰在教育教学上有特殊贡献的中小学教师，国家专门设立了特级教师荣誉。参选特级教师的教师必须具有高级教师职务。[3]

截至2013年，小学专任教师中职务为中学高级教师人数占总教师人数的2.1%，职务为小学高级的教师比例为52.3%，小学一级的教师比例为33.7%，小学二级的教师比例为3.3%，小学三级的教师比例为0.2%，未定职务的教师比例为8.6%。初中专任教师中职务为中学高级教师人数占总教师人数的16%，职务为中学一级的教师比例为43.2%，中学二级的教师比例为32.4%，中学三级的教师比例为1.6%，未定职务的教师比例为6.8%。高中专任教师中职务为中学高级教师人数占总教师人数的26.4%，职务为中学一级的教师比例为36.1%，中学二级的教师比例为29.7%，中学三级的教师比例为0.7%，未定职务的教师比例为7%。[2]比较发现，高级职务的比例小学最低，高中最高，无论哪个学段中级职务的教师比例最高。我国还有极少部分教师未评定职务。

（二）数学教师专业成长的主要形式

教师是履行教育教学职业的专业人员，承担着教书育人、培养社会建设者、提高民族素质的使命，[4]是构成教育活动的基本要素之一，在学校教育活动中扮演着举足轻重的角色。新课程倡导教师是学习的组织者、引导者和合作者，对学生的情感态度的发展、知识技能的获得、学科素养的形成起到重要的影响。教师的个人修养、教学水平、管理能力直接影响学生的成长。教师的专业水平高低关乎教育质量的好坏。提高教师的专业水平既是教师自我成长的内在需要，也是提高教学质量的外在要求。因此，如何发展教师的专业水平，有哪些行之有效的方式方法一直是教育工作者十分关心的问题。

我国从21世纪之初开始了新一轮的课程改革，教育部先后颁布了《基础教育课程改革纲要（试行）》（以下简称纲要）、《义务教育数学课程标准（实验稿）》、《义务教育数学课程标准（2011年版）》等纲领性文件。在课程改革的背景下，在长期的教学管理中，针对如何帮助数学教师提高专业技能，更新教学观念、转变教学方式，我国逐步积累了较为成熟的经验：即教师的职前培养和在职培养培训。教师的职前培养即师范教育是教师个体专业发展的起点和基础，是建立在教师的专业特征之上，为培养教师专业人才服务。在职培训的主要目的是为在职教师提供适应于教师专业发展不同阶段需要的继续教育，可以是业余进修，也可以是校本培训。[4]而校本成长主要属于教师的在职培养的范畴。

(三)数学教师校本成长的内涵与意义

教师专业发展是一个持续社会化和个性化的过程,具有多阶段性特征。有研究表明许多中学优秀教师的优秀品质主要是在学校的教学实践中逐步积累和发展起来的,如对教学内容的处理能力、运用教学方法和手段的能力、教学组织和管理能力等等,教师平均65.31%的能力来自于职后。[4]其中,教师的校本成长历时最长,与教师的日常工作联系最为紧密,有效地促进了教师的专业成长。

数学教师的校本成长指数学教师以学校为专业成长的主要平台,通过学校的制度化和非制度化的各项群体活动实现专业水平提升,是在学校情境中的持续专业发展。学校不仅仅是数学教师的工作场所,更是其实践教学、提升专业素养的阵地。我国的数学教师从初入职场到离退休,在学校工作、生活的时间平均在25~35年。数学教师制度化的校本成长路径主要有教研组活动、备课组活动、听评课制度以及针对新入职数学教师的师徒结对制度;非制度化的校本成长路径有数学教师间自发、随机的日常交流、询问等。

二、教研组活动

(一)教研制度的形成

系统、完备的教研体系是我国教育的特色和优势。我国基础教育教研制度的创立始于1952年《小学暂行规程(草案)》和《中学暂行规程(草案)》的出台,随后各地中小学教研组建立,但在名称上有所不同。1957年,中国历史上第一个以教研组为主题的正式文件《教育部关于〈中学教学研究组工作条例(草案)的通知〉》及其说明,对教研组的性质、定位和工作内容进行了进一步规范。1985—1999年,中小学普遍建立了教研组,学校的集体备课制度和教研组集体学习、研讨制度普遍落实,四级教研体制(省、市、区(县)、校)基本确立,涵盖小学、初中、高中各学段、各学科,成为中国特色的教学管理模式。[5]我国从2001年开始基础教育课程改革,各级教研部门的职能从原先的教学管理和教学研究两大职能转变为以课程教材改革为中心的教学研究、教学指导等职能,以校为本的教研制度得到发展。

我国的教研制度为数学教师间的交流合作提供了良好的平台,发挥集体的智慧,在数学教师的校本成长中发挥着重要作用。有学者从西方社会学视域的角度认为教师合作是一种以身份认同为前提,通过关系网络不断获得社会资本,蕴含着权利、冲突等因素的社会性活动。[6]有学者指出教师合作的要义为获得社会资本,教师在组织结构中,通过有目的性的互动,获得有价值的资源。教师之间的互动合作有助于教师之间的团结,[6]加速教师的专业成长。数学教师间通过同伴互助开展专业对话,互动和合作,共同分享经验,互相学习,彼此支持,共同成长。[7]教师在知识结构、思维方式、认知风格等方面存在诸多差异,通过合作可以实现知识共享,又是互补。[8]有学者指出我们应该采用国际的视角及研究方法，研究一些本土化的、原始的教学问题，如校本教研活动等，这不仅对改进我国数学教学有指导作用，也能为世界数学教育做出贡献。[9]

（二）学校教研组活动的调查研究

学校教研组是教育科研的基层单位，是最基层的教研机构，是进行教育科研，推进教学改革，提高教学质量的核心组织。学校层面的教研组会议一般为某学段全体数学教师参加的教学研讨会，部分完全中学（包括初中和高中）的数学教研组分为初中组和高中组，也有部分完全中学的数学教研组的成员为全体数学教师。各个学校的情况不同，受到学校规模的影响较大。为了深入了解学校教研活动的内容，采用分层随机抽样的方法，选取东、西、南、北、中五个城市学区共 190 名教师为调查对象，对其进行深度访谈。

1. 频率及时间

学校数学教研组活动是提供数学教师专业成长的制度化平台，各个学校确定了严格的开会时间和地点，定期举行教研组会议，会议由教研组长主持，所有数学老师必须参加，学校主管教学的校长或教务主任也经常参加（这视学校情况而定，若该校分管教学的领导或教务主任的学科背景为数学教师，他们本身就是数学教研组的一员，那么每次会议都会参加；如果是其他学科背景，则非定期偶尔参加）。教学领导的角色通常为观摩、监督、检查和指导。针对教研组会议的召开情况进行点评和提出建设性的意见，以及提出学校最新的要求，宣布近期活动安排等等。

通过调查发现，各所中学召开教研组会议的频率有以下几种情况：其一，两周一次，这是最为普遍的一种开会频率；其二，一周一次，这也是较为常见的一种开会频率；其三，其他，包括一月一次、不固定、视教学情况而定、一学期至少两次等等。通常情况下教研组会议固定、频繁的学校规模和教学质量较同类学校更大、更高。

一般情况下无论是两周一次、一周一次或者以其他频率召开的教研组会议的时间各所学校情况不同。比较常见的是一节课和两节课这两类，但是访谈中很多老师也提到实际的教研组会议不会受限于规定的时间，很多情况下讨论的内容会超过规定的时间，直到问题得到圆满的解决。

2. 内容

教研组会议的内容丰富多样，根据学校、时间段、教学进展的不同而不同，比较常规的有以下几类：

第一，讲座类。有些学校会不定期地聘请高校数学教育、教育、数学方面的专家以及学区教研员、同类高水平中学的优秀教师作专题报告。报告涉及的内容有课程标准的实验、修订、变化，高等数学知识，教育教学理论，学生学习心理，教育教学中的典型案例和优秀经验等等。专业书籍、期刊论文、课程标准等的学习是这一类活动的重要补充。

第二，工作安排、总结类。这类会议有比较典型的聚集时间，较为宏观的有开学初，研究整个学期教学工作的整体设计和安排，包括教学进度，课时安排等；学期中，多数学校会组织期中考试，教研组会议上会研究试卷的命制，考前的准备，考试的安排以及考试情况，考试结果的分析，下半学期教学情况的调整；学期末，研究整个学期教学情况的总结，期末考试的安排，布置假期任务。较为中观的有月末教学工作小结，下月工作计划，单元测试的组织、分析和小结等等。

第三，公开课评议类。按照不同的作用和目的，公开课包括：汇报课，通常为青年教师，部分学校要求青年教师定时开展汇报课，此时教研组成员的任务主要为点评，针对青年教师上课的情况，发表自己的看法，指出青年教师进一步努力的方向；展示课，教研组内的优秀教师、骨干教师上展示课，此时教研组其他成员的任务主要为学习，学习优秀教师、骨干教师的教学整体设计、板书设计、课堂引入、师生互动等等，也可以针对教学情况发表自己的意见；竞赛课，组织学校层面的教学竞赛或者教研组内有教师参加地区层面、市级层面、省级层面、国家层面的教学竞赛。教研组不定时组织校内的教学竞赛，参赛选手进行教学展示，决出名次，以此奖励和促进数学教师提高教学水平。此外，如果教研组内有教师代表学校参加教学竞赛，则教研组的其他老师将会和参赛老师们一起"磨课"。所谓"磨课"意为精心打磨、设计一堂优质课。组内老师从课题的选择到教学设计、试讲、点评、再试讲、再点评……群策群力，贡献自己的智慧和经验，帮助参赛老师形成高水平课堂教学，而参赛教师也在此过程中实现蜕变，获得快速成长。访谈中有教师谈到参加一次教学竞赛获得的成长有时候和几年的教学成长等效。

第四，教学类。这是在教研活动中开展最多也是与日常教学工作结合最紧密的一类。该类活动重点讨论、解决教师们在课堂教学中出现的教学方面、学生方面的问题。如实际的教学进度和学期初制定的教学进度出现差异，如何调整；某一部分教学内容选用怎样的教学方法；教学难点如何突破；课堂管理，突发事件的应对；资优生的培养，学困生的转化；毕业考题的研究，部分学校甚至组织教师定时完成毕业考题等等。

教研组活动内容丰富，涵盖了数学教学的各个方面，通过不同活动的开展，促进新、中、老教师提高教学水平，提升专业素养。教研组的活动对教学进行宏观指导，解决教学实施中出现的各类问题，为各年级数学教师之间的交流、相互学习、借鉴提供了重要平台，保障学校教学工作的顺利、有效进行。

3. 效果

定期召开的教研组会议，如同数学教师的加油站，为数学教师教学工作的顺利开展提供强大支撑。教研组整合了学校数学教师的集体智慧，我国著名教育家孔子有一句名言"三人行，必有我师焉"，数学教师间构建起学习共同体，相互交流、互相学习，实现整体大于部分之和的学习效果。我国于2012年相继颁布了《幼儿园教师专业标准（试行）》《小学教师专业标准（试行）》《中学教师专业标准（试行）》，专业能力维度（其余两个维度为专业理念与师德、专业知识）的一个指标即为"沟通与合作"，明确要求教师能够与同事合作交流，分享经验和资源，共同发展。数学教师认可的参加学校教研组活动的效果包括：

第一，计划。学期初的教研组活动将对整个学期的教学工作进行整体设计和安排，以使数学教师系统、宏观地认识和把握学期的工作内容，然后根据所教班级学生的实际情况进行微调，确保全校的教学进度基本一致。教研组会议上教研组长、教学主任等会及时传达学校的通知，最新的文件精神，重大活动的安排等。

第二，借鉴。访谈中几乎所有的数学老师都承认教研组活动在不同程度上影响着自己的教学工作。特别是一些新入职的青年教师谈到，"自己年轻，工作时间短，缺乏教学经验，对教学重点、教学难点的把握难以到位。""特别是难以把握知识点的教学深度""三角形三边关系这一节，第一次教学时觉得很难，在难易度把握，例题、习题的选择上都借鉴了其他老师的经验。"教学经验缺乏的教师可以借鉴其他经验丰富的教师的教学；经验丰富的教师同样也在相互借鉴甚至学习新教师别出心裁的方面，以开阔教学思路，更新教学过程。

第三，交流。教研组整合了学校数学教师的所有资源，教学设计、课堂教学、课堂管理、学生作业等等过程中出现的困惑、疑难杂症都可以通过教研组内教师之间的交流询问得到解决。"现在的数学教材以螺旋式结构组织数学内容，各个年级间相关内容的衔接和连贯以及教学程度就需要在教研组内部协商、询问。""每个教师的教学风格不同，作为听众听其他教师介绍教学经验时，常常将自己的教学处理与之进行对比，尤其是别人使用的教学方法、选择的精彩例题、练习题，我没有想到，对自己是一次冲击，迫使自己更加深入的分析教材、备课、研究教学。"

第四，提升。制度化的学校教研组活动督促数学教师或自愿或被动地定期参加提升专业水平、教学素养的活动，如同一种隐形的力量"迫使"数学教师定时充实自我，解决疑惑，相互学习，集中、深入地思考自身的教育教学工作。"无论是专家，包括教研组长、骨干教师的引领，还是同伴互助都能帮助我转换思路，开阔视野，提升教学。""教研组活动让我在思想上更加重视教学研究、自身业务水平的提高，反思自己的教学。"

三、备课组活动

学校备课组为教研组的下属机构，是教研组的分支。通常情况下备课组以年级为单位，组员为该年级的数学教师，由备课组长负责管理，定期组织召开会议。与教研组活动的丰富多样不同，备课组活动则较为专一，即集体备课，直接服务于组内教师的日常教学工作。为研究我国数学教师的备课组活动，我们同样采用分层随机抽样的方法，从会议频率、时间、活动内容、准备材料等方面深度访谈了位于我国东、西、南、北、中五个城市学区共190名教师。以下内容均基于访谈资料分析。

（一）频率、时间及所需材料

与教研组类似，备课组也会定期举行活动——集体备课。备课组成员为同年级的数学教师。集体备课活动一般由备课组长或者备课组长指定的发言人，即主备人主持。主备人指当次备课组活动的备课教师,主备人准备好下一周的所有教学内容向组内的其他成员汇报,之后其他成员针对主备人的发言发表自己的意见。由于备课组活动与教研组活动相比规模较小,因此教学主任或其他分管教学的领导出席的频率比较低,偶尔才会有领导参加。有一类情况除外,即教学方面的领导承担数学教学任务,是备课组的成员则每次都参加。"我既是初二年级备课组的成员也是学校的教学主任,我每次都参加备课组活动,因为我就在这个年级教两个班的数学。我除了参加备课组的活动以外,还会对备课组的内容提出一些建议,检查备课组各位成员的情况,传达课程改革理念、教委通知或者布置下一阶段的安排等等。"

多数学校的备课组活动一周举行一次,极个别学校的备课组活动两周一次。一周一次的频率更符合教学实际,间隔时间太长主备人的工作量过大,影响日常教学工作,教学中出现的问题也不能及时得到解决。每次备课组活动的时间各所学校差异较大,有的学校为一节课,有的学校为两节课,有的学校为1小时,有的学校为两小时,最为常见的时间为一节课。但是访谈中很多教师也谈到,备课组活动的时间并不固定,多数情况会超时,直到集体备课的各项工作得以圆满完成。

备课组活动中使用的材料丰富多样,包括教科书、各类教辅材料、教学参考书、学区教研活动中下发的各类材料,如教材分析材料、整章教学设计材料、学生的典型错误、期末毕业考题、网络资源、课程标准、期刊、书籍、往届备课组形成的教学设计等等。上述材料为主备人及备课组成员结合实际情况形成教学设计提供了有效的参考和启迪:其一,教科书、教学参考书、教辅资料、课程标准是数学教师备课时的必备材料。研读课程标准、教材、教参的过程中逐步形成整体的教学思路,明确教学目标,把握教学重点、难点,从教参、教辅中选择可用、适用的例题、习题。其二,借鉴区教研活动中已有的备课成果,方便、多样的网络资源,往届备课组的已有成果,优化、调整教学设计。其三,分析各类考题,特别是毕业考题,适当调整教学难度。其四,汲取期刊论文、书籍中的教育教学理论、研究成果,更新教学理念,变革教学方式。

(二) 活动内容

备课组活动的内容与教学实际直接相关,涉及教学工作的各个方面,对访谈资料进行分析,可将备课组活动中研讨涉及的内容进行如下分类:

第一,一周工作汇报和总结。备课组教师的备课活动是循环往复的过程,上一阶段备课组成员集体设计的课程属于预设的课程,课堂教学过程是否按照预设的环节进行依靠实践的检验。备课组成员汇报实际课堂教学与预设课堂教学的差异,以及在课堂教学中出现的问题,进而反思前期备课过程中存在的问题。

学生作业中反映出的典型问题及创新、多样解法也是备课组成员作工作汇报时时常提及的部分。学生作业情况是对教师教学效果的及时反馈,教师将根据反馈情况调整教学。此外,有时班级中数学资优生在作业中的奇思妙解也为教师们津津乐道。学生的水平超出了预期常令教师感到欢欣鼓舞，工作中的自豪感和成就感油然而生。"还有的时候，有些学生方面的问题，比如个别学生的解题方法比较特殊，大家可以一起研究。"

第二，制定教学计划。"凡事预则立，不预则废"，学校教研组会议在学期初将统一制定本学期的教学计划。各个备课组结合自己年级的实际情况进行调整，同样在学期初制定本学期的整体教学计划，宏观上规划本学期的教学工作。在以后的备课组活动中，各成员向小组汇报教学工作实践开展情况，备课组在了解同组人员教学进度的基础上安排新的教学进度，包括教学内容和课时安排。"备课组活动时可以看看各个班级都讲到哪里，讲到什么程度，协调、统一教学进度。"

第三，讨论教学设计。针对下一轮的教学内容使用怎样适切的教学设计。《义务教育数学课程标准（2011 年版）》将数学内容划分为四大知识领域：数与代数、图形与几何、统计与概率、综合实践。不同的知识领域，以及同一知识领域不同的学习阶段如何设计教学，从课堂引入的方式、新课的讲解到例题习题的选择、教学活动的设计等等都需要备课组成员的商讨、争论。组内成员分工明确，由备课组长安排每次的主备人在开会之前完成下一轮教学的所有教学设计，并在开会时向全组汇报，备课组其他成员针对主备人的方案提出改进或商讨意见，最后形成共识。

第四，确定教学重难点、关键点。我国的数学教师在过去的 60 年里逐渐形成了以"三点"为核心的教学设计、课堂观察、教学反思框架：教学重点、教学难点和教学关键点。教学重点指课堂教学中的核心数学内容；教学难点指学生在学习教学重点时遭遇的认知困难；教学关键点指如何帮助学生克服教学难点进而掌握教学重点。[10] "三点"的确定和设计构成教学设计的核心内容、备课组成员讨论的重点内容。

第五，选择例题、习题。学生的数学学习围绕数学问题解决而展开。数学教师与其他学科教师的显著区别在于考虑例题和习题的选取。在有限的课堂时间里能否落实预期的教学目标受到例题、习题选择的制约。习题、例题的选择问题也是新教师常常感到困惑和疑难之处。

第六，协商统一考试。当教学工作开展到一定阶段，如月末、期中、期末甚至部分学校在一周结束时，备课组将组织小测验。此时的备课组活动则为协商统一测试，编制测试题。编制测试题时涉及的问题包括：确定试题范围、题目类型。考试结束后的备课组活动主要为考试结果分析，具体到每一个题目，学生的作答情况，出现的错误类型，导致错误的可能原因，之后完成总结报告，为之后的教学工作提供参考。学期末的备课组活动主要为制定复习计划。访谈中，部分学校的教师谈到"我们学校要求数学教师定期做中考题"。

第七，磨课。若备课组成员中有教师参加学校或更高层次的教学竞赛，则备课组以团队的形式帮助参赛教师磨课。从选择课题，设计教学环节，如何引入，选择例题、习题等等无不倾注同组成员的心血。参赛人综合其他教师的意见和自己的思考形成初步的教学设计，然后在自己所教班级进行试讲。同组其他老师进行观摩，根据参赛人试讲情况再交流意见，并提出修改方案，参赛人对初步的教学设计进行更改。如此反复多次直到形成组内相对认可的教学设计。访谈中一位曾在教学竞赛中获奖的老师谈到"与其说我获奖，不如说是我所在备课组团队获奖，我的成绩承载着团队的集体智慧"。

备课组的活动内容集中，直接为教学服务，涉及课堂教学的各个方面：教材分析、学情分析、教学设计、课后反思等等，为教师业务水平的提高提供了有力保障。

（三）效果

备课组是学校教研组的下属组织，将学校教研组以年级为单位进行划分，组内的数学教师同教一个年级，相互之间有很多交集，容易形成学习共同体。与教研组类似，备课组是学校制度化教师专业成长平台，定期举行会议，提升数学教师的业务水平。访谈中，几乎所有的教师都从不同的方面肯定了参加备课组活动对其专业发展的重要影响，认为是自身熟练教学技能，提升专业素养的有效途径。通过对访谈资料进行归类、提炼和深入分析，提炼出备课组活动对数学教师的影响如下：

第一，督促。备课组活动开展的基本方式为备课组长指定下次备课活动的主备人，要求被指定的教师完成整章内容的教材分析、教学设计。这一强制的工作任务形成一种外在的督促力量，迫使主备人认真、细致、深入地进行备课。这种外在的督促对备课组的教师而言既是压力也是动力，在无形中帮助教师熟练备课流程，逐渐提高备课效率。对主备人而言，同组其他成员既是其劳动成果的分享者也是劳动成果的提高者。通过其他成员对备课情况的改进意见，备课质量得以提升。"参加集体备课，如果轮到自己备课，我会比自己一个人备课更加精细、充分，期望把自己最好的一面呈现出来，而且我的备课组长很严格，对备课质量要求很高。"

第二，交流。一般而言，同年级备课组成员的年龄结构差异较大，不同教龄、教学风格、业务水平之间的教师之间正好相互借鉴，取长补短。新教师可以向老教师学习课堂管理、教学引导、教学语言、例题习题选择方面的长处；老教师可以学习新教师新颖的教学设计，热烈的教学激情，对学生的亲和力等等方面的优点。他人的教学设计如同一面镜子，促进教师反思和对比自己教学设计中的优缺点，思维的碰撞促成新的进步，大家集思广益，取长补短，共同进步。"备课组活动中，同时会提出一些自己没有发现的问题，引起自己的重视。""我们虽然教同一个年级但是每个班学生情况差异也比较大，备课组会上我会提出在我们班教学中出现的问题进行讨论。""上课之前的教学设计只是一种预设，实际生成的课堂总和预设有差距，有时本班学生反馈的教学效果不佳我就会询问同组的老师他们班的情况，以明确是我自身的问题还是整个年级的学生在这一部分的学习中确实存在困难。"

第三，整合。通常情况下，备课组长将一学期的教学内容以章为单位划分为几个小部分，备课组成员每人负责其中的一部分。这样原本每人都要进行各章的教学设计转变为只需负责其中一部分，减轻了数学教师的工作负担。同时，每一章除有一个主备人以外，备课组其他成员作为辅助，同样需要对这章的教学设计进行思考。实际上每章的教学设计集中了整个备课组的集体智慧。无论从效率还是效果两方面，集体备课都优于个人单独备课。"备课组活动借助团队的力量，帮助自己克服不足，吸取别人的优秀经验。""记得我第一次参加学校组织的教学竞赛心里比较担心，但是后来备课组长召集我们组的其他老师和我一起商量，增强了我的信心。"

四、听评课

听评课是学校教研组活动的重要内容，区别于教研组会议进行单列。相互听评课发生的地点多为学生上课的教室或者专门录课的教室。我国的教学组织形式为学生固定在某班，教师流动，同学科或同年级的数学教师通常在一个办公室，班主任老师在一个办公室。多数学校对数学教师之间的相互听评课进行严格规定，促使数学教师之间的相互听评课成为工作常态。

教师间的相互听评课指教师实时观察其他教师同事从事课堂教学，并在课堂观察后对该课发表自己的看法并与任课教师或其他同事讨论的实践活动。[11]以下内容基于对我国东、西、南、北、中五个城市学区共190名教师的深度访谈资料分析。

（一）听评课类型

1. 公开课

公开课泛指开放课堂，同事、同行、领导或专家等进入课堂听课。特指有组织、有一定规模的、有特别准备的课堂。[12]公开课又称"观摩课"，是供教师和有关人员观看、聆听并进行评析的教学活动。其目的是探讨教学规律，研究教学内容、形式和方法或推广教学经验，进行教学改革试验，提高和评价教师教学水平等。[13]在我国开放的文化背景下，进行公开课展示，供同行观摩的现象很常见。通常情况下，教授公开课的是资历较浅的青年教师，通过这种方式以促进和加速其专业成长。几乎所有的教师认为上公开课是加速教师专业成长的有效途径之一。[14]

公开课的类型包括下面几种。（1）达标课：不同教龄的教师以学校制定的相应标准为依据，在某一阶段课堂教学应该达到的水平，再由学校有关部门验收。这种形式常用于刚入职不久的新教师。（2）交流课：同事或备课组之间自觉地或在管理之下地相互听课、评课、彼此交流，相互研讨，共同发展。（3）研究课：教师就某一教学思想、思路以及教学模式、方法等，在课堂上把摸索和尝试中的突出问题和理念表现出来，让听课者参与研究、群策群力、共同探索，尽快找出一条高效能的教学策略、途径和方法。（4）示范课：优秀教师或在某方面有所建树的教师，把自己的教学精髓在课堂上演示出来，揭示教学规律，给他人以借鉴与启迪，供他人学习与模仿。（5）竞赛课：学校领导或上级教学主管部门为了解学校的教学情况，提高教师的教学水平，在校内或校际间进行的由教师上课、专家评课、比出优劣的教学活动。[15]

数学教师听评的公开课既包括本学科的公开课，也包括其他学科的公开课。

2. 常态课

常态课又称随堂课、推门课，指数学教师的日常课堂教学，与公开课的显著区别在于任课教师的"刻意"程度较低，通常不会反复打磨。同样，数学教师听取的常态课不限于本学科，其他学科的常态课也在听评课范围，尤其是担任班主任的数学教师听评的常态课更多，然而就数量而言本学科的常态课比例更大。

（二）听评课对象

访谈中几乎所有的数学教师都谈到学校对其每学期的听评课数量有明确要求，将听评课作为教师工作常规的一部分。少到一学期至少 8 节，多到一学期至少 20 节，最多的一位数学教师谈到他一学期至少听评 60 节课，这位教师担任该校的教导主任，属于特殊情况。数学教师平均一学期听课至少在 18 节左右，除了学校规定的听评课数量外，多数教师谈到听评课出于自愿，经过一学期的累积，实际听评课的数量不低于学校的规定数量，主要的影响因素是课程安排是否有冲突。多数数学教师选择听评本年级的数学课，以及学校层面的公开课（科目不限）。

数学教师听评课对象主要有三类：（1）优秀教师。指学校骨干教师、老教师、教研组长、备课组长、自己的"师父"等比自己教学经验丰富、教学水平高的数学教师。（2）组内教师。指备课组内除优秀教师外的其他成员，听课教师与授课教师的教学水平相近。（3）其他。主要指其他学科的任教教师，通常为同年级教师。每个数学教师的情况不同，其选择听课的对象差异较大，但是以上三类对象中，第一类和第二类对象为最频繁对象。

听课过程中，数学教师通常使用的听课材料为学校统一印制的听课记录本，以提高数学教师的听课效率，规范数学教师的听课过程。部分教师还会携带与课题相对应的教案、学案等材料。听课过程中，听课教师会详细注明所听课题、班级、时间、授课教师等背景信息，以及听课感想等笔记，以供课下与授课教师进行交流或作为今后教学反思的材料。

（三）听评课关注点

听课听什么，教学风格、教学经验不同的教师的听课关注点会有所差异。将访谈资料进行归类分析发现，数学教师听课的关注点有以下几类：

类别	细目
教师相关	选用的例题 选用的习题 教学环节 重点、难点、关键点的处理 采用的教学方法 教师的语言、教态

续表

类别	细目
教师相关	课题引入方式 板书设计 数学内容的讲解，数学思想方法的渗透 教材内容的选取 教师提问 分析问题的水平 知识点的讲解是否到位 如何应对课堂的突发事件 如何管理课堂 教学任务的落实情况
学生相关	学生参与的活动 学生提问 学生对教师的配合情况 学生对教师提问的反应 学生在课堂中的积极性和参与度 学生的掌握情况
课堂环境	师生互动情况 课堂气氛

上述三方面都是数学教师听课时重点关注的对象，与教师相关的细目类别最丰富，几乎涵盖了教师教学的各个方面：课堂管理能力、教学基本功、学科内容知识和数学教学知识。访谈中，很多老师反复提到教学的效果这一结果性因素，包括学生的掌握情况和教师教学目标的达成情况。

分析访谈对象的背景发现，新手型教师听课的基本心态是学习，这类老师关注教师相关的细目较多，以供自己学习和借鉴；而优秀教师听课的基本心态有学习和批判两方面，如果授课教师的教学水平低则听课的批判的成分较多，他们听课的基本目的是课后指出授课教师的不足，从诸多方面为授课教师的教学改进提供有针对性的建议，尤其是备课组长观摩同组成员课堂教学的直接目的为指导组内教师的课堂教学。如果授课教师与自己教学水平相当则听课的主要目的是学习、交流和借鉴，此时他们的关注点更多地集中在学生方面和课堂环境方面，对比、反思自己的教学情况，以为自身教学水平的提高提供参照和借鉴。

听课后教师通常都会与授课教师或共同听课教师进行交流，分享自己听课后的感受，肯定授课教师课堂教学的优点，针对其中某个教学环节、某个问题的讲解、某个教学实践表达自己的思考和建议以供授课教师参考。一般而言，同辈教师之间的交流以肯定为主。"积极的表扬的会多一些，批评的可能会少一些。"

（四）听评课的作用

课堂是教师教学情况的客观反映，无论是新手型教师还是优秀教师都认可听评课对自身专业发展的作用，尤其对新手型教师的专业发展促进作用较大。别人的课如同一面镜子可以照出自己课堂教学中的优势和不足，增强对自我的了解，促使自己反思教学。备课组教师之间相互听评课，在交流听课感受的过程中不仅增进了友谊，而且促进备课组的集体备课活动有效开展。

很多新手型数学教师谈到听评课的主要目的是学习，学习其他教师课堂管理、组织教学的方式；板书设计，教学语言，甚至教态等教学基本功；课堂引入方式，例题、习题的选取，如何引导学生，调动学生的积极性等等。在观摩中，反思、对比自身教学中存在的问题，不断改进。"我通过听评课从不同教师身上吸取优点，如何把握课堂，如何有效与学生的互动，如何处理突发事件等等。""我特别爱听我们备课组长的课，他的课堂语言非常精练，可以说基本没有一句废话，而这正是我试图提高的部分。"

优秀教师同样可以在相互观摩中，激发教学灵感，扩宽教学思路，变换教学视角。"我听青年教师课时总是为他们的教学激情赞叹。"一位经验丰富的老教师如是说。"听评课可以借鉴别人的教学思路，学习别人课堂教学的优点，别人的教学过程对自己是借鉴和参考。""观摩课帮助突破自己的教学常规，寻找新思路。"

五、师徒结对

师徒结对是我国中小学普遍采用的针对新入职数学教师的校本培训方式。当数学新教师入职时，学校一般都会为他指派（或双向选择，各个学校情况有所不同）一位数学资深教师作为他的"师父"，期望通过"师父"的引导帮助"徒弟"较为快速地适应数学教师角色。

师徒结对指广大中小学为了促进和加快新入职教师的专业成长，根据新入职教师的实际情况，为其指派一位或几位资深教师结成师徒关系，师父对其备课、上课、批改作业、班主任工作等等与数学教育教学相关的工作进行指导和帮助。师徒互相帮助，共同提升专业技能。[16]教学经验丰富、教学成绩突出的优秀教师指导新教师，发挥传、帮、带的作用，使其尽快适应角色和环境的要求。骨干教师、学科带头人要在互助中发挥积极作用。通过同伴互助，防止和克服教师各自为战和孤立无助的现象。[7]

有师父资格的教师一般为有高级职称的数学教师、特级教师、省市级学科带头人、校长等。通过师父的指点，自我教学实践的积累和反思，大部分教师能在三五年逐步形成自己的教学风格，成长为可独立教学的、具有一定教学经验的合格教师。

（一）师徒结对的形式

我国中小学普遍采用的师徒结对的形式多种多样，各个学校的情况有所不同。总结起

来主要有以下几种:

1. "一对一"结对

"一对一"结对指为一位新入职的数学教师指派一位资深教师作为其师父。这种形式是采用最多的结对形式。其优点为师父职责明确,师父对唯一的徒弟责任心强;缺点在于徒弟的学习对象单一、封闭,容易成为师父的复制品。

2. "多对一"结对

"多对一"结对指为一位新入职的数学教师指派多位资深教师作为其师父。这种结对形式的优点在于可以避免徒弟成为某一位师父的复制品,博采众长整合多位师父的优点,进而形成自我独特的教学风格。然而这对学校的师资要求很高,部分学校资深教师资源不足,难以实现这一结对方式。

3. "一对多"结对

"一对多"结对指多位新入职的数学教师共同被一位资深教师指导。这一结对形式的优点在于多位徒弟由于有很多的共同点,遭遇的一些困惑一致,相互之间可以相互切磋讨论,一方面可以提高师父指导的效率,尤其是对于那些资深教师资源比较薄弱的学校尤为适用;另一方面新入职教师不仅得到了资深教师的指导,也可以通过同伴间的相互交流合作促进自身的专业提高。这一结对方式的缺点在于师父也要有常规的教学工作需要完成,用于指导徒弟的精力有限,在有多个徒弟需要指导的情况下,每个徒弟得到的关照就会减少,徒弟得到的提升会受到一定的限制。

4. "多对多"结对

"多对多"结对指多位新入职的数学教师共同接受多位资深教师的指导。这一结对方式可以说最为理想,它整合了以上各类结对方式的优点。一方面每位新入职的数学教师可以向不同风格的多位资深教师学习,另一方面多位新入职的数学教师之间可以针对共同的困惑切磋商讨,共同提高。[17]

(二)师徒结对的指导内容

1. 师父对徒弟教学常规的指导

数学教学既是一门科学,也是一门艺术。新入职的教师教学经验不足,教学艺术水平有限,当他们走进课堂执教时首先面临的困惑就有:如何吸引学生的注意力,如何调控课堂,维持教学秩序,如何应对课堂中的偶发事件等等。这些需要由时间累积的经验常常可以从师父那里获得。

徒弟通过观摩指导老师的课,学习教学常规,例如如何调控课堂纪律,如何安排板书、教学的体态、音调的高低快慢、提问的技巧、如何处理教学突发事件,如何处理学生的提问,如何评价学生,如何选择、批改、讲评课外作业等等。[18]

2. 师父对徒弟教学内容的指导

长期以来我国实行统一的数学课程标准,以数学课程标准为依据编写数学教科书,是中小学教师进行教学设计的重要参考资料。师父将指导徒弟如何分析教科书，理解教科书编写者的意图，充分借鉴教科书但不被教科书所束缚。

数学教学的重要方面是课堂例题和习题的选择。如何在有限的课堂教学时间里结合所教学生的知识基础、认知特点、心理特征选择典型的例题和习题供学生学习，徒弟时常需要师父给予指导。

3. 师父对徒弟班级管理的指导

如果徒弟同时也兼任班主任，师父则除对其进行教学方面的指导外，还会对徒弟进行教学管理方面的指导，包括学生管理、班风营造、与科任教师的沟通协调、与家长的沟通协调，其中学生管理是班主任工作的最核心环节。不同层次学生的辅导，资优生的保持与提升、学困生的转化与帮助、中等生的激励与帮助，学生的学业辅导，学生的身心发展，学生的品德塑造等等都需要班主任花费精力。面对如此繁重、复杂的工作内容，新入职的数学教师往往感到力不从心，一方面教学工作尚有待提高，另一方面班主任工作如此具有挑战性。此时，新入职教师往往需要依靠师父的智慧化解班主任工作中遭遇的种种困难。师父是徒弟成长之路的引领者和促进者。

（三）师徒结对的主要活动

1. 互相听评课

师徒之间相互听评课是师父对徒弟指导的最主要形式之一。徒弟听课的目的是观摩，学习师父如何落实教学目标，如何引入课题激发学生的学习兴趣，如何准确、透彻的讲解概念，如何简洁、严密的推证定理、公式，如何突出重点、突破难点等等。师父听课的目的是检查、改进，指导徒弟调节教学节奏，调控课堂气氛，把握教学重点，突出本课知识与前后知识之间的联系等等。[19]

2. 指导说课、公开课

通常情况下，学校会要求新入职教师参加各类教学竞赛或定期进行教学展示，此时师父会精心帮助徒弟选择说课或讲课题材，和徒弟一起磨课，反复打磨某一特定课例。

参加说课比赛或者公开课比赛与常态的课堂教学有所不同，此时参加者都会试图设计出有一处甚至多处亮点的教学方案。而这一处或者多处亮点则是师父和徒弟通力合作的智慧结晶。徒弟取得的成就离不开师父付出的智慧和汗水。

3. 日常询问

数学教学活动每天都在进行，每天可能出现的问题也有所不同。那么除却常规的师父对徒弟的指导外，同样起着重要作用的则是师徒之间的日常询问。即徒弟及时就遇到的问题或困惑，包括课堂教学中的问题、作业批改中的问题、师生交往中的问题、一些考题、练习题等等向师父请教或者与师父商讨以解决疑难，进而增长数学教学的实践智慧。

与常规的听评课、参加教学竞赛等相比，徒弟对师父的日常询问随机、偶然、频繁地占据着师徒交往的重要部分，也是徒弟提高专业能力的重要途径。

除上述数学教师校本专业成长活动外,在我国的学校工作中,同学科的教师往往在一个办公室办公,他们之间会自发地、不定时地相互询问。这种非正式的、非制度化的教师互助形式频繁地存在于数学教师间的相互交往中。数学教师间的这种非正式的日常合作交流指没有专门的组织机构或规章制度规范的,数学教师间自发的、非强制的、非义务的相互帮助、合作、交流,是教师在日常教学工作中随机的、不定时的一种相互开放、信任、支持性的同事关系,有效、深刻地影响着数学教师的专业成长。[20]

影响数学教师专业成长的因素是多方面的,本章主要介绍了其校本成长的主要活动,除此之外还有其他正式的在职培训,同时,数学教师也可以通过实践反思(包括经常性的系统的自我反思、主动收集课改信息、研究教育教学中的关键事件等等),发现教育教学意义,获得实践智慧。[4]然而,较之数学教师的职前培养和正式的在职培训,校本成长与数学教师的专业发展最为直接相关。2012年,我国出台了中学、小学、幼儿园教师专业标准,这是继1994年《中华人民共和国教师法》在法律上第一次确认了教师的专业地位之后,第一次真正意义上明确了我国中学、小学、幼儿园教师的专业标准,在我国教师专业发展进程中具有里程碑意义。教师专业标准从道德、知识和能力3个维度,构建了13个领域、58个基本要求,[21]为教师专业提供了基本的参考坐标,也为我国数学教师的校本成长提供了基本指向。我们相信,随着教师专业标准的深入实施,以及中小学数学教师队伍整体水平的提高和数学教师专业自觉的增强,校本成长将在数学教师专业发展中发挥越来越重要的作用。

参考文献

[1] 全国人大常务委员会. 中华人民共和国教师法[EB/OL]. (2005-05-25) [2015-3-10]. http://www.gov.cn/banshi/2005-05/25/content_937.htm.

[2] 教育部. 2013年教育统计数据全国基本情况[EB/OL]. (2014-09-18) [2015-3-10]. http://old.moe.gov.cn/publicfiles/business/htmlfiles/moe/s8493/index.html.

[3] 全国人大常务委员会.《中华人民共和国义务教育法》[EB/OL]. (2006-06-30) [2015-03-10]. http://www.moe.edu.cn/publicfiles/business/htmlfiles/moe/moe_619/200606/15687.html.

[4] 全国十二所重点师范大学联合编写. 教育学基础[M]. 北京:教育科学出版社,2002:118-119.

[5] 梁威,卢立涛,黄冬芳. 中国特色基础教育教学研究制度的发展[J]. 教育研究,2010 (12):77-82.

[6] 李洪修,熊梅. 西方社会学视域中的教师合作[J]. 外国教育研究,2013 (11):74-80.

[7] 余文森. 论以校为本的教学研究[J]. 教育研究, 2003 (4): 53-58.
[8] 张华龙, 张菊风. 三十年来我国中小学教师合作研究的梳理与反思[J]. 河南师范大学学报, 2011 (4).
[9] 黄荣金. 国际数学课堂的录像研究及其思考[J]. 比较教育研究, 2004 (3), 39-43.
[10] Li Yeping, and Huang Rongjin. How Chinese teach mathematics and improve teaching[M]. New York: Routledge, 2013.
[11] 赵健等. 我国教师的专业发展实践及其对学生成绩的影响: 基于五城市调研的分析[J]. 全球教育展望, 2013 (2): 22-33.
[12] 余文森. 公开课再认识[N]. 中国教育报, 2006-6-2 (5).
[13] 张燕勤, 于晓静. 公开课在数学教师专业发展中作用的个案研究[J]. 数学教育学报, 2010, 19 (4): 19-22.
[14] Yang Yudong, Ricks Thomas E. Developing Classroom Instruction through Collaborations in School-based Teaching Research Group Activities[C]//Li Yeping, Huang Rongjin. How Chinese Teach Mathematics and Improve Teaching. New York: Routledge, 2013.
[15] 于晓静. 公开课在数学教师专业发展中作用的个案研究[D]. 首都师范大学硕士学位论文, 2008.
[16] 范蔚, 廖青. 基于教师专业发展的"师徒结对"的内涵及特征[J]. 教育导刊, 2012: 45-47.
[17] 廖青. 基于教师专业发展的"师徒结对"研究[D]. 西南大学硕士学位论文, 2010.
[18] 马晓娟. "师徒结对"对初任教师成长的影响[D]. 西北师范大学硕士学位论文, 2008.
[19] 郑艳娥. 浅谈数学教学中的"师徒结对"[J]. 成长之路, 2010 (05).
[20] 郭转娜. 中学数学教师交流活动调查研究[D]. 北京师范大学硕士学位论文, 2009.
[21] 教育部. 中学教师专业标准(试行)[DB/OL]. (2011-12-12) [2014-11-12]. http://www.moe.edu.cn/publicfiles/business/htmlfiles/moe/s6127/201112/127830.html.

第十七章
职前数学教师教育[1]

"教师教育"是一种培养师资的专业性教育,是对教师培养和培训的统称。教师教育包括教师职前教育、入职教育和职后教育三个一脉相承的不可或缺的阶段,是由三者有机统和而形成的一个整体。它是教师培养的职前教育和教师提高的职后教育的一体化的体现。职前数学教师教育作为职前教师教育的重要组成部分,肩负着培养中小学数学教师的重任。在中国的职前教师教育经过百年发展的今天,中国的职前数学教师教育逐渐形成了自己独有的模式和特色。

一、中国职前教师教育发展的历程
(一)新中国成立前的发展

中国的职前教师教育已有一百多年的历史。过去很长一段时间,我们习惯于把教师在任职前所接受的正规学校教育称作"师范教育",这是源于"学高为师、身正为范"的古训。历史上,中国第一所专门培养教师的师范学校是成立于1897年的南洋公学师范院,它是由清末洋务派主要代表人物盛宣怀创办的第一所正规的高等师范院校,是中国师范教育的起源地,标志着中国师范教育的开始,在中国教育史上具有划时代的重要意义。[1]之后,比较有代表性的培养教师的高等专门学校还有成立于1902年的京师大学堂师范馆,是我国历史上第一所师范大学、著名学府北京师范大学的前身。师范馆所设计的专业课程与教育课程混编的课程结构与教师养成范式从根本上奠定了百年来中国高等师范教育(简称:高师)的基础与模式。此后,在1904年1月13日,清政府颁布的《奏定学堂章程》("癸卯学制"),将师范学堂分为初级师范学堂(中等教育性质)及优级师范学堂(高等教育性质)两等,修业年限共为8年。初等师范学堂培养小学师资,招收高等小学堂毕业生,修业5年。至此,出现了中国师范教育史上的中等师范教育(简称:中师)。

---

[1] 杨新荣,西南大学数学与统计学院;童莉,重庆师范大学数学科学学院。

（二）新中国成立后的发展

1. 中师的发展

中华人民共和国成立后，中国共产党和人民政府对师范教育进行了有计划的建设工作。1952年对旧中国遗留下来的师范学校进行了改造，同时大力举办短期师资训练班，增设初级师范。在发展国民经济的第一个五年计划期间，着重发展中级师范，逐步减少初级师范，停办短训班。1956年前后，中央人民政府教育部颁布试行了《师范学校规程》《师范学校附属小学条例》和《师范学校教育实习法》，颁发了《师范学校教学计划》《幼儿师范学校教学计划》，编写出版了师范学校各科教学大纲和教材。60年代初，初级师范绝大部分已改办为中级师范，停止招收高小毕业程度的学生。在"文化大革命"中，大多数师范学校被取消了。1976年以后，各地中等师范学校逐步进行恢复、整顿、充实。1980年6月教育部召开全国师范教育工作会议，总结了新中国成立30年来办中等师范教育的经验，研究了如何办好中等师范教育的问题。会后，教育部颁发了会议通过的《教育部关于办好中等师范教育的意见》《中等师范学校规程（试行草案）》《中等师范学校教学计划（试行草案）》和《幼儿师范学校教学计划（试行草案）》。这些文件对中等师范学校的性质、任务、学制、课程等都作了明确的规定。

根据规定：

①中等师范学校的性质属于中等专业学校。中等师范学校的任务是培养具有社会主义觉悟、辩证唯物主义世界观、共产主义道德品质，从事小学或幼儿教育工作必备的文化与专业知识、技能，热爱儿童、全心全意为社会主义教育事业服务，身体健康的小学和幼儿园师资。同时，中等师范学校根据需要和可能承担培训在职小学教师和幼儿园保教人员的任务。

②中等师范学校的学制定为3年和4年两种，招收初中毕业生或具有同等学力的社会青年。

③中等师范学校设政治、语文及小学语文教材教法，数学及小学数学教材教法，物理、化学、生物、小学自然常识教材教法，外语、地理、历史、心理学、教育学、体育、音乐、美术、教育实习等课程。民族师范学校还增设民族语文课程。

据统计，全国中等师范学校由1949年的610所发展到2000年左右最多时的1 353所；在校学生由15.2万人，增长到50多万人。中华人民共和国成立以来，共培养中等师范毕业生500万人左右，同时还培训了大量的在职教师。[2]

2. 高师的发展

中华人民共和国成立后，经过对高等院校的院系调整，高等师范学校全部独立设置。1952年教育部颁布了《关于高等师范学校的规定（草案）》，规定师范学院修业年限为4年，主要培养中等学校师资，师范专科学校修业年限为2年，培养初级中等学校师资。1953年与1956年曾先后两次专门召开全国高等师范院校会议，在此前后又颁发了有关高等师范院校教学改革的许多文件,制定了许多专业的教学计划(或教学方案)和许多学科的教学大纲,使高等师范教育更加正规化,教学质量不断提高。高等师范教育发展很快。1949年,中国高等师范学校仅12所,在校学生仅有1.2万人,到1982年底,全国高等师范学校共有194所,其中师范大学、师范学院66所,师范专科学校128所,在校学生共有28.18万人。

在全国高等师范学校设置的专业中,与中学课程相适应的通用专业有17种。此外,少数高等师范院校根据国家建设和科学技术发展的需要,也设置了其他一些专业,其中包括图书馆学、电化教育等。高等师范学校各专业设置以下5类课程:①政治课,包括中国共产党历史、政治经济学、哲学和共产主义道德教育课等;②外国语课;③教育课,包括心理学、教育学、各科教材教学法、教育见习和实习;④体育课;⑤专业课,包括专业基础课和选修课。

开展科学研究特别是教育学科的研究是高等师范学校的一项重要任务。有的师范院校设有包括教育学科在内的各种研究所(室),对某些学科进行专门深入的研究。

为了给高等院校培养师资,并为教育科学研究机构培养研究人员,现在有些高等师范院校设有研究生部,招收研究生,并授予硕士、博士学位。高等师范院校还通过举办函授、夜大学、培训班、进修班等多种形式承担培训中等学校师资的任务。此外,专门承担培训中等学校在职教师和教育行政人员任务的教育学院或教育行政学院,也属于高等师范教育的范围。

20世纪70年代以来,国际上终身教育的理念被广泛传播。90年代后期,随着高等教育的结构调整,我国的教师培养模式发生了许多变革,独立设置的师范院校专门从事教师培养的体系被打破,综合性大学和其他高校也参与到教师的培养和培训的活动中来。我国教师教育的主要矛盾已经突出地表现为提高质量的要求与提高质量的能力的矛盾。[3]"师范教育"已经不能满足教师教育的发展需要和国际特征,因此,必须实现由"师范教育"到"教师教育"的观念更新。2001年,我国在《国务院关于基础教育改革与发展的决定》中首次用"教师教育"的概念,取代了长期使用的"师范教育"概念。从此,"教师教育"的概念逐渐替代了"师范教育"的概念,"教师教育"的政策和制度也逐渐取代了原来的"师范教育",这体现了对教师发展以及教师教育发展观念和发展方式的转变,这是国际教师教育发展的共同轨迹,也是关注教师专业发展的一致诉求。

3. 中国职前教师教育的今天

中国的职前教师教育经过百年的发展,初步形成了以独立设置的各级各类师范学校为主体,多渠道、多层次、多规格、多形式的职前教师教育体系。由中师、师专、师院(师大)三个层次所组成的各级各类师范学校为中小学培养、培训了数以千万计的教师,另外,教育学院、教师进修学校、其他学校所办的师范专业也是教师培养的重要途径。这样就形成了中国师范教育的六种办学形式:中师、师专、师院(师大)、教育学院、教师进修学校、其他类型学校所办的师范专业。据 1995 年统计，我国共有高等师范学校 236 所，13 所高师院校设立博士点，具有博士学位授予权的专业点有 107 个；有 38 所高师院校设立硕士点，具有硕士学位授予权的专业点有 698 个；高等师范本科院校有 76 所，在校学生约 32 万人；高等师范专科学校 160 所，在校生约 26 万人；中等师范学校 897 所，在校生约 85 万人；教育学院 242 所，在校生约 21.4 万人；教师进修学校 2 031 所，在校生约 51.6 万人。除独立设置的各级各类师范院校外，电视大学、电视师范学院和 180 余所综合大学举办的师范专业或二级学院，作为辅助渠道，为中等及中等以下教育培养、培训了一定数量的师资。

进入 21 世纪以后，由于中国师范教育高层次化发展的需求，中等师范学校陆续被取消，升为大专或本科院校，但曾经的中师教育以培养出的教师素养全面、教学技能强，至今一直为人称道。高师教育一般以本科为主，并随着时代的发展不断进行着改革。

（1）《教师教育课程标准》的制定

为落实教育规划纲要，深化教师教育改革，规范和引导教师教育课程与教学，培养造就高素质专业化的教师队伍，2011 年 10 月 8 号教育部颁布了《教育部关于大力推进教师教育课程改革的意见》。新政策的出台必然会对我们国家的师范教育带来一定影响，其附件《教师教育课程标准（试行）》是国家对我国教师教育课程改革提出的建议和要求，也是制定教师教育课程方案、开发教材与课程资源、开展教学与评价，以及认定教师资格的重要依据。《教师教育课程标准（试行）》明确提出了"育人为本、实践取向、终身学习"的基本理念，对幼儿园、小学、中学职前教师教育课程目标与课程设置提出了建议。

在课程目标中，主要包括以下三个方面的内容。A. 教育信念与责任：具有正确的学生观和相应的行为，具有正确的教师观和相应的行为，具有正确的教育观和相应的行为；B. 教育知识与能力：具有理解学生的知识与技能，具有教育学生的知识和能力，具有自我发展的知识和能力；C. 教育实践与体验：具有观摩教育实践的经历与体验，具有参与教育实践的经历与体验，具有研究教育实践的经历与体验。

在课程设置中，提出了各阶段的必修的 6 个学习领域和可以作为选修的建议模块，以及相应的学分要求。具体情况如下：

①小学职前教师教育课程

课程目标：小学职前教师教育课程要引导未来教师理解小学生成长的特点与差异，学会创设富有支持性和挑战性的学习环境，满足他们的表现欲和求知欲；理解小学生的生活经验和现场资源的重要意义，学会设计和组织适宜的活动，指导和帮助他们自主、合作与探究学习，形成良好的学习习惯；理解交往对小学生发展的价值和独特性，学会组织各种集体和伙伴活动，让他们在有意义的学校生活中快乐成长。

课程设置：

表 17-1

学习领域	建议模块	学分要求		
		三年制专科	五年制专科	四年制本科
1. 儿童发展与学习 2. 小学教育基础 3. 小学学科教育与活动指导 4. 心理健康与道德教育 5. 职业道德与专业发展	儿童发展；小学生认知与学习等。教育哲学；课程设计与评价；有效教学；学校教育发展；班级管理；学校组织与管理；教育政策法规等。小学学科课程标准与教材研究；小学学科教学设计；小学跨学科教育；小学综合实践活动等。小学生心理辅导；小学生品德发展与道德教育等。教师职业道德；教育研究方法；教师专业发展；现代教育技术应用；教师语言；书写技能等。	最低必修学分 20 学分	最低必修学分 26 学分	最低必修学分 24 学分
6. 教育实践	教育见习；教育实习。	18 周	18 周	18 周
教师教育课程最低总学分数（含选修课程）		28 学分＋18 周	35 学分＋18 周	32 学分＋18 周

说明：(1) 1 学分相当于学生在教师指导下进行课程学习 18 课时，并经考核合格。(2) 学习领域是每个学习者都必修的；建议模块供教师教育机构或学习者选择或组合，可以是必修也可以是选修；每个学习领域或模块的学分数由教师教育机构按相关规定自主确定。

②中学职前教师教育课程

课程目标：

中学职前教师教育课程要引导未来教师理解青春期的特点及其对中学生生活的影响，学习指导他们安全度过青春期；理解中学生的认知特点与学习方式，学会创建学习环境，鼓励独立思考，指导他们用多种方式探究学科知识；理解中学生的人格与文化特点，学会尊重他们的自我意识，指导他们规划自己的人生，在多样化的活动中发展社会实践能力。

课程设置：

表 17-2

学习领域	建议模块	学分要求	
		三年制专科	四年制本科
1. 儿童发展与学习 2. 中学教育基础 3. 中学学科教育与活动指导 4. 心理健康与道德教育	儿童发展；中学生认知与学习等。教育哲学；课程设计与评价；有效教学；学校教育发展；班级管理等。中学学科课程标准与教材研究；中学学科教学设计；中学综合实践活动等。中学生心理辅导；中学生品德发展与道德教育等。教师职业道德；教师专业发	最低必修学分 8 学分	最低必修学分 10 学分

续表

学习领域	建议模块	学分要求	
		三年制专科	四年制本科
5. 职业道德与专业发展	展；教育研究方法；教师语言；现代教育技术应用等。		
6. 教育实践	教育见习；教育实习。	18周	18周
教师教育课程最低总学分数（含选修课程）		12学分+18周	14学分+18周

说明：同前。

（2）教师资格认证改革

由于我国基础教育对教师的需求量很大，为了鼓励学生选择教师作为他们今后的职业，在1993年之前，师范专业的学生毕业是国家负责分配工作的，并享受国家事业单位待遇。1993年我国出台的《中华人民共和国教师法》第十条规定："国家实行教师资格制度。中国公民凡前车之遵守宪法和法律，热爱教育事业，具有良好的思想品德，具备本法规定的学历或者经国家教师资格考试合格，具有教育教学能力，经认定合格，可以取得教师资格。"国务院依据《教师法》的规定于1995年出台《教师资格条例》，新条例规定师范院校毕业生只需通过学校开设的教育学和教育心理学课程考试，并在全省统一组织的普通话考试中成绩达到二级乙等（中文专业为二级甲等）以上，即可在毕业时申请领取教师资格证。非师范类和其他社会人员如需申请教师资格证，只需要在社会上参加认证考试并顺利通过即可。

教师资格考试分为省考和国考两种，取得的证书都是全国通用，区别是笔试考试科目有所不同。省考考的是《教育学》和《教育心理学》两个科目，而国考要考的是《综合素养》和《教育知识与能力》这两个科目。2000年以后，各个省市逐渐在取消省考。2013年，教育部公布《中小学教师资格考试暂行办法》。该办法规定，教师考试实行全国统考，由教育部考试中心统一制定考试标准和考试大纲，组织笔试和面试试题，并建立试题库。师范毕业生不再直接认定教师资格，统一纳入考试范围，教师资格考试合格证有效期为3年。这对师范院校教育教学改革形成了很大的促进力，促使师范院校调整培养方式和课程设置，重视对师范生教育实践能力的培养。

（3）免费师范生教育改革

教育大计，教师为本。中小学教师队伍的整体素质和水平是教育发展的关键因素，培养造就一大批优秀教师是广大人民群众普遍关心的重要问题。为了进一步形成尊师重教的浓厚氛围，培养大批优秀的教师，鼓励更多的优秀青年终身做教育工作者，2007年5月，国务院决定在教育部直属师范大学实行师范生免费教育。从2007年秋季入学的新生起，北京师范大学、华东师范大学、东北师范大学、华中师范大学、陕西师范大学和西南大学六所部属师范大学实行师范生免费教育。江西师范大学从 2013 年秋季开始推行本科师范生免费教育（只招收江西省考生）。2015 年，福建省政府在福建师范大学、闽南师范大学等院校推行免费师范生教育（只招收福建省生源且只招男生）。

免费师范生入学前要与学校和生源所在地省级教育行政部门签订协议，承诺毕业后从事中小学教育 10 年以上。到城镇学校工作的免费师范毕业生，应先到农村地区学校任教服务 2 年。国家鼓励免费师范毕业生长期从教、终身从教。相应地，免费师范生享受国家的优惠政策如下：①由中央财政负责安排免费师范生在校期间的学费、住宿费，并发放生活补贴；补助一般为在校期间每月 600 元。即每年发十个月。②在相关省级政府统筹下，由省级教育行政部门落实免费师范生的教师岗位，免费师范生四年毕业以后必须到中小学任教，到中小学任教的每一位免费师范生都有编有岗；③免费师范生在协议规定的服务期内可以在学校之间进行流动，有到教育管理岗位工作的机会；④为免费师范生继续深造提供好的条件保障，免费师范生经考核符合要求的，学校可以录取他们为教育硕士研究生，可以在职学习专业课程。

二、中国职前数学教师的培养方式

随着职前教师教育的发展，中国的职前数学教育形成了以下的培养模式：小学数学教师的培养主要由各师范院校（师专、师院和师大）的教育学院或初等教育学院承担，包括三年制专科、五年制专科和四年制、六年制本科等形式，但主要是四年制本科；中学数学教师的培养主要由各师范院校的数学学院承担，大部分都是四年制本科。除此之外，中小学数学教师的培养也有部分是在综合性大学的教师教育学院。

（一）职前小学数学教师的培养

由于在中国，小学数学教师入职后并非只教小学数学这一科目，一般都是多科教师，除了教小学生数学外，还可能教美术或书法等科目。因此，在各培养机构并没有专门设立专业培养小学数学教师，而是设立小学教育专业，再分方向进行小学数学教师的培养。小学教育专业主要包括初中起点的五年制小教大专、六年制小教本科，高中起点的三年制小教专科、四年制小教本科，在其下面再设立语文、数学、英语、音乐、美术、书法等方向或文科、理科方向，或是不分方向的小教（全科教师）教育。

1. 培养目标

职前小学数学教师的培养目标是培养小学数学教师，但具体培养什么样的小学数学教师，不同的培养机构基于《教师教育课程标准》中职前小学教师培养目标，根据自身的特点和发展方向，提出了自己的培养目标。以下选取了较有代表性的三所院校的培养目标来分析。这三所学校是东北师范大学、重庆师范大学和西安文理学院，之所以选择这三所学校是因为它们代表不同的学校层次和培养模式。东北师范大学是教育部直属重点大学，其小教专业是综合培养，不分方向的；重庆师范大学是省直属大学，其小教专业是分方向培养的；西安文理学院，是省直属院校，其小教专业虽不分具体方向，但总体分为文科和理科方向培养。

表 17-3

	培养目标
东北师范大学 （小教专业）	全面贯彻党的教育方针，引导和促进学生成为有见识、有能力、有责任感的自主学习者，培养忠诚教育事业，具有现代教育理念，深厚教育理论素养，宽广的教育视野，较强的教育、教学、科研、管理能力和创新精神的适应21世纪需要的高素质、专业化小学教师。
重庆师范大学 （小教专业数学方向）	基于小学教师专业化的发展趋势，学生通过本科阶段学习，成长为适应时代要求和小学数学教育改革需要，德智体美全面发展，学科素养和教师专业素养高度整合，掌握本专业的基础理论知识，掌握小学数学教学和教学科研等专业技能，具有小学数学教育的专业情感，能在小学从事小学数学教学工作，富有教学创新能力的高素质小学数学教师，以及向更高层次发展的专业人才。
西安文理学院 （小教专业理科方向）	本专业培养热爱小学教育事业，能适应基础教育改革发展需要，掌握扎实的小学教育专业相关的知识、理论、技能，具备现代教育观念、实践能力和可持续发展特质，能在小学及小学教育相关领域工作的应用技术型人才。

（注：表中内容来自各高校近期的培养方案）

从以上三所学校小教专业的培养方案可以看出，不同的学校从不同的角度来阐述了小教专业的培养目标，但有以下的特点：

（1）专业定位：定"性"在教育，定"向"在小学，定"格"在本科。从定"性"在教育来看，三所学校都不同程度地从职业特征、教育理念、专业知识及教学技能等方面强调了小学教育专业的师范性。从定"向"在小学来看，三所学校的主要目标都是培养专业化的小学教师，或者是培养从事小学教育与科研管理的专门人才。从定"格"在本科来看，以往我国的小学教师大多是中专、大专学历，但现在大多数小学教育专业都是本科层次的。以上所列的三所学校的整体规格不同，东北师范大学是教育部直属一本大学，重庆师范大学是地方省级直属二本大学，西安文理学院是地方省级直属二本学院，但是，三所学校的小教专业均是本科层次的。这说明随着社会的发展，对小学教师的素质要求也随之提高了。

（2）专业素养：高要求的专业素养。从以上培养目标中可以看出，除了要求小学教师德智体美全面发展外，还要求其具备深厚的教育理论素养、学科素养、教学能力、科研能力和创新能力。这体现了职前小学教师教育希望培养出来的小学数学教师综合素养高、理论基础扎实、实践能力强的这种"宽口径、厚基础"的学科要求。

2. 培养形式

我国现有的小学数学教师的培养主要是在各师范大学的教育学院或初等教育学院，主要形式有初中起点的五年大专一贯制或六年本科一贯制，还有高中起点的四年本科一贯制。目前为止，设立小学本科教育专业的百所院校均在积极探索本科小学教育专业人才培养模式。总体来看，由于培养机构是在教育学院或教育系下设置，没有专业学院的学科背景，所以，小学数学教师的培养形式以小学教师的专业性质"综合性"为依据，一般可以分为综合型模式、分科型模式和中间型模式三种。

综合型模式不分学科，强调小学教师素质的整合性，旨在培养适应面广的复合型小学教师，如东北师范大学等。分科型模式是针对小学开设的学科来培养小学教师的模式，强调小学分科教学的既存事实，认为专业化的小学教师应具有专门的知识与技能。如重庆师范大学的"综合培养，分向发展"模式，形成了"全面发展，多能一专"的培养特色。介于上述两种模式之间的是中间型模式，既承认小学教师素质的综合性，也考虑到了小学分科教学的现状，采取"文理分科，综合培养"的培养方案，如浙江师范大学、西安文理学院等分为文科方向和理科方向进行培养。

3. 课程设置

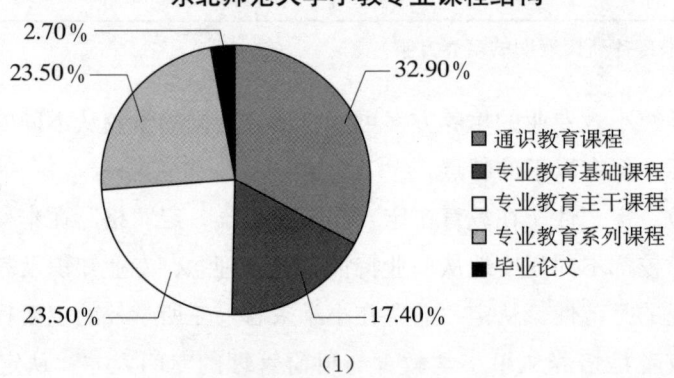

(1)

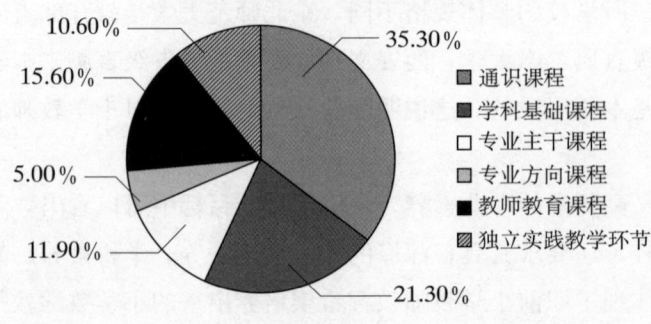

(2)

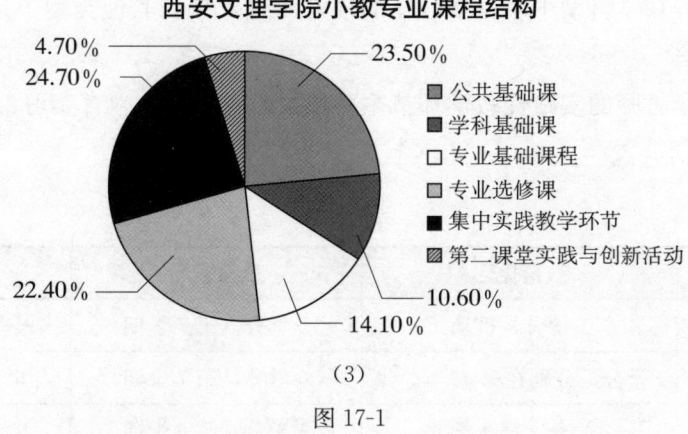

(3)

图 17-1

从以上各学校小学教育专业的课程结构来看，各校的课程在名称和归类上各有差异，但仔细分析小学教育专业的课程，主要包括通识课程、教育类理论课程（有些包含在学科基础课或教师教育课程）、学科教学类课程、教师职业道德课程、教师技能训练类课程、学科专业课程等几种类型。

(1) 通识课程：是每一位大学生都要学习的课程，它的性质是非专业性的、非职业性的、涉及范围宽广的，其目的是拓展学生的视野、增加知识的广度，提高学生的素养。一般有：思想道德修养与法律基础、中国近现代史纲要、形势与政策、马克思主义基本原理、毛泽东思想和中国特色社会主义理论体系概论、大学英语、大学体育、大学语文、大学计算机基础、高等数学等。学分比例约占 30%。

(2) 教育理论类课程：主要要求学生了解和掌握基本的教育原理和规律，为学生在未来从事教育活动中奠定坚实的教育理论基础知识。一般有：心理学原理、教育学原理、中国教育史、外国教育史、教育统计学、发展心理学、教育心理学、教育研究方法、课程与教学论、教育哲学、教育管理等。这类课程在综合型的培养模式中占的比重较大，如东北师范大学该类课程学分比例占 19% 左右，而在分科型和中间型的培养模式中占的比重约是 10% 左右。

(3) 学科教学类课程：是关于某个学科如何进行教学的课程。一般小学数学教学类的课程有：小学数学课程与教学论、小学数学教材分析与教学设计、小学数学解题研究、小学数学竞赛与辅导、初等数学研究、小学数学课程标准与教材分析、数学学习心理等。数学教学类课程的学分比例约为 5% 左右。

(4) 教师技能训练类课程：是训练未来教师教学技能的课程。一般有：普通话、三笔字训练、形体与舞蹈、书写画训练、声乐训练、教师口语训练、教学技能训练、教具与学具设计。学分比例约占 15%。

(5) 数学类课程：是增加未来教师数学知识和理解的课程。一般有：数学分析、高等代数、概率与数理统计、初等数论、数学思想方法、高等数学、近世代数、小学数学知识概论等。这类课程在学科型中所占学分比例较大，约20%，其他类型中只占7%左右。

4. 实践性教学

职前小学数学教师的实践性教学环节主要包括教育见习、教育实习、毕业论文等，具体情况如下：

表 17-4

	教育见习	教育实习	毕业论文
东北师范大学	1学分，机动	5学分，第7学期	4学分，第8学期
重庆师范大学	2学分，分别在第4，5学期	6学分，第7学期	6学分，第8学期
西安文理学院	2学分，第4学期	4学分，第6学期	10学分，第8学期

各师范院校与许多小学建立了长期的合作伙伴关系，某些小学固定成为某师范院校的实践基地，职前小学数学教师的实践性教学都在实践基地开展。其中，教育见习以到小学听课观摩为主，一般时间是2周左右，有集中与分散两种形式，为了不影响其他课程的学习，一般是集中见习；教育实习包括到小学进行试教、试作和教育调研等活动，一般集中在大三下学期或大四上学期，时间为3个月左右；毕业论文一般是在大四下学期进行，时间为8周左右。

（二）职前中学数学教师的培养

1. 培养目标

职前中学数学教师的培养目标是培养初中或高中数学教师。培养什么规格和要求的中学数学教师，不同的培养机构根据《教师教育课程标准》的要求，结合自身的特点和发展方向，制定了自己的培养目标。以下选取了六所师范院校的职前中学数学教师的培养目标进行分析。这六所院校具有一定的代表性，北京师范大学、西南大学是教育部直属大学，浙江师范大学、重庆师范大学是省直属师范大学，西安文理学院、重庆文理学院是省直属具有师范性质的院校。之所以选择这六所学校，是因为他们既代表了中国的不同地域、不同层次的院校，也代表了相同地区的不同层次的学校（西南大学、重庆师范大学、重庆文理学院都地属重庆市）。

表 17-5

学校	培养目标
北京师范大学	经过四年的学习，学生能够掌握数学科学的基本理论、基础知识与基本方法，掌握数学教育的基本规律，受到严格数学思维的训练，能够运用数学知识和计算机解决实际问题，并具备较强的教育教学实践能力和知识更新能力。学生毕业后可以在重点中学、教学研究与教育管理等部门从事教学、科研或管理工作。

续表

学校	培养目标
西南大学	数学与应用数学（师范）专业主要培养既上通数学下达课堂，且"人格健全、数学基础扎实、教师素质突出、综合能力强"的高水平中学数学教师。要求：（1）掌握数学科学的基本理论与基本方法，受到数学建模、计算机和数学软件方面的基本训练，具有较高的科学素养和较强的创新意识，能够运用数学知识，借助计算机解决实际问题；（2）掌握现代教育的基本理论与技能，能够综合运用所学的数学、数学教育以及其他领域知识思考、理解中小学数学教育，能够胜任基础教育的数学教育任务。
浙江师范大学	培养具有良好的科学素质，掌握数学科学的基本理论与基本方法，具有扎实的数学基础、良好的数学思维能力，掌握现代教育技术，能适应基础教育改革发展需要，具有创新精神和实践能力的中等学校数学教师、教育科学研究人员及其他教育工作者。
重庆师范大学	培养具有良好的政治素质、科学文化素养，有较强的学习能力、实践能力，掌握数学科学的基本理论、基础知识与基本方法，初步具备运用数学知识和使用计算机解决实际问题能力的应用型人才和面向基础教育为主的具有现代教育理念和扎实专业基础知识的数学教学师资。
西安文理学院	本专业旨在培养掌握数学学科的基本理论与基本方法，具备良好的数学思维能力和数学素养，能够运用数学知识和相关教育教学理论，解决工程和生活实际中的有关问题，从事基础教育教学工作，为本地区社会经济发展和地方基础教育提供基础厚、能力强、素质高的应用型人才。毕业生可在教育行业、科研及教育培训机构、软件行业、企事业等单位从事教育教学工作、工程数学计算、数据分析与处理、算法研究、软件开发等工作。
重庆文理学院	培养适应经济社会发展和教育改革发展需要的，德、智、体、美全面发展，数学学科专业基础扎实，教育教学能力和自我发展能力突出，综合素质良好，热爱教育事业的"师德高尚、师能精湛、师智聪慧、乐教适教"的数学基础教育优秀师资。

从以上各学校的培养目标可以看出，虽然各学校的职前中学数学教师培养目标表述各不相同，但有其共同的特点：

①培养定位：职前中学数学教师的培养目标主要定位于数学基础教育优秀师资或高水平的中学数学教师。除此之外，还有教学研究人员、教学管理机构人员、教学培训机构等教育工作者。不同学校培养的学历要求都是本科。

②素质要求：能胜任中学数学教学的优秀师资的素质要求是很高的。从知识方面来看，要求培养出的教师应具备扎实的数学知识、一般教育学的知识、数学教学的知识等多方面的知识；从能力方面来看，要求培养出的教师具有数学思维能力、教育教学实践能力、自我发展能力、解决问题的能力等多方面的能力。

2. 培养形式

目前，职前中学数学教师的培养形式主要是四年本科教育或免费师范生教育，主要是在各高师院校的数学学院设置数学与应用数学（师范）专业进行专门培养。

3. 课程设置

各个学校的数学与应用数学专业（师范）的课程设置依据教师教育课程标准的基本要求各不相同。但总体来说，课程分为必修和选修两大类，必修课程占绝大部分，选修占一定的比例。各学校具体情况见图 17-2：

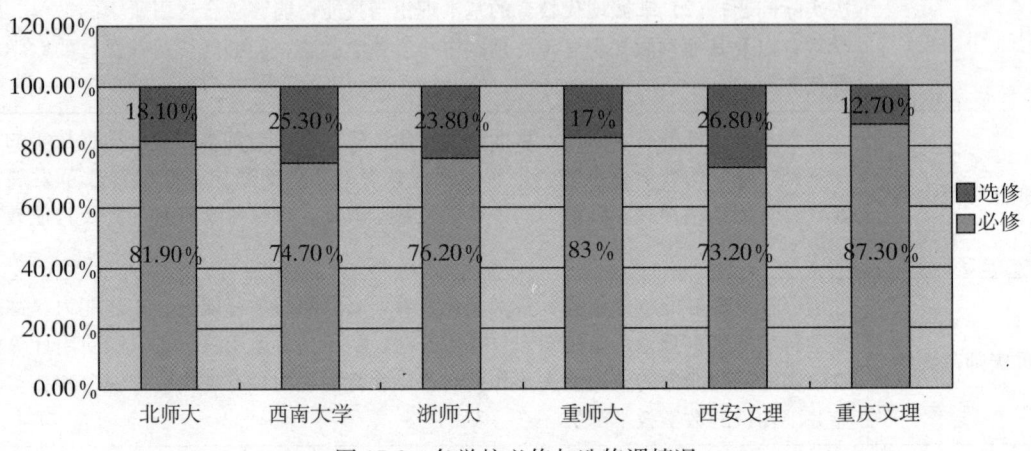

图 17-2　各学校必修与选修课情况

从另一角度来看，课程也可以分为理论与实践两大类，理论课程主要指的是以教师在课堂上进行讲授的课程，大约占 77% 的学分比例，实践课程既包括如教育见习、实习等独立性实践，也包括作为理论课程的补充的学生自己操作的实践，如计算机课程的上机部分、大学物理课程的实验部分等，这类课程大约占 23% 的比例。各校的具体情况如图 17-3 所示：

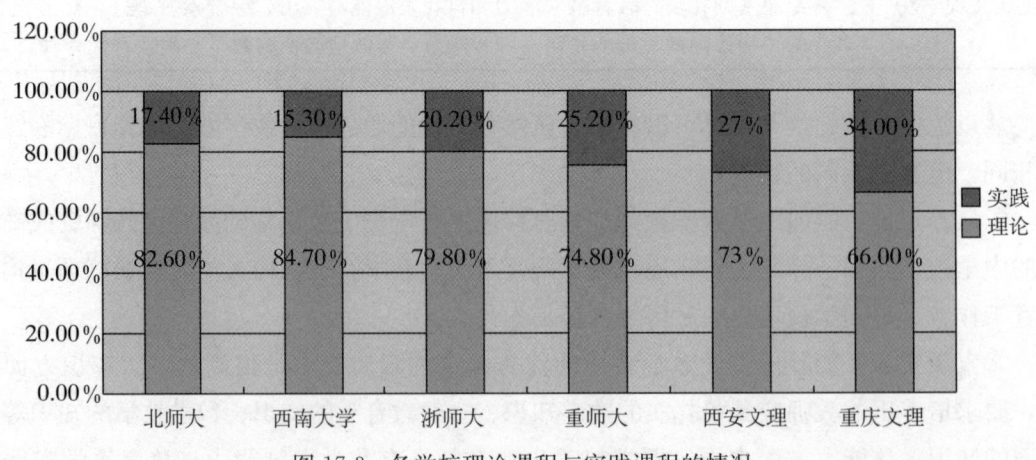

图 17-3　各学校理论课程与实践课程的情况

虽然各校的课程结构有所不同，但根据课程的内容，我们可以将其分为以下五类：通识课程、教育理论类课程、数学类课程、数学教学类课程和教师技能训练类课程。

表 17-6

	通识课程	教育理论类课程	数学类课程（必修）	数学教学类课程	教师技能训练类课程
北京师范大学	23.9%	3.9%	38.7%	8.4%	2%
西南大学	41%	2.9%	31.2%	5.9%	7.1%
浙江师范大学	23.8%	6%	35.1%	6.5%	1.8%
重庆师范大学	27.5%	3.9%	34.8%	10.3%	1%
西安文理学院	25.5%	7.1%	35.3%	5.3%	1.8%
重庆文理学院	25%	4.2%	46.6%	6.9%	2.6%

（1）通识课程，约占 27.8%，主要包括：思想道德修养与法律基础，中国近现代史纲，马克思主义基础原理，毛泽东思想和中国特色社会主义理论体系概论，思想政治实践课，形势与政策，大学英语，计算机文化基础，大学体育，军事课，职业生涯规划与就业指导等。

（2）教育理论类课程，约占 4.7%，主要包括：教育心理学、普通教育学、教育研究方法、现代教育技术应用等。

（3）数学类课程，仅必修就占了 40% 左右，主要包括：数学分析、高等代数、解析几何、常微分方程、概率论、高等几何、近世代数、大学物理、复变函数、数值分析、实变函数、运筹学等；而选修一般会在以下课程中选择：泛函分析、拓扑学、图论、组合数学、数学建模、数理统计、微分几何、模糊数学、数学物理方程等。

（4）数学教学类课程，约占 7.2%，这是把必修与选修合并进行计算的。这类课程一般会有：数学教学论、数学课堂教学案例分析、中学数学教学设计、中学数学课程标准与研究、竞赛数学、初等代数研究、初等几何研究等。

（5）教师技能训练类课程，约占 2.7%，这里统计的仅是培养方案上单独列出的训练类课程，一般会有：教学试讲、中学数学教学技能实训、三笔字训练、普通话训练、书写技能、几何软件与课件制作、音乐基础能力训练、美术基础能力训练、口语能力训练等。

4. 实践性教学

实践性教学，主要包括：教育见习、教育实习、毕业论文（设计）等，大约占 10%。各学校的具体情况如表 17-7。

表 17-7

	教育见习时间	教育实习时间	毕业论文或设计
北京师范大学	1学分，第6学期	10学分，第7学期	4学分，第6～7学期
西南大学	没有单独列出	8学分，第6学期	4学分，第8学期

续表

	教育见习时间	教育实习时间	毕业论文或设计
浙江师范大学	2学分，第6学期	8学分，第7学期	8学分，第7~8学期
重庆师范大学	2学分，第5学期	6学分，第6学期	6学分，第8学期
西安文理学院	1学分，第5学期	10学分，第7学期	10学分，第8学期
重庆文理学院	2学分，第3学期	9学分，第7学期	8学分，第8学期

各师范院校都与许多中学建立了合作伙伴关系，某些中学固定地成为某师范院校的实践基地，职前数学教师的实践性教学都在实践基地开展。教育见习主要是到中学去进行教学观摩，时间一般是集中在两周左右，大约是在大三上学期或下学期，在教育实习之前；教育实习主要是到中学去进行试教和试作，以及教育调查，时间主要集中在三个月，大约在大三下学期或大四上学期，实行"双师制"，一方面由所实习班级的中学数学教师和班主任进行指导，另一方面，由所在高校从事中学数学教学法的专业老师进行指导；毕业论文一般是在大四下学期，时间大约是9周。

三、中国职前数学教师教育的特色

中国职前数学教师教育经过百年的发展，形成了自身的许多特点，具体体现在以下几个方面：

（一）顺应基础教育数学课程教学的需求

职前数学教师教育的主要任务是为基础教育培养合格的数学教师，因此，职前数学教师的培养应适应基础教育数学课程教学的新要求。21世纪初期，中国的基础教育进行了有史以来的第八次教育改革。2001年教育部颁布了《义务教育数学课程标准（实验稿）》，2003年颁布了《普通高中数学课程标准（实验）》，对基础教育的数学课程从目标、内容、实施和评价等方面进行了变革。职前数学教师的培养也受到了基础教育数学课程改革的影响，职前数学教师教育课程从课程结构、课程内容和课程评价等方面都发生了一系列的变化。在课程结构方面，增加了许多适应中小学数学教学实践的课程，如《中（小）学数学教学设计与案例分析》《中（小）学数学课程标准与教材研究》《数学文化》《数学方法论》《几何软件与课件制作》等；在课程内容方面，在讲授某些课程时，也会关注它们与中小学数学内容的关联，如《初等数论》《数学史》《图论》等；在课程评价方面，除了考试之类的量的评价方面，更加入了许多质的评价，如进行某些中小学课题内容的教学设计、进行教学试讲考核等。

（二）课程设置注重通识教育，注重学生素养的提升

不管是在小学数学职前教师的培养，还是在中学数学职前教师的培养中，通识课程的比例都较大，体现了中国职前数学教师教育非常注重通识教育，希望教师具有丰富而广博

的综合性知识。通识教育类课程中既有思想政治的课程、历史的课程，也有文学与艺术、自然科学等多学科内容的课程，这些"非专业、非职业"的课程教学，目的是培养未来教师成为知识广博、素质全面的现代人才。

各学校通识课程所含有的内容的合理性还需进行一定的探讨，目前思想政治的课程偏多，学生对学习的必要性认识不够。可以借鉴北京师范大学职前中学数学教师教育培养中通识课程的设置方式，他们是以模块的形式对通识教育课程进行了归类，明确了学习的必要性，分为：家国情怀与价值理想、国际视野与文明对话、经典研读与文化传承、数理基础与科学素养、艺术创作与审美体验、发展与公民责任等六个模块。这样可以更合理地安排通识课程，使教师与学生明确开设某通识课程的目的，对学生的素养提升有积极的作用。

（三）学生毕业后愿意选择到中小学从事数学教学工作

在中国，职前数学教师教育相关专业培养的学生，绝大部分很愿意选择到中小学从事数学教学工作。这是因为在中国，教师的社会地位和声望还是比较高的。中国的传统就是"尊师重教"，并且随着中国经济的发展，教师的收入逐渐增加，收入稳定，而数学作为升学的重要科目，数学教师在各个学校比较受重视，所以很多数学类师范生愿意选择到中小学工作，就业比例每年可以高达80%以上。另外，非师范专业的学生也愿意选择到中小学做数学教师。教师资格认证制度改革后，只要取得相应的教师资格，非师范、非数学专业的学生毕业后也可以从事中小学数学教师这一职业。但是中小学校招聘数学教师时一般还是选择数学专业、数学师范专业的学生。我国中小学数学教师学数学的时间相对其他国家来说是比较长的，从小学到大学本科毕业学习了16年的数学，他们的数学知识比较深厚，对中小学数学知识的理解比较深刻。

（四）重视数学知识的获得，但较为忽视数学教学知识

中国对数学教师数学知识的重视程度之高是受传统教育观念的影响，同时也有其社会、历史根源。中国古语"要给学生一碗水，教师必须有一桶水"经常被用来告诫职前和职后的教师，丰富的专业知识是一个教师成长和发展的基础。在以数学专业为方向的小学教师和中学数学教师的培养中，可以看到学生所学的数学知识是非常多的，除了初等数学的知识，还有很多较难较深的高等数学的知识。这种课程设置使得我国的中小学数学教师的数学知识掌握得普遍较好，对数学知识的深刻理解会帮助他们更好地进行中小学的数学教学。

但另一方面，我们也会看到，我国的职前数学教师培养中对数学教育类课程却不是很重视。在职前教师培养中数学教育类的课程大都是选修课程，开设得不多，课程教学中更注重理论的学习。这可能会造成学生不会将教育学的知识和数学知识进行融合，不利于学生积累关于中小学某一数学主题该如何教学的知识，即数学教学内容知识，使得学生毕业后进入中小学数学教学岗位，有很长的适应期，不能有效地开展中小学数学教学。

（五）注重教学实践能力的培养，但对教学研究能力的培养关注不够

教师是反思性实践者，教师的培养离不开教学实践，教育教学的理论知识只有在教学实践中才能真正具有生命力和发展性。教师是在不断总结自身的教学实践经验和教学行为的过程中实现成长的，并逐渐形成个人的教学风格和实践智慧。因此，在职前数学教师的培养中，我国非常重视教学实践这一环节。各类师范院校与中小学进行密切合作，建立实践基地和合作伙伴关系，这有利于开展职前数学教师教学实践的各方面教学环节，如教育见习、教育实习、毕业论文等。教学实践环节的学分比例还是比较高的。

但另一方面，高质量的中小学数学教师应是研究型的专家教师，应具备研究中小学数学教学实践的能力。在职前数学教师的培养中，对其研究能力的培养主要体现在《教育研究能力》课程的学习和毕业论文的撰写两个方面。可以看出，教育研究类，特别是数学教育研究类的课程开设不足，课程的学习与实践缺少联系，忽视学生的研究实训，很少有学生参与教育科研项目，实习中的教育调研也是敷衍了事。

（六）学生自主选择学习内容的范围较小

职前数学教师作为心智发展已完善的大学生，完全具备了自主选择的能力，所以在职前数学教师的培养中既设置了必修课程，也设置了一定的选修课程，这是符合大学生的年龄和性格特点的。必修课程主要是由通识课程、数学基础课程、教育类基础课程、实践教学环节等组成，选修课程主要是由一小部分通识课程（约 4%）、数学选修课程（约 7%）、数学教学选修课程（约 6%）组成。可见选修课程的学分比例很小，大部分通识课程和数学课程都是必修的，而数学教学的课程开设得比较少，所以学生能自主选择的数学学习内容和数学教育学习内容是很有限的，这不利于学生自由性的多样化的发展。

参考文献

[1] 崔运武. 中国师范教育史[M]. 山西：山西教育出版社，2006.
[2] 李传红. 我国中等师范学校的转型与发展[D]. 南京师范大学硕士学位论文，2010.
[3] 袁振国. 从"师范教育"向"教师教育"的转变[J]. 中国高等教育，2004（5）：29-31.

第十八章
数学教师的职后教育[①]

一、新任教师的培训

新任教师是指入职一到两年的老师。新任教师绝大部分来自师范院校毕业的师范生，只有少部分来自非师范的综合性大学。非师范院校毕业的教师尽管没有受到师范技能的训练，但他们往往以较高的学科专业水平打动校方，并且主要在一些重点高中任教。

（一）培训目标

明确教师的职业道德规范，熟悉学校的各项教学、班主任和教师管理规章制度，熟悉数学教学内容及要求，掌握基本的数学教学方法，熟悉班主任日常管理工作。

（二）培训方式

1. 集体制

由聘用学校统一组织，面向当年新入职的全体各科教师的培训，由校长、副校长、教导主任、年级组长负责，主要通过主题报告、学习咨询、优秀同行分享等方式进行。

2. 导师制

一般而言，校方会为每一位新入职的教师配备一位十年以上教龄、十分有经验的高级教师作为其导师。新任教师要去听其导师的课，请教咨询导师，而导师也要抽时间去听其徒弟的课，点评指导其教学。这种师傅带徒弟的导师制极大地促进了新任教师的职业技能发展。

3. 岗位制

除非是学校工作必需或者是新任教师能力强，校方一般不会第一年就安排新任教师担任班主任工作，但只要不是表现太差，第二年或第三年起都会安排新任教师担任一个班的班主任工作，目的是让新任教师熟悉班主任日常管理工作，提高其班级管理工作能力。

（三）培训内容

教师职业道德；教育政策法规；学校的教学管理要求；班主任工作管理规定；教师管理规章制度；数学课程标准及其解读；升学考试大纲；集体备课的内容及要求；数学教学

[①] 何小亚，华南师范大学数学科学学院。

技能；班主任日常管理工作技能。

二、普通教师的培训

普通教师是指入职两年以上的教师，其培训主要由学校自身或所属地的市、县教研室和省地市政府委托培训机构负责。

（一）培训目标

1. 聚焦于数学课堂教学能力和数学教学反思的综合素质提升，促进数学教师的专业发展。

2. 深入理解数学新课程新增内容模块的内容，掌握相应的教学策略，并熟悉学生学习这些内容所存在的问题与对策，拓展优化数学教师的专业知识结构。

3. 明确数学教学设计标准，掌握数学听课与评课的方法，研讨数学教学问题，反思自身课堂教学，提高数学课堂教学水平，学习优秀教师的数学教学经验和优秀班主任的工作经验。

（二）培训方式

1. 校本培训

校本培训是指由本校组织实施的培训，包括新任教师公开课、本校和外校优秀教师公开课、本校和外校优秀班主任经验介绍。

2. 地区培训

地区培训是指由学校所属地区的教研室或者教育研究院组织实施的培训。形式包括面向本地区相关学校的示范公开课、同课异构研讨课、说课比赛、说题比赛等等。

3. 远程培训

远程培训是指由省地市政府委托培训机构组织实施的网络职务培训。例如，华南师范大学网络学院负责一些地区的初中数学教师远程培训。广东省高中数学教师职务培训则由全国继续教育网和中国教师教育网负责。

（三）培训内容

这里只介绍地区培训和远程培训的内容。

1. 地区培训的内容

（1）示范公开课

选取本地区优秀的骨干教师或高级教师为大家上示范公开课，课后上课者陈述自己的教学设计，反思自己的课堂教学存在的不足，而听课者则陈述自己听课的收获，并就一些教学细节问题展开讨论。通过示范公开课，有效地促进了本地区数学教师的专业成长。

（2）同课异构研讨课

所谓同课异构研讨课，主要是指对同样的课题和不同的班级，由不同的教师施教，课后施教者与听课者一起反思讨论，达成共识的一种教学研究活动。由于这些施教者的能力、教龄、经验，尤其是教学价值取向不同，所以他们的教学设计、教学过程和教学效果十分不同，为参加活动的教师们提供了效果、风格和价值取向均不同的教学案例，促进了他们的教学反思。

（3）说课比赛

说课是指教师以教育教学理论为指导，借助于多媒体技术手段，在限定的时间内（10—20分钟），面对同行、管理者或教研人员，阐述某一节课或某一单元的教学设计，并与听者一起就课程目标的达成、教学流程的安排、重难点的把握及教学效果与质量的评价等方面进行预测或反思的一项教学研究活动。[1]

说课的内容主要包括：教材分析（地位、纵横联系、作用），学情分析（认知基础、认知障碍），教学目标设计（知识与技能、过程与方法、情感态度价值观），陈述重点、难点和关键，教学方法的选择，教学过程的展示。

说课比赛是由各校选派选手参加，面对评委说课，评委会评选出优胜者，最后专家做点评报告的一项教学研究活动。

（4）说题比赛

说题是指教师基于数学教育理论，面向同行、专家或教研人员，陈述自己对某个数学问题的解题思路和教学策略的看法。

说题的内容主要包括：问题空间和背景分析，解题思路分析，数学思想的挖掘，问题的推广，问题的教学教育价值。

说题比赛是由各校选派选手参加，面对评委说题，评委会评选出优胜者，最后专家做点评报告的一项教学研究活动。

由于说题比赛的效果很好，目前，各个师范院校也开展了说题比赛。2013年8月在华南师范大学举办第一届广东省数学专业师范生说题竞赛的问题是：

问题1　如图18-1，矩形 $ABCD$ 的一边 BC 在直角坐标系中的 x 轴上，折叠边 AD，使点 D 落在 x 轴上点 F 处，折痕为 AE，已知 $AB=8$，$AD=10$，并设点 B 坐标为 $(m, 0)$，其中 $m>0$。

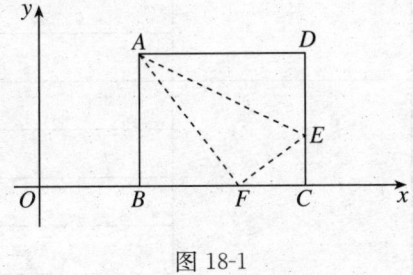

图 18-1

（1）求点 E、F 的坐标（用含 m 的式子表示）；

（2）连接 OA，若 $\triangle OAF$ 是等腰三角形，试求 m 的值。

问题2　试证明平面向量基本定理。

问题3　某快递公司在一条直线道路上有 n（$n \geq 2$）个送货点，现要在该直道上设立一个货物分发点，请研究：该分发点设在何处，可使各个送货点与其距离的总和最小？

2. 远程培训的内容

（1）华南师范大学网络学院初中数学教师远程培训课程见表18-1。

表 18-1

培训模块	培训专题（每专题45分钟）
热点问题研修	全日制义务教育数学课程标准修改的基本思路与实施策略
	"数与代数"与"几何与图形"领域修改内容分析
	"统计与概率"与"综合与实践"领域修改内容分析
	初中数学教师的基本素养与中学数学教师专业标准分析
	数学教育大战
	数学教育的出路
	数学教育研究误区
	数学教育研究案例
	数学教学设计的新思路
	数学课堂教学目标设计
	数学概念学习的本质
	数学原理学习的本质
	数学问题解决的教学
数学专业素养	数学素质漫谈之一
	数学素质漫谈之二
	数的探索
	形的刻画
	解方程漫谈
	三等分角漫谈
	概率问题小议
	非欧几何漫谈
数与代数	数与代数的主干知识、方法与思想
	初中阶段代数式的教与学
	初中阶段方程与不等式的教与学
	初中阶段函数的教与学
	"数与代数"领域中的中考命题特点与趋势分析
	"数与代数"教材与课例分析一
	"数与代数"教材与课例分析二
	"数与代数"教材与课例分析三
	"数与代数"教材与课例分析四

续表

培训模块	培训专题（每专题45分钟）
图形与几何	如何理解初中数学中的"直观几何"
	如何理解初中数学中的"变换几何"
	如何理解初中数学中的"坐标几何"
	如何理解初中数学中的"推理与论证"
	"几何与图形"领域的中考命题特点与趋势分析
	"几何与图形"教材与课例分析一
	"几何与图形"教材与课例分析二
	"几何与图形"教材与课例分析三
	"几何与图形"教材与课例分析四
统计与概率	如何理解数据分析观念
	如何开展统计的教学
	如何理解统计与概率的关系
	如何理解概率论及其实施策略
	"统计与概率"领域的中考命题特点与趋势分析
	"统计与概率"教材与课例分析一
	"统计与概率"教材与课例分析二
	"统计与概率"教材与课例分析三
	"统计与概率"教材与课例分析四
综合与实践	开设综合与实践的必要性
	开设综合与实践的依据
	综合与实践课案例

（2）广东省2014年高中数学教师职务远程培训课程见表18-2。

表18-2

序号	类别	课程名称
1	专题三	"《二元一次不等式（组）与平面区域》课堂实录与点评"之一
2	专题三	"《二元一次不等式（组）与平面区域》课堂实录与点评"之二
3	专题三	"《二元一次不等式（组）与平面区域》课堂实录与点评"之三
4	专题三	数学课堂教学同课异构案例反思
5	专题三	走进数学建模世界
6	专题三	数学归纳法教学新设计

续表

序号	类别	课程名称
7	专题一	高中数学课堂教学研究
8	专题一	高中数学测试命题的理论与技术
9	专题二	高中数学模块教学研究
10	专题二	高中数学"集合与逻辑"教学研究
11	专题二	高中数学"函数的概念与性质"教学研究
12	专题二	高中数学"导数及其应用"教学研究
13	专题二	高中数学"三角变换与解三角形"教学研究
14	专题二	高中数学"平面向量"教学研究
15	专题二	高中数学"空间向量与立体几何"教学研究
16	专题二	高中数学"计数原理"教学研究
17	专题二	高中数学"概率"教学研究
18	专题二	高中数学"统计"教学研究
19	专题二	高中数学"算法与框图"教学研究
20	专题二	高中数学"函数的应用"教学研究
21	专题二	高中数学"圆锥曲线"教学研究
22	专题二	高中数学"解析几何初步"教学研究
23	专题二	高中数学"立体几何初步"教学研究
24	专题二	高中数学必修1模块整体介绍
25	专题二	高中数学必修1"函数单调性"教学研究
26	专题二	高中数学必修1"对数运算"教学研究
27	专题二	高中数学必修1"函数的应用"教学研究
28	专题二	高中数学必修1高端备课
29	专题二	高中数学必修2模块整体介绍
30	专题二	高中数学必修2"立体几何初步"入门课教学研究
31	专题二	高中数学必修2"平行与垂直"教学研究
32	专题二	高中数学必修2"平面解析几何"复习课教学研究
33	专题二	高中数学必修2高端备课
34	专题二	高中数学1模块整体介绍
35	专题二	高中数学"函数单调性"教学研讨
36	专题二	高中数学"对数运算"教学研讨
37	专题二	高中数学"函数的应用"教学研讨
38	专题二	高中数学1高端备课

续表

序号	类别	课程名称
39	专题二	高中数学 2 模块整体介绍
40	专题二	高中数学"立体几何初步"教学研讨
41	专题二	高中数学"平行与垂直"教学研讨
42	专题二	高中数学"平面解析几何"教学研讨
43	专题二	高中数学 2 高端备课
44	专题二	高中数学 Ⅲ 模块整体介绍
45	专题二	高中数学"算法课程的重点及作用"教学研讨
46	专题二	高中数学"如何上好活动课?"教学研讨
47	专题二	高中数学"概率学"教学研讨
48	专题二	高中数学 Ⅲ 高端备课
49	专题二	高中数学 Ⅳ 模块整体介绍
50	专题二	高中数学"单位圆在三角函数学习中的作用"教学研讨
51	专题二	高中数学"$y=A\sin(\omega x+\varphi)+b$"教学研讨
52	专题二	高中数学"提高运算能力"教学研讨
53	专题二	高中数学 Ⅳ 高端备课

Ⅰ. 专题一为数学教学专业素养系列，专题二为课程教材教法研究系列，专题三为数学课堂教学实录与点评系列。每一专题内容包括：课程简介文本、专家讲座视频、案例展示文本、案例点评视频及文本、思考与活动文本、参考资料文本、作业设计文本。

Ⅱ. 培训时间：2～4 周；学时：60；远程培训与校本教研相结合。

Ⅲ. 选课要求：专题一、专题二、专题三这三个专题中每个专题至少选一个模块，共计选修 10 个模块。

Ⅳ. 课程专家团队实行首席专家负责制，由首席专家确定团队成员分工，落实工作职责。专家团队的具体职责为：

（1）开发培训课程

负责培训课程内容的开发，包括需求分析、方案制定、课程设计、视频内容拍摄、文本资料、参考资料、作业设计及评分标准等。

（2）培训过程引领

①抽样点评辅导教师推荐的学员作业与拓展资源，每学科平均每天抽样点评篇数不少于 6 篇。

②网络互动答疑

（a）整个培训期间每周至少组织 1 次在线答疑讨论，每周整理 1 次答疑成果制成"答疑辑要"发布于"学科公告"栏；

（b）培训期间安排专家团队轮流值班，团队成员不少于3人，随时收集学员热点、难点问题，并将学员问题进行分类，由对此类问题具有研究和经验的专家进行答疑，责任到人，加强答疑针对性。

③丰富"专家主页"。平台为每位参与辅导的专家设置了"专家主页"，请每位专家丰富自己的主页内容，为学员提供便利的学习方式与资源。各栏目放置的内容如下："我的拓展资源"——专家认为值得推荐的其他学习资源；"我的帖子"——专家主题帖（可以是在线集中答疑时的主题）；"我的评论"——抽样点评学员作业和拓展资源；"推荐校本活动成果"——推荐被学员互评为优秀的校本活动成果。

④制作学科简报

组建简报制作团队（1~2人），按照要求制作2期学科简报。每期简报经专家组长审定后，由简报制作人员上传至平台首页的"学科简报"栏目中。

（3）总结培训工作

在培训结束后首席专家要写出总结报告。报告的内容包括本学科课程培训的基本情况，辅导过程中的经验与收获，培训过程中的问题与分析，为下一步开展培训提出建议。

Ⅴ．评价考核方案

（1）考核目的与原则

为引导学员积极参与学习与交流，保障培训质量和培训效果，根据网络远程培训的特点，对学员参加培训进行全面、系统的考核。考核内容分为远程学习与校本培训，其中远程学习占80%，校本培训占20%，总分60分以上为合格，不设补考。考核计分公式：学员得分＝客观题得分×30%＋主观题得分×30%＋参与专家在线答疑×10%＋发帖回帖×5%＋评论学科与地市简报×5%＋校本活动成果得分×20%。

（2）远程学习考核标准

考核由四部分组成：专题作业、参与在线答疑讨论、发帖回帖及评论简报、校本活动成果。

①专题作业

本次培训采取"5＋1"选修制，即学员必须在学科课程中任选5个课程模块（其中至少必选一个专题三的课程）及1个通识必修课程进行学习。

专题作业考核要求如下：

（a）客观题作业在通识课程与学科课程的专题一、专题二之后，每套客观题满分为100分，由系统自动计分。客观题最后得分为客观题得分最高者×30%。

（b）每个学员必须且只能提交1份主观题作业，由辅导教师批阅得分。主观题最后得分占考核总分的30%。

②参与在线答疑讨论

每位学员必须参与专家组织的在线答疑讨论，每跟帖讨论一次得 1 分，被专家设置为精华帖得 3 分，讨论没有实际意义被删除，则不得分。参与在线答疑讨论占考核总分的 10%。

③发帖、回帖及评论简报

学员要积极参加班级论坛的研讨交流、积极阅读并评论学科与地市简报。学员发帖回帖及评论简报的计分规则为：

(a) 每发表一篇帖子得 0.5 分，精华帖可加 2 分（精华帖由辅导老师推荐）；

(b) 每回复其他学员的帖子或评论一次简报得 1 分；

(c) 由于帖子没有实际意义被删除，则不得分；

(d) 发帖、回帖及评论简报占考核总分的 10%。

④校本活动成果

学员应积极参加基于本项目的校本培训活动，并由班长在培训平台点击提交完整的校本培训活动参加名单。计分规则为：

(a) 学员必须且只能提交 1 份校本活动成果，提交成功得本考核项的 25%；

(b) 学员必须评阅至少 3 位同学的校本活动成果，同时自己收获 3 份评阅分数，每份计入本考核项得分的 25%；

(c) 被 3 位同学判定为抄袭者，不得分；

(d) 校本活动成果占考核总分的 20%。

(3) 优秀学员评选标准

①平均每天学习时间不少于 3 小时，网上记录课程学习时间不少于 900 分钟，积极参与在线讨论；

②考核成绩在 85 分以上，各考核项均衡，无零记录；

③有作业或拓展资源入选地市或学科简报；

④积极参加基于高中教师职务培训项目的校本培训活动，有本人原创的校本活动成果获得推荐；

⑤地市教学辅导团队按照 5% 的比例评定，评选结果报培训项目组。

三、骨干教师的培训

骨干教师是指普通教师中有发展潜力的重点培养对象（又分成省级和国家级）和专家型教师（未来的培训者）。为了更全面、更深入地认识中国的骨干教师培训，我们先介绍国家层面的思想、政策、措施，然后再具体介绍国家级骨干教师和培训者的培训。

（一）教师职后培训的国家意志

为了适应经济的高速发展，21 世纪初的中国基础教育进行了重大改革。中国教育部于 2001 年 7 月颁布了《全日制义务教育阶段数学课程标准（实验稿）》，并于 2003 年 4 月发布了《普通高中数学课程标准（实验）》。这项改革能否成功，关键在于是否有高素质的数学教师队伍。为此，中国教育部于 2004 年 9 月启动了新一轮"2003—2007 年中小学教师全员培训的计划"。该计划坚持"面向全员、突出骨干、倾斜农村"的方针，以"新理念、新课程、新技术"和师德教育为重点，组织实施新一轮中小学教师全员培训，全面提高广大教师的师德水平和业务素质，为全面推进素质教育和促进农村教育的改革和发展提供人力资源保障。

中国于 2008 年 8 月开始研制，2010 年 7 月 29 日正式颁布了《国家中长期教育改革和发展规划纲要（2010—2020 年）》。这是中国进入 21 世纪之后的第一个教育规划，是今后一个时期指导全国教育改革和发展的纲领性文件。主要内容包括：推进素质教育改革试点、义务教育均衡发展改革试点、职业教育办学模式改革试点、终身教育体制机制建设试点、拔尖创新人才培养改革试点、考试招生制度改革试点、现代大学制度改革试点、深化办学体制改革试点、地方教育投入保障机制改革试点以及省级政府教育统筹综合改革试点等 10 个方面。

为此，教育部、财政部决定从 2010 年起实施"中小学教师国家级培训计划"（简称"国培计划"）。主要包括中小学骨干教师培训，中小学教师远程培训，班主任教师培训，中小学紧缺薄弱学科教师培训等示范性项目，为全国中小学教师培训培养骨干，做出示范，并开发和提供一批优质培训课程教学资源，为"中西部农村骨干教师培训项目"和中小学教师专业发展提供有力支持。通过构建全国教师培训管理信息系统、完善顶层设计、实施项目招投标、制定培训标准、建立"国培"专家库和资源库、开展匿名评估等措施，打出"组合拳"，规范管理，提高质量，切实发挥示范引领、雪中送炭、促进改革的作用。截至 2013 年底，"国培计划"共培训骨干教师 350 万人，其中，农村教师 335 万人，占 96%。

教育部颁布的《教育部关于大力加强中小学教师培训工作的意见》（教师［2011］1 号）《教育部国家发展改革委财政部关于深化教师教育改革的意见》（教师［2012］13 号）这两个文件，明确了新时期教师培训工作的基本思路和总体任务，并从宏观管理的角度对培训内容、培训模式、培训制度、培训体系、组织保障等提出了总体要求。

教育部在 2012 年颁布了《幼儿园教师专业标准》《小学教师专业标准》《中学教师专业标准》。这三个文件是骨干教师培训必需遵守的标准。

《教育部关于深化中小学教师培训模式改革全面提升培训质量的指导意见》（教师［2013］6 号）的文件明确要求：

一是落实按需培训，应将此作为培训工作的出发点和落脚点，贯穿于培训规划、项目设计、组织实施、质量监控全过程。

二是强化实践性培训，实践性课程应不少于教师培训课程的 50%，培训者团队一线优秀教师所占比例不少于 50%。

三是激发教师参训动力，通过推行教师自主选学和培训学分管理制度，将激励和规范结合起来，激发教师参训积极性。

四是注重信息技术应用，建设教师网络研修社区，推动网络研修与校本研修相结合，创新培训模式；利用信息化管理平台，加强培训过程管理和质量监控。

（二）国家级骨干教师培训

现以"国培计划（2011）"——《中小学教师示范性培训项目高中数学骨干教师国家级培训华南师范大学培训方案》为例说明。

1. 指导思想

针对高中数学新课改实验的实际问题，以现代的数学教育理论为依据，采用具有针对性、实践性和前瞻性的新型培训模式，提高受训骨干教师的数学专业化水平、教育教学能力和指导青年教师的能力，为国家培养具有高尚的师德和现代教育素质以及创新精神的高中数学优秀骨干教师。

2. 培训目标

（1）坚持正确的政治方向，热爱人民教育事业，确立现代教育观念，树立科学的教师观、教学观、质量观、人才观，具有高尚师德和职业理想。

（2）透彻理解高中数学新课标、新教材，学习数学教育领域的新知识、新理论和新方法，拓展优化数学骨干教师的专业知识结构，促进其教师专业发展。

（3）培养将新理论、新方法、新手段应用于教学实践的能力，逐步形成鲜明的教学风格或专长，具有较强的教学改革意识和创新能力。

（4）通过教育科研训练，培养具备独立承担或主持重要教研、教改课题的科研能力，能够根据本地区、本学校数学教学改革与学科建设的实际需要，提出一些具有重要意义的研究课题和实践方案，具有组织和指导同行进行教研和教改的能力。

（5）具有创新意识和改革观念，在中学数学教学领域能发挥示范作用，逐步成长为中学数学的教育专家和学科带头人。

3. 培训对象和培训方式

培训对象为来自全国各个省市自治区的高中数学优秀骨干教师。

培训共分三个阶段，持续时间约 1 年。第一阶段为集中学习，时间 15 天；第二阶段是岗位实践和行动研究，时间为 11 个月；第三阶段为成果展示和培训总结。培训方式包括：

（1）根据培训内容选择专家讲座、小组交流、合作研讨、案例教学、现场教学、问题解决的培训方式。

（2）贯穿参与式培训，强调专家与学员、学员与学员之间的交流对话，达到触及情感、引发思考、生成问题、达成共识的效果。

（3）点面结合，既注意全面的介绍，也要有针对具体问题的深入分析。

（4）将学员分为若干学习小组，为每位学习小组配一位由华南师大数学科学学院数学教育专家担任的导师，构建学习共同体，为实现持续学习提供机制保障。

4. 培训课程[1]

模块一：通识培训。由华南师范大学基础教育培训与研究院负责，包括中外基础教育改革的比较，教师的专业智慧，教师职业道德与人格魅力，教师情绪管理，有效教学的问题与对策，成为有思想的教师以及教师行动研究等。

模块二：专业培训。

专业培训设计主要基于以下四条原则：

（1）学习高中数学课程改革的新理念、新知识、新技能，进一步更新教育观念，完善知识结构。

（2）准确地把握高中数学新课程实施的理念、目标、结构、内容和教学要求，以案例教学为基础，解决教师在实施高中数学新课程中遇到的问题和困惑。

（3）学习并掌握专业的教育科研范式，紧密联系教育教学的实际开展课题研究，显著提高教育科研水平。

（4）进行教育教学经验交流，提高教师间相互交流和合作的水平，促进学员的教学反思，提高骨干教师的专业化水平。

具体课程包括以下六类：

A. 提高数学专业素养类专题

《数学学科导论》主要介绍数学各个分支的历史、思想和方法，目的是拓展学员的眼界，提高他们的数学素养。

《中学数学建模》目的是使学员掌握数学建模的基本方法，提高运用数学解决实际问题的能力。

《概率统计问题》目的是拓展学员概率统计的知识，提高他们驾驭新教材的能力。

《数学解题研究》目的是探讨中学数学解题的思想、方法，点化、提高学员的数学解题能力。

B. 数学教育专业类专题

《国内外数学教育关注的一些问题》目的是了解各国数学课程的理念、目标和内容，把握国际数学课程发展的最新动态。

《数学课堂教学实例研究》从国际数学教育的角度，揭示数学课堂教学中的问题、对策与趋势，为学员提供全球视野下的数学课堂教学案例。

《中国数学教育中的"双基"教学》目的是把握数学"双基"教学的内涵、内容、变化和经验。

《数学哲学与文化》目的是了解数学哲学的思想、内容和方法，理解各种数学教育观念，深刻认识数学教育的本质，提高学员的数学文化素养。

C. 数学教学类专题

提高受训教师的数学教学设计能力,使他们能够根据对象的特征、教学目标和环境条件设计出科学合理的教学设计。

《数学概念、原理的学与教》目的是使学员理解数学概念、数学原理的学习规律,真正掌握数学概念、数学原理教学的本质,解决数学教学设计的标准问题。[2]

《数学教学设计范例》目的是,通过两个全国教学设计冠军教案的研讨,解决代数教学本质问题和数学建模的教学问题。[1]

《数学教学案例研究》目的是掌握案例教学的基本要求和实施过程,逐步学会创作数学教学案例。

D. 数学教育研究类专题

提高受训教师的数学教育研究能力,使他们以教育研究的态度对待教育工作,变应付式教育为研究型教育。

《学数学教师如何做研究》目的是从一个中学数学特级教师的角度,展示中学数学教师教学、研究、成长的历程。

《数学学业评价相关问题研究》目的是研究探讨中学数学学业评价的问题、方法和经验。

E. 现代教育技术类专题

《数学现代教学技术》目的是使受训教师不但能够运用现代教育技术进行教学,而且能够运用现代教育技术进行课件开发。

F. 教学实践类专题

《数学新课程教学的问题探讨》目的是为学员提供师生互动、生生互动交流讨论的平台,解决学员自身教学中存在的问题,达到解惑的目的。

《数学教学研究》目的是经验分享,合作交流,共同提高。

《中学数学探究活动的开展》目的是研讨数学探究的内涵和意义、数学探究的特点、数学探究的基本方法、数学探究的教学要求、数学探究案例。

《现场教学》目的是现场观摩典型课例的教学,解决说课、上课与评课的标准、探讨数学教学的改进、提高和优化。

模块三:教学实践行动研究。

根据确定的研究课题从事教育教学实践性课题研究,写出科研论文。另外,还包括学员培训方案设计展评与交流,学员培训总结与反思,等等。

5. 考核评价

(1) 学科项目专家组负责整个培训的教学评价,接受培训工作领导小组的指导及对整个培训工作的考核评价。

(2) 课题研究的成绩由导师和答辩委员会确定。

（3）学员学习考核主要采用过程性评价，根据个人学习表现、总结和论文情况，采用个人自评、学员互评、专家评价、班主任评价等方式进行。对考核合格者，颁发由教育部统一监制的培训结业证书。

（三）培训者的培训

这里以"国培计划（2014）"示范性集中培训项目《一线优秀教师培训技能提升研修项目初中数学》（华南师范大学）为例说明。

1. 培训目标

本项目致力于初中数学教师培训的理念、方法、实践及其专业素养的提升。目标是：

（1）帮助参训教师提升专项能力，重点提升其培训教学和组织实施能力；

（2）了解国内外教师培训的新动态，学习理解现代教师培训的理论与方法，使学员掌握教师培训项目与校本研修的设计与策划的方法；

（3）拓宽数学眼界，洞察数学学习、数学教学的本质，透彻理解新修订的九年义务教育阶段数学新课标、新教材，拓展优化培训者的专业知识结构；

（4）提高学员解决实施初中数学新课改实验中问题的能力和数学教育研究能力；

（5）交流、评价、总结初中数学骨干教师培训的经验，使学员获得开展教师培训的经验，能开设"国培计划"初中数学骨干教师培训课程。

2. 培训课程

模块A：使学员了解国内外基础教育教师培训的现状、特点和趋势，把握教师专业发展的脉络，熟悉《中学教师专业标准（试行）》，从宏观上把握教师培训的发展方向，使学员掌握教师培训项目与校本研修的设计与策划。

A1. 《中学教师专业标准（试行）》解读；

A2. 国外基础教育教师培训模式的经验与借鉴；

A3. 教师培训的模式与方法；

A4. 《深化模式改革指导意见》的解读及教师培训项目的设计与组织；

A5. 校本培训的设计和组织；

A6. 教育信息化背景下的教师培训模式创新——以"微课"为例；

A7. 师德教育。

模块B：拓展学员的数学眼界，看透数学教学的本质，掌握数学教学设计的理论、技术标准，提高学员的数学教育专业素养。

B1. 数学基本思想分析；

B2. 初中数学课程内容整体性理解和分析；

B3. 数学教学实践；

B4. 数学教育研究方法；

B5. 提高初中数学听课、评课有效性的研讨。

模块 C：使学员把握初中数学课程改革的最新动态，解决在实施过程中遇到的普遍性问题，以提高初中数学教师培训方案设计的针对性、重要性与实践性。

C1.《义务教育阶段数学课程标准（2011年版）》深度解析；

C2. 数学课堂教学的问题及案例分析[4]；

C3. 国际教师教育培训与案例分析。

模块 D：通过专题报告、案例研讨、质疑反思、互动交流等研修方式，使学员掌握教师培训方案设计的基本方法，能开设"国培计划"初中数学骨干教师培训课程。

D1. 初中数学教师培训内容的筛选与优化；

D2. 初中代数问题研究；

D3. 初中几何问题研究。

模块 E：使学员通过教学实战、观摩考察、质疑反思、互动交流等研修方式，获得宝贵的有效教师培训的方法和组织管理经验。

E1. 初中数学课堂教学实战研讨；

E2. 初中数学教师培训的组织与管理经验交流。

3. 培训方式

（1）专家讲座

由专家就预设的专题，介绍相关的先进理念、前沿理论、实践经验，以实现拓展专业视野、构建理论框架和提高相关领域专业素养的目的。

（2）参与式培训

培训学员参与到培训、教学和研讨中，与其他学员共同学习、共同提高的培训形式。这一培训模式遵从以下五条原则：平等参与，共同合作；尊重多元化、形式灵活多样；利用已有的经验，主动建构知识；注重培训过程；注重理论联系实际，具体与抽象相结合。当然这些方法没有固定的形式，通常使用的方法有：分组讨论、案例分析、观看录像、访谈等。

（3）任务驱动

任务驱动培训模式，是将教学安排在复杂的、有意义的问题情境中，而且伴随的教学事件能够提供课程的延伸。通过让学习者合作解决真实性的一系列相关的教学问题，来学习隐含于问题背后的教学知识，形成解决问题的技能，并形成自主学习的能力。每个大情境能够支持学员进行持续的探索，能够从多种角度对其中的问题进行持续的求解。这一模式主要有以下几个环节组成：①创设情境；②确定问题；③自主学习；④协作学习；⑤效果评价。

（4）案例学习

针对近十年数学新课改实验中出现的新问题、典型案例，以相关的先进理论为标准，通过师生、生生互动，讨论交流，达成共识，分享成果。

（5）听课评课

组织学员到实践基地学校听课评课，提高学员的数学教育专业技能。

听课、评课，是教学研究的基本形式，是教师专业成长的重要组成部分，是教师专业学习的重要途径。它对提高教师的业务水平，总结课堂教学经验，形成独到的教学风格，推广先进的教学方法都有积极的意义。听课评课有利于转变教学思想，更新教学观念，提高教学质量与水平。评课可以从教学目标、内容处理、教学方法、教师基本功、教学效果等方面进行。听课可以从听目标；听重点、难点、关键；听教法；听效果四个方面进行。

（6）实地考察

实地考察的目的，一是为受训者提供与同行进行经验交流与相互学习的机会；二是直接获得"有效教师培训"的意会知识，启发培训思路，开阔培训管理视野，提高组织"有效教师培训"的能力。

（7）混合式培训

将集中面授与网络研修相结合，有效利用教师网络学习平台，切实推行混合式培训，提升培训的实效性。集中培训阶段要切实提升实践性培训效果，通过现场诊断，帮助教师发现问题，通过案例教学、实践观摩和情景体验等方式，帮助学员解决数学教育、教学实践中的问题。把返岗实践作为培训的组成部分，搭建网络研修社区和QQ平台，对学员进行指导和管理，便于学员个性化学习及心得交流，成果展示和后期跟踪辅导、交流，以保证返岗实践阶段的效果。

（8）跟踪指导

以班主任为中心，设立一个培训服务小组，为学员提供学习服务。通过网络研修平台，加强培训者与受训者以及学员之间在培训后的跟踪交流，具体内容如下：

①培训单位为学员提供各省市的初中数学骨干教师培训的计划、方案、实施等方面的最新信息；

②各个学员通过网络平台提交各自的培训经验，供大家共享；

③导师群为学员提供一些最新的培训资源，解答学员遇到的问题，实现与学员的交流互动。

④在集中学习阶段将学员分为若干学习小组，为每位学习小组配一位由华南师范大学数学科学学院数学教育专家担任的导师，构建学习共同体，为实现持续学习提供机制保障。

4. 考核评价

根据受训者参与研修学习的纪律、学习、互动交流、培训方案设计和总结这五个方面的情况进行评价，采用个人自评、学员互评、专家评价、班主任评价等方式进行。对考核合格者，颁发由教育部统一监制的培训结业证书。

（1）学科项目专家组负责整个培训的教学评价，接受培训工作领导小组的指导及对整个培训工作的考核评价。

（2）学员学习考核主要采用过程性评价，根据个人学习表现、总结和论文情况，采用个人自评、学员互评、专家评价、班主任评价等方式进行。

参考文献

[1] Xiaoya He. Construction of further education curricula system for math teachers of senior high school[J]. Research in Mathematical Education，2005，9（2）：135-151.

[2] 何小亚. 数学学与教的心理学[M]. 广州：华南理工大学出版社，2011.

[3] 何小亚，姚静. 中学数学教学设计[M]. 北京：科学出版社，2012.

[4] Rongjin Huang，Yeping Li，Xiaoya He. What Constitutes Effective Mathematics Instruction：A comparison of Chinese Expert and Novice Teachers' Views[J]. Canadian Journal of science，Mathematics and technology Education，2010，10（4）：293-306.

第十九章
中学数学教师的专业知识及来源状况[①]

一、问题的提出

近数十年,全球范围内许多国家陆续开展基础教育课程改革,我国自21世纪初也加入了基础教育课程改革的队伍。伴随着改革的推进,许多问题展现在教育决策者、专业学者及大众的面前。人们逐渐发现,教师作为课程改革的重要实施者,其专业素质状况可谓是课程改革成败的关键。而在这其中,教师知识作为教师素质的一个重要基础元素,对课堂教学及学生成就都具有显著影响。[1-4]各种教育实证研究结果发现:教师的知识和观念对教师的课堂教学行为、教师决定等很多方面都有很大的影响:第一,教师知识影响教师的课堂教学。[5-7]第二,教师知识影响教师的决定,如选择和组织教学内容、活动、任务和课程材料等。[8-9]第三,教师知识影响教师对学生认知的理解。[10-12]最后,教师知识也影响课程的实施。[13]

近年来,关于数学教师知识的国际大型比较项目不断涌现。以德国的COACTIV项目为例,研究者锁定参加PISA的那些学生的数学教师为研究对象,研究这些数学教师的教师知识状况及其与学生PISA数学成绩之间的关系。类似的国际大型教师知识研究的比较项目还有MT21[14](Mathematics Teaching in the 21st Century),TEDS-M[15] (Teacher Education and Development Study),LMT[16] (Learning Mathematics for Teaching)。这些研究都为教师知识在数学教育中的重要影响提供了直接的实证支持。以目前为止最大规模的职前数学教师知识的国际比较项目TEDS-M为例,这项研究发现:各国数学职前教师知识水平的排名顺序和PISA、TIMSS等国际比较项目中各国学生数学成绩的顺序基本一致。[17]

基于教师知识对教育改革及课堂教学的重要影响,我们非常关注在职数学教师及未来数学教师(职前教师)目前的知识状况,他们的知识结构类型及特点。为了培养优秀的教师,整个社会都在不断地努力,无论个人还是教育机构都投入了大量的时间、精力和金钱。那么,这些教师教育的方法和手段在多大程度上促进了教师的专业发展呢?除了这

[①] 韩继伟,吴琼,东北师范大学数学与统计学院。

些，教师们还可以通过哪些渠道发展自己的教学知识呢？这些都是我们大家关心的问题。基于此，本研究提出以下几个具体问题：

1. 在职教师的教师知识状况、教师知识结构类型及各类教师知识在其专业发展中的作用。
2. 高等师范院校师范生的教师知识状况、教师知识结构类型。
3. 在职教师与高等师范院校师范生的教师知识差异的比较。
4. 在职教师与高等师范院校师范生的教师知识来源。

我们期望通过对以上几个问题的回答，为我国数学教师教育研究提供有价值的信息，并为数学教师的培养提供一些有意义的建议。

二、研究方法

（一）研究对象的选取

我国的31个省、自治区、直辖市（除港澳台地区），按照综合发展水平可以分为三类：第一类地区是发展水平最高的发达地区，如北京、上海、天津、浙江、江苏、广东等。第二类地区是发展水平处于中等的省份，多为中东部省份，如辽宁、吉林、黑龙江、山西、湖南、湖北、河北、河南等。第三类地区是综合发展水平相对较低的西部地区。这三类地区在教育上的差异非常大，这次研究我们选取了综合发展水平处于中等的三个省份的省会城市中的职前教师和在职教师作为研究对象。

研究对象的选取采用分层抽样和整群抽样相结合的方式。首先将学校分层，抽取不同层次的学校，然后将被抽中的学校的全体数学教师确定为我们的研究对象。关于在职教师，我们在辽宁省沈阳市、吉林省长春市和黑龙江省哈尔滨市的13所中学里选取150名初中数学教师，共发放问卷150份，其中有效问卷123份。这些教师占三省省会初中数学教师总数的4%，满足此次调查的精度要求。职前教师是东北三省和湖北省共选取8所高等师范院校中的师范生（由于在东北三省只有一所部属师范大学，因此在与东北三省处于同等发展水平的湖北省选取了一所部属师范大学）。其中部属师范大学2所，省属重点师范大学3所，省属一般师范院校3所。本次研究的对象是数学专业的师范生，参加测验的人数为427人，其中有效数量为342份，有效率为80%。

（二）问卷的编制

对于量化研究，测量工具的开发是尤为重要的。本研究的问卷分为三个部分：第一部分是关于教师的学历、是否为骨干教师、教龄等教师背景信息的内容；第二部分是教师知识来源的问卷；第三部分是关于教师知识状况的测验。

1. 教师知识来源问卷的编制

此部分问卷的编制分为两个阶段。在第一个阶段我们采取一个开放式的问卷调查教师知识发展的有效途径。问卷中有两个问题。一个问题是：请具体谈谈哪些大学课程对您的教师专业素质的提高有帮助？另一个问题是：请具体谈谈入职后的哪些途径与方法对您的教师专业素质的提高有帮助？其中教师专业素养主要指数学学科素养、教育理论素养、教学素养和数学课程方面的素养。为了便于教师理解，在第一个阶段的开放式问卷中我们没有使用教师知识、学科教学知识等术语，而是使用教师易于理解的教师专业素养一词。在第二阶段我们通过整理分析教师回答的开放式的问卷，归纳出一些对教师知识发展影响比较大的一些变量，作为我们编制正式问卷的基础。同时，参考现有的教师知识来源的研究[18]中所提及的一些重要来源，最终确定了正式问卷中的教师知识来源的条目。正式问卷中关于教师知识来源的条目共有 39 个，其中教育理论知识来源的条目 9 个，数学课程知识来源的条目 10 个，数学学科知识来源的条目 10 个，学科教学知识来源的条目 10 个。在正式的问卷中采取四分量表计分。例如：教育见习、实习在多大程度上增进了您对教育理论知识的理解？□4 非常有用，□3 很有用，□2 不很有用，□1 没有用，□0 无此经历。

2. 教师知识问卷的编制

教师知识的种类和范围非常广泛，通过测验来测查教师是否具备基本的专业知识，首先必须明确教师知识测查的范围和根据。在本研究中，我们通过两种途径确定教师知识测查的种类和范围。一方面，通过对已有的关于教师知识的研究进行梳理来界定教师知识测查的范围；另一方面，考虑我国教师教育中主要涉及的教师知识。进而确定四个维度的框架来编制教师知识问卷。在正式编制题目之前，首先制定双向细目表，描述试卷内容领域、层次结构、题量等有关试题构成的比例，它可以为编制具体的试题和评估整个测验提供指导。在确定了双向细目表之后研究人员开始向各个分测验的命题人员收集测试题目，组成整个测验。然后进行第一次试测，进而根据测量指标增减题目，形成第一次修订后的测验。再进行第二次的试测，根据测量指标进一步增减题目，形成正式测验。

最终我们按照四个维度的理论框架来编制教师知识问卷：教育理论知识、数学课程知识、数学学科知识和学科教学知识。教育理论知识由大学教育学院的教师命题，题目的形式为选择题，共 11 道题。例如：海南的教师在向学生介绍雪花时，采用观看录像并向空中抛洒大量碎纸屑的方式，让学生体会下雪的场景，这种直观的手段属于：A. 实物直观 B. 语言直观 C. 虚拟直观 D. 模象直观。数学课程知识的题目的形式有选择题和问答题，共 7 道题目，由一位中学教研员、一位从事中学数学教育研究的大学教师和一位中学数学专家教师拟题。例如：在"整式"一章中，哪一部分知识不是这一章的重点？A 增强学生的符号感 B. 分析、归纳与概括 C. 基本运算能力 D. 探求运算的变化规律。数学学科知识分为三个分测验，主要是概念分测验、开放题分测验和推理分测验，由中学数学专家教师拟题。学科教学知识的题目，共 4 道问答题目，由中学教研员和中学数学专家教师拟题。学科教学知识重在考察教师如何处理实际课堂中学生学习的困难以及如何设计出更利于学生学习的数学表征，共4道题目。例如，在教二元一次方程组的概念时，学生认为 $\begin{cases} x+y=7, \\ y-3=1 \end{cases}$ 不是二元一次方程组，如果不强迫学生接受概念，你会如何向学生解释？题目的具体分布和分值如表19-1所示：

表19-1 教师知识测验的题目分布状况

	题目个数	每题分值	满分
教育理论知识	11	2	22
数学课程知识	7		16
选择题	6	2	12
问答题	1	4	4
数学学科知识	13		50
选择题	7	2	14
问答题	4	5+5+3+3	16
推理题	2	10+10	20
学科教学知识	4		36
第1题	1	10	10
第2题	1	10	10
第3题	1	6	6
第4题	1	10	10

（三）施测与评分

本研究采取团体施测的方式，由高校教师和硕士研究生组织测验，未限定测验的时间，研究对象完成全部的测验大约需1小时。

问答题与学科教学知识的评分由两名中学教师和一名高校教师共同完成。三名教师首先共同制定评分标准和细则，然后由两名中学教师分别评分，对于不一致的评分由第三名教师仲裁。两名中学教师的评分一致性程度较高，95%以上的评分一致。

（四）教师知识状况测验的难度与区分度

我们采用经典测量理论计算测验中各项目的难度。教育理论知识测验中各项目难度在 0.16~0.85 之间，平均难度 0.42。数学课程知识测验中各项目难度在 0.28~0.83 之间，平均难度 0.50。数学学科知识中概念分测验的各项目难度在 0.41~0.68 之间，平均难度 0.54；数学学科知识中开放题分测验的各项目难度在 0.48~0.68 之间，平均难度 0.58；数学学科知识中推理题分测验的各项目难度在 0.17~0.68 之间，平均难度 0.43。数学学科知识测验的平均难度为 0.54。学科教学知识测验中各项目的难度在 0.47~0.52 之间，平均难度 0.49。在教师知识的测验中，除了教育理论知识的三个项目和数学学科知识中的 1 个项目难度稍大外，其他项目难度均在 0.2~0.8 之间，各分测验的平均难度均在 0.50 左右，基本符合测验要求。

我们采取总分和各个项目的相关程度来计算各个项目的区分度。教育理论知识测验的各项目区分度在 0.30~0.54 之间，平均区分度为 0.43。数学课程知识测验的各项目区分度在 0.20~0.47 之间，平均区分度为 0.37。数学学科知识测验的各项目区分度在 0.25~0.91 之间，平均区分度为 0.51。学科教学知识测验的各项目区分度在 0.57~0.74 之间，平均区分度为 0.65。Ebel 认为区分度在 0.20 以上即可达到可接受水平，0.30~0.39 为良好，0.40 以上为很好。本测验中的各个项目符合上述要求。

三、研究结果与分析

（一）在职数学教师的教师知识状况

1. 在职数学教师的教师知识状况及特点

在职数学教师的教师知识整体状况如表 19-2 所示。由于我们这次研究的对象是中学数学教师，为了保证测验的区分度，我们所出的题目基础题不多，大多是中等以上难度的题目。鉴于本测验的实际情况，我们认为初中数学教师的各种教师知识状况比较好，说明他们较好地掌握了中学数学教学所需的各种教师知识。

表 19-2 初中数学教师知识的整体状况

	满分	平均分	标准差	最大值	最小值
教育理论知识	22	9.429	4.265	20.00	0.00
数学课程知识	16	6.774	2.475	13.00	2.00
数学学科知识	50	25.988	8.439	46.00	11.00
学科教学知识	36	18.113	9.008	36.00	0.00

为进一步考察不同的教师背景变量在教师知识中的作用，我们研究了教龄、教毕业年级的次数、学历、教师所在地区、骨干教师类型对教师知识的影响。结果发现：不同学历、不同地区的教师在四种教师知识上没有显著差异，而不同教龄、教毕业班级的次数不同和不同类型的骨干教师在教师知识上有显著差异。具体来讲，不同教龄的教师在数学学科知识（$F=5.06$，$P=0.00$）和学科教学知识（$F=5.06$，$P=0.00$）上有显著差异。随着教龄的增加，教师的数学学科知识和学科教学知识逐渐加强（见图 19-1）。教毕业班级次数不同的教师在数学课程知识（$F=3.32$，$P=0.01$）和数学学科知识（$F=4.88$，$P=0.001$）上有显著差异。教毕业班级的次数越多，教师对数学课程知识和数学学科知识的理解越好（见图 19-2）。

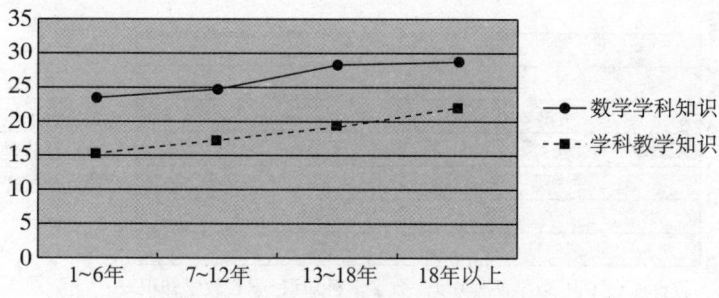

图 19-1 不同教龄教师的教师知识差异

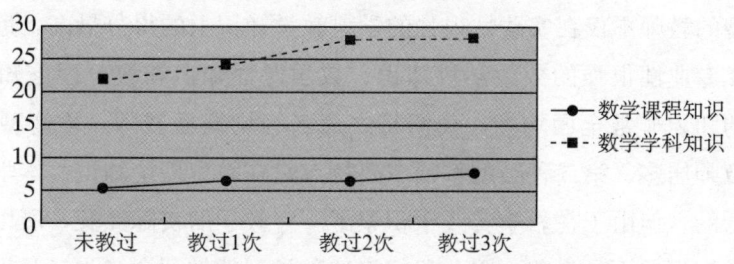

图 19-2 教毕业年级次数不同的教师知识差异

由此我们可以看到,教师知识的发展与教龄、教毕业班级次数等教师自身的教学实践有关,而与学历、地区等其他因素关系不大。

2. 在职数学教师的知识结构类型

教育理论知识、数学课程知识、数学学科知识和学科教学知识是不同类型的教师知识。不同的教师所擅长和所欠缺的知识种类不同,因而会形成不同的知识结构类型。为了研究初中数学教师的知识结构类型,我们根据教师在四种教师知识上的得分,利用聚类分析(快速聚类法)对数学教师的知识结构类型进行分类。首先尝试将教师分为五类,结果发现有两个类型之间的差异不显著;后又尝试将教师分为四类,结果发现有一个类型的内部特征并不明显,无法命名;最后发现聚类分析分为三类较为合理(见表 19-3,图 19-3)。

表 19-3 初中数学教师的知识结构类型

	教师知识结构类型			F 值	P 值
	均衡型	经验型	分科型		
教育理论知识	11.85	6.73	8.77	9.826	0.000
数学课程知识	7.81	5.41	6.19	7.169	0.001
数学学科知识	32.78	15.82	28.73	82.336	0.000
学科教学知识	29.07	13.27	12.62	87.678	0.000
所占比例	36%	29%	35%		

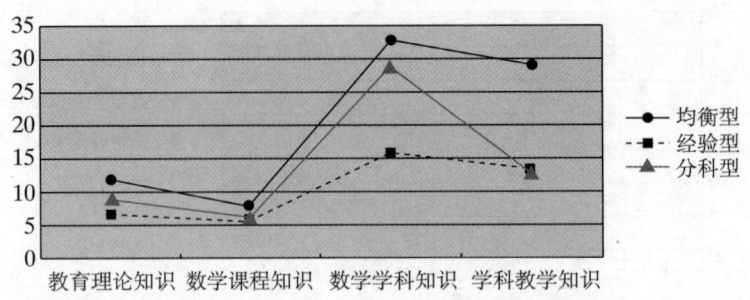

图 19-3 初中数学教师的知识结构类型的比较

第一种类型的教师不仅在实践性很强的学科教学知识上的得分最高,远远高于其他两组教师,而且在专业性很强的数学学科知识、数学课程知识和教育理论知识上得分也最高。这类教师的知识非常全面均衡,我们将之命名为均衡型教师。均衡型教师占总体的36%,以骨干教师居多。第二种类型教师主要特点是在教育理论知识、本学科的专业知识上都是得分最低的,但由于在教学实践中积累了一些教学的实际经验,所以表现在实际教学中的学科教学知识并不是最差,因此我们将这种类型的教师命名为经验型教师。这种类型的教师占总体的29%,以中老教师居多。第三种类型教师在教育理论知识和本学科专业知识等分科型知识的得分虽然没有均衡型教师高,但比经验型教师高,即分科的知识都属于中等,但还没有很好地整合各种分科知识,因此表现在实际教学中的学科教学知识很差,我们将这种类型的教师命名为分科型教师。这种类型的教师占总体的35%,以年轻教师居多。

3. 不同类型的教师知识在教师专业发展中的作用

在教师专业发展的过程中,教育理论知识、数学课程知识、数学学科知识以及学科教学知识哪个更重要呢?为此,我们采取优秀教师和普通教师对比的方式进行判别分析。需要说明的是,本研究中做判别分析的主要目的不在于对未知教师进行优秀教师和普通教师的分组,而在于获得不同类型的教师知识在判别教师类型上的重要程度,从而探索不同类型的教师知识在教师专业发展中的相对重要性。优秀教师是指从事数学教学 10 年以上获得过省市级以上骨干教师称号的教师,普通教师分为年轻普通教师和年长普通教师两个部分。年轻普通教师主要指教龄在 3 年以下的教师,而年长普通教师主要指教龄在 10 年以上但未成为省市级骨干的普通教师。对优秀教师、年长普通教师和年轻普通教师的四个指标(教育理论知识、数学课程知识、数学学科知识以及学科教学知识)进行判别分析。在判别分析中,每组至少有 20 个观测,而且组的大小不能相差很大,否则大的组有不相称的高的分类机会。根据本研究的数据,优秀教师恰好为 20 名,因此我们随机选取年长普通教师和年轻普通教师各 20 名进行判别分析。

判别分析产生了两个显著的判别函数。第一个判别函数的特征值为 1.166,Wilk's Lambda$=0.4$,$\chi^2(8, 60)=50.898$,$p<0.05$。第二个判别函数的特征值为 0.155,

Wilk's Lambda＝0.866，$\chi^2(3, 60)$＝7.999，$p<0.05$。标准化判别权重（也称判别系数）如表 19-4 所示，较大权重的变量表示它对判别函数的判别力贡献更多。结构矩阵如表 19-5 所示，其元素是变量与判别函数之间的相关系数。绝对值越大表明它对判别函数的影响力越大。由于结构矩阵通常不受变量共线性的影响，所以结构矩阵的分析结果相对可靠。

表 19-4　判别权重

	函数	
	1	2
教育理论知识	0.487	0.843
数学课程知识	0.341	0.001
数学学科知识	0.316	−0.145
学科教学知识	0.561	−0.474

表 19-5　结构矩阵

	函数	
	1	2
教育理论知识	0.497	0.847（＊）
数学课程知识	0.513（＊）	−0.163
数学学科知识	0.597（＊）	−0.129
学科教学知识	0.704（＊）	−0.563

＊数据较大说明对判别函数的显著性影响。

当保留两个或两个以上判别函数时，需要一个综合能力指数来描述一个变量对所有显著函数的贡献。综合能力指数计算方法如下：首先计算变量在每个函数上的能力值，变量在每个函数上的能力值＝（判别载荷）^{2}×函数的相对特征值。而函数的相对特征值＝$\dfrac{判别函数的特征值}{所有显著的函数上的特征值之和}$。然后计算所有显著的函数上的综合能力指数，综合指数为变量在每个显著的判别函数上的能力值之和。依此计算，在判别教师是优秀教师还是普通教师的过程中，四种类型的教师知识的综合指数分别为：教育理论知识 0.302 2、数学课程知识 0.235 4、数学学科知识 0.316 6 和学科教学知识 0.474 7。因此，按照相对重要程度从大到小依次为：学科教学知识、数学学科知识、教育理论知识和数学课程知识。根据典型判别函数所做的所有组的散点图如图 19-4 所示。

从图 19-4 可以看出，优秀教师在第一个函数上有较高的得分，而学科教学知识、数

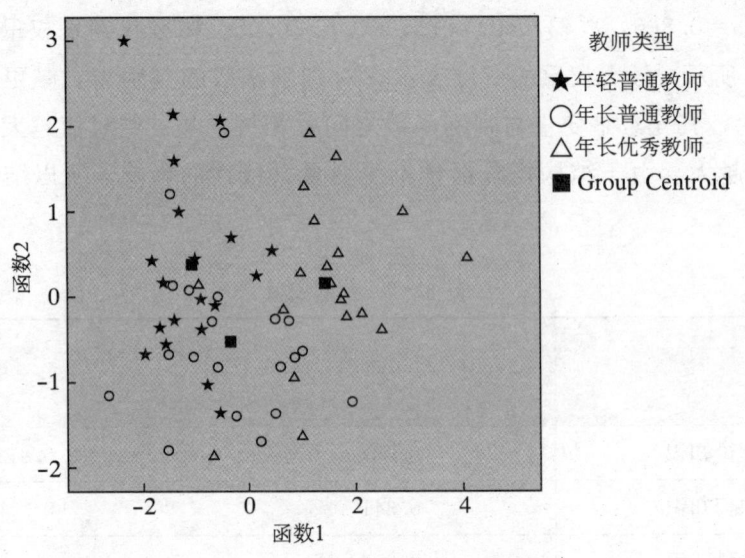

图 19-4　三类教师的联合分布图

学学科知识、数学课程知识与第一个函数的联系更为密切。年轻普通教师在第二个函数上有较高的得分,而教育理论知识与第二个函数的联系更为密切。

(二) 职前教师的教师知识状况

1. 职前教师的教师知识的整体状况

职前教师在四种教师知识上的得分如表 19-6 所示。从表中我们可以看出,职前教师在各种教师知识上的得分比较低。在教育理论知识、数学课程知识、数学学科知识和学科教学知识上的平均值分别为 8.66,4.36,16.32 和 8.75,得分率分别为 39%,27%,33% 和 24%。职前教师在数学课程知识和学科教学知识上的得分尤其低,这和两种知识与教学实践联系紧密有一定关系。

具体分析不同类型师范院校的职前教师的教师知识状况,从表 19-6 我们可以看到,在数学课程知识上,部属师范院校、省属重点院校和省属一般院校的职前教师没有显著差别,可以说,职前教师对数学课程的了解普遍较差。而在教育理论知识、数学学科知识和学科教学知识上,部属师范院校的职前教师得分最高,省属重点院校的职前教师得分次之,省属一般院校的职前教师得分最低。由图 19-5 我们可以非常直观地看到这一点。

表 19-6　高等师范院校师范生的教师知识的整体状况

		平均值	标准差	最小值	最大值	F 值	显著性
教育理论知识	部属院校	10.532	3.952	0.00	20.00	26.828	0.000
	省属重点	7.691	3.519	2.00	16.00		
	省属一般	7.422	3.291	0.00	18.00		

续表

		平均值	标准差	最小值	最大值	F 值	显著性
数学课程知识	部属院校	4.548	2.338	0.00	12.00	0.670	0.512
	省属重点	4.298	2.478	0.00	11.00		
	省属一般	4.222	2.161	0.00	9.00		
数学学科知识	部属院校	20.192	6.854	8.00	35.00	50.228	0.000
	省属重点	17.419	5.615	8.00	31.00		
	省属一般	12.400	4.303	4.00	29.00		
学科教学知识	部属院校	11.775	6.427	0.00	25.00	30.081	0.000
	省属重点	8.279	5.579	0.00	22.00		
	省属一般	6.000	5.801	0.00	23.00		

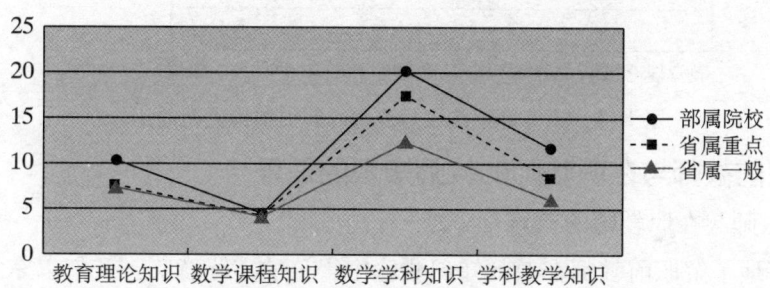

图 19-5　不同类型的高等师范院校师范生的教师知识状况

2. 职前教师的教师知识结构类型

教育理论知识、数学课程知识、数学学科知识和学科教学知识是不同类型的知识。不同的教师所擅长和所欠缺的知识也不同，因此不同的教师会有不同的知识结构类型。为了研究初中数学教师的知识结构类型，我们根据教师在四种教师知识上的得分，利用聚类分析（快速聚类法）对数学教师的知识结构类型进行分类。

聚类分析的结果发现分为三类较为合理（见表19-7，图19-6）。三种类型分别为：均衡型、薄弱型和分科型。均衡型教师占总体的24%，这类教师在各种类型的教师知识上表现都比较好，各种类型的教师知识得分都很高。薄弱型教师占总体的43%，主要特点是在四种教师知识上的得分都比较差。分科型教师占总体的33%，主要特点是教育理论知识、数学课程知识和数学学科知识得分都最高，但是体现实际教学的综合知识，也就是学科教学知识得分却并不高。也就是说分科的知识都还可以，但还没有很好地整合各种知识，因此表现在实际教学中的学科教学知识很差。

表 19-7 高等师范院校师范生的知识结构类型

	教师知识结构类型			F 值	P 值
	均衡型	薄弱型	分科型		
教育理论知识	9.27	7.22	10.27	15.837	0.000
数学课程知识	4.41	3.99	4.98	3.567	0.030
数学学科知识	14.07	12.94	26.27	270.724	0.000
学科教学知识	14.42	3.07	10.77	199.309	0.000
所占比例	24%	43%	33%		

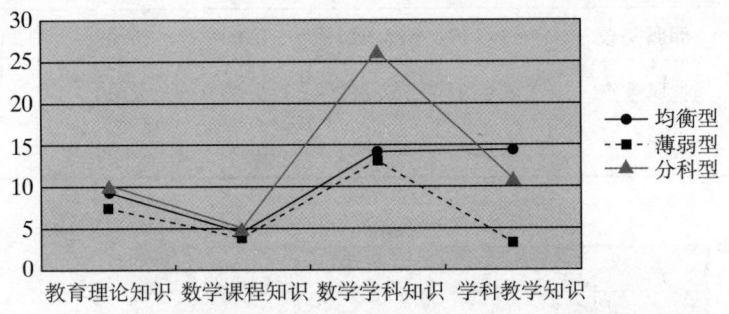

图 19-6 高等师范院校师范生的知识结构类型的比较

（三）职前教师与在职教师的教师知识的差异

1. 职前教师与在职教师的差异

为了更好地了解职前教师在教师知识测验中得分的实际意义，我们以东北三省的三个省会城市中的 150 名初中数学在职教师的测试数据为参照，对于职前教师与在职教师的教师知识的差异进行了比较分析，结果如表 19-8 所示。由表 19-8 我们可以看到，职前教师与在职教师在教育理论知识上没有显著差异，而在数学课程知识、数学学科知识和学科教学知识上均存在显著差异，在职教师在这三种教师知识测验上的得分都比高师院校的职前教师高。特别是在数学学科知识上，职前教师与在职教师有很大的差距。

表 19-8 职前教师与在职教师的教师知识的状况的比较

	身份	平均数	标准差	t 值	显著性
教育理论知识	职前教师	8.662 6	3.883 81	−1.758	0.080
	在职教师	9.428 6	4.265 33		
数学课程知识	职前教师	4.363 1	2.307 48	−9.491	0.000
	在职教师	6.773 9	2.474 65		
数学学科知识	职前教师	16.323 3	6.583 05	−9.564	0.000
	在职教师	25.988 0	8.439 88		

续表

	身份	平均数	标准差	t 值	显著性
学科教学知识	职前教师	8.751 5	6.482 97	−10.284	0.000
	在职教师	18.113 0	9.008 54		

2. 职前教师与在职教师的教师知识的判别分析

在前面的职前教师与在职教师的教师知识差异的比较中我们看到，除了教育理论知识以外，职前教师与在职教师在数学课程知识、数学学科知识与学科教学知识上都有显著的差异。那么，在区分职前教师和在职教师的时候，把这四种知识作为区分两种类型教师的指标，哪个指标更重要呢？也就是说，职前教师与在职教师在哪种知识上的差别更大？在哪种知识上的差别小一些呢？为此，我们对职前教师和在职教师进行判别分析。结果发现：职前教师与在职教师最大的差别在数学学科知识上，系数为 0.74；其次为学科教学知识，系数为 0.712；第三位是数学课程知识，系数为 0.465；教育理论知识在区分两种类型教师时所起的作用最小，系数为 0.037。这说明职前教师在数学学科知识和数学课程知识上还需要进一步的提高。

（四）在职教师的教师知识的来源状况

毫无疑问，教师知识是影响教师教学的重要因素。那么，教师是从哪些渠道获得并不断发展自己的教学知识的呢？本研究参考范良火的研究，给教师列举了十几种教师知识的来源。首先是职前的大学师范教育课程，主要包括数学专业课、数学教法课、中学数学解题教学课、教育见习实习、微格教学等。还有职后的教师专业发展来源，主要包括入职后的学历补偿教育、在职专业培训、自身的教学经验与反思、教学观摩活动、和同事的日常交流以及阅读专业书刊等。让教师评价这些来源对于发展自己数学学科知识的重要程度，重要程度分为"非常有用""有用""不很有用"和"没有用"四个等级。对于教育理论知识、数学课程知识、数学学科知识和学科教学知识的来源，本研究都使用描述性统计和有序多分类 logistic 回归两种方法分析比较各种不同来源的贡献程度。我们对于有序多分类 logistic 模型的建立见附录。

研究发现：通过描述性统计计算出的各种来源的重要程度的结果和通过 logistic 回归分析模型计算出来的结果基本一致。由于篇幅的限制本论文没有呈现描述性统计的结果。

根据 logistic 回归分析模型的结果，总的来讲，教师知识来源可以分成三个类别：最重要，次重要和不重要。四类教师知识的来源在三个类别上总结起来如表 19-9 所示。我们可以看到：在各种教师知识的来源中，自身教学经验与反思、和同事的日常交流是最为重要的职后的教师知识来源，而入职后的学历教育是最不重要的教师知识来源。在职前的各种教师知识来源中教育见习实习、微格教学是职前比较重要的教师知识来源。

表 19-9 不同来源对发展教师知识的重要程度评价的总结

来源	教育理论知识	数学课程知识	数学学科知识	学科教学知识
最重要	自身教学经验与反思和同事的日常交流 阅读专业书刊	自身教学经验与反思和同事的日常交流 教学观摩活动	自身教学经验与反思和同事的日常交流 阅读专业书刊 教学观摩活动	自身教学经验与反思和同事的日常交流
次重要	教学观摩活动 数学教法课	教育见习实习 阅读专业书刊 在职专业培训 微格教学	教育见习实习 数学教法课 微格教学 在职专业培训	阅读专业书刊 教学观摩活动 教育见习实习 微格教学
不重要	教育类课程 微格教学 在职专业培训 入职后的学历教育	数学教法课 教育类课程 入职后的学历教育	数学专业课 入职后的学历教育	在职专业培训 数学教法课 教育类课程 入职后的学历教育

下面具体介绍各种教师知识来源的 logistic 回归分析结果：

1. 教育理论知识的来源

(1) logistic 模型的统计检验

为了检验应用累计 logistic 回归模型是否适当，本研究进行了累计 logistic 回归模型的平行假设检验。平行假设检验的结果是，L.R.卡方值的统计不显著（Chi-square＝16，$df.=18$，$p=0.593$），这表明应用 logistic 回归模型是适当的。

Logistic 回归方程的显著性检验是对所有自变量偏回归系数全为 0 进行似然比检验，回归方程的显著性检验结果是该模型是显著的（Chi-square＝126.965，$df.=9$，$p=0.000$）。在模型的拟合优度检验中，两个拟合优度指标皮尔逊统计量（Chi-square＝12.979，$df.=18$，$p=0.793$）和 D 统计量（Chi-square＝16，$df.=18$，$p=0.593$）经过卡方检验都是不显著的，这表明该模型很好地拟合了数据。

(2) logistic 模型的参数估计

为了整体地评价各种来源对教师理论知识的重要程度，建立了 logistic 回归分析模型。根据 logistic 回归模型中的参数估计值，各种来源对教育理论知识发展的重要程度从大到小的顺序如表 19-10 所示，对教育理论知识发展最重要的来源是自身教学经验与反思，最不重要的来源是入职后的学历教育。

表 19-10　不同来源对发展教育理论知识的贡献的 logistic 回归分析

变量	参数估计值	标准误	Wald 值	自由度	显著性	95%置信区间 下限	95%置信区间 上限
截距 1	−3.524	0.277	161.853	1	0.000	−4.067	−2.981
截距 2	−2.275	0.241	89.398	1	0.000	−2.747	−1.803
截距 3	−0.352	0.222	2.515	1	0.113	−0.787	0.083
自身教学经验与反思	0.961	0.351	7.487	1	0.006	0.237	1.649
和同事的日常交流	0.906	0.348	6.788	1	0.009	0.225	1.588
阅读专业书刊	0.761	0.340	5.016	1	0.025	0.095	1.427
教学观摩活动	0.492	0.328	2.256	1	0.133	−0.15	1.134
教育见习实习	0 (a)	—	—	0	—	—	—
数学教法课	−0.554	0.306	3.273	1	0.070	−1.153	0.046
教育类课程	−0.852	0.305	7.815	1	0.005	−1.449	−0.255
微格教学	−0.937	0.305	9.465	1	0.002	−1.535	−0.34
在职专业培训	−1.117	0.305	13.435	1	0.000	−1.715	−0.520
入职后的学历教育	−1.485	0.306	23.566	1	0.000	−2.085	−0.886

a　教育见习实习这个变量的参数值设为 0，因为这里使用的是 UNSATURATED 模型。

根据 logistic 回归分析的结果我们可以看到各种来源的重要性分成三个等级：和"教育见习实习"相比，教师的"自身教学经验与反思""和同事的日常交流""阅读专业书刊"在 0.05 水平上显著地更为重要；"教学观摩活动""教育见习实习"与"数学教法课"具有同样的重要性；"教育类课程""微格教学""在职专业培训""入职后的学历教育"则显著地更不重要。

2. 数学课程知识的来源

(1) logistic 模型的统计检验

与上述方法相同，本研究对数学课程知识来源进行了累计 logistic 回归模型的平行假设检验。平行假设检验的结果是，L.R. 卡方值的统计不显著（Chi-square=21.407，$df.=18$，$p=0.259$），这表明应用 logistic 回归模型是适当的。Logistic 回归方程的显著性检验结果是该模型是显著的（Chi-square=165.280，$df.=9$，$p=0.000$）。在模型的拟合优度检验中，两个拟合优度指标皮尔逊统计量（Chi-square=16.354，$df.=18$，$p=0.568$）和 D 统计量（Chi-square=21.407，$df.=18$，$p=0.259$）经过卡方检验都是不显著的，这表明该模型很好地拟合了数据。

(2) logistic 模型的参数估计

根据 logistic 回归模型中的参数估计值，各种来源对数学课程知识发展的重要程度从大到小的顺序如表 19-11 所示，对数学课程知识发展最重要的来源是自身教学经验与反思，最不重要的来源是入职后的学历教育。

表 19-11 不同来源对发展数学课程知识的贡献的 logistic 回归分析

变量	参数估计值	标准误	Wald 值	自由度	显著性	95%置信区间	
						下限	上限
截距 1	−2.908	0.253	132.447	1	0.000	−3.403	−2.413
截距 2	−1.886	0.231	66.612	1	0.000	−2.338	−1.433
截距 3	−0.207	0.217	0.903	1	0.342	−0.633	0.220
自身教学经验与反思	1.220	0.356	11.765	1	0.001	0.523	1.917
和同事的日常交流	1.220	0.356	11.765	1	0.001	0.523	1.917
教学观摩活动	0.867	0.334	6.724	1	0.010	0.212	1.523
阅读专业书刊	0.543	0.320	2.866	1	0.090	−0.086	1.171
教育见习实习	0（a）	—	—	0			
在职专业培训	−0.252	0.303	0.693	1	0.405	−0.845	0.341
微格教学	−0.508	0.300	2.861	1	0.091	−1.097	0.081
数学教法课	−1.107	0.299	13.684	1	0.000	−1.693	−0.520
教育类课程	−1.181	0.299	15.561	1	0.000	−1.767	−0.594
入职后的学历教育	−1.343	0.300	20.076	1	0.000	−1.931	−0.756

a 教育见习实习这个变量的参数值设为 0，因为这里使用的是 UNSATURATED 模型。

根据 logistic 回归分析的结果我们可以看到各种来源的重要性分成三个等级：和"教育见习实习"相比，教师的"自身教学经验与反思""和同事的日常交流""教学观摩活动"在 0.05 水平上显著地更为重要；"阅读专业书刊""在职专业培训""微格教学"和"教育见习实习"具有同样的重要性；"入职后的学历教育""数学教法课""教育类课程"则显著地更不重要。

3. 数学学科知识的来源

(1) logistic 模型的统计检验

数学学科知识来源的累计 logistic 回归模型的平行假设检验结果是：L.R. 卡方值的统计不显著（Chi-square$=39.042$, $df.=27$, $p=0.063$），这表明应用 logistic 回归模型是适当的。Logistic 回归方程的显著性检验结果是该模型是显著的（Chi-square$=84.97$, $df.=9$, $p=0.000$）。在模型的拟合优度检验中，两个拟合优度指标皮尔逊统计量（Chi-square$=32.971$, $df.=27$, $p=0.198$）和 D 统计量（Chi-square$=39.042$, $df.=27$, $p=0.063$）经过卡方检验都是不显著的，这表明该模型很好地拟合了数据。

(2) logistic 模型的参数估计

根据 logistic 回归模型中的参数估计值,各种来源对数学学科教学知识发展的重要程度从大到小的顺序如表 19-12 所示,对数学学科教学知识发展最重要的来源是自身教学经验与反思,最不重要的来源是入职后的学历教育。

表 19-12 不同来源对发展数学学科知识的贡献的 logistic 回归分析

变量	参数估计值	标准误	Wald 值	自由度	显著性	95%置信区间	
						下限	上限
截距 1	−2.792	0.250	124.482	1	0.000	−3.282	−2.302
截距 2	−1.645	0.223	54.449	1	0.000	−2.082	−1.208
截距 3	0.134	0.212	0.398	1	0.528	−0.282	0.550
自身教学经验与反思	1.987	0.389	26.106	1	0.000	1.225	2.749
和同事的日常交流	1.645	0.359	21.031	1	0.000	0.942	2.348
阅读专业书刊	1.111	0.326	11.589	1	0.001	0.471	1.750
教学观摩活动	1.042	0.323	10.391	1	0.001	0.408	1.675
教育见习实习	0 (a)	—	—	0	—	—	—
数学教法课	−0.198	0.296	0.449	1	0.503	−0.779	0.382
微格教学	−0.526	0.295	3.180	1	0.075	−1.104	0.052
在职专业培训	−0.542	0.295	3.375	1	0.066	−1.120	0.036
数学专业课	−0.651	0.295	4.879	1	0.027	−1.229	−0.073
入职后的学历教育	−0.768	0.295	6.792	1	0.009	−1.346	−0.190

a 教育见习实习这个变量的参数值设为 0,因为这里使用的是 UNSATURATED 模型。

根据 logistic 回归分析的结果我们可以看到各种来源的重要性分成三个等级:即和"中学数学解题教学课"相比,教师的"自身教学经验与反思""和同事的日常交流""阅读专业书刊""教学观摩活动"和"教育见习实习"在 0.05 水平上显著地更为重要。而"数学教法课""微格教学"和"在职专业培训"具有同样的重要性。"数学专业课""入职后的学历教育"则显著地更不重要。

4. 学科教学知识的来源

(1) logistic 模型的统计检验

学科教学知识来源的累计 logistic 回归模型的平行假设检验结果是:L.R. 卡方值的统计不显著(Chi-square$=26.890$, $df.=18$, $p=0.081$),表明应用 logistic 回归模型是适当的。Logistic 回归方程的显著性检验结果是该模型是显著的(Chi-square$=116.303$, $df.=9$, $p=0.000$)。在模型的拟合优度检验中,两个拟合优度指标皮尔逊统计量(Chi-square＝21.770，$df.=18$，$p=0.242$）和 D 统计量（Chi-square＝26.890，$df.=18$，$p=0.081$）经过卡方检验都是不显著的，这表明该模型很好地拟合了数据。

（2）logistic 模型的参数估计

根据 logistic 回归模型中的参数估计值，各种来源对学科教学知识发展的重要程度从大到小的顺序如表 19-13 所示，对学科教学知识发展最重要的来源是自身教学经验与反思，最不重要的来源是入职后的学历教育。

表 19-13 不同来源对发展学科教学知识的贡献的 logistic 回归分析

变量	参数估计值	标准误	Wald 值	自由度	显著性	95% 置信区间	
						下限	上限
截距 1	−3.475	0.256	184.820	1	0.000	−3.976	−2.974
截距 2	−2.317	0.222	108.680	1	0.000	−2.752	−1.881
截距 3	0.949	0.204	21.553	1	0.000	0.548	1.349
自身教学经验与反思	1.054	0.283	13.891	1	0.000	0.500	1.609
和同事的日常交流	0.663	0.282	5.546	1	0.019	0.111	1.215
阅读专业书刊	0.480	0.282	2.889	1	0.089	−0.073	1.033
教学观摩活动	0.351	0.283	1.542	1	0.214	−0.203	0.906
教育见习实习	0 (a)	—	—	0	—	—	—
微格教学	−0.291	0.289	1.015	1	0.314	−0.857	0.275
在职专业培训	−0.590	0.291	4.116	1	0.042	−1.161	−0.020
数学教法课	−0.778	0.292	7.109	1	0.008	−1.350	−0.206
教育类课程	−0.942	0.292	10.382	1	0.001	−1.514	−0.369
入职后的学历教育	−1.170	0.292	16.049	1	0.000	−1.743	−0.598

a 教育见习实习这个变量的参数值设为 0，因为这里使用的是 UNSATURATED 模型。

根据 logistic 回归的结果我们可以看到各种来源的重要性分成三个等级：即和"教育见习实习"相比，教师的"自身教学经验与反思""和同事的日常交流"在 0.05 水平上显著地更为重要。而"阅读专业书刊""教学观摩活动""微格教学"和"教育见习实习"具有同样的重要性。与"教育见习实习"相比，"在职专业培训""数学教法课""教育类课程""入职后的学历教育"则显著地更不重要。

（五）职前教师的教师知识来源状况

沿用上述在职教师知识来源状况分析方法，研究发现：通过描述性统计计算出的各种来源的重要程度的结果和通过 logistic 回归分析模型计算出来的结果基本一致（由于篇幅的限制本论文没有呈现描述性统计的结果）。根据 logistic 回归分析模型的结果，对于职前教师的总体状况来讲,在各种教师知识的来源中,教育见习实习是职前最重要的教师知识来源,与此相反,阅读课外书刊是最不重要的教师知识来源(表19-14)。

表 19-14 不同来源对发展教师知识的重要程度评价的总结

来源	中学数学学科知识	教育理论知识	中学数学课程知识	学科教学知识
最重要	教育见习实习 中学数学解题教学课	教育见习实习	教育见习实习	教育见习实习 数学教法课
次重要	微格教学 数学教法课 家教或其他教学经历	数学教法课 微格教学 家教或其他教学经历 教育类课程	家教或其他教学经历 数学教法课 微格教学	微格教学 家教或其他教学经历
不重要	阅读课外书刊 数学专业课	阅读课外书刊	阅读课外书刊	教育类课程 阅读课外书刊 数学专业课

下面具体介绍各种教师知识来源的 logistic 回归分析结果:

1. 教育理论知识的来源

(1) logistic 模型的统计检验

为了检验应用累计 logistic 回归模型是否适当,本研究对教育理论知识来源进行了累计 logistic 回归模型的平行假设检验,结果是 L. R. 卡方值的统计不显著(Chi-square=11.729, $df.=10$, $p=0.304$),这表明应用 logistic 回归模型是适当的。Logistic 回归方程的显著性检验结果是该模型是显著的(Chi-square=115.549, $df.=5$, $p=0.000$)。在模型的拟合优度检验中,两个拟合优度指标皮尔逊统计量(Chi-square=10.946, $df.=10$, $p=0.362$)和 D 统计量(Chi-square=11.729, $df.=10$, $p=0.304$)经过卡方检验都是不显著的,这表明该模型很好地拟合了数据。

(2) logistic 模型的参数估计

根据 logistic 回归模型中的参数估计值,各种来源对师范生教育理论知识发展的重要程度从大到小的顺序依次为:"教育见习实习",其参数估计值为 1.100;"数学教法课",其参数估计值为 0.223;"微格教学",其参数估计值为 0.203;"家教或其他教学经历",其参数估计值为 0;"教育类课程",其参数估计值为 −0.227;"阅读课外书刊",其参数估计值为 −0.520。具体数据如表 19-15 所示:

表 19-15 不同来源对发展教育理论知识的贡献的 logistic 回归分析

变量	参数估计值	标准误	Wald 值	自由度	显著性	95%置信区间	
						下限	上限
截距 1	−4.401	0.239	338.373	1	0.000	−4.870	−3.932
截距 2	−2.365	0.135	307.272	1	0.000	−2.629	−2.100
截距 3	0.851	0.116	53.478	1	0.000	0.623	1.079
教育类课程	−0.227	0.163	1.929	1	0.165	−0.547	0.093
数学教法课	0.223	0.161	1.927	1	0.165	−0.092	0.539
教育见习实习	1.100	0.162	46.132	1	0.000	0.783	1.417
微格教学	0.203	0.161	1.596	1	0.206	−0.112	0.519
阅读课外书刊	−0.520	0.165	9.913	1	0.002	−0.843	−0.196
家教或其他教学经历	0 (a)	—	—	0	—	—	—

a 家教或其他教学经历这个变量的参数值设为 0，因为这里使用的是 UNSATURATED 模型。

对于发展职前教师的教育理论知识的各种来源的评价结果，使用描述性统计分析所得到的平均评价值和利用 logistic 回归模型所得到的各种来源的重要程度有所不同，主要是数学教法课和微格教学的顺序不同。在平均评价值上，"微格教学"比"数学教法课"多 0.01，但在 logistic 回归模型中二者顺序正好相反。logistic 回归结果进一步显示：和"家教或其他教学经历"相比，"数学教法课""微格教学"没有显著差别。另外，更重要的是，根据 logistic 回归模型我们可以将各种来源的重要性分成三个等级：即和"家教或其他教学经历"相比，师范生的"教育见习实习"在 0.05 水平上显著地更为重要。而"数学教法课""微格教学""教育类课程"和"家教或其他教学经历"具有同样的重要性。与"家教或其他教学经历"相比，"阅读课外书刊"则显著地更不重要。

2. 数学课程知识的来源

(1) logistic 模型的统计检验

数学课程知识来源的累计 logistic 回归模型的平行假设检验结果是，L.R.卡方值的统计不显著（Chi-square=3.908，$df.=8$，$p=0.865$），这表明应用 logistic 回归模型是适当的。Logistic 回归方程的显著性检验结果是该模型是显著的（Chi-square=92.483，$df.=4$，$p=0.000$）。在模型的拟合优度检验中，两个拟合优度指标皮尔逊统计量（Chi-square=3.683，$df.=8$，$p=0.885$）和 D 统计量（Chi-square=3.908，$df.=8$，$p=0.865$）经过卡方检验都是不显著的，这表明该模型很好地拟合了数据。

(2) logistic 模型的参数估计

根据 logistic 回归模型中的参数估计值，各种来源对师范生数学课程知识发展的重要程度从大到小的顺序依次为："教育见习实习"，其参数估计值为 0.795；"家教或其他教学经历",其参数估计值为 0;"数学教法课",其参数估计值为-0.083;"微格教学",其参数估计值为-0.233;"阅读课外书刊",其参数估计值为-0.729。具体数据如表 19-16 所示:

表 19-16 不同来源对发展数学课程知识的贡献的 logistic 回归分析

变量	参数估计值	标准误	Wald 值	自由度	显著性	95%置信区间	
						下限	上限
截距 1	−4.493	0.249	325.815	1	0.000	−4.980	
截距 2	−2.573	0.141	334.596	1	0.000	−2.849	
截距 3	0.605	0.114	28.210	1	0.000	0.382	
数学教法课	−0.083	0.160	0.269	1	0.604	−0.396	
教育见习实习	0.795	0.160	24.700	1	0.000	0.481	
微格教学	−0.233	0.161	2.100	1	0.147	−0.547	
阅读课外书刊	−0.729	0.164	19.744	1	0.000	−1.051	
家教或其他教学经历	0(a)			0		—	—

a 家教或其他教学经历这个变量的参数值设为 0,因为这里使用的是 UNSATURATED 模型。

对于发展师范生的数学课程知识的各种来源的评价结果,使用描述性统计分析所得到的平均评价值和利用 logistic 回归模型所得到的各种来源的重要程度是相同的。另外,更重要的是,根据 logistic 回归模型我们可以将各种来源的重要性分成三个等级:和"家教或其他教学经历"相比,师范生的"教育见习实习"在 0.05 水平上显著地更为重要;"数学教法课""微格教学"和"家教或其他教学经历"具有同样的重要性;"阅读课外书刊"则显著地更不重要。

3. 数学学科知识的来源

(1) logistic 模型的统计检验

数学学科知识来源的累计 logistic 回归模型的平行假设检验结果是,L.R.卡方值的统计不显著(Chi-square=15.975, $df.=12$, $p=0.192$),这表明应用 logistic 回归模型是适当的。Logistic 回归方程的显著性检验结果是该模型是显著的(Chi-square=136.668, $df.=6$, $p=0.000$)。在模型的拟合优度检验中,两个拟合优度指标皮尔逊统计量(Chi-square=15.822, $df.=12$, $p=0.200$)和 D 统计量(Chi-square=15.975, $df.=12$, $p=0.192$)经过卡方检验都是不显著的,这表明该模型很好地拟合了数据。

(2) logistic 模型的参数估计

根据 logistic 回归模型中的参数估计值,各种来源对师范生数学学科知识发展的重要程度从大到小的顺序依次为:"教育见习实习",其参数估计值为 1.020;"中学数学解题教学课",其参数估计值为 0.376;"微格教学",其参数估计值为 0.164;"数学教法课",其参数估计值为 0.116;"家教或其他教学经历",其参数估计值为 0;"阅读课外书刊",其参数估计值为 -0.490;"数学专业课",其参数估计值为 -0.905。具体数据如表 19-17 所示:

表 19-17 不同来源对发展数学学科知识的贡献的 logistic 回归分析

变量	参数估计值	标准误	Wald 值	自由度	显著性	95% 置信区间	
						下限	上限
截距 1	-4.791	0.253	357.561	1	0.000	-5.287	-4.294
截距 2	-2.765	0.146	360.705	1	0.000	-3.050	-2.480
截距 3	-0.885	0.124	50.852	1	0.000	-1.128	-0.641
数学专业课	-0.905	0.165	30.095	1	0.000	-1.229	-0.582
数学教法课	0.116	0.178	0.424	1	0.515	-0.233	0.464
中学数学解题教学课	0.376	0.184	4.151	1	0.042	0.014	0.737
教育见习实习	1.020	0.210	23.660	1	0.000	0.609	1.431
微格教学	0.164	0.179	0.842	1	0.359	-0.186	0.514
阅读课外书刊	-0.490	0.168	8.523	1	0.004	-0.819	-0.161
家教或其他教学经历	0 (a)	—	—	0	—	—	—

a 家教或其他教学经历这个变量的参数值设为 0,因为这里使用的是 UNSATURATED 模型。

对于发展师范生的数学学科知识的各种来源的评价结果,使用描述性统计分析所得到的平均评价值和利用 logistic 回归模型所得到的各种来源的重要程度是相同的。另外,更重要的是,根据 logistic 回归模型我们可以将各种来源的重要性分成三个等级:和"家教或其他教学经历"相比,师范生的"教育见习实习""数学教法课"在 0.05 水平上显著地更为重要。而"微格教学""数学教法课"和"家教或其他教学经历"具有同样的重要性。与"家教或其他教学经历"相比,"阅读课外书刊""数学专业课"则显著地更不重要。

4. 学科教学知识的来源

(1) logistic 模型的统计检验

为了检验应用累计 logistic 回归模型是否适当,本研究进行了累计 logistic 回归模型的平行假设检验。平行假设检验的结果是,L.R.卡方值的统计不显著(Chi-square=18.011, $df.=12$, $p=0.115$),表明应用 logistic 回归模型是适当的。Logistic 回归方程的显著性检验结果是该模型是显著的(Chi-square=160.29, $df.=6$, $p=0.000$)。在模型的拟合优度检验中,两个拟合优度指标皮尔逊统计量(Chi-square=17.682, $df.=12$, $p=0.126$)和 D 统计量(Chi-square=18.011, $df.=12$, $p=0.115$)经过卡方检验都是不显著的，这表明该模型很好地拟合了数据。

(2) logistic 模型的参数估计

根据 logistic 回归模型中的参数估计值，各种来源对师范生学科教学知识发展的重要程度从大到小的顺序依次为："教育见习实习"，其参数估计值为 1.164；"数学教法课"，其参数估计值为 0.425；"微格教学"，其参数估计值为 0.080；"家教或其他教学经历"，其参数估计值为 0；"教育类课程"，其参数估计值为 -0.376；"阅读课外书刊"，其参数估计值为 -0.587；"数学专业课"，其参数估计值为 -0.729。具体数据如表 19-18 所示：

表 19-18 不同来源对发展学科教学知识的贡献的 logistic 回归分析

变量	参数估计值	标准误	Wald 值	自由度	显著性	95%置信区间	
						下限	上限
截距 1	-3.414	0.207	435.553	1	0.000	-4.728	-3.916
截距 2	-2.188	0.129	288.758	1	0.000	-2.441	-1.936
截距 3	-0.589	0.117	25.434	1	0.000	-0.817	-0.360
教育类课程	-0.376	0.160	5.510	1	0.019	-0.690	-0.062
数学专业课	-0.729	0.158	21.246	1	0.000	-1.039	-0.419
数学教法课	0.425	0.173	6.062	1	0.014	0.087	0.764
教育见习实习	1.164	0.198	34.603	1	0.000	0.776	1.552
微格教学	0.080	0.166	0.233	1	0.629	-0.245	0.405
阅读课外书刊	-0.587	0.159	13.639	1	0.000	-0.898	-0.275
家教或其他教学经历	0 (a)	—	—	0	—	—	—

a 家教或其他教学经历这个变量的参数值设为 0，因为这里使用的是 UNSATURATED 模型。

对于发展师范生的学科教学知识的各种来源的评价结果，使用描述性统计分析所得到的平均评价值和利用 logistic 回归模型所得到的各种来源的重要程度是相同的。另外，更重要的是，根据 logistic 回归模型我们可以将各种来源的重要性分成三个等级：和"家教或其他教学经历"相比，师范生的"教育见习实习""数学教法课"在 0.05 水平上显著地更为重要。而"微格教学"和"家教或其他教学经历"具有同样的重要性。与"家教或其他教学经历"相比，"教育类课程""阅读课外书刊""数学专业课"则显著地更不重要。

四、结论与启示

(一) 教师知识及来源研究的结论

1. 在职和职前教师的教师知识都需要不断发展与提高

对于不同国家数学教师的专业知识的比较研究如文献 [2] 发现中国数学教师的整体

表现要比美国、韩国等国家的教师好。不仅如此，中国学生在国际比赛如国际数学奥林匹克竞赛（IMO）、国际教育进展评价（IAEP）中均有出色的表现。一些国际比较研究也发现：无论是数的概念，还是空间观念，几乎在数学测试的各个方面中国学生都比美国学生在数学成绩上好。这一切似乎都在表明：和其他国家相比，中国的数学教育是非常成功的，中国的教师在专业知识，特别是数学学科知识方面是非常好的。我们的研究也证实了这一点。我们的研究表明，尽管初中数学教师的教师知识状况不是非常优异，但还是比较好的。因此可以说，尽管在新课程改革之初教师也有很多的茫然、不适应甚至是抵触，但是经过十年的发展，在职初中数学教师已经很好地掌握了新课程教学所需要的教师知识，能够适应新课程改革的需要，这为课程改革的顺利实施提供了有力的保证。本研究的这一结论是通过对发展水平处于中等的城市地区教师的调查而得出的，至于它是否适合农村教师和其他发展水平的地区，特别是综合水平相对较低的地区的教师，还有待更大规模的实证研究去确认。

教育涉及下一代人的素质和国家的综合国力，所以与时俱进推行教育现代化是各个国家进行课程改革的重要推动力量。我国 21 世纪的课程改革已经达到关键时刻，教育的实践表明光是改革课标、教材是远远不够的，课程改革的关键仍在教师。本研究显示教师接受和适应课程改革的新内容并不容易，教师需要不断更新自己的知识体系，接受一些新知识、新方法，这是成功推行课程改革的重要因素。而作为培养未来教师的高等师范院校也应当关注基础教育的课程改革，为社会培养输送合格的教师。通过实证研究我们发现无论是在职教师还是作为职前教师的高等师范院校师范生，他们在教师知识上都不是完全没有问题的，他们的教师知识需要进一步地发展与提高。

2. 职前教师的培养滞后于当前的课程改革

职前教师在各类教师知识上的得分都不是很高，造成这种状况的原因可能是什么呢？通过研究我们发现职前教师与在职教师差距最大的是数学学科知识。这与我们的预期有所不同。我们原来预计由于职前教师没有教学实践经验，所以职前教师与在职教师可能会在与实践有关的知识上，比如学科教学知识、数学课程知识上差别最大，这是情理之中的。但调查的结果显示事实并非如此。为此，我们具体分析了职前教师在学科知识上的得分，结果发现职前教师主要是在推理题上的得分比在职教师低很多。我们通过个别访谈询问他们答不上的原因，发现这两道推理题无法用传统的欧几里得几何的方法解决，而是需要用到平移旋转的方法解答，平移和旋转是 2001 年数学新课程改革所倡导的新内容。而我们所调查的职前教师是 1998 年读初中，没有学习过用平移旋转的方法解题，因此面对这些题目时显得有些束手无策，这是造成职前教师在数学学科知识上与在职教师有显著差异的重要原因。由此可见，我们的高等师范院校的专业课程设置比较重视高等数学的内容，对于基础教育的改革关注点大多集中在教学方法、教学理念等教育方面的研究上，对于初等数学课程内容改革的重视程度还不够，跟不上基础教育的实际步伐。从职前教师在数学课程知识的表现上我们也可以看到目前高等师范院校在教师教育上滞后于课程改革的一面。除了学科知识外，职前教师与在职教师差异最大的是数学课程知识。不仅如此，三种类型师范院校的职前教师在数学学科知识、学科教学知识和教育理论知识上都有显著差异，但对目前新的数学课程知识的了解上没有显著差别。这主要是由于无论是哪种类型的师范院校都对新课程的课程内容缺乏深入细致的介绍与分析，这使得职前教师对新的数学课程缺乏了解。因此，高等师范院校课程设置要紧跟时代发展，关注基础教育课程改革的内容变化，使得职前教师在学科知识和数学课程知识上与时代同步。

3. 教师在知识结构类型上有很大的差别

对东北省会城市初中数学教师的研究表明：有三分之一的教师在各种教师知识上都是非常好的，有大约三分之一的教师在分科知识上不足，还有大约三分之一的教师在实践知识上不足。这也提示我们：由于教师的知识结构类型不同，因此在教师继续教育中可能也要采取不同措施来区别对待。以年轻教师占多数的分科型教师可能更需要通过教学实践及其对实践的反思而实现教师知识的整合；而以年长的普通教师为主体的经验型教师则可能更需要各种不同分科知识的更新。不同的教师知识结构类型的存在是和地区、学历无关的，因此，无论是城市还是乡村，发达地区还是发展水平相对较低的地区，教师教育机构都要考虑到要根据教师的知识结构类型去制定有针对性的继续教育方案，有的放矢促进不同类型教师的教师专业发展。各个地区和学科有可能在教师知识结构类型和各个类型所占的比例上有差别，但在职教师教育要个性化却是需要普遍关注的问题。

4. 实践是影响教师知识发展的重要因素

从教师的背景变量的角度来看，不同的教龄、教毕业班次数不同的教师在教师知识上有显著差异，而不同的学历、地区的教师在教师知识上没有显著差异。这说明教师知识的形成与发展更多地与教师的教学实践因素有关。另外，通过对在职教师的判别分析我们也发现：各种教师知识在区分优秀教师、普通教师与新手教师的过程中所起的作用不同，在这些知识中学科教学知识所起的作用最大。而学科教学知识是一种综合的实践知识。无论是学科知识，还是教育理论知识都要通过实践整合成学科教学知识才能最终在教学中发挥其作用。这也从一个方面说明在教学实践反思中促进教师实践知识的发展是新手教师、普通教师成长为专家教师的重要方面。

另外，教师知识来源的研究也验证了实践对于发展教师知识的重要性。对在职教师的教师知识来源的研究表明：自身教学经验与反思、和同事的日常交流是教师们评定的发展各种教师知识最重要的两个来源。对于高等师范院校的师范生而言，他们没有实际的教学实践经历，但在他们的评价中教育见习实习是发展各种教师知识的最为重要的来源。在高等师范院校里教育见习实习也是实践性很强的课程。我国的在职教师教育中教育理论方面的讲解居多，如何通过案例教学等多种与实践有关的形式促进教师实践知识的发展是教师教育中所要思考的重要问题。

(二) 教师知识及来源研究的启示

1. 教师教育中教育理论与具体实践要循环往复

在我国目前承担职后教师教育的部门主要是大学、省市的教研部门和教师进修学校，职后教师教育的主要形式是大学教育专家、教研员以及中小学优秀教师的报告、讲座，培训的内容也以宏观的教育理论为主。那么这种职后的教师教育的效果如何呢？通过调查发现，教师教育机构花费了大量时间与经费组织在职教师培训并没有取得理想的效果。对在职教师的教师知识来源的研究结果表明：以教育见习实习为参照，在职专业培训是次重要和不重要的教师知识来源。与这个结果形成鲜明对比的另一个研究结果是，教师自身教学经验与反思、和同事的日常交流都是最为重要的教师知识来源。根据这些研究结果，教师教育是否应当减少宏观教育理论，而增加教育实践的讨论与交流呢？

事情未必如此简单。目前的研究结果只说明现在以教育理论讲解为主的在职培训效果不好，教师自身教学经验与反思、和同事的日常交流在发展教师知识上效果很好。我们的研究结果得出的只是事物的"实然"，而非"应然"。如果我们根据一个"实然"的结果推论出一个"应然"的结论，那么我们显然犯了一个过度推广研究结果的错误。事实上，理论与实践是一个连续体的两端，重要的是要在加强两个方面工作质量的前提下实现教师教育中的理论与实践的循环往复。以我国的课程改革为例，在课程改革的初期，应当通过大规模的讲座、教学研讨活动等改变教师的教育观念和教学方式，让教师接受、理解课程改革的新思想。这个时期的教师教育更多是在宏观层面上进行。这种教师教育在课程改革的初期是必要的，也是有效的。但随着课程改革的不断深入和发展，教师在使用新课程的教学实践中遇到各种具体问题，这时候教师教育不应当再停留在教师教育观念的宏观层面的讲解上，而应当从学科、从教师个体的微观层面帮助教师提高教学实践能力。通过对教育实践的反思和交流再进行新的教育理论与教育观念的讨论。对于新教师的培养和老教师的新课程实施也是一个类似的过程。

2. 教师任教资格标准中的学历要求要适可而止

我们关于教师知识来源研究的另一个重要结果是：入职后的学历教育是最不重要的教师知识来源。近年来由于我国的大专院校都在不断升级，中专升大专，大专升本科，对教师任教资格标准中的学历要求也在不断提高。近十年来，尽管高等师范院校的本科函授人数越来越少，但同时越来越多的中小学教师开始攻读在职教育硕士，各种教育管理部门也纷纷出台一些相关政策积极鼓励在职教师进一步提高学历水平。因此，目前在职教师入职后的学历教育的结构发生了变化，但数量并没有减少。但我们的研究发现中小学教师入职后的学历教育效果并没有预期中的那么好。这其中的原因非常复杂，既可能是教育机构的课程设置、教学水平不如全日制学历教育规范的原因，也可能是教师由于实际教学所占时间过多没有太多精力真正投入职后的学历教育因而效果不佳。但是我们在这里需要强调的是：即使我国的职后学历教育很规范，教师也真正投入到学历教育中，职后学历教育也不一定能对教师的专业知识和实际教学能力产生积极的效果。Begle 通过元分析总结以往的一系列研究发现：教师知识的多少和以学生在标准化考试中的成绩为依据的教学效果之间没有什么统计上的相关性。[19] 随后 Begle 提出一个建议：教师可能只需要一定程度，超过一个合理的门槛，更进一步的专长学习则无关紧要。[19] 这也提示我们，在我国目前的教师学历水平的实际状况下，刻意追求教师学历层次的提高不一定能够产生我们所期望的价值。和追求教师学历层次提高相比，更重要的是促进教师对自身教学的反思，加强教师之间的交流。

3. 职前教师教育专业课程与教学要重视"双基"之外的第三基

我国职前教师教育的课程是以学科专业课程为主的。我们以某高等师范院校的数学系课程为例，课程计划要求学生必须修满 151 学分，其中公共课 44 学分，数学专业课 85 学分，专业实习与毕业论文 11 学分，其他为任意选修课学分。在中国的师范院校，各个学校的具体情况有所不同，但大致情况基本相同，在课程结构上都是以高等数学的专业课程为主。那么，这些课程在教师教育中的作用如何呢？根据我们的研究结果，数学专业课程被认为是最不重要的教师知识来源。在美国的研究也发现了类似的结论。Ball 认为这其中一个可能的原因是学习微积分并不能为教师提供重新思考或者扩展对中小学数学的理解的机会。[7] 也就是说，以高等数学为主的专业课程并没有提高数学教师的中学数学学科知识。

事实上，高等数学与初等数学的联系是很大的，很多初等数学疑难问题必须要从高等数学的角度才能得到很好的解释。克莱因的《高观点下的初等数学》就是一个很好的典范。[20] 但要达到这一点必须在高等数学的学习中有意识地加强基本数学观点、观念的教学，这是"双基"之外重要的第三基。"双基"只是对一个学科微观层面的局部的学习。对于一个学科的探索与学习要从多种角度进行，要在局部学习之后进行宏观整体的学习，否则对学科的认识就会出现盲人摸象的情景。大学毕业的时候很多课程中的定理和概念可以忘记，但这门数学分支用怎样的独特工具和基本想法，主要解决哪些基本问题还是不应当遗忘的，这些基本观念、想法是连接高等数学与初等数学的桥梁。只有加强了这种教学，大学所学和中小学所教才能建立起联系，我们花了那么多时间和精力所学的专业课程才能为未来的教学实践提供强有力的支持。

4. 入学遴选是职前教师培养的重要起点

除了上面提到的教师教育培养计划的时代性与职前教师知识的水平有关系，通过这个研究我们还发现入学遴选也与教师知识的发展有一定的联系。在我们的研究中，不同类型的高等师范院校的职前教师在教师知识上的差异是比较显著的。高考入学成绩高的师范院校里的职前教师其教师知识水平高于高考入学成绩低的师范院校的职前教师。这一发现与 TEDS-M，这个目前为止最大规模的职前教师知识的国际比较项目中的结果一致。TEDS-M 的研究发现：职前教师在高中时候的知识水平是影响其教师知识发展的重要因素，这是一个普遍的而非只是在几个国家小范围内适用的一般结论。[17]因此，在教师教育中我们在重点关注教师教育培养计划的质量的同时，也要关注职前教师的选拔。如何在政策上吸引高素质的人才进入教师队伍也是教师培养以及教师教育研究中非常重要的问题。

参考文献

[1] Leinhardt G, Smith D A. Expertise in mathematics instruction: Subject matter knowledge[J]. Journal of Educational Psychology, 1985, 77 (3): 247-271.

[2] Ma L. Knowing and Teaching Elementary Mathematics: Teachers' Understanding Fundamental Mathematics in China and the United States[D]. Mahwah, NJ: Lawrence Erlbaum Associates, 1999.

[3] Ball D L. Bridging practices: Intertwining content and pedagogy in teaching and learning to teach[J]. Journal of Teacher Education, 2000, 51: 241-247.

[4] 李琼. 教师专业发展的知识基础——教学专长研究[M]. 北京：北京师范大学出版社，2009.

[5] Brown C A, Borko H. Becoming a mathematics teacher//D A Grouws (Ed.). Handbook of research on mathematics teaching and learning. New York: Macmillian, 1992: 209-239.

[6] Frykholm J A. Pre-service teachers in mathematics: Struggling with the *Standards*. Teaching and Teacher Education, 1996 (12): 665-681.

[7] Ball D L. Prospective elementary and secondary teachers' understanding of division. Journal for Research in Mathematics Education, 1990, 21 (2): 132-144.

[8] Shulman L, Grossman P L. Knowledge growth in teaching: A final report to the Spencer Foundation. Stanford, CA: Stanford University, 1988.

[9] Sanchez V, Llinares S. Four student teachers' pedagogical reasoning on functions. Journal of Mathematics Teacher Education, 2003 (6): 5-25.

[10] Schmidt S. Problem solving as a priviledged context for a fruitful connection between arithmetic and algebra. Review de Sciences de l'Education, 1996, 22: 277-294.

[11] Schmidt S, Bednarz N. Arithmetical and algebraic reasoning in a problem-solving context: difficulties met by future teachers. Educational Studies in Mathematics, 1997, 32: 127-155.

[12] Dooren W V, Verschaffel L, Onghena P. The impact of preservice teachers' content knowledge on their evaluation of students' strategies for solving arithmetic and alge-

bra word problems. Journal for Research in Mathematics Education, 2002, 33 (5): 319-351.

[13] Belfort E, Guimaraes L C. The influence of subject matter on teachers' practices: Two case studies. Presented at Psychology of Mathematics Education, 2002, 26: 2-73.

[14] Schmidt W H, Blömeke S, Tatto M T. Teacher education matters: A study of the mathematics teacher preparation from six countries[M]. New York: Teachers College Press, 2011.

[15] Blömeke S, Suhl U, Kaiser G, Döhrmann M. Family background, entry selectivity and opportunities to learn: what matters in primary teacher education? An International Comparison of Fifteen Countries[J]. Teaching and Teacher Education, 2012, 28: 44-55.

[16] Hill H C, Ball D L, Schilling S G. Unpacking Pedagogical Content Knowledge: Conceptualising and Measuring Teachers' Topic-specific Knowledge of Students[J]. Journal for Research in Mathematics Education, 2008, 39 (4): 372-400.

[17] Blömeke S, Delaney S. Assessment of Teacher Knowledge Across Countries: A Review of the State of Research//Blömeke S, Hsieh F, Kaiser G, Schmidt W H (Ed.). International Perspectives on Teacher Knowledge, Beliefs and Opportunities to Learn[M]. New York: Springer Science+Business Media, 2014: 541-585.

[18] 范良火. 教师教学知识发展研究[M]. 上海: 华东师范大学出版社, 2003.

[19] Begle E G, Geeslin W. Teacher effectiveness in mathematics instruction (National Longitudinal Study of Mathematical Abilities Reports: NO. 28). Washington, D. C.: Mathematics Association of America and the National Council of Teachers of Mathematics, 1972.

[20] 克莱因. 高观点下的初等数学[M]. 台湾: 九章出版社, 1996.

第二十章
中国数学教师的教学信念[①]

新一轮基础教育数学课程改革启动以来，教师被普遍视为改革成功的关键。人们相信只有在教师批判性地反思自己的信念，改变自己的教学行为以适应改革方案的需求之后，学校变革才有可能发生。正如联合国教科文组织在总结教育改革成功经验时所警示的，"没有教师的协助及其积极参与"或"违背教师意愿"的教育改革，从来没有成功过。但教师改变是一项艰难的系统工程，它涉及各种复杂因素的发展和变化，而其中教师信念的改变又居于核心位置，统摄着教师其他方面的品质。

一、中国数学教师的教学信念研究的历史回顾

所谓信念，是个人对一类事物持有的基本的、总的认识。数学教师信念是数学教师持有的与数学、数学的教与学等有关的思想和观点。数学教师在教学过程中拥有许多信念，这些信念互相联系并相互影响，形成一个体系。信念体系可能受数学哲学某些观点的影响，或受他人的影响，但"信念更多地来自本人的实践经验，是个人在智力活动中耳濡目染、潜移默化，经过一段时间，自下而上积累后沉淀在思想中"[1-4]。

20世纪初，国际社会心理学家率先研究了信念的本质和信念对人们的行为产生的影响。而中国数学教师的信念研究，迄今具有不超过二十年的研究历史。

从20世纪90年代末起，我国数学教育研究者开始关注教师的数学和数学教与学的信念或者观念，以及它们之间的关系。2001年周兆透的硕士论文发表，这是国内首次调查研究高师院校数学教师的信念。[5]同年，许丽萍使用个案研究法，通过与一名高中数学教师面谈以及旁听他的一节课，来了解该教师的教学信念是如何潜在地影响着他的教学实践。[6]之后一段时间，对数学教学信念的研究，不少文献转移到较为具体的数学观的探讨上。其中比较有影响的研究有：我国学者黄毅英对内地中学教师数学观的访谈研究；[7]黄秦安在数学教师数学观和数学教育观理论层面作了一些有益的探索。[8]

[①] 谢圣英，湖南师范大学数学与计算机科学学院；蔡金法，School of Education, University of Delaware, USA。

周仕荣于 2007 年完成了关于师范生数学教学信念发展研究的第一篇博士论文。[9] 2008 年,丁福全使用问卷并结合访谈,调查研究一线中学数学教师的教学信念与教学行为的现状。[10]此后,数学教师信念的相关研究开始逐渐增多。

尤其是近三四年来,研究开始走向纵深。其中包括:分学段(如小学、初中、高中阶段)的数学教师信念研究[11-13];针对某一数学内容或具体方面的教学信念(如平面几何的教学信念、信息技术信念)的研究[14-15];教师信念研究工具的开发研究[16-17];还有学者开始探讨数学教师信念与具体教学行为的关系,数学教师信念与学生数学信念、数学学习兴趣的影响路径[18-19]。

通过上述对中国数学教师的教学信念研究的历史回顾,我们对总体研究有了大致的了解。但是,基于跨国比较的背景,目前中国数学教师信念研究的具体内容如何?将来的研究趋势又是什么?为了回应这些问题,本章将从以下四个方面展开:(1)关于数学的信念;(2)关于数学教学的信念;(3)信念同其他因素的关系;(4)未来研究展望以及培养中国数学教师信念的方法。我们可以用图 20-1 来描述数学教师信念与学生数学学习之间的复杂关系。此外,图 20-1 也可以指导我们的研究,并有助于读者理解本章的结构。

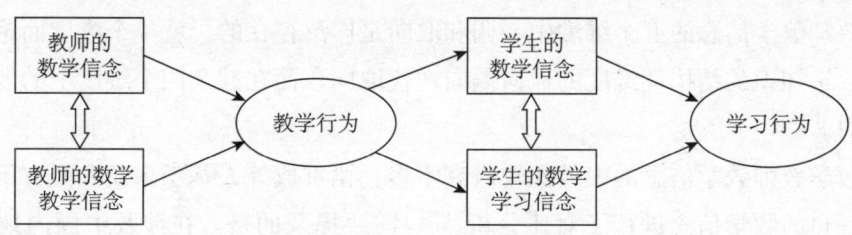

图 20-1　数学教师的信念与学生的学习

二、教师的数学信念

教师的数学信念,又称数学观,是教师对数学的本质的认识。[20]数学教育领域内,对教师数学信念的研究最著名的是欧内斯特(Ernest),他把数学信念分为问题解决、柏拉图主义和工具主义观念 3 种类型。[20]莱曼(Lerman)将数学信念分为绝对主义的观点和谬误主义(Fallibilist)。"一个绝对主义者认为,所有的数学知识都是基于统一的、绝对的基础,数学知识具有确定性、绝对性、价值中立性和抽象性。数学与现实世界之间是柏拉图式的联系。而谬误主义者认为,数学是通过猜想、证明、反驳发展起来的。数学的本质属性是不确定性"。[21]还有些研究者将数学信念分为传统的绝对主义观点和非传统的建构主义观点[22-23,5]。此二元观点分别与莱曼提出的绝对主义的观点和建构主义的观点,以及欧内斯特提出的柏拉图主义观念和问题解决观念相对应。因此,二元观点实际上与莱曼的模型本质是一致的,而且,这两种模型又都包含在欧内斯特的模型中。[24]最近,研究者发现数学信念构成了一个认识信念系统,它具有多维多取向立体模型[18],即教师的数学信念由数学知识的结构性、稳定性、来源、证实、价值等五个维度构成,每个维度在理论上有三种取向，即传统取向、调和取向和现代取向。

在上述数学信念模型的基础上，国内研究者调查分析了教师的数学信念。比如，利用莱曼的模型，Shahvarani 和 Savizi 对意大利高中数学教师做了问卷调查，得出教师持传统的数学观点；[22] Barkatsas 采用问卷调查方法，发现希腊数学教师信念更接近建构主义的观点。[23] 教师的数学信念也可能包含上述两个观点；[3] 如周兆透对我国高师院校的数学教师进行了调查，得出教师的数学信念既不完全是绝对主义的观点，也不完全是建构主义的观点，但是，相比之下似乎前一种成分更多一点。[5] 黄秦安认为中国数学教师持有的数学信念是自然主义、实用主义、功利主义和科学主义，[8] 陈士文在调查了 102 名小学数学教师的数学观现状后，发现教师的数学观可以归为传统型、畸形、空泛型、先进型四类。[25] 黄毅英以欧内斯特的模型为基础，采用半结构式个别访谈法，对内地中学教师的数学信念做了系统研究。他指出，被访问的教师的数学信念主要是柏拉图主义的观点，教师把数学看成是一个与逻辑有关的、有严谨体系的、关于图形和数量精确计算的学科。[7] 吴万岭也以欧内斯特的模型为基础，通过问卷调查和访谈，同样也发现教师们的观点更倾向于柏拉图主义的观点。[26] 王兴福以数学信念的多维度多取向立体模型为基础展开研究，结果表明教师数学信念的五个维度中，调和取向是广泛存在的。就单个维度而论，中学数学教师在数学知识的结构性维度的取向偏向现代取向，而在其余四个维度上的取向均接近于调和取向。[18]

对于数学教师数学信念的中外比较研究不多。梁贯成等人基于东亚和西方不同的文化传统，对各自的数学信念进行了对比分析。[27] 需要提及的是，在涉及中国内地和美国数学教师信念的比较研究中，有代表性的有马立平对中美教师数学知识观的比较。[28] 特别涉及数学观的跨地区比较研究中，黄毅英等人[7] 则将香港数学教师和内地数学教师的数学观进行了对比，发现两地教师都倾向于数学就是学校数学课程，普遍将思考作为数学的一个重要特性。香港教师在实际教学中常常把数学操作练习与数学思考对立起来，内地教师亦会出现这样的对立，不过也有一些成功的改革经验，将常规训练技能和逻辑思维能力共同发展提高。在数学信念的文化比较上，有学者将中国古代的数学信念与古希腊的进行对比，认为中国古代的数学信念是以经验主义和实用主义为主，数学被视为解决实际问题的工具，是一种技能，对数学规律和结论的认可以符合经验验证为标准，不强调逻辑演绎论证。而古希腊持有的是绝对主义和人文主义的数学信念，数学是可以脱离现实而依靠公理和逻辑演绎独立发展的科学，数学还是人的文化素质中的重要组成部分。[29] 与此同时，梁贯成通过对《九章算术》和《几何原本》的比较分析，[30] 提出传统中国数学的两大特征是算法属性和强调应用，实用主义成为中国传统的数学观。张奠宙先生从中华文化的角度全面地对比了东西方数学信念的差异。精耕细作的农耕文化折射到数学信念领域变成重视学习记忆基本知识、强调基本技能的"双基"；治国平天下的王权文化带来的是崇尚实用的管理数学，不同于西方强调"说理"的理性思维；宗法制度下的儒家文化，导致对数学教育的轻视，数学只能作为民俗而存在，进不了文化的主流；追求现世功业的考试文化，有助于明确数学教育的方向，却无助于人文的修养；崇尚严谨论证的考据文化，使得数学教学重视逻辑训练，却带来数学思维创造性的丢失。[31]

有比较才有鉴别，数学不再仅仅被看作是一个学习其他学科必需的科目，而是被作为一种文化、一种当代社会公民的基本素养。在当前世界各地课程改革的背景下，这样的跨文化比较尤为重要。就教师的数学信念来讲，比较研究的形式有多种多样。从数学教学设计的结构到内容，从教学的实践到评价，都可以和教师的数学信念联系起来。即便是国内不同地区、不同类型学校的教师之间的比较也有其意义，如马云鹏等人对中国东北地区城市和农村数学教师的比较研究[32]。过往很多对东西方的数学教育理论的争执，未尝不是在没有深入理解自己和对方所秉承的数学信念上展开的。因为不清楚共同讨论的基础，或是未能真正理解各自的内涵，也就难免会出现"皮影戏"的结果。

总之，中国教师的数学信念主要有以下三个特点。首先，中国教师的数学信念作为一个系统，它本身具有复杂性、多元性和调和性。我们对中国教师数学信念的研究主要侧重于数学信念的模型。模型从二元、三元到多元，从多元向多元多取向的立体型发展。其次，数学信念的"正确性"理解为一个相对的概念。研究者倾向于为教师找到"正确的""合适的"数学信念，转变原来"不合理的"数学信念。其实，我们应将数学信念的"正确性"理解为一个相对的概念。[33]在某一个数学课程改革背景和课程设计的框架下，符合其内涵和理念的数学信念则可认为是正确的与合理的，与之偏差甚至背离的则可以说是"不合理的"。脱离一个具体的课程情境来谈所谓的正确性会有失偏颇。再次，中国数学教师的数学信念主要受到了儒家文化的影响。中国古代的数学信念强调数学知识"经世致用"，数学被视为解决实际问题的工具，是一种技能，对数学规律和结论的认可以符合经验验证为标准，不强调逻辑演绎论证。

三、教师的数学教学信念

教师的数学教学信念，又称数学教学观，是教师对教学目标、教学过程中教师的角色、学生的角色、适合的课堂活动、教学方法、教学重点、合理的教学步骤、教学结果的认识和看法。[21]教师的数学教学信念一直是数学教育领域的研究者关注的焦点，他们提出了多个模型或视角来刻画教师的数学教学信念。

（一）中心论（oriented theory）

库斯（Kuhs）和鲍尔（Ball）[21]指出了以学生为中心、以内容为中心、以练习为中心和以课堂为中心的4种数学教学信念。喻平提出行为主义和建构主义的二元数学教学信念。[16]行为主义的教学信念认为，教师是知识的传递者，学生是知识的接受者；在教学过程中，教师占主导地位、权威地位，教师操纵着整个教学过程，为学生提供刺激，一般不允许学生自由发挥想象的余地；教学目标细化，强调操作性练习；教学评价以对行为变化的观测为依据。[34]建构主义教学信念认为，教学过程是师生的双边活动，教学中应将学生的能动作用摆在主要位置；在教学设计上，教师应根据学习内容设计出具有思考价值的、有意义的问题，让学生去思考、尝试去解决；在此过程中，教师可提供一定的支持和引导，组织学生合作讨论。还有的研究者提出了"以教师为中心"和"以学生为中心"[35-37]的教学信念。在本质上，"以教师为中心"的观点与库斯和鲍尔提出的"以内容为中心""以练习为中心""以课堂为中心"相对应。"以学生为中心"的观点与库斯和鲍尔提出的"以学生为中心"的内涵相一致。

研究者们以上述模型为基础，考察不同文化、不同传统下数学教师信念的差别。比如，科雷亚（Correa）等对中国北京和美国伊利诺伊州地区数学教师的教学信念做了对比，结果显示中国教师注重激发学生学习数学的兴趣，将教学内容与实际生活联系起来，而美国教师多看重学生的学习方式，更多采用"动手做（hands-on）"的方法教学。[36]为考察文化传统相似的地区教师的教学信念是否一致，黄毅英等人对台湾、香港、长春三地数学教师展开调查，得出台湾数学教师最不倾向于传递，最以学生为中心，最依赖于传递的是香港中学数学教师，而最不以学生为中心的是长春数学教师。同时他们指出，资历愈老的教师愈不以学生为中心。[38]

越来越多的中学数学教师开始关注数学的实际应用方面的教学，而不仅仅是数学考试成绩。但是彭艳贵对我国东北部分地区数学教师的调查发现，还有少部分教师没有这样的转变，总是以习题和考试为主。[39]周仕荣运用问卷和经历暗示量表对师范生的教学信念做了研究，发现师范生的教学行为没有体现新课程要求的关于学生自主探究和建构数学的教学信念。在大学期间，师范生形成的是以教师中心和传统主义取向的教学信念。[9]

（二）有效教学（effective teaching）

从有效教学的视角看教师的教学信念，主要有四个代表性的观点：第一，从经济学投入和产出的角度，有效教学具有三重意蕴——效果、效率和效益。如有效教学意味着"教师以尽可能少的时间、精力和物力投入，取得尽可能好的教学效果"。[41]第二，以学生的进步和发展作为出发点，指出有效教学主要是指通过教师一定时间的教学之后，学生的具体进步和发展。如有效教学被定义为"教师通过教学使学生获得具体的进步和发展"。[42]许飞菊认为有效的教学课堂"应该切实促进学生数学素养的积淀和发展"。[43]第三，界定有效教学的层次性：表层是一种教学形态，中层是一种教学思想，上层是一种教学理想和境界。[44]第四，有效教学是快乐而高效的教学。[45]也有学者对此进行了反思，如吴永军提出对于有效教学中发展的检测不能急功近利，只考虑眼前利益，要有长期及可持续发展的眼界以及多元观。[40]

在对数学有效教学的宏观认识上，大多数研究者采用了上述四种观点中的前两种，很少有学者采用后两种。一些研究者多援引数学教学实践中的案例来支持其论点，因而具有鲜明的独特性。[41-43]为了更直接地研究一线中学数学教师的有效教学信念，吴德文基于斯特朗有效教学研究框架制定了数学教师有效教学调查问卷，调查了吉林省316名高中数学教师对有效教学相关变量的认识。结果显示，在多项人口学变量上对有效教学认识存在显著差异。其中男女教师在对有效教学认识上差异最大，反馈、评估过程、学习风格、师生互动、热爱内容、教学热情、奉献精神、教学反思和师德九个变量均有显著差异。而不同年级和不同职称的教师对有效教学认识的差异最小，仅在两个变量上有显著差异。这一结果说明了性别变量是今后研究数学有效教学的重要变量之一。[46]

蔡金法和王涛则从东西方文化差异的角度，调查并分析了中美两国数学教师的有效教学信念，他们发现美国教师更注重通过具体例子来让学生理解数学知识，而中国教师更加重视使用实例后的抽象推理过程。美国教师更推崇教师促进学生参与、管理课堂和幽默的能力，中国教师更强调教师扎实数学知识和钻研教材；中美数学教师都认为识记和理解是密不可分的，然而美国教师赞同先理解后识记，而中国教师认同先识记后理解。蔡金法和王涛认为，这些教学信念上的差异可以追溯到东西方文化的差异。中国受儒家文化影响，儒家强调教师的权威和学生的勤奋，而美国受苏格拉底式文化影响，苏格拉底式文化则认为学生必须通过质疑自己或他人来生成知识。[47]

（三）教学连贯性（instructional coherence）

连贯性一直是话语研究中的概念，最近成为教育研究中的一个概念。[48]施密特（Schmidt）等将连贯性定义为由学科内容主题派生的一系列符合逻辑、分层本质的论题和表现。[49]连贯性有微观和宏观两个层面。从微观层面看，连贯性是存在于"复合句和连续句中命题之间的连接"[50]；从宏观层面看，连贯性是指话语的大意和主题。

许多研究人员采用了从其他学科的研究框架和研究方法来研究数学课堂教学的连贯性，关注课程结构，课程内和跨课程的事件。例如，国际研究表明：与美国相比，教学连贯性是中国数学教学的一大特色[51-52]。研究揭示了课堂实施教学连贯性的一些重要差异，这些差异反映了独特的教学文化信念[45,53]。这些观察到的教学特征背后，指导教师设计连贯课堂的支撑观点是什么？教师眼中教学连贯性的本质是什么？教师如何看待那些可能实现教学连贯性的方法？

为了解教师对教学连贯性意义的看法和他们实现教学连贯性的方法，蔡金法等调查了20名优秀中国教师和16名优秀美国教师。[48]关于教学连贯性的意义，大多数的美国教师关注教学活动、课程或主题之间的联系，而大多数中国老师则强调了数学知识之间的内在联系更重要。美国教师表达了他们如何通过管理完整课堂结构实现教学连贯性的观点。相比之下，中国教师强调教学流程、过渡语言、研究教材和学生后的提问设计。此外，他们强调突出学生的思维和处理突发事件，以达到"真实"的连贯性。本研究的结果有助于我们了解教学连贯性的意义和在不同的文化背景下教学连贯性实现的方法。

（四）表现或表征（representations）

研究教学信念的一个主要目标是改进所有学生的学习机会。许多研究显示在数学解决问题和提出问题中，美国和中国学生的数学思维和推理存在显著差异。虽然研究已发现美国和中国学生之间的差异似乎相对一致，但不久前我们才发现美国和中国学生的数学问题解决有差异的原因。

通过分析美国和中国教师给 28 个学生反应的评分，蔡金法考察了他们解决方案展示和策略的观点。[54]一组 59 名中国贵州小学数学教师和一组 52 名来自美国特拉华州、北卡罗来纳州、宾夕法尼亚州和威斯康星州的中学数学教师参加了研究。研究结果清楚地表明，对于学生们的反应包括具体策略和视觉表征，美国和中国教师的看法是不同的。特别地，美国教师对具体策略和视觉表征的重视比中国老师要多得多。此外，尽管美国和中国教师都重视更概括性的策略和符号性的表征，中国教师期待 6 年级学生使用概括性的策略来解决问题，而美国教师却没有。本文的研究有助于我们理解美国和中国学生的数学思维之间的差异，而且本研究还确立了使用教师给学生反应的评分作为考察教师信念的一种可供选择的有效方式的可行性。

四、数学教师的信念与其他因素的关系

无论是数学信念还是教学信念，研究数学教师信念的目的在于分析信念对教师教学行为和学生发展的影响，也即分析数学教师的信念与其他因素的关系。

首先要回答的一个重要问题是：数学教师的信念是否会影响学生的发展？国外在这方面的研究比较多。中国研究者张美娟通过量表测量和问卷调查探求了教师数学信念与学生的数学焦虑之间的关系，结果发现教师的数学信念与学生的数学学习行为和数学焦虑之间存在显著的正相关。如果数学教师持有易缪的数学信念，则他在对待学生的过失时就会比较宽容理解，若数学教师在教学过程中持有绝对的数学信念，则对学生在数学学习中出现的问题采取比较苛刻的态度，从而导致学生怀疑自己的数学能力并由此产生数学焦虑。[55]

那么，数学教师的信念对学生的影响到底是直接的还是间接的？喻平提出这种影响是透过教师的自我教学理念、教学设计、教学行为、教学组织以及教学评价间接产生。[56]李琼等的实证研究结论也进一步佐证了喻平的观点，他们研究发现教师的数学信念并不对小学生的数学学习表现出直接的影响关系，而只有教师的数学教学信念和行动才对学生数学学习观的形成有着显著影响。其原因在于，教师本身对数学知识的理解更多的以内隐的（implicit）方式存在，并不能直接转化为学生外在的学习结果，而只有教师将自己对学科知识的理解外化为课堂教学中有效的师生互动，特别是以学生的思维特点或理解知识的形式来表征学科知识时，教师本身所掌握的学科知识才能对学生的学习产生直接的

影响。[57]

毋庸置疑，教师的教学行为或教学方法受到不同教师信念的影响，其教学方法会有不同的方式。王学沛等人总结出在4种不同数学信念影响下的教学方式：猛增乱补型、认套题型、建构主义型、数学思维型。[58] 教学信念对教学行为具有有效的预测力，并以"数学教学""教学评价"方面的信念最有预测力。教师的教学信念对教学行为的影响会受到外在环境因素的制约，而不能完全反映在教学行为中。除"数学本质"这个数学信念外，数学教学信念的各项因素对教学行为的各因素层面具有直接或间接的影响效果。而且，教师的数学信念，特别是对数学本质的认识，对其教学行为的影响也不是直接的，而是通过数学教学信念等对教学行为产生影响。[59]

五、讨论和研究展望

我们可以清楚地看出，数学教师的信念研究已经取得了很多研究成果，这为以后的研究打下了坚实的理论与实践基础。但是研究内容、研究方法以及研究整体联系上还存在一些不足。

第一，在研究内容上，应更多地关注社会文化因素。信念是个体从事的社会活动的产物，与个体所处的社会文化密不可分，特别是教学过程中的课堂文化，对教师和学生都有很大的影响。对教师信念的理解也只有回到具体情境中才能看出其"庐山真面目"。脱离社会文化和课堂文化来判断教师信念可能会有失偏颇。要判断教师的数学信念和数学学习信念与教学信念之间的关系，也只有回到教师具体课堂情境中才能分析清楚。另外，要改变教师现有的信念体系，也需从文化角度入手，剖析核心信念，而当前研究仅限于理论探讨，缺乏实证考察。此外，在新课程实施过程中，持有不同信念的数学教师对新教材中资源的选择和利用是否存在差别？教师信念是否影响他们对新教材的看法？这些方面的研究有待开发，也迫在眉睫。

第二，在研究方法上，应多采用定量与定性相结合的方法。现有的研究多采用问卷调查法等定量研究方法，固然，用量表评估较稳定的信念体系非常有效，但是，要深入揭示数学教师信念体系缓慢变化的过程，以及教师信念体系对教师实践活动的影响程度，定量的研究方法仍存在局限性。我们可以更多地采用人种学的研究方法，如录像带法、跟踪观察法、访谈法等质性研究方法，有助于探明教师对某种信念的理解、内化和有效运用的程度，刻画教师信念体系内部各个因素之间的一致性，以及信念与实践活动之间的相互作用。

第三，在研究整体联系上，中国数学教师信念研究中较多的是倾向于宏观论述，提出的大多是研究者各自的想法和见解，实证研究方面及彼此观念间的融合还有待加强；研究较多为一块一块地进行，对于块与块之间联系的研究有待加强，特别在探讨不同的板块的关联时应给出启示[60]。

参考文献

[1] Jin M. Relationship between the Beliefs about Mathematics and Teaching-learning and Teaching Practices of a High School[D]. Korea National University of Education, 2001.

[2] Ball D L. The Classroom Environment Study[J]. Comparative Education Review, 1988, 31 (1): 69.

[3] Ball D L. Prospective Elementary and Secondary Teachers' Understanding of Division[J]. Journal for Research in Mathematics Education, 1990, 21 (2): 132.

[4] Bush W S. Pre-service Secondary Mathematics Teacher's Knowledge about Teaching Mathematics and Decision-making Processes during Teacher Training[D]. University of Georgia, 1982.

[5] 周兆透. 关于高师院校数学教师的信念的调查研究[D]. 华东师范大学, 2001.

[6] 许丽萍. 中学数学教师教学信念的个案研究[J]. 中学数学教学参考, 2001 (04): 32-34.

[7] 黄毅英, 林智中等. 中国内地中学教师的数学观[J]. 课程·教材·教法, 2002 (01): 68-73.

[8] 黄秦安. 数学教师的数学观和数学教育观[J]. 数学教育学报, 2004 (04): 24-27.

[9] 周仕荣. 师范生数学教学信念的发展研究[D]. 华东师范大学, 2007.

[10] 丁福全, 贾玉翠. 中学数学教师教学信念的现状调查[J]. 湖南农业大学学报（社会科学版. 素质教育研究), 2008 (03): 34-35.

[11] 脱中菲. 小学数学教师信念结构及特征的个案研究[D]. 东北师范大学, 2014.

[12] 王晓明. 初中数学教师的教师信念的研究[D]. 东北师范大学, 2009.

[13] 李美玉. 高中数学教师的教师信念研究[D]. 东北师范大学, 2013.

[14] 赵颐. 不同学程的数学教师对平面几何的教学信念调查[J]. 贵州师范学院学报, 2014 (03): 51-55.

[15] 李红梅. 基于层次分析法的数学教师信息技术信念评估指标权重的确定[J]. 科教导刊（中旬刊), 2015 (02): 53-55.

[16] 喻平. 数学教师认识信念的一个理论框架与量表设计[J]. 数学教育学报, 2013 (04): 34-38.

[17] 谢圣英. 中学数学教师认识信念系统量表的编制与信效度检验[J]. 数学教育学报, 2014 (04): 47-54.

[18] 王兴福. 中学数学教师数学认识信念对教学行为的影响研究[D]. 南京师范大学, 2014.

[19] 刘展, 张水利. 数学教师信念与学生数学信念系统对学生数学学习兴趣影响的路径

研究[J]. 南昌师范学院学报, 2014 (06): 5-9.

[20] Ernest P. The Impact of Beliefs on the Teaching of Mathematics[A]//Ernest P. Mathematics Teaching: The State of the Art. London: Falmer Press, 1989.

[21] Thompson A. Teachers' Beliefs and conceptions: A Synthesis of the Research[A]//Grouws D A. Handbook of Research on Mathematics Teaching and Learning. New York: Macmillan, 1992.

[22] Shahvarani A, Savizi B. Analyzing Some Iranian High School Teachers' Beliefs on Mathematics, Mathematics Learning and Mathematics Teaching[J]. Journal of Environmental and Science Education, 2007, 2 (2): 54.

[23] Barkatsas A, Malone J A. Typology of Mathematics Teachers' Beliefs about Teaching and Learning Mathematics and Instructional Practices[J]. Mathematics Education Research Journal, 2005, 17 (2): 69.

[24] 金美月, 郭艳敏, 代枫. 数学教师信念研究综述[J]. 数学教育学报, 2009 (01): 25-30.

[25] 陈士文. 关于小学数学教师数学观的调查分析[J]. 上海教育科研, 2008 (7): 37-38.

[26] 吴万岭. 小学教师数学观的调查研究[D]. 首都师范大学, 2006.

[27] Leung F K S, Graf G-D, Lopez-Real F J. Mathematics Education in Different Cultural Traditions: The 13th ICMI Study[M]. New York: Springer, 2006.

[28] Ma L P. Knowing and Teaching Elementary Mathematics: Teachers' Understanding of Fundamental Mathematics in China and the United States[M]. Hillsdale, NJ: Erlbaum, 1999.

[29] 柳成行. 古代中国与古希腊的数学观之比较研究[J]. 哈尔滨学院学报, 2005, 26 (8): 20-23.

[30] 梁贯成. 中国传统的数学观和教育观对新世纪数学教育的启示[J]. 数学教育学报, 2001, 10 (3): 5-7.

[31] 张奠宙. 中华文化对今日数学教育之影响[J]. 基础教育学报, 2007, 16 (1): 45-55.

[32] Ma Y P, Lam C C, Wong N Y. Chinese Primary School Mathematics Teachers Working in A Centralized Curriculum System: A Case Study of Two Primary Schools in North-East China[J]. Compare, 2006, 36 (2): 197-212.

[33] 张侨平, 黄毅英, 林智中. 中国内地数学信念研究的综述[J]. 数学教育学报, 2009, 06: 16-22.

[34] Haser C. Investigation of Pre-service and In-service Teachers Mathematics Related

Beliefs in Turkey and the Perceived Effect of Middle School Mathematics Education Program and the School Contexts on These Beliefs[D]. Michigan State University, 2006.

[35] Tsailexthim D A. Cross-national Comparative Study of Teaching Philosophies and Classroom Practices: The First-grade Classrooms in Thailand and The United States[D]. California State University, 2007.

[36] Correa A. Connected and Culturally Embedded Beliefs: Chinese and US Teachers Talk about How Their Students Best Learn Mathematics[J]. Teaching and Teacher Education, 2008, 24 (1): 140-153.

[37] 喻平. 数学教育心理学[M]. 南宁: 广西教育出版社, 2004.

[38] 黄毅英. 数学观研究综述[J]. 数学教育学报, 2002, 11 (1): 1.

[39] 彭艳贵. 中学数学教师数学教学观的现状调查研究[D]. 东北师范大学, 2007.

[40] 吴永军. 关于有效教学的再认识[J]. 课程·教材·教法, 2011 (7): 9-14.

[41] 张国富, 俞雅红. 新课程理念下如何追求有效教学[J]. 数学学习与研究, 2010 (2): 68-70.

[42] 陈力, 江松涛. 数学有效教学中的四个"发生性"特征[J]. 教育理论与实践, 2009 (4): 54-55.

[43] 许飞菊. 对数学有效教学的几点思考[J]. 课程教材教学研究, 2010 (3/4): 74-75.

[44] Long B, Chen X. Conceptual reconstruction and theoretical thinking of effective teaching [in Chinese][J]. Journal of Educational Science of Hunan Normal University, 2005, 4 (4): 39-43.

[45] Cai B, Che W. Effective classroom teaching: the connotation, features and constituent elements [in Chinese][J]. Educational Scientific Research, 2013 (1): 12-17.

[46] 吴德文. 高中数学教师对有效教学相关变量的认识及其意义——以吉林省为例[J]. 课程·教材·教法, 2014 (9): 68-73.

[47] Cai J, Wang T. Conceptions of effective mathematics teaching within a cultural context: perspectives of teachers from China and the United States[J]. Journal of Mathematics Teacher Education, 2010 (4): 145-186.

[48] Cai J, Ding M, Wang T. How do exemplary Chinese and U.S. mathematics teachers view instructional coherence? [J]. Educational Studies in Mathematics, 2014, 85 (2): 265-280.

[49] Schmidt W H, Wang H, McKnight C C. Curriculum coherence: An examination of US mathematics and science content standards from an international perspective[J]. Journal of Curriculum Studies, 2005, 37: 525-559.

[50] van Dijk T A. The study of discourse//T A van Dijk (Ed.), Discourse as structure and process, Thousand Oaks, CA: SAGE Publications, 1997 (1): 1-34.

[51] Cai J. U. S. and Chinese teachers' knowing, evaluating, and constructing representations in mathematics instruction[J]. Mathematical Thinking and Learning: An International Journal, 2005 (7): 135-169.

[52] Leung F K S. The mathematics classroom in Beijing, Hong Kong and London[J]. Educational Studies in Mathematics, 1995, 29: 297-325.

[53] Cai J, Kaiser G, Perry R, Wong N Y. Effective mathematics teaching from teachers' perspectives: National and international studies. Rotterdam: Sense Publishing, 2009.

[54] Cai J. Why do U. S. and Chinese students think differently in mathematical problem solving? Impact of early algebra learning and teachers' beliefs. Journal of Mathematical Behavior, 2004 (23): 135-167.

[55] 张美娟. 教师、家长的数学信念和学习观与学生的数学焦虑的相关研究[D]. 华东师范大学, 2006.

[56] 喻平. 教师的认识信念系统及其对教学的影响[J]. 教师教育研究, 2007, 19 (4): 18-22.

[57] 李琼, 倪玉菁, 萧宁波. 教师变量对小学生数学学习观影响的多层线性分析[J]. 心理发展与教育, 2007 (2): 93-99.

[58] 王学沛, 邓鹏, 魏勇. 几种数学观下的数学教学[J]. 课程·教材·教法, 2008, 28 (2): 53-57.

[59] 丁福全. 中学数学教学信念与教学行为的相关研究[D]. 广西师范大学, 2008.

[60] 张侨平, 黄毅英, 林智中. 中国内地数学信念研究的综述[J]. 数学教育学报, 2009 (06): 16-22.

第二十一章

中小学数学课堂教学评价[①]

我国对中小学数学课堂教学评价的系统研究和实施,可以追溯到 20 世纪 50 年代开始的听课、评课活动。由省、市、区(县)、校各级教研机构形成的四级教研体制,把教师之间的相互听课、评课活动发展为日常性的教学活动,也成为数学课堂教学的主要评价方式。随着 21 世纪基础教育新课程改革的推进,数学课堂教学评价的理念、内容及方式发生了较大的变化。

本章首先从总体上对中小学数学课堂教学评价的内涵、功能、标准等方面的研究状况进行概要的介绍,然后对数学课堂教学评价的要素、指标体系、评价形式以及发展趋势等加以介绍。

一、数学课堂教学评价研究概况

20 世纪 90 年代以来,我国中小学数学教育研究逐渐繁荣起来,关涉数学课堂教学评价的理论研究和实践探索比较丰富,概括起来,代表性的研究成果主要集中在数学课堂教学评价的含义、功能、标准及形式等方面。[1]

(一) 数学课堂教学评价的含义

关于数学课堂教学评价的含义,不少学者根据中国中小学数学课堂教学的特点,从不同的角度给出了相应的描述,代表性的观点主要有:

数学课堂教学评价是以一节课为内容,对教与学的实际水平和效果进行定性和定量的判断过程,是提高课堂教学质量的手段。[2]

数学课堂教学评价,是以一节(或几节)数学课堂教学为研究对象,根据评价标准,运用科学的测评手段,对教和学的效果进行价值判断的活动。这里,建立科学的评价标准并形成相应的指标体系是至关重要的问题,不仅关系到各项评价原则的落实和评价功能的发挥,而且直接关系到教学质量的提高。[3]

课堂教学是中学数学教育的主渠道,课堂教学过程构成了数学教育过程的主体。在课

---

① 宁连华,南京师范大学数学科学学院。

堂教学中，教师应根据教学大纲的要求，通过教材和有效的教学手段，促进学生掌握数学知识、发展学生的数学能力、形成恰当的数学观念，从而达到教学目的。因此，课堂教学反映出教师的教学思想、教学水平和学生参与程度及学习水平。中小学数学课堂教学评价就是对这些课堂教学的要素及其相互作用进行分析和评价，达到提高教学效果的目的。通过课堂教学的评价，我们能够逐渐深刻地把握课堂教学的规律，促进教师之间进行课堂教学的交流和教师的自我反思，激励教师提高教学水平、能力和工作热情。同时，课堂教学评价还应考虑学生在课堂教学中的因素，对学生的学习态度和学习能力进行评价。以前的课堂教学评价只考虑教师的因素，然而教学是一种双边活动，因此，应把学生的学习活动作为课堂教学评价的一个因素，达到提高学生的学习能力和思维能力以及树立正确的学习观、数学观的目的。[4]

课堂教学评价一般是以一节课为评价内容，对教学的实际水平和效果进行定性与定量评价的过程。课堂教学评价具有鉴定、诊断、导向、调节、激励和改进等功能，是提高课堂教学质量的重要手段。[5]

综合来看，数学课堂教学评价是指通过对数学课堂教学过程及结果的考察，对教学效果、学生的学习质量及个性发展水平做出科学的判断，诊断教学双边活动中存在的问题，进而调整、优化教学过程的数学教学实践活动。

根据人们理解的侧重点不同，课堂教学评价的对象也有所不同，归纳起来主要有以下几类：①评价教师；②评价学生；③评价教学过程及效果；④评价教师的"教"与学生的"学"；⑤评价课堂教学活动整体。[1]

中小学数学课堂评价过程中一般涉及以下几个环节：

第一，根据国家数学课程标准（或教学大纲）对数学教学提出的总目标，制定与具体教学内容相关的教学目标和学习目标，作为教学评价的参照标准。为了充分体现学生在评价中的主体地位，可引导学生参与评价标准的制定。

第二，创设一定的学习情境，实现预先设定的教学目标，并结合实际情况检查达标的程度。

第三，使用定量或定性的教育测量、统计的方法，围绕数学教学的各环节收集相关信息，包括学生对基础知识和基本技能的掌握情况，合作能力、探究能力、创新能力等各种能力的发展情况，以及在学习中表现出来的情感态度价值观等方面的资料。

第四，对收集到的信息进行科学地处理和分析，并根据得出的结论及时反馈和矫正，使教师、学生都能客观地进行自我评价、自我调整和自我控制，从而激励学生的学习和改进教师的教学。

（二）数学课堂教学评价的功能

评价已成为中小学数学课堂教学过程中不可缺少的重要环节，关于评价功能的认识与研究也比较成熟，不同的学者观点略有不同。

有学者认为，数学课堂教学评价具有鉴定、导向、诊断、激励、信息反馈和决策调控的作用。几种作用是相辅相成的，总合起来是控制作用。"鉴定"是后果控制，针对评价对象的现实状态加以鉴定，以鉴定合格标准作为最后结果的控制。"导向"是定向控制，先提出目标作为方向来控制。"诊断""调控"是过程控制，在整个过程中，通过评价的诊断作用指出被评价对象与目标的接近或偏离程度以及存在的问题，进行调控。"激励"是行为控制，人的行为是受动机支配的，动机由需要引起。评价能适应人实现自我价值的需要，激发动机，使其行为处于争取实现指标的积极状态，从而保证目标能实现。[6]

也有人认为数学课堂教学评价具有多重功能，但从根本上来说，主要有下列功能：（1）导向功能；（2）反思功能；（3）诊断功能；（4）激励功能；（5）信息反馈功能。用一句话来概括数学教学评价的功能，即数学教学评价将促进数学教育过程中学生的发展和教师的提高，有效地改进学生的"学"和教师的"教"，以保证数学课程的有效实施。[7]

总的来说，研究人员将数学课堂教学评价的功能主要归结为：导向、激励、鉴定、诊断、改进、考核、选择、反馈、调控等功能。以 2000 年为分水岭，之前的课堂教学评价更多地强调考核、鉴定和选择的功能，而之后的课堂教学评价则更多地注重诊断、改进和调控的功能。[8]

（三）数学课堂教学评价的标准

我国对课堂教学评价标准的确定都是首先根据教学理论，确立一堂好课的标准，或者把一堂课按不同的维度分解，形成二级指标和三级指标，最终形成课堂教学评价的指标体系。

在现有的关于数学课堂教学评价的文献中，大多是以构建数学课堂教学评价标准为核心内容的。由于数学课堂教学评价的对象不同，评价标准的侧重点也有所不同。

已有研究关于数学课堂教学评价标准形成的策略大致可以分成两类：[1]

一类是依据数学课堂教学的各个要素，把数学课堂教学分为教学目标、教学内容、教学方法、教学过程、教学效果等评价指标，然后进一步细分为若干二级指标，分别按每个二级指标（或只按一级指标）分四级或五级打分。

另一类是依据数学课堂教学中的具体行为进行分类，把数学课堂教学分为教师教的行为和学生学的行为两个维度，每一维度又有若干评价指标分别计分。

近年来，数学课堂教学评价标准的设计呈现出如下变化：（1）从教师行为出发，强调教师的教，以教师教的效果来评价课堂教学效果转变为同时关注教师的教学和学生的学习；（2）从固定的评价体系向开放的、弹性的评价体系发展。

二、数学课堂教学评价的要素

数学课堂教学评价涉及的内容很多，关注点不同，评价的要素也会有所不同。已有的研究表明，关注度最高的评价要素有：教学目标，教学内容，教学过程，教学方法，教学效果。每个要素在具体评价操作中进一步分解为更细的评价指标体系。

（一）数学教学目标的评价

评价数学课堂教学目标，主要从以下几个方面考察：

（1）教学目标是否明确具体。明确具体的教学目标是数学课堂教学展开的"航向灯"。在一节具体的数学课堂教学中，学生要切实掌握哪些数学知识和技能，发展哪些能力、情感、态度，分别要达到何种水平层次，都需要明确地加以规定。

（2）教学目标制订得是否合理。首先要看教学目标能不能为学生所理解和接受，是否有利于他们的数学学习，有没有超出学生的"最近发展区"；其次要看所定的教学目标能否顺利地实现。合理的教学目标既要能够使学生通过一定的努力而实现，还要能够促进学生的最佳发展。

（3）教学目标的落脚点是否科学。教学目标既要重视结果知识的获取，又要重视数学活动过程知识的获取，要明确表述让学生经历哪些数学知识的形成过程，参与探究哪些活动，获得哪些体验与感悟，等等。

（二）数学教学内容的评价

数学教学内容既是教师教学的重要资源，也是学生学习的主要对象和线索。评价数学教学内容的质量和效力时，通常从以下几个方面进行：

（1）教师呈现和讲解的数学教学内容是否准确无误，学生的理解是否正确。数学教学内容的科学性、准确性是进行有效数学学习的基本保障，要求教师务必深谙数学教学内容及相关知识的内涵。所谓"要给学生一杯水，教师要有一桶水"，并不在于教师的知识数量要比学生多，更重要的是指教师对数学教学内容理解的程度要比学生深刻得多，这样才能有效地避免学生对知识形成错误的理解。

（2）有没有充分挖掘数学知识的背景材料，是否体现了"数学学习内容应当是现实的、有意义的、富有挑战性"的课程教学理念，数学知识的呈现是否有利于学生主动地进行观察、实验、猜想、推理与交流等数学活动。教学中对数学知识背景材料的适当挖掘，不仅有利于增进学生对知识理解的深广度，还能使数学课堂教学变得丰富多彩。

（3）教学内容的安排是否恰当。教学内容的组织设计是否突出了重点，分散了难点；容量和难度是否符合学生的现有发展水平，有没有超出学生的最近发展区；呈现形式是否有利于学生对数学知识的"再发现"学习；是否为学生的主动建构学习提供了必要的"脚手架"；等等。评价中对这些指标的考察能够全面地把握数学教学内容的贯彻程度。

（三）数学教学过程的评价

数学教学过程是师生教与学多边互动和共同发展的活动过程，是学生获取数学知识、发展数学能力、塑造人格品性的主渠道。评价数学教学过程，主要从以下几个方面加以考察：

（1）教学过程的各环节安排是否得当，各要素之间的关系处理得是否合理。例如，教师与学生在课堂教学中的角色地位及其关系是否理顺；教学目标、教学内容、教学方法的功能是否得到充分发挥；教学各环节的时间分配是否科学、合理。考察时，不仅要注意每一个教学环节在课堂教学中所产生的局部功能，还要关注各环节之间的配合与过渡，看它们有机组合起来所产生的整体功能。

（2）教学过程的组织是否有利于学生对数学知识的自主建构，有没有为学生的建构学习提供环境条件及时间和空间上的保障，学生的参与水平如何，是否在教师的指导下积极主动地投入到学习中去，有没有为学生创造自主探究与发现的空间。这是考察数学教学过程是重在"预设"还是重在"生成"的主要指标。

（3）教师与学生、学生与学生多边互动的关系是否有效，信息交流是否流畅，信息反馈是否及时，有没有根据反馈的信息灵活、有效地调控，教师对教学过程中的整体驾驭能力如何。这些指标能够反映出数学课堂教学过程发展的整体效果，是对数学教学效率的动态认识和判断。

（四）数学教学方法的评价

数学教学方法是数学课堂教学的重要构成要素，是促成数学教学过程各环节顺利发展的基本工具。对数学课堂教学方法的评价，主要涉及以下几个方面：

（1）所选用的教学方法是否具有良好的实效性。任何一种教学方法都是为教学内容、教学目标服务的，教学方法的选择不仅要与具体的数学教学内容相适应，而且要能够推动数学教学目标的顺利实现。特别是，教学方法的使用要有利于学生学习方式的转变，有利于引导学生开展自主学习、合作学习和探究学习。

（2）教学方法是否与学生的年龄特征和现有发展水平相适应。有效的教学方法要服从于学生认知发展的心理需要，具有较强的针对性，能很好地促进学生数学素质的发展，这就是教学方法使用的针对性问题。

（3）教学方法是否具有良好的启发性。教学方法要能启发学生积极主动地思考问题，激发学生的求知欲，使学生带有明确的学习目标和强烈的学习动机，在良好内驱力的支配下主动参与、积极探究。

（4）教学方法的使用中，是否与现代化的教学手段有机整合，是否注意到了各种教学方法的优化组合，这是实现数学课堂教学方法有效性的关键。评价中，要注重从总体上衡量各种数学教学方法遴选和使用的质量，避免对单一数学教学方法的效果评价。

（五）数学教学效果的评价

教学效果本身不仅是数学课堂教学评价的一项基本要素，而且其他要素的评价最终也要通过它反映出来。评价一堂数学课的教学效果，要从以下几个方面加以考察：

（1）检查是否完成了教学任务、教学要求，是否达到了教学目的，是否实现了目标要求。检查教学目标达到的程度要从知识的掌握、能力的培养、数学思考的层次、个性心理品质及情感的发展等方面整体考虑。

（2）看学生除了获得显性的结果知识以外，还获得了哪些过程知识。观察学生的表现，是否积极主动地参与到数学学习的过程？比如，思考问题是否积极主动？对教师提出的问题能回答到什么程度？学生自己是否主动地提出问题和解决问题？后进生的思维活动情况如何？他们在教学过程中处于什么位置？能否较为顺利地完成课堂的基本任务？等等。

（3）注意考察学生的学习负担情况。看学生是否愉快地投入到学习中，是否感到轻松、自如？必须向课堂要效益，教师和学生应以最少的时间和精力耗费去获得尽可能优的教学效果。同时，还要注意考察是否所有的学生都得到了发展，避免以少数学生的学习效果来代替全班学生的学习效果。

三、数学课堂教学评价的形式

我国中小学数学课堂教学的评价指标体系和评价形式可谓是多种多样，不一而足。各市、区（县）、校几乎都有针对性的数学课堂教学评价体系和形式。但总的来看，各种课堂教学评价都会从教师教的角度与学生学的角度入手，并无一例外地涉及教学目标、教学内容、教学过程、教学方法、教学效果等要素。

（一）数学课堂教学评价形式——基于教师的教

从教师教的角度评价数学课堂教学，是数学课堂教学评价的主要形式，就是借助教师的教学活动考察教学的效果，包括：教学目标是否明确具体；教学内容是否正确无误；教学方法使用是否合理；教师的语言表达是否形象、生动、准确、精炼；教学过程是否突出了重点；是否实现了教学目标；等等。

在评价一节具体的数学课时，首先确定评价的一级指标体系，即要考察的主因素。然后对各个主因素中的内容作出全面分析和权衡，确定具体的二级指标评价体系，称之为子因素，并给各项二级指标赋予相应的权重，制订出"数学课堂教学评价表"。

二级指标评价体系反映了具体课堂教学发生过程的实际情况，需要在现场课堂观察中逐项考察并记录，给出相应的评价等级，最后计算出每一个主因素中各个二级评价指标的得分之和。

下面是一份具体的、普遍使用的数学课堂教学评价体系表（从教师教的角度），评价者通过现场课堂观察或观看视频的方式，记录下来课堂教学过程中各因素的得分情况，然后根据设定的权重计算出总体得分，从而衡量本节课的教学情况。这是将质的方法与量的方法结合使用的一种普遍的课堂评价方式，各因素的得分需要评价者的感性认识和经验判断，这是质的研究方法；而各因素得分一旦给定后，后续的数据处理则主要是量化统计的方法。

表 21-1 数学课堂教学评价体系（教师的教）

日期：

任课教师		课题		学校			年级		
		评价因素		评价等级					得分
主因素	一级权重	子因素	二级权重	A	B	C	D		
教学目标 (A_1)	0.15 (B_1)	1. 目标体现数学学科内容的育人功能，关注学生的全面发展。	0.20						
		2. 突出过程性目标，关注学生的学习过程。	0.30						
		3. 目标定在学生的"最新发展区"，并且具有可操作性。	0.35						
		4. 充分发挥目标的导向、激励、调控等功能。	0.15						
教学内容 (A_2)	0.15 (B_2)	1. 保证教学内容的科学性，并充分挖掘其育人功能。	0.35						
		2. 内容紧密联系学生的生活实际，重视学生的已有知识和经验。	0.35						
		3. 教学内容生动有趣，呈现形式有利于学生的学习。	0.30						
教学过程 (A_3)	0.25 (B_3)	1. 教学过程各构成因素之间的关系和谐，能充分发挥各自的功能。	0.20						
		2. 课堂教学结构安排恰当，时间分配合理。	0.20						
		3. 教学过程体现学生对数学知识的主动建构和能力的主动发展。	0.35						
		4. 课内信息流畅，教师根据学生的反馈信息及时有效地调控教学过程。	0.25						
教学方法 (A_4)	0.25 (B_4)	1. 根据教学目标、教学内容与学生的年龄特征选用教学方法。	0.15						
		2. 创设合适的教学情景，激发学生的学习兴趣。	0.25						
		3. 注重学习方式的转变，促进学生自主学习、合作学习、探究学习。	0.25						

续表

评价因素			二级权重	评价等级				得分
主因素	一级权重	子因素		A	B	C	D	
教学方法 (A_4)	0.25 (B_4)	4. 注重启发与点拨，给学生留有探索的余地。	0.20					
		5. 搞好多种教学方法、教学手段的优化组合。	0.15					
教学效果 (A_5)	0.20 (B_5)	1. 全面实现预定的教学目标。	0.30					
		2. 学生学习积极性高，思维活跃。	0.25					
		3. 课堂教学效率高，师生负担合理。	0.25					
		4. 教学能促进师生的共同发展与提高。	0.20					
评价人		总分		等级				

该评价表是一个以定量评价为主、定性评价为辅的数学课堂教学评价指标体系。先要求 A，B，C，D 各等级的赋值分与相应的二级权重乘积的总和，即是此栏中主因素的得分，再求各主因素一级权重与相应栏中主因素得分的乘积之和，即得总分。一般地，若以百分制为衡量标准，那么得 86~100 分，为 A 等，评为"优"；得 71~85 分，为 B 等，评为"良"；得 60~70 分，为 C 等，评为"一般"；低于 60 分，为 D 等，评为"较差"。

利用该评价量表具体实施数学课堂教学评价时需要注意处理好以下几个方面的问题：

（1）评价要着眼于数学课堂教学过程的整体加以考察，避免出现以偏概全的现象。既要重视教学效果的评价，更要重视教学过程的评价。

（2）数学课堂教学评价的重点是教师怎样引导学生积极主动地参与数学活动，例如，数学问题情境创设的质量；数学活动程序的设计效力；启发、暗示的操作情况；反思、质疑意识的培养；等等。要特别关注学生参与数学学习过程的经历和体验，而不应将评价的重点落脚在教师怎样教数学知识、怎样训练基本技能。

（3）强调数学学科潜在的育人功能。评价时应注重结合课堂教学目标的要求和具体数学教学内容所具有的强大育人功能，全面考查学生素质的综合发展，并据此评估数学课堂教学的整体效果。

（4）评价要坚持创造性地实施数学课程标准所提倡的评价理念，以有利于推动数学课程的改革为宗旨，促使教师不断地反思和改进自己的教学工作，激励学生积极主动地参与数学活动，以便有效地提高数学课堂教学的效果。

（二）数学课堂教学评价方式——基于学生的学

从学生学的角度评价数学课堂教学，就是对学生在课堂上的数学学习过程及其结果做出价值判断，涉及对学生的数学基本知识和基本技能的掌握、能力发展的考量，以及对学生的学习行为、态度、情感等因素的分析与评价。评价学生课堂上数学学习状况的主要目的是为了全面了解学生的学习历程，促进学生在数学上获得更大的发展；提供反馈信息，帮助学生发现解题策略、思维习惯上的不足，有效地改进教师的教和学生的学；改进学生对数学的态度、情感和价值观；等等。

评价学生在课堂上的数学学习情况的主要手段有课堂观察、数学测试，以及以调查访谈、数学日记、档案袋等定性描述方式为特征的表现性评价。

1. 课堂观察

课堂是学生学习的主要场所，课堂观察是教师掌握学生学习情况的最主要途径。有目的、有计划地在课堂里考察学生在数学活动中所发生的一切外在现象及其心理反应，可以获得有关学生最直接、最真实的信息，这是对学生的数学学习进行客观评价的第一手资料。例如，评价学生参与数学学习的程度，需要观察学生是否积极主动地参与数学活动（如，积极发言，提出并回答问题等）；评价学生的合作交流意识，需要观察学生是否积极主动地与同伴讨论、沟通；评价学生的情感与态度，需要观察学生对数学学习的自信心和学习兴趣；等等。

课堂上观察学生数学学习的切入点很多，不同的研究人员会有不同的观察视角，也产生了在国内外比较有影响的研究成果。例如，曹一鸣的《国际视野下的中国中学数学课堂微观分析》通过课堂观察对数学课堂上教师教学行为和学生学习行为的精细编码，从而评价教师的教和学生的学；[9]沈毅、崔允漷的《课堂观察——走向专业的听评课》开发了课堂观察的"4个维度，20个视角，68个观察点"的框架，其中，关涉学生学习的观察点有17个[10]。

以下是从学生学的角度观察数学课堂的几个参考指标。

表21-2 课堂观察考核（学生的学）

项目	因素	A	B	C	备注
观察学生知识、技能的掌握情况	知识理解				A=真正理解并掌握；B=初步理解；C=参与有关活动。
	关系梳理				
	基础练习				
	解决问题				
态度	听讲				A=认真；B=一般；C=不认真。
	练习				
互动参与情况	主动发言				A=积极；B=一般；C=不积极。
	提出问题并质询				
	讨论与交流				

续表

项目	因素	A	B	C	备注
自我效能感	提出独到见解				A=经常；B=一般；C=很少。
	大胆尝试敢于质疑				
倾听与表达	倾听别人的意见				A=能；B=一般；C=很少。
	表达自己的意见				
思维的条理性	有条理地表达见解				A=强；B=一般；C=不足。
	解决问题的过程清楚				
思维的创造性	另辟解题蹊径				A=能；B=一般；C=很少。
	出现非标准思路				

该表从 7 个维度考量学生课堂上的数学学习情况，基本上能够反映出学生的知识技能掌握情况、课堂参与的深度、师生互动的质量、数学思维的状况以及情感、态度、价值观的概况等等。但对于每个维度涉及的观察点的认定需要观察者具备丰富的经验、良好的决策水平，甚至需要一定的智慧和机智水平。

2. 数学测试

数学测试是根据评价的内容和目的，拟定一些口头问题、课堂即时练习、书面作业或形成性测试卷，让学生做出口头回答、书面反馈，旨在了解学生在知识、技能、能力等方面所达到的水平。数学测试一直是评价学生数学学习水平的重要手段，也是一种能较为客观、准确地反映学生的知识掌握水平、能力发展情况的有效方法。

课堂上教师拟定的一些口头问题，实际上也是一种口头测试，往往通过提问的方式呈现，要求学生即问即答，旨在评价学生对刚学习过的知识跟进理解的情况，也是教师决定教学进程和后续学习任务的基本依据，这就是中国中小学数学课堂教学中的"问—答"评价模式。可以说，"提问—作答"几乎是最主要的教学活动，也是教师评价学生学习的经典方式。

课堂即时练习和书面作业也是教师掌握学生学习情况的一种测试方式，也是中国学生数学课堂学习的特色之处。教师们普遍习惯在课堂上布置巩固性练习和书面作业，以此了解学生基础知识和基本技能的掌握情况。早前，学生必备一本课堂练习簿和日常作业本。近年来，各学校基本都使用由教育出版机构统一出版的学习材料或学校自主开发的"校本教材"作为每节课使用的评价手册，并形象地称之为"课课练"。教师每天都要仔细批改学生的日常作业，并给出分数或等级，一般还要写出批评或表扬的评语和进一步的要求及建议，最常见的要求就是让学生将写错的数学题订正。通过这样的常规性评价工作，教师比较全面地掌握了学生的学习情况，为后续的教学工作提供了必不可少的资料。这也成为中国中小学数学课堂学习评价的主流方式，也是卓有成效的评价方式。

定时独立解答形式的数学测试也是中国数学课堂教学评价的主要形式，是课堂即时练习和书面作业评价的必要补充，主要是为了了解学习一个专题、一个单元或一段时间后学生的掌握情况，通常也称为阶段性测试。根据测试的功能又可分为诊断性测试和形成性测试，目的是为了评价学生知识迁移、能力发展的状况及问题所在，以便及时地采取矫正措施；按试题的主客观类型又可分为主观型测试和客观型测试。作为数学教师，一是要能编制出高水平的试题，尽量在知识的交汇点上做文章，保持各部分之间的适当比例，使试题具有代表性、层次性，有较广泛的覆盖面，并注意突出考查的重点；二是要能对测试结果进行科学的分析和总结，根据测试的结论及时改进教学工作。这就是说，数学测试结果的可靠性、有效性、目的性对于评价数学学习的质量至关重要。

3. 表现性评价

表现性评价是通过实际任务来表现知识和技能成就的评价方式，是一种教师评价与学生自我评价相结合、评价的内容和过程融为一体的定性评价方式，它能够反映出学生发展与进步的历程，增加他们学好数学的信心。

表现性评价有助于收集学生多方面的学习信息，保证评价的全面性和科学性，一定程度上弥补纸笔测试中存在的问题与不足。有些学生在纸笔测试中因焦虑而不能正常发挥其数学能力；有些学生的思维趋向于深思型，在规定的时间内不能顺利答好试题；有些学生更擅长动手实验操作；等等。这些情况，仅凭纸笔测试不能全面反映学生的数学能力，就需要通过调查访谈、数学日记、档案袋等形式记录下学生的表现，以便从总体上考查学生的发展水平。

调查访谈一般以调查问卷和访谈提纲为工具，针对学生课堂学习中难以量化和反映的问题，设计成问卷或访谈提纲的形式深入了解学生的一些细节的学习表现、学习状况、学习心得或学习成就。这样的评价方式有时可以了解学生的内心世界，一定程度上弥补了前述课堂观察、数学测试等外显评价方式的"粗放"性。

数学日记是学生对自己所学的数学知识和方法进行总结、反思的一种自我评价方式。通过引导学生毫无顾忌地把自己学习的感受、困难之处、感兴趣之处等实际情况写出来，既发展了学生反省认知的能力，又提供了评价学生真实学习情况的第一手资料。

档案袋，又称成长记录袋，即是将反映学生学习进步的重要资料记录保存下来，归建成档，可以为学生的发展成长过程提供一个很好的形成性评价。可以记录的资料不拘一格，如最满意的作业、最有意义的探究活动成果、印象最深刻的问题、解决问题的反思记录、阅读数学读物的体会以及数学小论文等等。

四、数学课堂教学评价的发展趋势

随着数学新课程改革的逐步推进，中国中小学数学课堂教学评价体系在评价理念、评价内容、评价形式等方面都正在发生较大的变化。

（一）数学课程改革的评价理念

数学课堂教学评价体系的改革是当前新一轮课程改革的重要组成部分。《基础教育课程改革纲要（试行）》对当前的课程与教学评价改革提出了带有方向性的指导意见和建议，强调指出要建立促进学生素质全面发展的评价体系，建立促进教师不断提高的评价体系，建立促进课程不断发展的评价体系，从而建构素质教育课程评价体系等基本理念。为此，评价实施时积极倡导五个"实现"，即重视发展，淡化甄别与选拔，实现评价功能的转化；重视综合评价，关注个体差异，实现评价指标的多元化；强调质性评价，将定性评价与定量评价相结合，实现评价方法的多样化；强调参与互动，采取自评与他评相结合，实现评价主体多元化；立足过程，终结性评价与形成性评价相结合，实现评价重点的转移。

《义务教育数学课程标准（2011年版）》也相应地提出了数学教学评价的具体指导意见，主张"评价的主要目的是为了全面了解学生的数学学习历程，激励学生的学习和改进教师的教学；应建立评价目标多元、评价方法多样的评价体系；对数学学习的评价要关注学生学习的结果，更要关注他们学习的过程；要关注学生数学学习的水平，更要关注他们在数学活动中所表现出来的情感与态度"。[11]

《普通高中数学课程标准（实验）》指出[12]328：现代社会对人的发展的要求引起评价体系的深刻变化，高中数学课程应建立合理、科学的评价体系，包括评价理念、评价内容、评价形式和评价体制等方面。评价既要关注学生数学学习的结果，也要关注他们数学学习的过程；既要关注学生数学学习的水平，也要关注他们在数学活动中所表现出来的情感、态度的变化。在数学教育中，评价应建立多元化的目标，关注学生个性与潜能的发展。因而，数学课堂教学评价应有利于营造良好的育人环境，有利于数学教与学活动过程的调控，有利于学生和教师的共同成长。

可以看出，数学新课程标准所持的评价理念首先突出了发展性，数学教学与学习评价是为了促进每一个学生作为整体的人的全面的、能动的发展，而不仅仅是为了甄别学生的数学学习水平或智力发展水平；其次，评价体现了多元化，评价的目标、内容、方式等方面呈现出多元化的趋势；再次，注重了评价的过程性，评价将贯穿于数学教与学的整个过程，将学生在数学学习活动过程中的全部情况都纳入评价的范围，而不只是评价学生数学学习的结果。这些理念与《基础教育课程改革纲要（试行）》要"建立促进学生素质全面发展的评价体系""建立促进教师不断提高的评价体系""建立促进课程不断发展的评价体系"，从而建构素质教育课程评价体系的要求是一致的。

在数学新课程评价理念的促动下，数学教育研究人员也提出了一些新的课堂教学评价观。例如，周小山等人认为：评价应更多地关注学生的非智力方面，如态度、气质、数学情感、问题解决等。在评价内容上，要注重评价学生发现、探索数学概念和规律的过程，侧重于从学生的现实生活和实际背景中组织试题，通过"书面报告""调查报告"等"非标准化、非规范"型的试题,评价学生的思维过程和认知特点。在评价方法上,形式是多种多样的,正规与非正规的评价形式相结合,封闭式与开放式的考试形式并举,笔试与口试相结合,等等。[13]

在数学课堂教学中,要扩大评价主体的范围,采用师生互评、学生互评、学生自评、家长评价等互动的多元化评价方式,有利于培养学生自我评价和评价他人的能力;有利于老师与家长充分掌握学生学习数学的情况;也有利于充分调动各种资源,增强学生学习数学的积极性,培养学生主动自学的能力。

在数学教学中,教师应该明确认识到评价的重要性,根据课程标准的要求,通过多个评价主体开展多元化的教学评价,充分发挥教学评价的作用,帮助学生认识自我、建立自信,发挥学生的主观能动性,培养学生的创新精神和发散思维,最终达到提高各层次学生数学能力的目标。[14]

概言之,新的课堂教学评价观主要体现在三个方面:(1)激励性评价,鼓励学生树立自信;(2)教育性评价,帮助学生认识自我;(3)发展性评价,促进学生个性发展。[15]

(二) 数学课堂教学评价的新趋向——注重对学生数学学习过程的评价[12]329

相对于结果,过程更能反映每个学生的发展变化,体现出成长的历程。因此,数学课堂教学的评价既要重视结果,也要重视过程。对课堂教学中学生数学学习过程的评价,包括对学生参与数学活动的兴趣和态度、数学学习的自信、独立思考的习惯、合作交流的意识以及数学认知的发展水平等方面的评价。

1. 注重学生对数学价值认识的提升过程

认识数学的价值对于培养学生的数学思维、促进学生的全面发展是重要的。随着社会的发展,数学不仅在自然科学,而且在技术、社会科学以及人们的日常生活中都发挥着越来越重要的作用。数学内容的抽象性、数学推理的严谨性等学科特点对于培养学生的科学精神,培养学生的理性思维起着十分重要的作用。此外,数学美具有科学美的一切特征,对数学美的认识是对数学价值认识的重要组成部分。数学美不仅能够陶冶人的情操,而且引导人积极向上,献身科学。

通过对学生数学学习过程的评价,应努力引导学生正确认识数学的上述价值,产生积极的数学学习态度、动机和兴趣。

2. 注重学生思考方法和思维习惯的形成过程

数学课堂教学评价中存在着这样一种现象:评价者过多地关注学生数学学习的结果,如是否记住了某个公式、定理,是否得出了某个数学问题的解,而对学生思考、理解的过程关注不够。这就容易把学生引导到过于追求"结论"的功利化学习目标上来。长此下去,会削弱学生刨根问底、独立思考的积极性,阻碍学生思维的发展。

独立思考是数学学习的基本特点之一,评价中应着意关注学生是否肯于思考、善于思考、坚持思考,并不断地引导学生改进思考的方法与过程。教师要借助教学评价帮助学生养成追求真理而不唯书、不唯上，审慎思考而不盲从的批判性思维习惯，指导学生学习和掌握判断事物、解决问题的思考方法。

3. 注重学生参与数学学习，和同伴交流、合作的过程

学生通过"做数学"、参与数学活动丰富自己的经验和体验，并用自己的思考方式建构的数学知识，才是真正理解、掌握了的知识。数学课堂教学评价应重视学生是否真正置身于数学学习活动之中，是否能动地参与了数学学习活动。学生参与学习活动的形式是多种多样的，对于数学学习来说，学生的思维参与是重要的，也是主要的。调动学生的思维，使学生能动地思考问题，参与到数学学习活动中去，并在参与中领会数学知识，获得思维的发展，是数学课堂教学评价中需要重点关注的问题。

此外，数学课堂教学评价还应关注学生是否愿意和能够在数学学习活动中与同伴交流心得体会，是否愿意与同伴合作探究数学问题。因为，学生在与同伴交流、合作的学习过程中，不仅要学习倾听与理解他人，还要学习正确地表达自己的思想。表达与交流的过程，有利于学生澄清和梳理自己的思维，进而发展其独立获取数学知识和思考问题的能力。

4. 注重学生在数学学习中不断反思和改进的过程

反思是学习主体自觉地对自身活动和认知过程的自我监控、自我调节和自我评价的过程。这一过程可主要从三个方面来理解：一是学生对自己数学学习活动的定向和计划；二是学生在数学学习活动中进行有意识地检验和反馈；三是学生对自己的数学学习活动进行有意识地调节、矫正和管理。

反思的对象和内容多种多样，例如对数学概念理解的再审视，对数学公式应用的质疑，对数学解题过程的回顾，对数学学习方法的再思考等等，都是值得反复进行的。数学学习过程中的反思，能够有效地提高学生学习的效率，加深学生对数学知识的理解和掌握，有利于培养学生的批判性思维、创造性思维等高层次思维能力。

教师要注重在数学教学过程中培养学生反思的意识，将学生反思自己学习过程的效果作为数学教学评价的一项基本指标。具体来说，教师可通过让学生写数学学习心得体会、数学日记，组织学生有针对性地研讨某些典型问题、进行经验交流等形式，指导学生对学习过程中的数学思维活动有意识地进行检查和调节；经常以"正在做什么？（能否明确地讲出来？）为什么要这样做？（这样做能否达到目的？）这样做有什么好处？（如果得出结果，接下来会做些什么？）"等问题，追问自己是怎样发现和解决问题的；运用了哪些基本的思考方法、技能和技巧；遇到过哪些挫折，走过哪些弯路；哪些地方容易出错，原因何在；以前是否犯过类似的错误；应该吸取哪些经验教训；等等。这种反思、自省的活动过程可以将自己的体验和感悟升华为高效率的过程知识，再进一步发展为一种自觉、敏锐的监控能力。

(三)数学课堂教学评价的新趋向——注重对学生数学能力的评价

数学能力是学生数学素养的重要组成部分,也是学生实现自主学习、可持续发展的关键所在。由于学生的数学能力水平是通过数学知识的掌握和运用水平体现出来的,所以对学生数学能力的评价将贯穿学生数学知识建构和解决数学问题的全过程。

1. 对发现问题、提出问题能力的评价

善于从相关材料中发现问题,并通过抽象、概括提出问题的能力是衡量学生数学素养高低的重要指标。发现、提出一个问题较之解决一个问题更重要,更能体现学生探索能力、实践能力和创造性思维能力的水平。数学课堂教学评价要改变过去那种过分关注对学生知识的记忆、掌握和解题技能的测查,而更多关注对学生发现、提出问题能力的引导和评价。《普通高中数学课程标准(实验)》对数学探究和数学建模活动的重视,一定程度上体现了这一评价理念。

要在课堂教学中有效地实践这一评价理念,需要教师转变教学观念,尝试探索一些积极的做法:鼓励学生主动思考并大胆猜想,"再创造"出对自己来说尚属新鲜的数学问题;启发学生注意从数学实验、生活实践中提炼出数学问题和数学模型,发现"生活中的数学",使学生切身领会"处处留心皆学问"的道理;引导学生学会欣赏别人"发现"的成果,并逐渐形成"追问"和"质疑"的意识。当然,发现和提出问题的能力属于较高层次的要求,不是短期内就能形成的。因此,对学生发现和提出问题能力的评价,应首先关注他们发现与提出问题的积极性和自信心,关注他们的问题意识,而不应一味追求问题的质量。

2. 对主动收集信息和解决问题能力的评价

数学课堂教学必须关注学生收集信息的能力和分析问题、解决问题能力的培养,这样才能适应瞬息万变的信息社会发展的要求。评价时要关注学生能否针对问题有效地选择方法和手段收集信息、整理信息,能否联系相关知识,分析相关因素,提出解决问题的思路和方案,建立恰当的数学模型并独立或与他人合作去解决问题。

对学生解决数学问题能力的评价,要始终关注学生分析数据、处理数据、建立数学模型的合理性,关注学生运用数学知识分析问题、解决问题的全过程,而不只是其中的某一阶段或某一结果,并注重对学生态度、方法的评价。同时,要在评价过程中关注学生能否对收集的信息和解决问题的方案进行自觉地质疑、调整和完善。

3. 对数学表达和交流能力的评价

数学语言具有精确、简约、形式化等特点,能否恰当地运用数学语言和自然语言进行表达和交流是学生数学能力的一个重要方面,尤其在当今的信息社会,封闭自塞是不利于个人数学能力发展的。对学生数学表达和交流能力的评价,要关注学生是否能够准确地表达数学问题,是否能够用文字、符号、图形和动作等多种语言以及书面、口头等多种形式恰当地表达思想和观点。当然,数学表达和交流的能力并非简单的叙说能力,还包括判断能力、质疑能力和释疑能力等。

数学课堂教学评价中关注学生的数学表达和交流能力，能够有效地引导学生大胆地展示自己，主动地与他人交流与合作。这样，学生能够对自己以及他人在解决问题过程中的作用认识得更加清晰和准确，从而对自身的价值、他人的价值、合作的价值、讨论的价值以及数学的价值认识得更加深刻。作为教师，则要对学生哪怕不成熟的观点或蹩脚的表达表现出足够的耐心和理解，要善于鼓励、倾听学生的表达和独立见解，以欣赏的姿态参与学生的交流活动，并及时地对学生的思想、观点、表达的准确程度及表达方式予以观察和指导。

（四）数学课堂教学评价的新趋向——评价的多元化趋势

为了促进学生的全面发展，数学课堂教学评价提倡多元化，具体包括评价主体的多元化、方式的多元化、内容的多元化和标准的多元化等。

1. 评价主体的多元化

评价主体的多元化，是将教师评价、学生自我评价、学生互评、家长和社会有关人员评价等结合起来。多元的评价主体参与到数学课堂教学过程之中，充分体现出全面、客观评价学生的主导思想。

一直以来，对学生数学学习的评价主要来自教师，评价的过程主要是自上而下的教育者评价受教育者的单向过程。这样的评价难免出现片面、偏颇的结论，不利于对学生的全面认识和评判。多元的评价主体参与到学校的数学教育活动中，平等合作、相互沟通，在互相尊重和理解的基础上达成共识，能够增进评价结论的客观性，更好地发挥数学教学评价的激励和反馈功能，在促进学生全面发展的同时，带动教师甚至学校的多方面发展。

2. 评价方式的多元化

评价方式的多元化，是指定性与定量相结合，书面与口头相结合，结果与过程相结合。对数学课堂教学效果的评价，不能仅仅依靠其中的某一种方式，而要综合使用各种评价方式才能得到更为客观、科学的结论。

长期以来，以一张试卷、一个分数作为评价学生数学学习的唯一标准，使得数学课堂教学偏离了正确的方向，出现了有悖于教育目标的现象，"考、考、考，教师的法宝；分、分、分，学生的命根"戏谑地讽刺了这一现象。的确，教育现象纷繁复杂，学生也是千差万别。学生对数学学习的态度、合作交流的能力、对问题的敏锐程度、思考的习惯与深度等问题，是很难用一张试卷、一个量化的分数就能衡量清楚的。因此，定性与定量相结合、书面与口头相结合、结果与过程相结合的评价是十分必要的，更能全面反映学生的真实情况。

定性地评价学生的数学学习，可以通过观察、记录、交流、座谈等形式，采用记录档案袋、写评语、点评以及欣赏学生的课题研究成果等多种方法进行。尤其是利用档案袋记录学生的数学学习情况，是近年来被广为推崇的定性评价手段，也是记录学生成长过程的行之有效的方法。采用定性评价要多看到学生的进步，多用肯定、赞扬、欣赏等鼓励性语言，以便更好地发挥评价的激励功能。

当然，提倡评价方式的多元化，并不是忽视考试、测验等定量评价手段的重要作用。实际上，考试、测验始终应是评价的基本方式。只不过，要对定量评价的手段加以革新和调整，使之变得更科学、合理，适应新课程形式的需要。例如，可以对考试题的内容和形式做些变化，创设好的问题情境，拓宽知识间联系的背景，力求使考试的问题与学生的生活实际经验有机地结合起来，突出考查学生对数学本质的理解。

3. 评价内容的多元化

评价内容的多元化，是指评价不仅包括对知识、技能和能力的评价，还包括对过程与方法以及情感态度价值观等多方面内容的评价。以往的数学课堂教学评价偏重于对学生数学知识、技能水平的评价，而忽视对过程与方法，以及情感态度价值观等相关内容的评价。这样的评价体系是导致"题海战术""高分低能""强于记忆，弱于创造"等现象的直接原因。《普通高中数学课程标准（实验）》提倡评价内容的多元化，正是旨在改变这种状况，以便使学生的数学素养和身心素质得到全面的发展。

数学课堂教学评价应注重对学生的知识与技能、过程与方法、情感态度价值观等进行全方位的评价。由于对过程与方法、情感态度价值观的评价是当前数学课堂教学评价的薄弱环节，因此，要在评价中有意识地加强这方面内容的考量，渗透过程性评价的思想，即更多地关注对学生理解数学概念、数学思想等过程的评价，关注对学生提出、分析、解决数学问题等过程的评价，以及在过程中表现出来的情感态度的变化、表达与交流的意识和探索的精神等。

4. 评价标准的多元化

评价标准的多元化，是指对不同的学生有不同的评价标准，或对需要评价的内容从不同的角度来衡量。一方面，评价要尊重学生的个体差异，尊重学生对数学的不同选择，不以一个整齐、划一的标准衡量所有学生的状况；另一方面，对某一数学内容学习的评价，不应仅以是否达到某个规定的结果作为目标评价的唯一标准，还应关注学习过程中的经历与体验等标准。

通过考试对学生的数学学习进行评价，其评价标准往往注重解题的结果，对于解题过程则严格按步骤给分，这样的评价模式导致教师在数学课堂教学中过度强调数学解题方法、步骤的规范和答案的准确。在过于追求规范、同一的过程中，学生逐渐失去了自己的思想、个性，淡漠了创新的欲望。要改变这种状况，就需要合理改革评价的标准，实现评价标准的多元化和开放性，不但要关注学生解决问题的结果，也要关注学生解决问题过程中的经历和体验，关注学生对数学的理解和思考，关注学生解决问题的方案和能力，关注学生不同方面的智能发展与个性。

实现评价标准的多元化，还要注意评价结果呈现方式的多样化。本着尊重每一个学生，为每一个学生的全面发展负责的态度，选择评价结果的多种呈现方式。例如，让学生总结自己考试中的得失，教师发现并肯定其中的"闪光点"；让学生介绍自己学习数学的心得体会，教师通过点评给予相应等级的认可；展示学生的小论文、探究成果报告，教师给出总体的表现性评价；等等。

总之，通过多元化的评价，可以更好地实现对学生多角度、全方位的评价与激励，努力使每一个学生都能得到成功的体验，有效地促进学生的发展。

参考文献

[1] 曹一鸣，李俊扬，秦华. 我国数学课堂教学评价研究综述[J]. 数学通报，2011（8）.

[2] 汪德营，李铭心. 数学教学论[M]. 海口：南海出版公司，1990：292.

[3] 李玉琪. 数学教育概论[M]. 北京：中国科学技术出版社，1994：146.

[4] 翁凯庆. 数学教育学教程[M]. 成都：四川大学出版社，2002：209.

[5] 陆书环，傅海伦. 数学教学论[M]. 北京：科学出版社，2004：186.

[6] 张景斌. 中学数学教学教程[M]. 北京：科学出版社，2000：208-209.

[7] 陈亚萍. 数学教学评价的内容和方法[J]. 黔南民族师范学院学报，2004（6）：66-70.

[8] 涂荣豹，季素月. 数学课程与教学论新编[M]. 南京：江苏教育出版社，2007：147.

[9] 曹一鸣. 国际视野下的中国中学数学课堂微观分析[M]. 北京：北京师范大学出版社，2011.

[10] 沈毅，崔允漷. 课堂观察——走向专业的听评课[M]. 上海：华东师范大学出版社，2011.

[11] 教育部. 义务教育数学课程标准（2011年版）[S]. 北京：北京师范大学出版社，2011（2）.

[12] 数学课程标准研制组.《普通高中数学课程标准（实验）》解读[M]. 南京：江苏教育出版社，2004.

[13] 周小山，雷开泉，严先元. 新课程视野中的数学教育[M]. 成都：四川大学出版社，2003：312-313.

[14] 况守福，初探小学数学教学评价[J]. 数学教研，2006（12）：44-45.

[15] 周兴明. 新课程中的数学教学评价[N]. 教育导报，2006-2-28（3）.

第二十二章
中小学数学选拔性考试评价[①]

众所周知，中国是一个人口众多而优质教育资源相对匮乏的国家，在这样的国情下，中小学数学选拔性考试评价也就扮演着越发重要的角色，几乎成为所有学生进入下一阶段学习的必备条件，人们形象地称之为"过独木桥"。

中小学数学选拔性考试评价主要分为两个阶段：一是九年义务教育阶段的终结性考试评价，即初中毕业生数学学业考试评价，评价对象是初中毕业生，学生根据考试评价的结果，选择进入全日制普通高级中学或中等职业技术学校；二是普通高等学校招生全国统一考试，评价对象是全日制普通高中毕业生和具有同等学力的考生，学生根据考试评价的结果，选择进入各类普通高等学校或高等职业技术学院。下面将分别予以介绍。

一、初中毕业生数学学业考试评价

初中毕业生数学学业考试（以下简称"数学中考"，The Mathematics Graduation Examination of the Ninth Grade）是义务教育阶段的终结性考试之一，目的是全面、准确地评估初中毕业生达到《义务教育数学课程标准（2011年版）》（以下简称新课标）所规定的数学学业水平的程度。[1]考试的结果既是确定学生是否达到义务教育阶段数学学科毕业标准的主要依据，也是全日制普通高中学校及中等职业技术学校招生选拔的重要依据之一。数学中考既有甄别、导向功能，也有反馈调节和激励功能。

（一）中考的管理制度

中考由教育行政部门统一管理，业务工作由教育行政部门委托有关部门，包括教学研究部门或考试机构、招生部门负责。为了确保考试的质量，中考一般由地级（含地级）教育行政部门负责。

中考科目及考试的组织方式，由各省（自治区、直辖市）教育行政部门确定或提出指导性意见。

---

① 涂荣豹，南京师范大学数学科学学院。

各地中考都有相应的命题、审题、阅卷人员的资格制度，只有经过适当培训并获得相应资格的人员方可参加命题、审题和阅卷工作。

各地中考都有相应的命题、审题、阅卷的管理制度，包括对命题的审查和阅卷的监控，近年各地都积极采用现代化的手段提高阅卷的质量。

为提高中考命题和管理的科学性，教育部和部分省、自治区、直辖市的教育行政部门委托相关部门成立中考评价研究课题组，为各地命题机构提供《中考命题指导》，定期对各地中考命题和考试管理工作进行评估，发布评价报告，指导考试改革。各地也必须在中考阅卷结束后对本地中考工作进行分析和总结，按要求提交试卷和相关材料。

（二）数学中考的命题

1. 数学中考命题的指导思想

有利于促进学生形成终身学习所必需的基础知识、基本技能、基本方法和综合运用能力，提高义务教育阶段的教育教学质量；有利于推进素质教育和课程改革的深入，培养学生的创新精神和实践能力，促进学生生动活泼学习、积极主动发展；有利于向中等教育的各类学校输送合格、优质学生，推动高中阶段教育的普及和发展。

2. 数学中考命题原则

（1）指导性

正确发挥考试的导向功能，坚持以学生为本，强调能力立意，主张应用性、探究性、综合性、教育性和时代性。命题要有利于指导学校加强日常数学教学工作，引导数学教师改进教学，引导学生学会学习。

（2）基础性

初中阶段是打基础的重要阶段，严格按照《义务教育数学课程标准（2011年版）》和数学教学实际命题。

（3）全面性

试题要在全面考查学生数学基础知识及基本技能的基础上，重视对学生运用所学的数学知识分析、解决问题的能力，对学生应具备的基本数学素质和能力进行较全面的考查。

（4）科学性

要保证数学试题内容的正确、科学，试题表述要规范，问题明确，语言简洁，图形清楚，答案要避免出现歧义。

（5）适切性

数学试题的难度比例适当，要有利于各种程度的学生能考出自己的水平；题目设置要有梯度，起点适当，坡度适宜，并能体现选拔功能。

3. 数学中考的考查内容

数学中考的内容包括"数与代数""图形与几何""统计与概率""综合与实践"。

(1) "数与代数"的考查内容

包括考查有理数、实数、整式和分式、方程和方程组、不等式和不等式组、函数等知识，考查学生探索数、形及实际问题中蕴涵的关系和规律，能利用相应的工具有效地表示、处理数量关系以及变化规律，考查学生的应用意识以及运用代数知识与方法解决问题的能力。

(2) "图形与几何"的考查内容

包括考查基本图形（直线、三角形、四边形、圆）的基本性质及其相互关系，考查平移、旋转、对称的基本性质和应用，考查运用坐标系确定物体位置的方法，考查空间观念，考查从几个基本的事实出发，证明一些与三角形、四边形相关的数学命题。

(3) "统计与概率"的考查内容

包括考查学生描述数据的方法，样本估计总体的思想，考查学生计算简单事件发生的概率，考查学生通过对数据收集、整理、描述和分析以及对事件发生可能性的刻画，作出合理的推断和预测。

(4) "综合与实践"的考查内容

渗透在"数与代数""图形与几何""统计与概率"等相关内容中，以这些内容为载体，考查学生一些基本的研究问题的方法，应用数学知识解决简单实际问题的意识和能力，思维能力及对相关数学知识的理解程度。

另外，还考查基本的数学思想方法，例如：考查字母表示数的基本思想和方法，考查列方程、解方程的方法，考查函数的思想方法，考查分解与组合的方法，考查图形变换的思想，考查坐标思想，考查统计思想，考查随机思想等。

4. 数学中考命题的操作

数学中考命题前，通过学校、教研部门的推荐，由各地的教育行政部门审核和筛选，确定中考数学命题成员3~5人。由于中考是高风险、高利害关系的大型的社会化的教育考试，因此中考数学命题成员通常要经过某种形式的培训后，到达命题地点进行入闱封闭命题，进行具体的命题操作。

(1) 初定试卷结构

命题组要确定数学试卷"数与代数""图形与几何""统计与概率"和"综合与实践"等学习内容考查的比例，确定七、八、九年级的内容的考查比例。确定各部分内容所呈现的试题数量、分值、时间分配。确定试卷的框架结构和难度结构。

(2) 研制双向细目表

在确定了试题的题型、题量和试卷的结构（即试题的比重和时间分配）之后，结合对各项内容的考查要求编制双向细目表。

(3) 试题的命制和调整

中考数学命题组按照命题双向细目表的要求，开始命制试题。命题组所有成员初步完成所分配的试题的命制后,然后命题组成员集中进行逐题研讨,对个人命制的题目进行修改、调整、加工、润色等。拼卷后命题组又要进行试题和试卷的推敲和调整。最后进行试题和试卷的难度预测。

5. 数学中考命题的审题

各地为了保证中考命题的质量,都建立了相应的审题制度。审题时,审题人员先阅读"试卷(含标准答案、评分标准)审校要点",按要求逐题审核,并试解各题,推敲文字和表述方式,然后到命题组与命题人员进行交流,由命题组成员汇报命题的指导思想、基本设想、题目安排、考试预估等。最后审题人员提出修改意见并填写"审阅意见表"。

6. 数学中考试卷的结构

中考数学试卷的结构包括外显结构和内隐结构。外显结构包括试卷的框架结构和题型结构;内隐结构包括试卷的知识结构、能力结构和难度结构。

试卷的框架结构一般包括:试卷名称、试卷页数、考试时间、全卷满分的分值、试卷使用注意事项、试题、答题卡和解答用纸、参考答案、评分标准、评分细则等。

全国各地试卷的题型结构几乎全是选择题、填空题、解答题三种题型并用,选择题、填空题所占分值一般不超过总分的 40%。

知识结构包括所考查的知识内容、知识覆盖率、知识项目、各知识项目所占比例、相应的考查要求的认知层次、各个认知层次考查要求所占比例。"数与代数""图形与几何""统计与概率"各领域内容所占分值比例接近 4∶4∶2。

关于能力结构,中考数学试卷所考查的能力成分大致是:数感与符号意识、空间观念、统计意识、推理能力、应用意识、从数学角度提出问题、综合有关知识解决问题的能力等。

难度结构是指:试卷的整体难度、各题的难度、各个难度档次的试题所占的比例。各地所定难度结构主要与各地的教育资源相关。各地中考数学试卷的难度基本上在 0.60～0.75 之间。各地试卷中,不同难度试题的比例也不尽相同,容易题:中等题:难题的比例为 7∶2∶1 的占多数。

(三)数学中考阅卷

一般各地都统一组织阅卷,由当地教育行政部门主管,成立中考阅卷领导小组,从当地的初级中学中抽调优秀的数学教师进行集中阅卷。统一安排阅卷地点、时间,并有相应的试卷管理、安全保密的制度和规定,另外还有试卷的批阅质量的督查制度。

(四)数学中考评估

1. 试卷的分析和自评工作

教育部要求各地成立中考数学试卷的评价小组,进行试卷的分析和自评工作。因此,各地的中考数学试卷评价通常做以下几项工作:抽样、统计、绘制试题难度曲线、学生考试分数分布图等，分析所获得的数据和绘制的图象，对中考数学试卷逐项进行评价。还召开阅卷教师研讨会，逐一研讨试卷、试题的得失优劣，记录下学生答题时出现的常见错误和每个数学试题的各种不同解法。研制教师调查表，调查初中数学教师对当年度中考数学试卷的看法。最后撰写中考数学试卷自评报告和试卷分析报告。

2. 上级部门的评估

教育部和部分省、自治区、直辖市的教育行政部门委托相关部门成立中考评价研究课题组，定期对各地中考命题和考试管理工作进行评估，并发布评价报告。

（五）中考数学试卷的样例呈现

由于中考数学试卷是由各地市自主组织命题的，全国每年会产生数百套不同的中考试卷。但鉴于命题依据都是《义务教育数学课程标准（2011年版）》，因而考试内容和形式大致相同。试题类型一般包括选择题、填空题、解答题三种题型。

下面呈现的是江苏省南京市的中考数学试卷：

南京市2015年初中毕业生学业考试
数学试题

满分120分，时间120分钟

一、选择题（本大题共6小题，每小题2分，共12分）

1. 计算$|-5+3|$的结果是（　　）.

   A. -2　　　　B. 2　　　　C. -8　　　　D. 8

2. 计算$(-xy^3)^2$的结果是（　　）.

   A. x^2y^6　　　B. $-x^2y^6$　　　C. x^2y^9　　　D. $-x^2y^9$

3. 如图，在$\triangle ABC$中，$DE /\!/ BC$，$\dfrac{AD}{DB}=\dfrac{1}{2}$，则下列结论中正确的是（　　）.

   A. $\dfrac{AE}{EC}=\dfrac{1}{2}$　　　　　　B. $\dfrac{DE}{BC}=\dfrac{1}{2}$

   C. $\dfrac{\triangle ADE\text{的周长}}{\triangle ABC\text{的周长}}=\dfrac{1}{3}$　　D. $\dfrac{\triangle ADE\text{的面积}}{\triangle ABC\text{的面积}}=\dfrac{1}{3}$

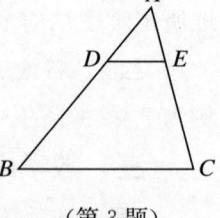

（第3题）

4. 某市2013年底机动车的数量是2×10^6辆，2014年新增3×10^5辆. 用科学记数法表示该市2014年底机动车的数量是（　　）.

   A. 2.3×10^5辆　　　　　　B. 3.2×10^5辆

   C. 2.3×10^6辆　　　　　　D. 3.2×10^6辆

5. 估计$\dfrac{\sqrt{5}-1}{2}$介于（　　）.

A. 0.4 与 0.5 之间　　　　　B. 0.5 与 0.6 之间
C. 0.6 与 0.7 之间　　　　　D. 0.7 与 0.8 之间

6. 如图，在矩形 $ABCD$ 中，$AB=4$，$AD=5$，AD，AB，BC 分别与 $\odot O$ 相切于 E，F，G 三点，过点 D 作 $\odot O$ 的切线交 BC 于点 M，切点为 N，则 DM 的长为（　　）．

A. $\dfrac{13}{3}$　　　　　　B. $\dfrac{9}{2}$

C. $\dfrac{4}{3}\sqrt{13}$　　　　　D. $2\sqrt{5}$

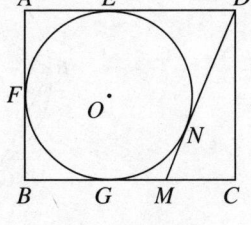

（第 6 题）

二、填空题（本大题共 10 小题，每小题 2 分，共 20 分）

7. 4 的平方根是_____；4 的算术平方根是_____．

8. 若式子 $\sqrt{x+1}$ 在实数范围内有意义，则 x 的取值范围是_____．

9. 计算 $\dfrac{\sqrt{5}\times\sqrt{15}}{\sqrt{3}}$ 的结果是_____．

10. 分解因式 $(a-b)(a-4b)+ab$ 的结果是_____．

11. 不等式组 $\begin{cases} 2x+1>-1, \\ 2x+1<3 \end{cases}$ 的解集是_____．

12. 已知方程 $x^2+mx+3=0$ 的一个根是 1，则它的另一个根是_____，m 的值是_____．

13. 在平面直角坐标系中，点 A 的坐标是 $(2,-3)$，作点 A 关于 x 轴的对称点，得到点 A'，再作点 A' 关于 y 轴的对称点，得到点 A''，则点 A'' 的坐标是（____，____）．

14. 某工程队有 14 名员工，他们的工种及相应每人每月工资如下表所示．

工种	人数	每人每月工资（单位：元）
电工	5	7 000
木工	4	6 000
瓦工	5	5 000

现该工程队进行了人员调整：减少木工 2 名，增加电工、瓦工各 1 名．与调整前相比，该工程队员工月工资的方差_____（填"变小""不变"或"变大"）．

15. 如图，在 $\odot O$ 的内接五边形 $ABCDE$ 中，$\angle CAD=35°$，则 $\angle B+\angle E=$ _____°．

16. 如图，过原点 O 的直线与反比例函数 y_1，y_2 的图象在第一象限内分别交于点 A，B，且 A 为 OB 的中点．若函数 $y_1=\dfrac{1}{x}$，则 y_2 与 x 的函数表达式是_____．

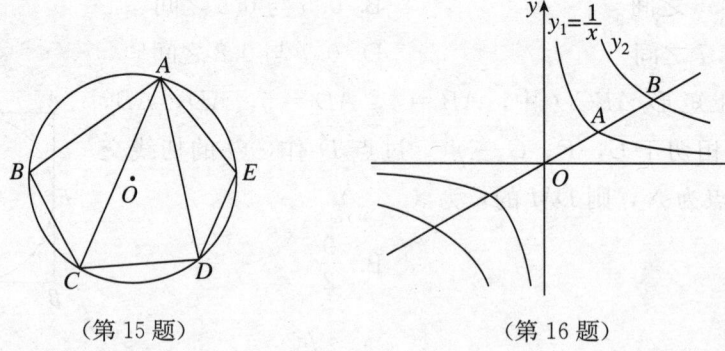

(第15题)　　　　　　　(第16题)

三、解答题（本大题共 11 小题，共 88 分）

17．（6 分）解不等式 $2(x+1)-1 \geqslant 3x+2$，并把它的解集在数轴上表示出来．

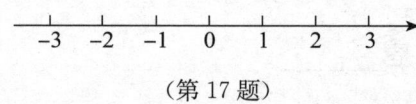

(第17题)

18．（7 分）解方程 $\dfrac{2}{x-3}=\dfrac{3}{x}$．

19．（7 分）计算 $\left(\dfrac{2}{a^2-b^2}-\dfrac{1}{a^2-ab}\right)\div\dfrac{a}{a+b}$．

20．（8 分）如图，$\triangle ABC$ 中，CD 是边 AB 上的高，且 $\dfrac{AD}{CD}=\dfrac{CD}{BD}$．

(1) 求证：$\triangle ACD \backsim \triangle CBD$．

(2) 求 $\angle ACB$ 的大小．

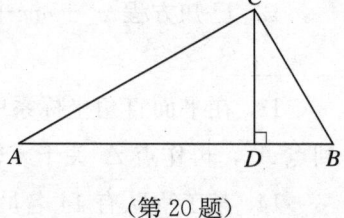

(第20题)

21．（8 分）为了了解 2014 年某地区 10 万名大、中、小学生 50 米跑成绩情况，教育部门从这三类学生群体中各抽取了 10% 的学生进行检测，整理样本数据，并结合 2010 年抽样结果，得到下列统计图．

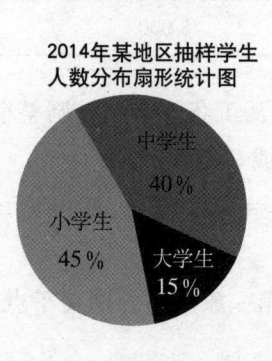

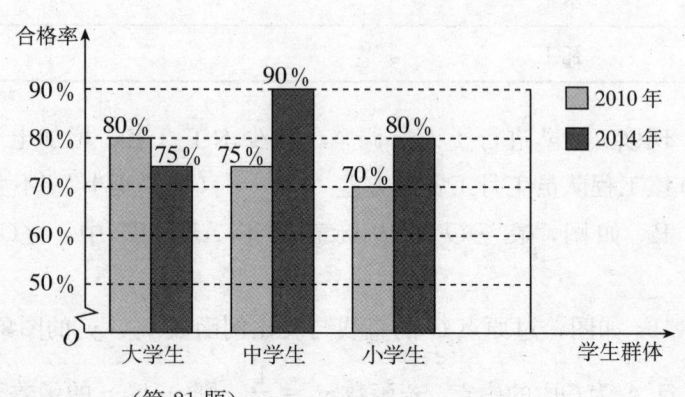

(第21题)

(1) 本次检测抽取了大、中、小学生共_____名,其中小学生_____名;

(2) 根据抽样的结果,估计 2014 年该地区 10 万名大、中、小学生中,50 米跑成绩合格的中学生人数为_____名;

(3) 比较 2010 年与 2014 年抽样学生 50 米跑成绩合格率情况,写出一条正确的结论.

22. (8分) 某人的钱包内有 10 元、20 元和 50 元的纸币各 1 张. 从中随机取出 2 张纸币.

(1) 求取出纸币的总额是 30 元的概率;

(2) 求取出纸币的总额可购买一件 51 元的商品的概率.

23. (8分) 如图,轮船甲位于码头 O 的正西方向 A 处,轮船乙位于码头 O 的正北方向 C 处,测得 $\angle CAO=45°$. 轮船甲自西向东匀速行驶,同时轮船乙沿正北方向匀速行驶,它们的速度分别为 45 km/h 和 36 km/h. 经过 0.1 h,轮船甲行驶至 B 处,轮船乙行驶至 D 处,测得 $\angle DBO=58°$,此时 B 处距离码头 O 有多远? (参考数据:$\sin 58°\approx 0.85$,$\cos 58°\approx 0.53$,$\tan 58°\approx 1.60$)

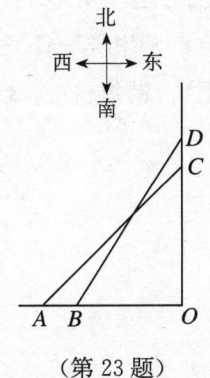

(第23题)

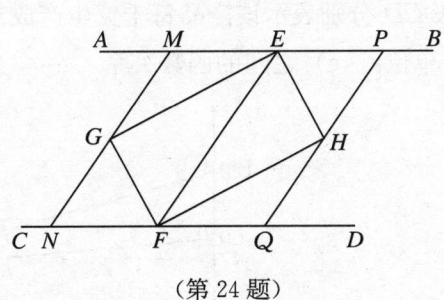

(第24题)

24. (8分) 如图,$AB\parallel CD$,点 E,F 分别在 AB,CD 上,连接 EF,$\angle AEF$,$\angle CFE$ 的平分线交于点 G,$\angle BEF$,$\angle DFE$ 的平分线交于点 H.

(1) 求证:四边形 $EGFH$ 是矩形.

(2) 小明在完成 (1) 的证明后继续进行了探索. 过 G 作 $MN\parallel EF$,分别交 AB,CD 于点 M,N,过 H 作 $PQ\parallel EF$,分别交 AB,CD 于点 P,Q,得到四边形 $MNQP$. 此时,他猜想四边形 $MNQP$ 是菱形,请在下列框图中补全他的证明思路.

小明的证明思路

由 $AB\parallel CD$,$MN\parallel EF$,$PQ\parallel EF$,易证四边形 $MNQP$ 是平行四边形. 要证 $\square MNQP$ 是菱形,只要证 $NM=NQ$. 由已知条件_____,$MN\parallel EF$,可证 $NG=NF$,故只要证 $GM=FQ$,即证 $\triangle MGE\cong\triangle QFH$. 易证_____,_____,故只要证 $\angle MGE=\angle QFH$. 易证 $\angle MGE=\angle GEF$,$\angle QFH=\angle EFH$,_____,即可得证.

25.（10分）如图，在边长为4的正方形 ABCD 中，请画出以 A 为一个顶点，另外两个顶点在正方形 ABCD 的边上，且含边长为3的所有大小不同的等腰三角形。（要求：只要画出示意图，并在所画等腰三角形长为3的边上标注数字3。）

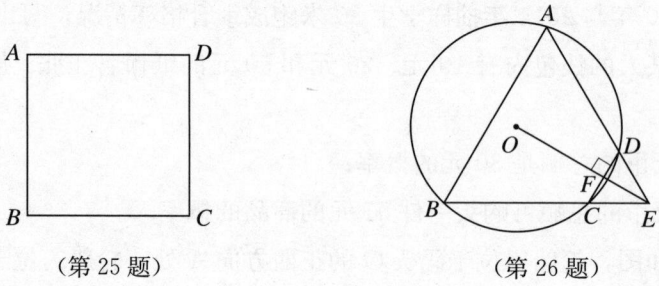

（第25题） （第26题）

26.（8分）如图，四边形 ABCD 是⊙O 的内接四边形，BC 的延长线与 AD 的延长线交于点 E，且 DC=DE。

(1) 求证：∠A=∠AEB。

(2) 连接 OE，交 CD 于点 F，OE⊥CD。求证：△ABE 是等边三角形。

27.（10分）某企业生产并销售某种产品，假设销售量与产量相等。下图中的折线 ABD、线段 CD 分别表示该产品每千克生产成本 y_1（单位：元）、销售价 y_2（单位：元）与产量 x（单位：kg）之间的函数关系。

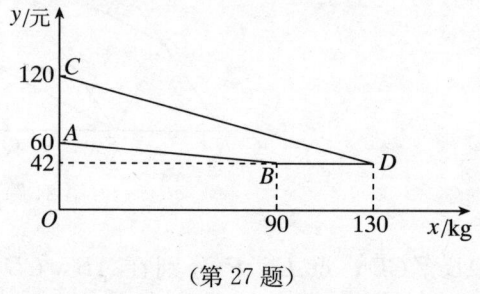

（第27题）

(1) 请解释图中点 D 的横坐标、纵坐标的实际意义。

(2) 求线段 AB 所表示的 y_1 与 x 之间的函数表达式。

(3) 当该产品产量为多少时，获得的利润最大？最大利润是多少？

二、普通高等学校招生选拔中的数学考试评价

普通高等学校招生全国统一考试（简称"高考"，College Entrance Examination）是为普通高等学校录取新生而举行的选拔性考试，是中国影响最为深远的教育考试和社会考试，参加考试的对象是合格的全日制普通高中毕业生和具有同等学力的考生。高考成绩是高等学校录取新生的关键性依据。

（一）高考的目的与功能

概括地说，高考的主要目的是为高等学校选拔新生提供有效的成绩。高考是选拔人才

的重要手段，既有甄别、选拔、导向、评价功能，又有反馈、诊断、调控、激励功能。而选拔、导向、评价功能又是最主要的方面。

1. 高考是高等学校的招生考试，具有很强的选拔性

高考是由合格的高中毕业生和具有同等学力的考生参加的大规模选拔性考试，高考的任务是为各类高等学校选拔优质生源。在中国，由于历史和经济的原因，高中毕业生中能上大学特别是重点大学的比例还比较低，这决定了高考是存在激烈竞争的选拔性考试。

2. 高考对中学数学教学具有导向作用

高考与中学数学教学的关系非常密切。高考命题需依据《普通高中数学课程标准（实验）》，高考的考试内容和能力要求也是以《普通高中数学课程标准（实验）》为标准制定的；反之，高考命题的指导思想、考试形式和结果又对中学数学教学具有直接的导向作用。

3. 高考是评价中学数学教学效果的一种方式

评价中学数学教学效果的方式多种多样，高考无疑是其中最重要的手段之一。中学阶段的数学教学在知识、能力和思想方法等方面是否达到教育教学目标以及达标的程度，可以从高考成绩上得到相对客观的评判。

（二）高考数学的测试特点

从数学本身的特点来看，它能够较好地满足选拔的各种条件：数学的抽象性及其逻辑体系，使它能够很好地反映考生的逻辑思维能力和演绎推理水平；数学问题的多样性和层次性，有利于控制试卷的难度和区分度；数学应用的广泛性，使得数学知识成为进一步学习的基础；数学背景的客观性，使得它能较好地体现公平竞争的原则。

1. 高考数学考试是常模参照性考试

高考不仅要判断考生是否达到某种水平，而且要按照选才的标准和数量，考生的成绩必须跟当年当地应试群体的成绩相比较，从水平相近的考生群体中挑选出接受高等教育的最佳人选，因而高考数学是常模参照性考试。这也就要求高考数学科考试除了要有较高的信度、效度之外，还要关注"必要的区分度"。

2. 高考数学考试是考查数学基础的考试

高考选拔出来的新生进入大学后应当能正常有效地进行数学学习，因此高考必须测试其必备的数学基础。数学基础的考查可归纳为以下几个方面：（1）基本知识，即中学数学课程所涉及的概念、法则、性质、公式、公理、定理等；（2）基本技能，即数学智力活动方式或巩固了的自动化的动作，包括按照一定的程序与步骤进行运算、画图、推理的技能；（3）思想方法，考查的一般数学方法主要有代入法、比较法、数学归纳法、配方法、待定系数法、换元法、同一法等；考察的逻辑学的方法主要有分析法、综合法、反证法、归纳法、穷举法等；考查的数学思想主要有数形结合、函数与方程、分类讨论、等价转换等。

3. 高考数学考试是注重能力考查的考试

高考数学考试属能力倾向测验，不仅考查考生对高中阶段数学知识的掌握情况，而且以这些知识作为材料，考查考生在运用知识和方法过程中的学科能力和一般心理能力。基于这一理念，高考数学考试采取了以能力立意的思想。

4. 高考数学考试是难度和速度兼有的考试

数学由于其高度的抽象性、系统性和逻辑性，只靠机械记忆、凭直观和印象作答的题目很少，总要求考生具备一定的观察、分析和推理能力才能解决，充满思辨性，因此问题本身都有一定的难度。而且高考的目的旨在选拔，要能够区分不同水平的考生，一些试题的能力要求较高，有一定的难度也是必然的。因此，难度测验是高考数学考试的一个重要特点。同时，由于中学数学的知识点较多，有 130 多个，高考数学考试要全面考查考生对知识的掌握程度，题目数量较多，所以对考生的解题速度也提出了较高的要求，解题的熟练、简捷、速度是对思维灵活性和敏捷性的考查，也是能力考查的一个方面。因此，高考数学考试是以难度为主兼有速度要求的考试。

（三）高考数学考试的内容与要求

高考数学考试的内容在 2007 年之前是依据全国统一的教材和大纲，即《全日制普通高级中学课程计划》和《全日制普通高级中学数学教学大纲》所规定的教学内容和要求。自 2007 年开始，部分省市开始自主命题，依据是《普通高中数学课程标准（实验）》和相应的教材所规定的教学内容和要求。[2]

1. 知识考查的内容和要求

高考数学考试对知识的要求由低到高分为三个层次，依次是了解、理解和掌握、灵活与综合应用。

了解：要求对所列知识内容的含义及其相关背景有初步的、感性的认识，知道有关内容，并能在有关的问题中直接应用。

理解和掌握：要求对所列知识内容有较深刻的理性认识，能够解释、举例或变形、推断，并能在有关的问题中直接应用。

灵活与综合应用：要求系统地掌握知识的内在联系，能运用所列知识分析和解决较为复杂的或综合性的问题。

知识的内容考查范围主要包括：平面向量，集合与简易逻辑，函数，不等式，三角函数，数列，直线和圆的方程，圆锥曲线方程，直线、平面、简单几何体，排列、组合、二项式定理，概率与统计，导数，数系的扩充——复数。新课程改革背景下的内容考查范围略有变化和调整，如增加了算法、统计案例、几何概型、矩阵、坐标系与参数方程等内容，降低了立体几何中角和距离的复杂运算及推理论证的要求。

2. 数学思想和方法考查的内容和要求

高考对数学思想和方法的考查贯穿于整份试卷之中，既注重全面又突出重点，还体现出层次性，注重通性通法的考查，淡化特殊技巧，从本质上考查数学思想和方法的掌握程度。数学思想和方法可划分为三大类：数学思想方法、数学思维方法和数学方法。其中数学思想方法主要包括函数与方程的思想、数形结合的思想、分类与整合的思想、化归与转化的思想、特殊与一般的思想、有限与无限的思想、或然与必然的思想等七类。数学思维方法主要包括分析法、综合法、归纳法、演绎法、观察法、试验法、特殊化方法等。数学方法主要指配方法、换元法、待定系数法、数学归纳法等一些具体方法。

3. 数学能力考查的内容和要求

高考数学能力的考查主要包括逻辑思维能力、推理论证能力、运算求解能力、空间想象能力、数据处理能力以及实践创新能力。其中，逻辑思维能力又是能力考查的核心。高考强调能力立意，充分体现了能力考查的重要性。近年，随着课程改革的深入，研究性学习课程已成为一个独具特色的课程领域，高考对研究性学习课程的考查将突出考查考生提出问题、分析问题、解决问题的能力，考查学生的数学探究能力、数学建模能力、数学交流能力和数学实践能力。

（四）高考数学试卷的形式与设计特点

1. 高考数学试卷的形式

数学高考试卷采取的是全国统一命题和分省命题相结合的方式，一部分省区使用全国统一命题，而另一部分省区则是自主命题。以 2015 年为例，共有 16 套高考数学试卷，其中国家层面共命制了两套试卷，分别是全国卷Ⅰ和全国卷Ⅱ。其中，使用全国卷Ⅰ的有 4 个省份，分别是：河南省、河北省、山西省、江西省；使用全国卷Ⅱ的有 13 个省区，分别是：广西壮族自治区、贵州省、甘肃省、青海省、宁夏回族自治区、海南省、黑龙江省、吉林省、辽宁省、新疆维吾尔自治区、云南省、西藏自治区、内蒙古自治区。自主命题的高考数学试卷共 14 套，分别是：广东省、山东省、江苏省、福建省、浙江省、安徽省、天津市、北京市、陕西省、湖南省、湖北省、四川省、重庆市、上海市。

多数省份的试卷使用三种题型，即选择题、填空题和解答题，数量也不完全一致，其中选择题（4 选 1 类型）10 道左右，填空题 6 道左右，解答题 6 道左右，全卷总分 150 分，考试时间 120 分钟。有的试卷则只有填空题和解答题，如江苏省和上海市，分数也有所不同，江苏省试卷满分是 160 分。

2. 高考数学试题的设计特点

一份高质量的高考数学试卷要有一定的难度、良好的区分度、可靠的信度和效度。[3]

（1）难度

难度是反映试题难易程度的指标。

计算试题难度的公式是 $P = \dfrac{\overline{X}}{M}$，

其中 P 是难度，M 是该试题的满分，$\overline{X}$ 是参加考试的学生解答该试题的平均分。例如，某题满分 20 分，学生解答该题所得的平均分为 16 分，则该题的难度就是 0.8。

可以看出，难度 P 的数值越大，题目越容易，数值越小，题目越难。

高考数学试题难度的设计分容易题、中等题、难题三个层次。难度在 0.7 以上的为容易题，0.4~0.7 之间的为中等题，低于 0.4 的为难题。一般而言，一份试卷中要求容易题、中等题、难题的比例约为 3∶5∶2。整份试卷的难度要求在 0.6 左右。2015 年的 16 套数学试卷的总体难度基本都在 0.6 左右。

（2）区分度

区分度是反映试题对于学生实际学习水平的区别程度的指标。区分度高的试题，能把分数拉开；而区分度低的试题，则使分数都很接近，不能明确反映学生的学习水平。

试题区分度可以用试题的分数与试题考查所得分数之间的相关程度来表示。相关度越高，区分度越好。计算试题的区分度，通常用公式 $D = \dfrac{\mu_h - \mu_l}{\mu}$，其中，$D$ 表示某试题的区分度，μ 表示该试题的满分值，μ_h 表示高分组该题得分的平均值，μ_l 表示低分组该题得分的平均值（高分组与低分组的人数都取答题总人数的 27%）。

一般来说，区分度在 0.4~1.0 之间的试题为优，在 0.3~0.4 之间的试题为良，在 0.2~0.3 之间的试题为合格，在 0.0~0.2 之间的试题为差。区分度低于 0.3 的试题都应当淘汰或改进。

难度与区分度有密切的关系。实践证明，当难度太大或太小时，区分度相应较低。当试题难度集中分布在 0.5 左右时，学生所得分数成离散的正态分布，这样的测试结果便于比较每一个学生在全体学生中的相对位置。

另外，区分度具有相对性，用不同的计算公式会得到不同的区分度。因此，在比较多个试题的区分度时，必须选用同一种计算公式进行计算。

由于高考属于选拔性考试，对区分度的要求比较高，每套高考试卷都会追求良好的区分度。鉴于计算区分度需要掌握各省区的考试人数和考试得分情况，而详细的得分情况往往是保密的，至少是不太容易获取的，因而此处无法呈现各套数学高考试卷的区分度。

（3）信度

信度是描述考试结果稳定性和可靠性的数量指标，也就是考试对象所得分数与其真实水平的接近程度。信度系数在 0 到 1 之间，数值越大表明信度越高，测试就越可靠。显然，测试中偶然因素越大，稳定性和可靠性越差，信度就越低，测试就不可靠。反之，如果测试受偶然因素影响较小，则信度较大。像中考、高考这样正规的、影响大的考试，信度一般要求达到 0.9 以上。

信度计算的方法很多，常用的有重测法、等值法、分半法等。重测法是用同一份测试卷先后两次对同一组学生测试，然后求得两次测试所得分数的相关系数，称为该试卷的信度系数。等值法是使用两份测试内容与要求基本一致、试题形式与数量基本相同、相应试题的难度与区分度基本相等的试卷，这两次测试的相关系数就作为等值信度系数。分半法则是将一次测试的题目按由易到难的顺序排好，然后按奇偶分成两半，再计算学生在两半试题所得分数的相关系数，称为分半信度系数。

克伦马赫（J. Cronbach）于 1951 年提出了试卷信度系数的一个基本计算公式 $r = \frac{n}{n-1} \cdot \frac{S^2 - \sum_{i=1}^{n} S_i^2}{S^2}$，其中，$n$ 为试题总数，S^2 为所有被测试学生总分的方差，S_i^2 为所有被测试学生第 i 题得分的方差。

例如，一份测试卷第一题是选择题 60 分，其余四道解答题每题 10 分，共 100 分。测试后统计结果如下：试卷标准差 $S = 12.7$，各题得分的标准差为 $S_1 = 6.2$，$S_2 = 3.8$，$S_3 = 3.1$，$S_4 = 3.3$，$S_5 = 4.2$。

可求得这次测试的信度为

$$r = \frac{n}{n-1} \cdot \frac{S^2 - \sum_{i=1}^{n} S_i^2}{S^2} = \frac{5}{5-1} \cdot \frac{12.7^2 - (6.2^2 + 3.8^2 + 3.1^2 + 3.3^2 + 4.2^2)}{12.7^2} \approx 0.54。$$

要提高测试的信度一般可采用以下办法：①增加题量，扩大试题的覆盖面，以便缩小学生偶然得分的可能性；②尽量采用难度适中区分度大的试题；③试题的呈现顺序注意由易到难，以稳定学生的情绪，以便在测试中能发挥出正常的水平。

高考数学试题的命制已有多年的经验积累，对试题信度的把握总体是可靠的。就 2015 年的高考试题而言，16 套试卷基本都在 0.9 左右，例如，2015 年江苏高考数学试卷信度就达到 0.91。

（4）效度

效度是考试的有效性、准确性的指标，反映的是一次考试达到既定目标的成功程度。数学考试的效度一般是指内容效度，即考试内容在多大程度上可以反映考试目的所规定的学生的某些知识、能力水平。这就是说，考试的结果实际反映了学生掌握数学知识和能力的水平，则其效度高。

计算效度的方法是把学生平时学习中掌握数学知识和能力的水平和有经验的教师的评定等作为确定效度的标准，称为效标，它是一种定性分析的指标。把考试的得分与效标分数之间的相关系数作为此次测试的效度值。

例如，如果 n 个学生的测试分数为 x_i，效标分数为 y_i，那么计算效度指标 r 可用公式

$$r = \frac{\sum_{i=1}^{n}(x_i - \overline{x})(y_i - \overline{y})}{\sqrt{\sum_{i=1}^{n}(x_i - \overline{x})^2 \cdot \sum (y_i - \overline{y})^2}} \quad (i = 1, 2, 3\cdots, n),$$

其中，$\bar{x}$，$\bar{y}$ 为相应分数的平均值。一般认为，效度值 r 在 0.4~0.7 之间比较合理。

提高考试效度的关键在于编好试卷，因此，命题时应细致分析考试的具体内容，各部分知识和能力应占的比例，并拟定编题计划，以避免命题的盲目性。

高考考试的信度不太容易统计。一般是各学校任课教师根据本班考试的情况估算该次考试卷的效度情况，考试评估机构则以座谈、交流的形式了解各地区、各学校的大致情况，汇总归纳出此次考试的效度情况，作为后续试题命制的参考指标。

（五）高考数学试卷设计的样例呈现

试卷的设计与编制是一个循环操作的复杂流程。[4] 如下图：

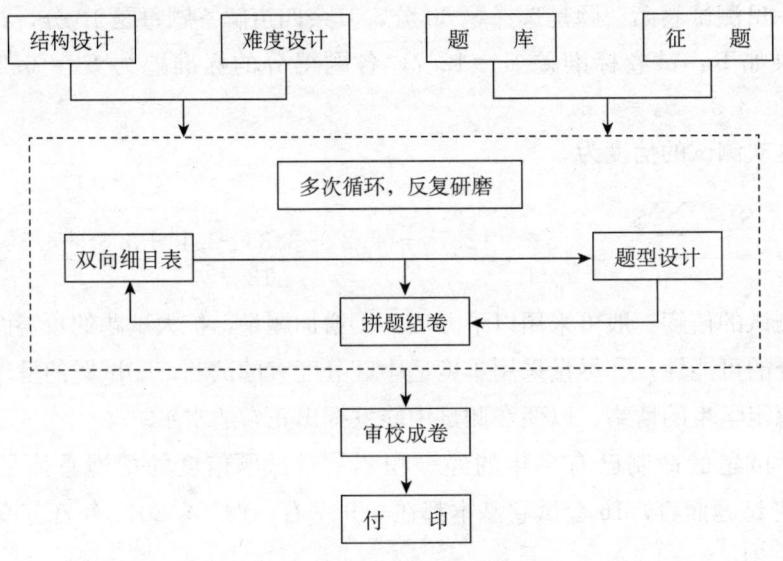

试卷设计流程图 22-1

以下呈现一套完整的高考数学试卷，它也是使用地区最多，最有代表性的一份试卷。

2015 年普通高等学校招生全国统一考试
理科数学（新课标卷Ⅱ）

（满分 150 分，时间 120 分钟）

本试卷分第Ⅰ卷（选择题）和第Ⅱ卷（非选择题）两部分

第Ⅰ卷

一、选择题：（本大题共 12 小题，每小题 5 分，在每小题给出的四个选项中，只有一项是符合题目要求的）

1. 已知集合 $A=\{-2, -1, 0, 2\}$，$B=\{x|(x-1)(x+2)<0\}$，则 $A\cap B=$ （　　）．
   (A) $\{-1, 0\}$　　(B) $\{0, 1\}$　　(C) $\{-1, 0, 1\}$　　(D) $\{0, 1, 2\}$

2. 若 a 为实数且 $(2+ai)(a-2i)=-4i$，则 $a=$ (　　).

(A) -1　　　　(B) 0　　　　(C) 1　　　　(D) 2

3. 根据下面给出的 2004 年至 2013 年我国二氧化硫排放量（单位：万吨）柱形图，以下结论中不正确的是 (　　).

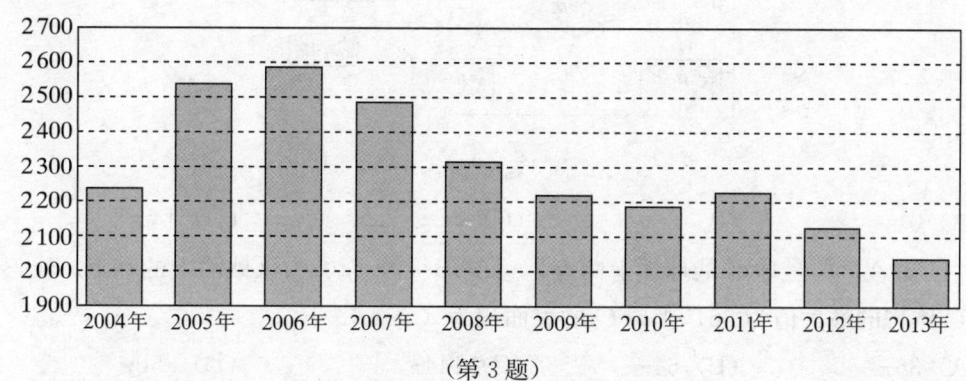

(第 3 题)

(A) 逐年比较，2008 年减少二氧化硫排放量的效果最显著

(B) 2007 年我国治理二氧化硫排放显现成效

(C) 2006 年以来我国二氧化硫年排放量呈减少趋势

(D) 2006 年以来我国二氧化硫年排放量与年份正相关

4. 等比数列 $\{a_n\}$ 满足 $a_1=3$，$a_1+a_3+a_5=21$，则 $a_3+a_5+a_7=$ (　　).

(A) 21　　　　(B) 42　　　　(C) 63　　　　(D) 84

5. 设函数 $f(x)=\begin{cases}1+\log_2(2-x), & x<1,\\ 2^{x-1}, & x\geqslant 1,\end{cases}$ 则 $f(-2)+f(\log_2 12)=$ (　　).

(A) 3　　　　(B) 6　　　　(C) 9　　　　(D) 12

6. 一个正方体被一个平面截去一部分后，剩余部分的三视图如右图，则截去部分体积与剩余部分体积的比值为 (　　).

(A) $\dfrac{1}{8}$　　　　(B) $\dfrac{1}{7}$

(C) $\dfrac{1}{6}$　　　　(D) $\dfrac{1}{5}$

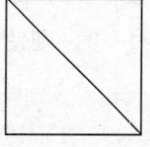

(第 6 题)

7. 过三点 $A(1,3)$，$B(4,2)$，$C(1,-7)$ 的圆交 y 轴于 M，N 两点，则 $|MN|=$ (　　).

(A) $2\sqrt{6}$　　　　(B) 8　　　　(C) $4\sqrt{6}$　　　　(D) 10

8. 下边程序框图的算法思路源于我国古代数学名著《九章算术》中的"更相减损术"．执行该程序框图，若输入 a，b 分别为 14，18，则输出的 $a=$ (　　).

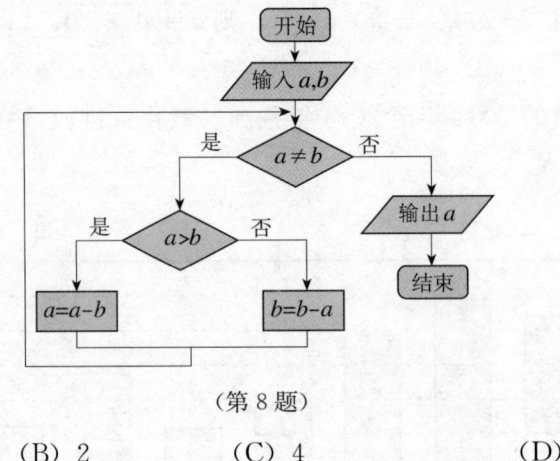

(第8题)

(A) 0 (B) 2 (C) 4 (D) 14

9. 已知 A，B 是球 O 的球面上两点，$\angle AOB=90°$，C 为该球面上的动点. 若三棱锥 O-ABC 体积的最大值为 36，则球 O 的表面积为（ ）.

(A) 36π (B) 64π (C) 144π (D) 256π

10. 长方形 $ABCD$ 的边 $AB=2$，$BC=1$，O 是 AB 的中点. 点 P 沿着边 BC，CD 与 DA 运动，$\angle BOP=x$. 将动点 P 到 A，B 两点距离之和表示为 x 的函数 $f(x)$，则 $y=f(x)$ 的图象大致为（ ）.

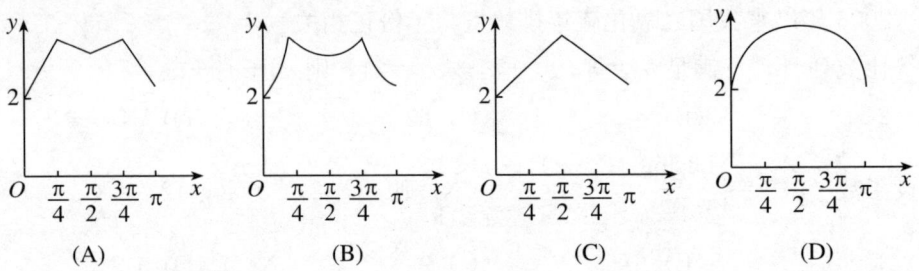

(A) (B) (C) (D)

11. 已知 A，B 为双曲线 E 的左，右顶点，点 M 在 E 上，$\triangle ABM$ 为等腰三角形，且顶角为 $120°$，则 E 的离心率为（ ）.

(A) $\sqrt{5}$ (B) 2 (C) $\sqrt{3}$ (D) $\sqrt{2}$

12. 设函数 $f'(x)$ 是奇函数 $f(x)$ $(x\in\mathbf{R})$ 的导函数，$f(-1)=0$，当 $x>0$ 时，$xf'(x)-f(x)<0$，则使得 $f(x)>0$ 成立的 x 的取值范围是（ ）.

(A) $(-\infty, -1)\cup(0, 1)$ (B) $(-1, 0)\cup(1, +\infty)$

(C) $(-\infty, -1)\cup(-1, 0)$ (D) $(0, 1)\cup(1, +\infty)$

第 II 卷

本卷包括必考题和选考题两部分. 第 13 题～第 21 题为必考题，每个试题考生都必须做答. 第 22 题～第 24 题为选考题，考生根据要求做答.

二、填空题：(本大题共 4 小题，每小题 5 分)

13. 设向量 $\boldsymbol{a}$，$\boldsymbol{b}$ 不平行，向量 $\lambda\boldsymbol{a}+\boldsymbol{b}$ 与 $\boldsymbol{a}+2\boldsymbol{b}$ 平行，则实数 $\lambda=$ _____ . (用数字

填写答案）

14. 若 x，y 满足约束条件 $\begin{cases} x-y+1 \geqslant 0, \\ x-2y \leqslant 0, \\ x+2y-2 \leqslant 0, \end{cases}$ 则 $z=x+y$ 的最大值为 _____．

15. $(a+x)(1+x)^4$ 的展开式中 x 的奇数次幂项的系数之和为 32，则 $a=$ _____．

16. 设 S_n 是数列 $\{a_n\}$ 的前 n 项和，且 $a_1=-1$，$a_{n+1}=S_n S_{n+1}$，则 $S_n=$ _____．

三、解答题：（解答应写出文字说明，证明过程或演算步骤）

17. （本小题满分 12 分）$\triangle ABC$ 中，D 是 BC 上的点，AD 平分 $\angle BAC$，$\triangle ABD$ 面积是 $\triangle ADC$ 面积的 2 倍．

（Ⅰ）求 $\dfrac{\sin \angle B}{\sin \angle C}$；

（Ⅱ）若 $AD=1$，$DC=\dfrac{\sqrt{2}}{2}$，求 BD 和 AC 的长．

18. （本小题满分 12 分）

某公司为了解用户对其产品的满意度，从 A，B 两地区分别随机调查了 20 个用户，得到用户对产品的满意度评分如下：

A 地区：62　73　81　92　95　85　74　64　53　76
　　　　78　86　95　66　97　78　88　82　76　89

B 地区：73　83　62　51　91　46　53　73　64　82
　　　　93　48　65　81　74　56　54　76　65　79

（Ⅰ）根据两组数据完成两地区用户满意度评分的茎叶图，并通过茎叶图比较两地区满意度评分的平均值及分散程度（不要求计算出具体值，得出结论即可）；

（Ⅱ）根据用户满意度评分，将用户的满意度从低到高分为三个等级：

满意度评分	低于 70 分	70 分到 89 分	不低于 90 分
满意度等级	不满意	满意	非常满意

记事件 C："A 地区用户的满意度等级高于 B 地区用户的满意度等级"．假设两地区用户的评价结果相互独立．根据所给数据，以事件发生的频率作为相应事件发生的概率，求 C 的概率．

A地区		B地区
	4	
	5	
	6	
	7	
	8	
	9	

19. （本小题满分 12 分）

如图，长方体 $ABCD-A_1B_1C_1D_1$ 中，$AB=16$，$BC=10$，$AA_1=8$，点 E，F 分别在 A_1B_1，D_1C_1 上，$A_1E=D_1F=4$．过点 E，F 的平面 α 与此长方体的面相交，交线围

成一个正方形.

（Ⅰ）在图中画出这个正方形（不必说明画法和理由）；

（Ⅱ）求直线 AF 与平面 α 所成角的正弦值.

20.（本小题满分 12 分）

已知椭圆 C：$9x^2+y^2=m^2$ $(m>0)$，直线 l 不过原点 O 且不平行于坐标轴，l 与 C 有两个交点 A，B，线段 AB 的中点为 M.

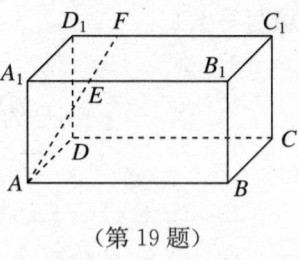

（第19题）

（Ⅰ）证明：直线 OM 的斜率与 l 的斜率的乘积为定值；

（Ⅱ）若 l 过点 $\left(\dfrac{m}{3}, m\right)$，延长线段 OM 与 C 交于点 P，四边形 $OAPB$ 能否为平行四边形？若能，求此时 l 的斜率，若不能，说明理由.

21.（本小题满分 12 分）

设函数 $f(x)=e^{mx}+x^2-mx$.

（Ⅰ）证明：$f(x)$ 在 $(-\infty, 0)$ 单调递减，在 $(0, +\infty)$ 单调递增；

（Ⅱ）若对于任意 $x_1, x_2 \in [-1, 1]$，都有 $|f(x_1)-f(x_2)| \leqslant e-1$，求 m 的取值范围.

请考生在第 22，23，24 题中任选一题做答，如果多做，则按所做的第一题计分，做答时请写清题号.

22.（本小题满分 10 分）（选修 4-1：几何证明选讲）

如图，O 为等腰三角形 ABC 内一点，$\odot O$ 与 $\triangle ABC$ 的底边 BC 交于 M，N 两点，与底边上的高 AD 交于点 G，且与 AB，AC 分别相切于 E，F 两点.

（Ⅰ）证明：$EF // BC$；

（Ⅱ）若 AG 等于 $\odot O$ 的半径，且 $AE=MN=2\sqrt{3}$，求四边形 $EBCF$ 的面积.

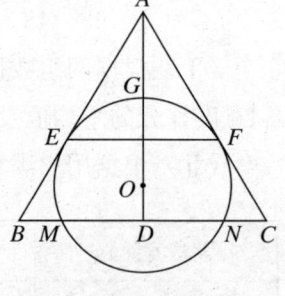

（第22题）

23.（本小题满分 10 分）（选修 4-4：坐标系与参数方程）

在直角坐标系 xOy 中，曲线 C_1：$\begin{cases} x=t\cos\alpha, \\ y=t\sin\alpha, \end{cases}$ （t 为参数，$t \neq 0$），其中 $0 \leqslant \alpha < \pi$，在以 O 为极点，x 轴正半轴为极轴的极坐标系中，曲线 C_2：$\rho=2\sin\theta$，曲线 C_3：$\rho=2\sqrt{3}\cos\theta$.

（Ⅰ）求 C_2 与 C_3 交点的直角坐标；

（Ⅱ）若 C_1 与 C_2 相交于点 A，C_1 与 C_3 相交于点 B，求 $|AB|$ 的最大值.

24.（本小题满分 10 分）（选修 4-5：不等式选讲）

设 a，b，c，d 均为正数，且 $a+b=c+d$，证明：

（Ⅰ）若 $ab>cd$，则 $\sqrt{a}+\sqrt{b}>\sqrt{c}+\sqrt{d}$；

（Ⅱ）$\sqrt{a}+\sqrt{b}>\sqrt{c}+\sqrt{d}$ 是 $|a-b|<|c-d|$ 的充要条件.

（六）高考数学试卷的批阅与评价

高考数学试卷的批阅由各省组织专门人员集中批阅。批阅人员由高校教师、中学教师、教学研究人员以及大学数学系研究生共同组成。选择题由计算机统一批阅，填空题和解答题则按题分配专门的批阅小组负责，每道试题均由不同的人批阅两次，确保差错率低于万分之一。近年来，各省大都采用了网上批阅，有效地利用计算机的检索、识别和统计数据的强大功能，大大提高了试卷批阅的效率和正确率。

高考数学的分数为评价个体和群体提供了量化的依据，以实现高等学校选拔人才的目的。除此以外，还必须对考试的结果进行评价，评价考试的结果是否有效、可靠，能否达到预期的目的。评价的过程是提出若干个评价指标，依据指标的要求，对考试获得的分数进行整理、统计和分析，以便对试卷进行质量分析，丰富高考数学测量的理论与实践。

评价考试的结果一般用到以下几个常用的指标：算术平均数（平均分），标准差，相关系数，试题的区分度，以及试卷的信度和效度。

根据考试成绩分析统计的各种指标，可以绘制频数分布表或频率分布直方图，写出详细的试卷分析报告，对某一份试卷的考试结果进行全面的质量分析。

参考文献

[1] 教育部. 义务教育数学课程标准（2011年版）[S]. 北京：北京师范大学出版社，2011.

[2] 数学课程标准研制组.《普通高中数学课程标准（实验）》解读[M]. 南京：江苏教育出版社，2004.

[3] 涂荣豹，王光明，宁连华. 新编数学教学论[M]. 上海：华东师范大学出版社，2006.

[4] 任子朝，孔凡哲. 数学教育评价新论[M]. 北京：北京师范大学出版社，2010.

第二十三章
数学能力发展性评价体系建构的理论与实践
——以中国的评价改革为例[①]

数学能力,国际上亦称数学素养,被认为是一种特殊的心理能力,指"顺利完成数学活动(学习、研究、实践)所必须具备且直接影响活动效率的一种稳定的个性心理特征,它是在教学活动中形成和发展起来的,并主要在教学活动中表现出来的比较稳定的心理特征"[1]。

近年来,国际数学教育界日益重视对学生数学能力或数学素养的测试。我国新课程改革以来,学生数学学习评价的理念、内容、方法和主体也发生了许多变化。从传统的鉴定式评价转向体现现代教学观的发展性评价;从过去注重基础知识和基本能力,转向对学习过程和方法的关注;从单一的以笔试为主的评价方式转向包括课堂观察、作业分析和成长记录袋在内的多样化的评价方式;从评价主体以教师为主转向鼓励学生互评与自评的评价主体的多元化。[2]在国际、国内的评价改革趋势的影响下,我国的学校教育创新改革亟须建构一个与国际接轨,并与我国新课程改革相适应的数学能力评价框架。

一、学生数学能力结构的内涵辨析

关于数学能力的基本结构,许多心理学家和数学教育家都进行过研究。比如,美国心理学家 G. 雷韦兹认为数学能力有两种基本的形式:应用性能力和创造性能力。瑞典心理学家 I. 魏德林提出数学能力由四个要素构成:理解数学问题,学会数学问题,将它们与其他问题、符号、方法和证明结合起来的能力,在解决数学问题时运用它们的能力。[3]而其中影响较大的是苏联的克鲁捷茨基的研究工作。通过对各类学生的广泛实验研究,他系统地研究了数学能力的性质和结构,认为数学能力由九种成分构成:(1)概括数学材料的能力;(2)能使数学材料形式化,并用形式的结构,即关系和联系的结构来进行运算的能力;(3)能用数字和其他符号来进行运算的能力;(4)连续而有节奏地逻辑推理的能力;

[①] 张春莉,北京师范大学教育学部课程与教学研究院。

(5) 能用简缩的思维结构来进行思维的能力；(6) 能逆转心理过程，从正向的思维系列到逆向的思维系列的能力；(7) 思维的机动灵活性，即从一种心理运算过渡到另一种心理运算的能力；(8) 数学记忆能力；(9) 能形成空间概念的能力。[4]

我国数学课程标准对学生数学能力的认识主要体现在以下几方面：

首先，扩大了数学能力结构的成分。数学课程标准在重视传统的三大数学能力（运算能力、逻辑思维能力、空间想象能力）的同时，突出了一些新的能力成分，主要有：一是把创新精神和实践能力作为能力结构的核心成分纳入了数学教学的目标体系；二是根据信息社会对公民素养的要求，重视学生获取信息和数据处理能力的培养；三是丰富对现实空间及图形的认识，建立初步的空间观念，发展形象思维能力；四是发展学生的统计观念，要求学生能用统计的思想去观察、分析现实生活中的问题。

其次，淡化能力的分类，强调数学能力的综合性。数学教育的根本目的是使学生的创新精神和实践能力得到良好培养，使学生能综合运用数学知识去解决生活中的问题。但是，在现实条件下，对任何问题的解决都不是某一种能力在起作用，往往需要多种能力的综合运用，才能达到对问题的圆满解决，所以强调数学能力的综合性是数学能力发展的必然趋势。我国的数学课程标准一方面结合课程目标，提出了在数学教学中培养学生的思维能力、统计观念、空间观念、创新精神和实践能力，但没有对这些能力进行明确细致的分类；另一方面，强调让学生在形成基本的数学能力的同时，注重发展学生的综合能力。数学课程标准突出对学生解决问题能力的培养、创新精神和实践能力的培养，其实这本身就是注重数学能力的综合性的体现。

再次，重视一般能力的发展。课程标准要求学生具有初步的创新精神和实践能力，在情感态度和一般能力方面都能得到充分的发展。这里指的一般能力包括观察力、记忆力、注意力、想象力等。这些能力在整个数学活动中，乃至在其他学科的学习中都是十分重要的。学生一般能力发展得好，也有利于数学能力的培养。

最后，强调创新精神和实践能力的培养。创新精神和实践能力其实是一种更高层次的综合能力，主要体现为综合运用有关经验、知识，通过各种能力的综合运用创造性地解决实际问题。课程标准强调让学生综合运用所学知识和技能解决问题，发展应用意识，形成解决问题的一些基本策略，体验解决问题策略的多样性，发展创新精神和实践能力。在数学能力结构中突出创新精神和实践能力的根本出发点，是由于知识经济时代和信息化社会的到来，面对激烈的国际竞争和挑战，需要社会成员具有知识创新、科技创新的能力，能用数学的方法去收集、整理、表述信息，建立模型，解决问题，为社会创造价值。

二、学生数学能力评价框架

对学生数学能力的评价要基于数学的内容标准和行为标准。内容标准和行为标准就好比手的两面。手背确定的是手的形态和它的组成，而手掌则用来执行和测量手能做什么。

内容标准表述的是我们认为有价值的，期望学生知道的陈述性知识、能够对外办事的程序性知识以及知道为什么和什么时候运用这些知识的策略性知识。只有我们把内容标准转化成相应的行为标准，才能为评价提供依据。从评价，特别是测试和命题的技术上，对不同数学能力的考查不可能通过不同的试题来分别考查，因为在解决一个数学问题时往往需要若干数学能力，但我们可以用不同的测试题来考查学生能力的不同水平。[5]学生数学能力按照学生理解和思维的水平可划分为三个水平：简单技能与概念理解、应用、解决问题。同时，根据 SOLO 分类的思想，学生在数学活动中，面对具体的问题，实际反应是非常不同的，而这种不同反映了学生即使处于同一思维水平，但在使用数学语言（文字、符号、图表）的过程中仍然会因为问题情境不同的复杂性和新颖性而表现出不同的熟练度和精准度。[6]

为此，我们可以初步建构一个关于数学能力评价的立体模型。通过将内容领域作为模型第一个维度，将学生思维与理解水平作为模型第二个维度，而学生的实际反应从简单到复杂，实际上是构成了模型的第三个维度，这三个维度共同构成一个立体的学生数学能力评价理论框架，如图 23-1 所示：

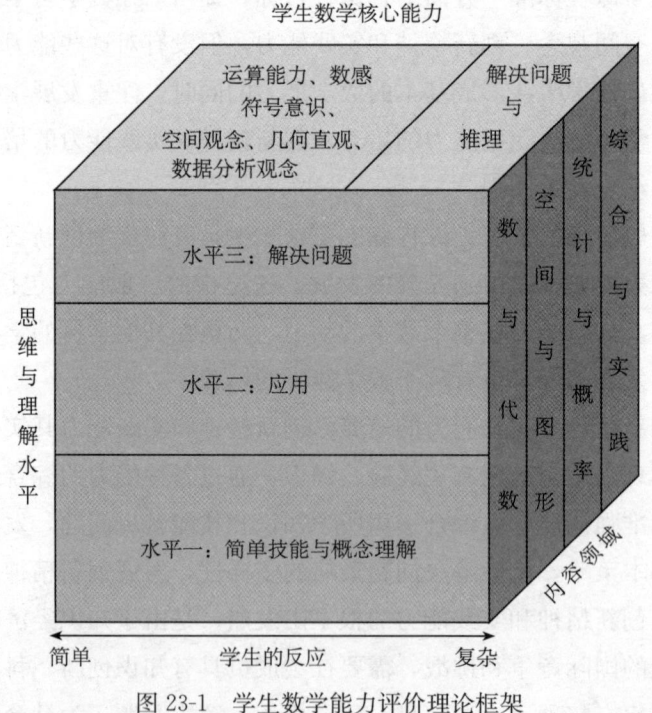

图 23-1　学生数学能力评价理论框架

三、学生数学能力评价的行为标准

当前，很多教师都在他们的数学课堂上按照数学课程标准中的内容标准实施着课程改革的实践。在实施过程中，教师们发现课程标准中所描述的内容标准并不能直接转化为评价标准。事实上，当在估计一个题目的难度时，往往会发现，题目的难度有一个客观难度和主观难度，并且与许多影响因素有关，包括题目所要求的知识和思维能力的复杂程度、题目所创设的问题情境的新颖性、题目的类型、题目对考生的价值等等。[7]为此，我们需要将课程标准中对不同能力水平的要求进一步具体化、操作化和系统化。这实际是一种分析型的解决问题的方法，即通过探明不同能力水平所涉及的思维特征及主要的行为表现，为学生数学能力的评价制订出一套科学的行为标准。

（一）水平一：简单技能与概念理解

简单的技能主要包括加、减、乘、除或代数运算的技能以及运用数学和测量工具进行计算、作图和测量等技能。概念理解，意味着学生能够根据概念的定义、性质和特征在具体的情境中进行表示、举例和判断。对概念的理解还包括能够识别出那些可以根据给定的信息（如数据）解决的问题，以及明确对象与有关对象的区别和联系以对事物进行比较、分类、排序等。其主要行为表现如下：

表 23-1

识记/再认	能根据对象的特征，从具体情境中认出这一对象。
简单运算	知道＋，－，×，÷以及它们的混合运算的运算规则；求表达式和公式的值，将一个代数或数字表达式进行化简；合并同类项，解方程等。
简单测量与作图	能使用简单的测量工具，用直尺和圆规根据给定的条件作图。
分类或排序	根据共同的属性将物体、图形、数字、表达式、概念进行分类；能正确地将某一对象进行归类，并按某一属性进行排序。
表示与提取	使用模型来表示数字；用图形、表格、图表、坐标图等来呈现数学信息或数据；能用等价的表示法来表示给定的某种数学本质或关系。能识别和提出有助于解决问题的有用信息（如数据）。
举例	能从举例中说明对象的有关特征，对于一个给定的方程或表达式算式，能用问题或情境来进行解释。
判断	能根据概念的意义、性质和特征，判断对象与有关对象之间的区别和联系。

（二）水平二：应用

当学生达到应用水平，就意味着他能够准确地选择和运用适当的程序，在各种变化的情境中运用规则，能够使用具体的模型或符号的方法解决问题。学生对程序性知识的掌握常常会使他把计算方法和给定的问题情境联系在一起，其正确使用运算法则和问题设置中交流运算结果的能力得到反映。应用水平还涉及阅读能力、产生图表能力、进行几何建构和解释模型的意义等非计算性的技能。其主要行为表现如下：

表 23-2

选择	选择适当的算法、模型、法则、公式、单位等解决问题，而其中的算法规则或解决问题的方法是学生所知道的。
模式化	用一个适当的模型如等量表达式、图表等解决常规的问题。
解释	对给定的数学模型（等式、图表等）进行解释。
使用工具	按照要求使用一系列的数学工具和步骤完成给定要求的图形。
解决常规问题	应用事实、程序、概念等知识解决常规问题（包括现实生活中的问题），也就是说，问题与学生在课堂上可能遇见的问题相似。
验证	能够证实/检查解决方法或结果的正确性；评价问题解决方法或结果的合理性。

（三）水平三：解决问题

当学生达到这一能力水平时，意味着他能够从给定的信息中做出合理的假设、猜想和有效的预测与推断，在新的环境中使用推理，进行分析和评价，能够把他所知道的所有的数学概念、程序、推理和信息交流的技能都联系到一起解决问题，并且能够用数学的方法和理由来证明或反驳某一陈述的真实性。其主要行为表现如下：

表 23-3

假设/猜想/预测	从给定的信息中做出合理的假设、猜想和有效的预测与推断。
分析	在数学情境下，决定、描述、运用变量或对象之间的关系；分析单变量统计数据；将几何图形进行分解以简化问题。
概括和推广	用一种更一般、更概括或适用性更广的术语来扩展思考和问题解决的结果。
联系/综合/整合	能将新的知识和已有的知识联系综合起来；将知识的不同元素和相关的表示法联系起来；将相关的数学思想或对象联系起来；将数学过程进行整合，以获得结果；再将结果进行综合，以获得进一步的结果。
解决非常规问题	能将数学过程应用于不熟悉的情境中，解决在课堂中没有遇见过但跟之前遇见过的问题相似的问题。
证明	根据数学结果或属性，证明某一结论的真实性或用数学理由证明或反驳某一陈述。
评价	能对数学思想、猜想、问题解决策略、方法、证明等进行讨论和批判性的评价。

四、通过评价监控学生的思维和理解

学生数学能力评价的核心是通过评价监控学生的思维和理解。对学生数学能力的评价方法必须与教学密切保持一致，它应被看作是日常数学教学实践中对学生数学能力培养的一部分。在评价时，弄清楚一个学生能识别这个领域中的多少个概念，掌握多少个技能是不够的，相反，评价应该集中于学生识别概念和掌握技能的方式以及学生应用这些概念和技能在越来越复杂和新颖的任务和情境中用数学的眼光理解问题、建立模型、解决和论证思维的过程,即评价学生理解了什么,而不是知道了什么。

改变评价实践的第一步是开发突出过程性的评价任务。通过过程性的评价任务,学生把数学概念、数学技能、数学思想方法、解题策略以及各种经验(包括数学活动经验和生活中的经验)联系起来,并使用它们来解决一些非常规的问题。相比之下,过程性的评价任务和传统的要求学生按照学过的固定程序来解决问题,这两者之间,所涵盖的内容是极其相似的,但所涉及的思维过程却是不同的。它考查的不再是记忆和模仿的能力,而是探索、发现和创造的能力。通过鼓励学生对各种各样的现实或拟现实情境中的过程性的评价任务的研究,我们期望学生在数学的思维上能表现出一种真正的善于用数学的眼光去看待和思考问题的习惯和能力。

改变评价实践的第二步是加强过程性的评价,特别是监控学生在各种数学能力表现上的进步,这是评价实践改革中很关键的一个方面。传统的数学老师通常通过小测验或章节的测试、分数和正确题目的数量、定期的统计学生在年级中的总的表现排名来监控学生在数学学习上的进步。随着教师在教学中更多地引入过程性评价任务,教师越来越需要用另一种方式来评价学生的数学能力表现。这时分数和正确解题数只是一个考查指标,学生解决问题的过程和方法会变成一个更为重要的指标,代表着学生不同的数学能力水平。

改变评价实践的第三步是通过评价反馈的结果和信息改进教学。这一步的目的在于扩展教师课堂评价的观念。教师应把评价看作是融入日常教学实践中的活动,在日常教学中自觉地体现评价的理念和指导功能,通过对学生的表现进行针对性的反馈和指导,促进学生数学能力水平的发展。

总之,在学生数学能力评价框架体系中,评价和教学是不能人为地去分开的,评价为教学提供反馈信息,来自评价的各种信息,包括能力水平、思维特征、行为表现等,既可以作为评价学生的成就和进步的证据,也可以作为教学决策的依据。只有这样才能充分地发挥评价在促进学生数学能力发展中的巨大作用。

五、学生数学学习发展性评价体系的框架

进入21世纪,当教育者们致力于设计出以学习者为中心的教学环境,并通过发展课堂讨论、小组合作、研究性学习以促进学生的知识建构的同时,他们也面临着一个不得不思考的问题——如何发展出适当的评价工具对学生的数学理解和成就进行评价。因为在当前倡导以学习者为中心的学习环境中,学生的学习能力就像穿过棱镜的太阳光一样不再是单一的白色,而被各种学习活动分解成七彩的光谱,光谱中的每种颜色代表着学生在各种学习活动中表现出来的各种能力,这些能力相对独立又相互影响。

现代数学教育评价理论吸收了认知心理学,特别是认知建构主义心理学的许多观点,开始认识并致力于对学生理解数学知识、解决问题的能力、实践能力以及情感、态度的评价,而不仅仅期望从学生所掌握的知识点的数量、回忆和模仿的能力来加以考查。[8]形成

性评价、终结性评价和表现性评价共同构成了一个完整的数学学习发展性评价体系的三个组成部分。在形成性评价中主要体现诊断的功能，以学习内容及其具体行为目标为参照，采用的评价方法和手段主要是日常检查，包括课堂提问与板书、课堂练习与检查以及作业考查；终结性评价主要体现鉴定的功能，以课程目标（课程标准）为参照，采用的评价方法和手段主要是纸笔测验；[9]40-41表现性评价主要体现诊断和促进的功能，以个人发展为参照，评价方法和手段主要有表现性任务，具体包括使用纸笔的开放性任务和使用纸笔以外器具的表现性测验、数学调查与实验、数学日记和成长记录袋等。[9]111-119通过从这三个组成部分中广泛地收集学生学习中不同方面的情况，搭建起一个全方位的评价平台，最终为学生数学学习状况的评价提供依据和证明。

如图23-2所示，现代数学教育评价强调建立一个评价目标多元、评价方法多样的发展性评价体系。评价关注的不仅是知识和技能，而且包括过程和方法，尤其是解决问题、合作交流、动手实践等方面的能力，以及学习数学的情感和态度。评价的方式也是多种多样的，既可以用书面考试、口试、活动报告等方式，也可用课堂观察、课后访谈、作业分

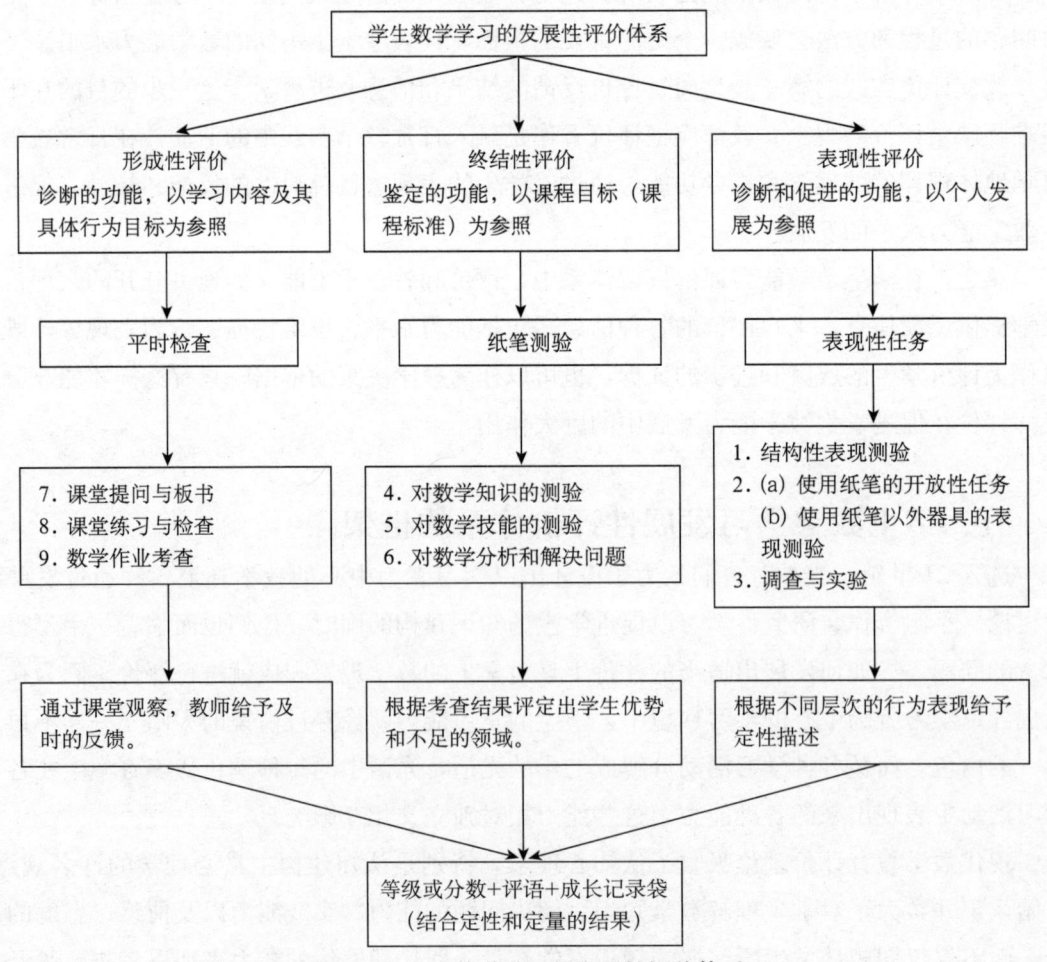

图23-2 学生数学学习的发展性评价体系

析、建立学生最佳作品袋和成长记录袋等。评价结果的呈现也是以定性和定量相结合的方式。同时，评价中更注重学生发展进程，重点放在纵向评价，强调学生个体过去与现在的比较，着重于学生成绩和素质的增值，不是简单地分等排序，使学生真正体验到自己的进步。而在整个评价过程中，发展性评价还提倡评价主体多元化，鼓励学生的自评和互评，加强家长与学校、教师的沟通与合作，以保证发展性评价的顺利实施。

六、发展性评价体系中多样化的评价工具

发展性评价体系中一个重要的工作就是开发多样化的评价工具和方法，在课题研究中我们重点开展了如下七个方面的评价工具的开发与实践。

第一种方法是日常观察。通过开发日常观察量表，我们为学生提供了一个动态的关注过程，其作用是加强教师对学生课堂日常行为的观察和评价。教师们首先研制了课堂观察表，从学习的参与状态、学习的交往状态、学习的思维状态、学习的达成状态和学习中的情感状态五个方面来加以评价。在实验中，广大的教师都深深地认识并感受到，评价无处不在，特别是课堂上的即时性评价在激励学生的学习积极性、纠正学生的学习错误时具有非常重要的意义和作用。而当教师把过去的"嘿，嘿，你真棒！"变成"你提出的问题连老师都没有想到！""你能从生活中发现这样的数学问题，说明你是个善于观察、肯动脑筋的孩子。"……这些生动、具体的语言时，学生不仅能从教师的评语中明确教师所期望的学习行为，看到自己努力的方向，更能真切地感受到教师对他们用心细致的观察和发自内心的鼓励，感受到师恩的点点滴滴。

其次，通过等级和分项测试（笔试、口试、演示等），多样化的评价工具使得教师们能够突破传统的评价观念和工具的局限，甚至"人为"障碍，从一个更全面和客观的标准去看待学生在某段时期学业和社会成长的变化。我们提出了六条编制数学测试题的原则，分别是以促进每个学生的发展为目标；在培养知识和基本技能的基础上重视知识形成的过程；联系实际，注重知识的生活应用；测试题的设计要能促进教学，改善学习；注重命题的多样化；体现以人为本的新理念。为此，题型应丰富多变，读、写、画、圈、点、连等形式都可出现，以不断刺激、启迪学生的心智，并增加答卷的快乐。同时测试题的内容要尽可能与现实生活整合，让学生在解决问题的过程中体会到知识的作用和力量。而在测试评价时，教师们要充分鼓励学生的"多元答案"，在尊重学生的独特体验和理解的同时，引导学生进行多方位的深入思考。

第三，通过成长记录袋，多样化的评价工具提供了一个让教师了解学生细微的变化以及让学生展示自己才华的机会，而这是传统的评价工具所不能提供的。我们首先编制了《学生成长手册》，要求收集的学生作品的内容体现鲜明的学科性，直观、可操作性，学生的个性和评价的多元性等四大特点。在数学科成长手册中，我们设置了"图形天地""瞧，我算得又准又快""学习趣记""生活中的数学""我的新发现"等栏目。在实施过程中，

我们提倡尊重学生对记录袋内容的自主选择权，充分发挥评价的激励作用以促进学生的发展，并积极地寻求家长支持，使这项工作开展得有声有色。

第四，通过表现性任务，多样化的评价工具也提供了一个机会，让教师可以在个人与小组合作完成某个较为真实的任务时，评价学生与人合作交流和实践创新的行为。这对那些选择把合作学习引入课堂的教育者来说是非常需要的。课题开展中最有特色的是实施数学综合实践活动的测评，它是评价学生在实践中运用数学知识解决问题的能力以及搜集和处理信息的能力，体现了数学课程与其他课程的结合、书本知识与实践活动的紧密联系，是以往纸笔测试中没有办法评价的。测评的内容可以是教材里的"实践活动"，也可以结合身边的事、大家共同关注的问题、学校活动、社区活动等设计活动主题。在评价中，教师不是追求最后的结果，而是鼓励学生运用多种方法，从不同角度进行多样化的探究，重点考察学生的探究精神、合作意识和创新意识。实践表明，这样的测评活动有助于培养学生主动参与、与人合作、大胆实践的精神。

第五，通过浓缩孩子成长特点的评语，多样化的评价要求教师在学生从事多样化的学习活动的时候，抓住学生最突出的能力和明显的不足，用评语指出学生的成就和努力的方向。我们提出了如下原则：一、注重对过程与方法（分析、解决问题的能力、合作意识等）的评价；二、评语要具有真实性、针对性、激励性和客观性；三、重视评语评价的层次性，要考虑不同学生的需要和希望。在实施过程中，我们格外强调教师的评语要渗透真实情感，加强评价的真实性、针对性和理解性。因为汉语是具有独特魅力的语言，能帮助我们传达丰富的信息，教师的情感倾注于语言，加之个人真实情感的投入，能使学生感到自信、放松。特别是教师和同伴发自真情实感的激励性评语对受评价的学生的发展常常发挥着隐性却巨大的作用。同时我们强调教师在使用丰富而感人的评语时，要注意评价的针对性和客观性，并用学生可以理解的语言来表达，过于夸张、浮华或深奥的词语不仅不能打动学生，反而让学生反感，觉得老师虚伪、故弄玄虚。

第六，通过二次评价，多样化的评价鼓励教师以一个发展的眼光去看待学生的进步。改革举措特别大的两个做法是改善批改作业的方式和建立重考制度。传统的作业批改方式是根据对错画"√"或"×"，很直观，也很生硬。学生拿到作业后，看到"×"很丧气，订正错题也很被动。尤其是那些学习后进的孩子，好不容易做完的作业，又被老师打上一连串的"×"，严重影响他们的学习积极性。于是，我们提倡教师们改变在同学们的作业本上打"×"号的做法，而用"\"代替，在同学订正错误后再补成"√"，并多写鼓励性评语。这项改革只是一个小符号，但却使教师们尝到了甜头。长期以来，就连潜力生的作业本上也印满了红花，孩子们的学习热情明显提高，作业写得越来越好，不交作业的现象逐渐消除，学习成绩也大幅提高。"重考"制度旨在充分挖掘学生的差异资源，开发学生的内在潜力，通过对其知识与能力等方面的延迟评价，帮助他们认识自我，树立信心，促其主动学习，提高能力。做法是凡在学期末或单元测试中，对某一学科考试成绩不理想者均可以申请"重考","重考"又分为"即时重考"和"延时重考"。申请提交后由老师、同学、家长进行评定,同意之后生效,申请人则以此为奋斗目标,努力去实现。学生在两次考试结果中选择自己认为较理想的那份成绩作为评价结果。实践表明,这项考试制度的推行是对以往一次性评价的重大革新,它给了学生学习的动力,给了每个孩子多一次成功的机会,使他们更加自信,使他们的潜能和禀赋都得到了不断的开发和释放。

最后通过家校合作,多样化的评价努力为学生和家长提供一个了解和交流学生们在校内、校外学习的过程和结果的权利和渠道。学校统一制作"家校联系卡",包含四个栏目:个案陈述,教师的感受和评价,学生自我感受及同学评价,家长的感受与评价。教师主要抓住学生最突出的表现或问题,定期在家校联系卡上记录该学生的典型案例,并与家长及时地沟通。同时,为了加强学生与家长之间的交流,各班还会根据家校联系卡上反映出的问题,分学科分专栏(突出学科能力特点)出一期墙报,鼓励学生互评,并欢迎家长来参观。而期末更会组织一场别开生面的家长座谈会,针对"家校联系卡"中的问题,与家长们共同反思,以进一步改进工作。有条件的学校还充分利用计算机网络的优势,建设了网络环境下的评价平台,使家校沟通的渠道更为高效、快捷。当然为了照顾到个别不上网或少上网的家长,学校的教师还用手机短信的形式提示给家长,以多种方式加强学校、教师与家长的沟通,共同关心和促进孩子的成长。

七、对当前数学学习评价实践和未来理论研究的思考

通过几年的课题研究,我们在惊喜取得大量评价实践经验的同时,也引发了对未来理论研究的新问题的思考。

1. 如何把评价更好地融入教学中,为教学服务?

将数学学习评价与数学教学密切整合在一起,特别是如何让评价在数学课堂教学上得以体现,让评价真正为教学服务将是未来评价研究的重点和方向。比如,创设开放题或表现性任务,不仅让它在测试或考察中发挥作用,还要引入课堂,让它们在教学中也发挥作用。又比如,评价主体的变化不仅要用来增加评价的公平性,还要让它成为教学的一个手段,在学生的活动或教师的示范之后,鼓励学生相互评价,或学生来评价教师,使教师从过去的权威和标准答案的代言人,变成了学生学习的促进者、引导者和合作者。另外,学生在学习中的错误总是难免的,学生由于家庭、文化背景的差异,在智力、思维方式、学习习惯和学习动机等方面也是存在很大差异的。而激励不等于一味地表扬,如何恰当地运用评价的语言,让学生看到自己的不足,如何客观地指出学生的错误,让学生得到即时正确的反馈,如何因材施教让每个学生都得到不同的发展,这涉及评价的方式、方法,需要教师们讲求策略、讲求语言的艺术性,并充分尊重学生的差异,创造性地运用评价的理念制定出适合某些特殊学生的评价方案,这些都是我们当前数学学习评价实践中需要不断探索的问题。

2. 如何使评价标准做到公平、公开、公正？

评价离不开评价标准，但科学的评价标准应该对每个学生都是公平的，对每个学生都是公开的，对每个学生都是公正的。具体地说，要做到评价标准的公平性，数学专家和教师在制订评价标准（包括评价内容和层次要求）时，就要充分考虑到学生的差异和学习内容的多样性，不应该让评价的标准对某些学生有利，而对某些学生却不利。而要做到评价标准的公开性，则意味着评价标准是公开的、透明的，甚至是学生和教师们一起制订的。当评价结果出来以后，教师还要注意评价的公正性，对学生的评价不能含有偏见，教师要严格地按照评价标准给予评定等级，客观地给出相应的评语，而不是凭自己的主观印象或主观臆断打所谓的"印象分"。如何保证评价标准的公平、公开、公正，开发出一套科学的数学学习评价量表和合适的评价语言将是未来数学学习评价理论和实践研究的重点和难点。在未来的实践和研究中，我们需要增加数学学习评价量表的可操作性，让教师容易掌握和操作，利用它更好地观察学生的数学学习行为。我们还需要加强教师对自己的评价能力，包括评价行为和语言的反思，提高数学评价量表和评价语言的针对性，帮助学生更好地理解这些量表和评价语言，让评价成为学生数学学习行为的一面镜子，让学生更好地认识自己、发现自己、完善自己。

3. 如何在实践中使各种评价工具协调一致地发挥作用？

开发多样化的评价工具的目的不是为了鉴别和筛选，而是为了更全面地了解不断发展的学生的数学学习能力，因此数学学习的发展性评价体系的框架与传统评价的框架是非常不同的。但我们也必须认识到数学学习的发展性评价不是对传统评价的否定，数学学习的发展性评价作为对传统评价的继承和发展，是对传统评价的一种有益的补充。试图完全抛弃传统的测试是非常危险的，而试图把数学学习的发展性评价中所有新的多样化的评价方法不加选择地纳入到传统的评价框架体系内则是非常功利性的。未来我们需要研究的问题不是如何将这些不同评价方法得到的评价结果用怎样的加权平均分组合起来以得到一个最后的评分或等级，而是如何针对不同的教学内容和要求选择合适的评价方法，使各种评价工具协调一致地发挥作用，从而使得评价的结果为学生提供更多的反馈意见和建议，为教师的数学教学提供更丰富和更真实的参考信息。

评价改革是一项重大而细致的工作，我们还需要在实践中不断反思，才能充分发挥数学学习的发展性评价体系中各种评价方法的作用和特色，为学生营造一个科学、公平的评价环境。

参考文献

[1] 赵裕春. 小学生数学能力的测查与评价[M]. 北京：教育科学出版社，1987：120-143.

[2] 龚玲梅. 数学教育评价的回顾与展望[J]. 数学教育学报, 2003 (5): 31-34.
[3] 史亚娟, 华国栋. 中小学生数学能力的结构及其培养[J]. 教育学报, 2008 (3): 36-40.
[4] 克鲁捷茨基. 中小学生数学能力心理学[M]. 李伯黍等, 译. 上海: 上海教育出版社, 1988: 112.
[5] 马云鹏, 张春莉. 数学教育评价[M]. 北京: 高等教育出版社, 2003: 202.
[6] Biggs, J B, Collis, K F. Evaluating the Quality of Learning: the SOLO Taxonomy[M]. New York: Academic Press, 1982: 125-167.
[7] 雷新勇. 大规模教育考试: 命题与评价[M]. 华东师范大学出版社, 2006: 100-134.
[8] Andy Hargreaves. Curriculum and Assessment Reform[M]. Milton Keynes, Philadelphia: Open University Press, 1989: 1-4.
[9] 唐晓杰. 课堂教学与学习成效评价[M]. 南宁: 广西教育出版社, 2001.